全国机械行业职业教育优质规划教材

机械制图（多学时）

第2版

主　编　严辉容　骆　凯（企业）
副主编　胡小青　李兴慧　刘桂花
参　编　杨　莉　李小汝　黄　娟　刘　浩
　　　　杨海涛　张多会（企业）
主　审　蔡云松　张光明（企业）

机械工业出版社

本书针对培养高等职业教育机械设计制造类专业学生时必须面向实际、解决各种实用的应用问题、技术问题以及与应用、技术紧密相关的基础性问题的要求，按照全国机械职业教育教学指导委员会基础制造专业委员会的教学指导意见，科学地组织教材的内容，注重各知识点之间的相互融通以及理论与实践的有机衔接。

本书包括“课程认识”“制图国家标准及绘图基本技能”“正投影基础”“投影变换”“立体及其表面交线”“组合体”“机件的基本表示法”“机件的特殊表示法”“机械图样的绘制与识读　零件图”“机械图样的绘制与识读　装配图”“展开图”和“焊接图”共12个教学模块。

除“课程认识”部分外，每个模块均按照企业对机械制图的岗位能力要求分析需完成的任务，选择合适的载体，并基于机械零部件的加工装配流程，将实际生产案例有机地融入内容中。本书每个模块的第一部分均以实际案例引入本模块任务，最后一部分均为应用本模块所学知识实施任务，做到课堂教学与生产实际的有机结合。

对于学习时容易遇到困难的部分内容，本书提供了动画演示和微课讲解，读者可以通过扫描书中的二维码随时随地反复学习。

本书可以作为高等职业院校机械类或近机械类专业的教学用书或自学用书，也可以作为企业技术人员的参考书。

图书在版编目（CIP）数据

机械制图 ：多学时 / 严辉容，骆凯主编．-- 2 版．北京 ：机械工业出版社，2025．8．--（全国机械行业职业教育优质规划教材）．-- ISBN 978-7-111-78794-5

Ⅰ．TH126

中国国家版本馆 CIP 数据核字第 2025DK0135 号

机械工业出版社（北京市百万庄大街 22 号　邮政编码 100037）
策划编辑：王英杰　　　　责任编辑：王英杰
责任校对：李小宝　张亚楠　　封面设计：王　旭
责任印制：单爱军
中煤（北京）印务有限公司印刷
2025 年 8 月第 2 版第 1 次印刷
184mm×260mm · 18.5 印张 · 454 千字
标准书号：ISBN 978-7-111-78794-5
定价：59.00 元

电话服务　　　　　　　　网络服务
客服电话：010-88361066　　机　工　官　网：www.cmpbook.com
　　　　　010-88379833　　机　工　官　博：weibo.com/cmp1952
　　　　　010-68326294　　金　书　网：www.golden-book.com
封底无防伪标均为盗版　　　机工教育服务网：www.cmpedu.com

前　言

为全面贯彻党的教育方针，适应经济、社会、科技等发展，结合《国家中长期教育改革和发展规划纲要（2010—2020年）》和《国家职业教育改革实施方案》要求，在新工科形势下，由四川工程职业技术大学、襄阳职业技术学院两所院校的教师，以及成都凯天电子股份有限公司、中铁十一局集团汉江重工有限公司、东方电气集团东方汽轮机有限公司三家企业的技术人员联合修订了本书。本书采用新型活页形式，为不同专业“量身定制”，同时，深度提炼专业知识体系中所蕴含的思想价值和精神内涵，将优秀的中国传统文化、劳动精神，工匠精神等元素融入教材以及配套资料中，推进全员全程全方位的“三全育人”。

本次修订内容如下：

1. 调整教材模式。为适应不同专业需求，将教材模式调整为活页式，以任务驱动，按照“以学生为中心、以学习成果为导向、促进自主学习”的思路进行开发设计。

2. 加强立德树人。在教材中，每个模块以二维码的形式增加一个育人小故事，结合我国机械制图相关标准的历史沿革，通过对传统文化、大国工匠等的介绍，传承精益求精的工匠精神，提高学生的民族复兴使命感。

3. 深化校企合作。邀请企业技术专家参与教材的编写及审核工作，紧跟区域产业和发展方向。

4. 助力因教施教。教材对接岗课赛证，每一模块设置任务引入和任务实施，采用实际工程案例，或技能大赛的真实案例图形，为学生后期考证或参赛奠定基础。

5. 完善配套资源。在原有配套资源的基础上，增加国家精品在线课程《机械制图》（学银在线 https://www.xueyinonline.com/detail/249670033），供师生参考、使用。

6. 紧跟国家标准更新工作。按现行国家标准，对教材内容进行更新，后续也会进行常规动态修订。

本书由严辉容教授级高级工程师和骆凯高级技师任主编，胡小青教授、李兴慧副教授和刘桂花讲师任副主编，由蔡云松副教授和张光明正高级工程师主审。严辉容教授级高级工程师编写课程认识、附录，并负责统稿；刘浩讲师编写模块1、3；黄娟讲师编写模块2；李兴慧副教授编写模块4、5；李小汝教授编写模块6；刘桂花讲师编写模块7；胡小青教授和骆凯高级技师编写模块8、9；杨莉教授和张多会高级技师编写模块10、11；杨海涛讲师和严辉容教授级高级工程师负责每一模块的素质提升视频资源制作。

本书在编写过程中，得到了四川工程职业技术大学武友德教授和杨辉教授的大力支持，他们提出了许多宝贵的意见，在此表示衷心感谢。

因该书涉及内容广泛，编者水平有限，难免出现错误和处理不妥之处，敬请读者批评指正。

编　者

目　录

课程认识

本模块知识点

1. 了解本课程的性质和作用。
2. 了解本课程的主要内容及其与前后课程的衔接。
3. 了解本课程的学习方法。

素养提升

立足课堂，学习知识，报效祖国。

任务引入

在生活中经常能见到各种图样，一类图样如图 0-1 和图 0-2 所示，这类图样用于工程实

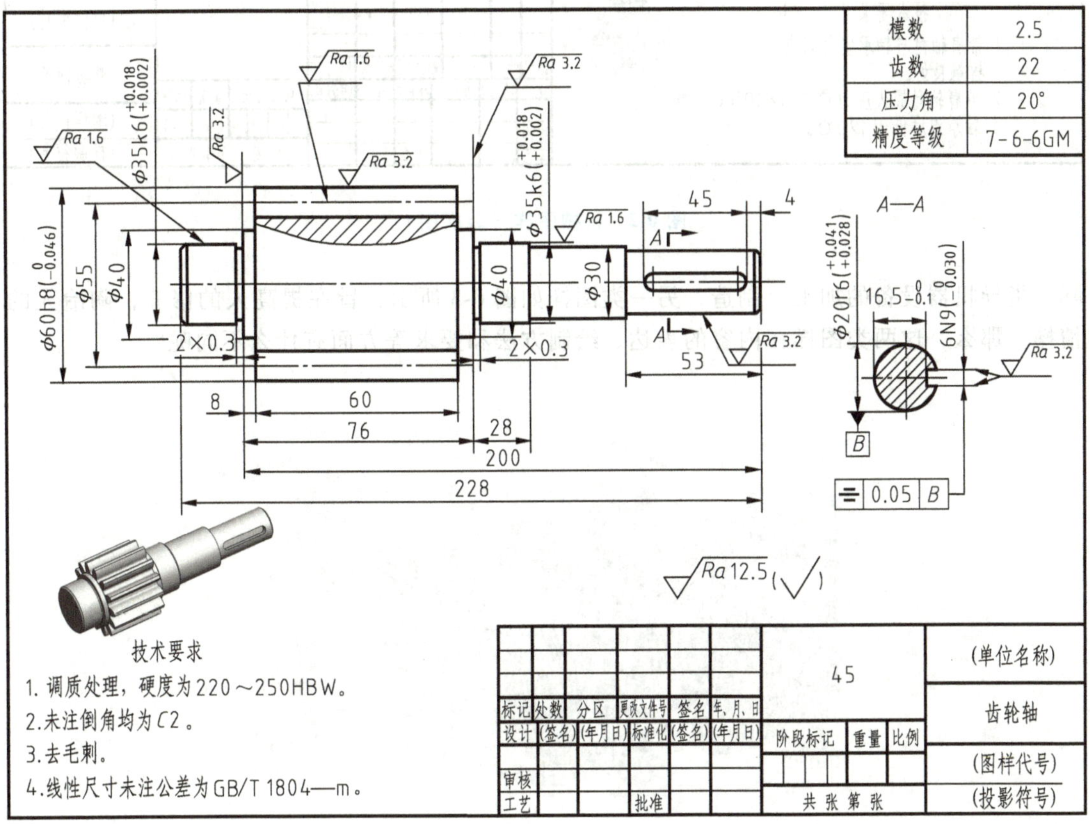

图 0-1 机械图样（零件图）

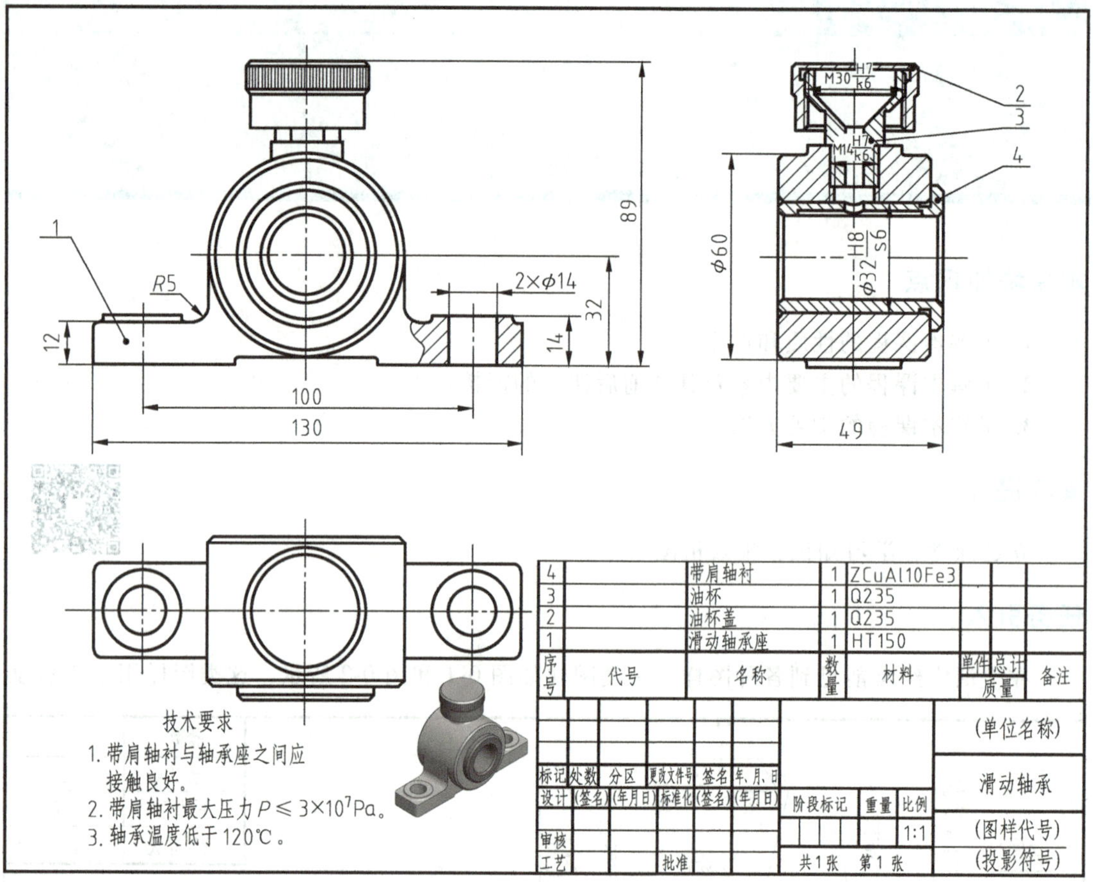

图 0-2　机械图样（装配图）

际，指导机器设备的加工、制造，另一类图样如图 0-3 所示，旨在提高人的修养，陶冶人的情操。那么，这两类图样在内容的表达、绘制方法和要求等方面有什么不同呢？

图 0-3　美术图样

知识点1 课程内容、任务及特点

一、本课程的研究对象

“机械制图”是研究机械图样的绘制与识读的理论和方法的一门课程，其研究的对象是机械图样。

机械图样——根据正投影原理并按照制图国家标准（GB）规定绘制，准确表达机件形状、尺寸及技术要求的图样（零件图、装配图）。

机械图样是一种“工程语言”，能够表达设计思想、意图，是生产安排、加工制造、完工检验的依据，也是进行技术交流的技术文件。

二、本课程的主要内容

本课程的主要内容由三部分组成：

（1）画法几何 正投影原理是绘制和识读各种机械图样的理论基础。

（2）机械制图 包括零件图、装配图，培养绘图和读图的能力。

（3）绘图技能 手工绘图（尺规作图与徒手绘图），培养绘图的基本技能。

三、本课程的任务与要求

1）能够应用正投影原理正确表达空间的物体。

2）贯彻《技术制图》与《机械制图》国家标准及其他有关规定，具有查阅有关标准及手册的能力。

3）读图（看图）、绘图，能够绘制和看懂中等复杂程度的零件图和装配图，掌握正确使用绘图仪器和徒手画图的方法。

4）培养空间想象能力，这是读图和绘图的基本功。

5）培养严肃认真的工作态度和耐心细致的工作作风。

四、本课程的特点

本课程是一门既有理论性又有较强实践性的课程，是探讨绘制和识读机械图样的理论、方法和技术的一门专业基础课。

本课程具有以下特点：

（1）练习多，每课必练 每节课后都有一定数量的练习题，以巩固本节课所学的知识。没有一定的绘图基础，是不可能看懂机械图样的。

（2）理论与实践紧密结合 学习本课程，首先需具备一定的理论知识，如正投影理论、三视图的形成原理等，能够从三维的空间形体转化到平面的三视图。学生更应学会如何从二维的平面图形想象出空间的立体形状，即“由物想图”和“由图想物”。

（3）实践性强 学习本课程，应紧密结合生产实际，应能读懂生产用图，并能按图加工。因此，本书中所用图样尽量采用生产企业所用的零件图、装配图，以达到理论与实践相结合的效果。

（4）后续专业课程的启蒙课　本课程与后续专业课程密切相关，后续的专业课程都离不开机械制图的相关知识。

知识点 2　课程的衔接与学习方法

一、本课程与前后课程的衔接

“机械制图”是工科专业第一学年开设的课程。学习本课程前需要具备一定的基础知识，如高中的几何、物理等，还需要一定的生活常识。要学好本课程，必须按照本书的教学顺序，从点、线、面的投影学起，牢记“长对正、高平齐、宽相等”的三视图投影规律，在绘图、读图的过程中遵守国家标准的各种规定。只有学好了机械制图课程，掌握了绘图和读图的基本技能，才能为后续的专业课（如机械设计基础、机械工程材料、零件几何量检测、CAD/CAM、数控编程等）夯实基础。

二、本课程的学习方法

学好机械制图要做到五多，即

（1）多看　看实物、看图样。

（2）多练　多画图、多做练习。

（3）多想　多思考问题、多想几何体。

（4）多问　多问问题。

（5）多记　多记国家标准及有关规定的画法与标注。

任务实施

不管是零件图、装配图，还是轴测图，机械图样都是物体向投影面进行正投影所得到的图形，这些图形的绘制必须符合国家标准的规定，如线型、字体、图样中的各项内容。机械图样不仅表达了物体的形状，还表达了物体的尺寸大小、各种加工要求等，是一种能用于实际生产中的图样。

任务 0-1　什么是机械图样？哪些图样属于机械图样？

任务 0-2　机械图样中包含哪些内容？请分别叙述。

零件图包括（　　）、（　　）、（　　）和（　　）

装配图包括（　　）、（　　）、（　　）、（　　）和（　　）。

模块1

制图国家标准及绘图基本技能

本模块知识点

1. 掌握制图国家标准中关于图纸幅面、格式、比例、字体和线型的有关规定。
2. 掌握尺寸标注的基本原则。
3. 掌握几何作图的方法及简单平面图形的分析方法和作图步骤。
4. 了解徒手绘图的基本知识。

素养提升

立足课堂，学好知识，报效祖国；工欲善其事，必先利其器；挖掘事物的基础规律，万变不离其宗。

任务引入

机械图样是工程技术人员表达设计意图和设计方案的重要技术文件。图样作为技术交流的共同语言必须有统一的规范，即需要严格按照《技术制图》和《机械制图》国家标准统一的规定绘制，否则将会给生产加工和技术交流带来混乱和障碍。为了准确绘制和识读机械图样，必须掌握《机械制图》和《技术制图》国家标准中关于绘图基本技能和绘图标注的相关知识。

图 1-1 所示是安装在齿轮泵中的齿轮轴，它属于轴套类零件，在日常生活和工作中很常

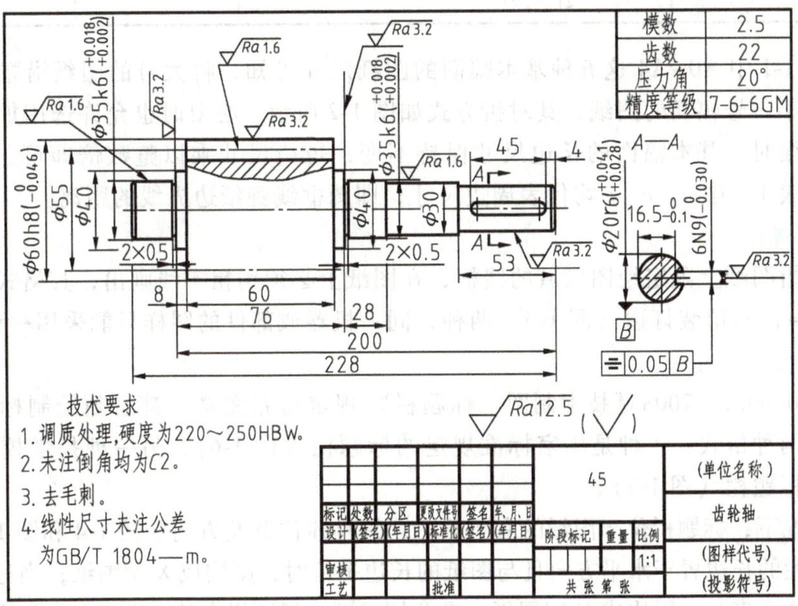

图 1-1　齿轮轴零件图

见。在开始学习之前，从这个零件图中，能看到很多东西，也可以提出很多问题。零件图的最外一圈线框是什么？零件图右上角的表格是什么？零件图右下角的表格是什么？比例代表什么含义？零件图中的不同的线型在使用时有什么区别？零件图有两个视图，分别表达的是什么？视图内尺寸的标注、几何公差、极限与配合是什么含义？左下角的技术要求又有什么作用？

知识点1　制图相关国家标准的基本规定

为了便于管理和技术交流，国家有关部门颁布了《技术制图》和《机械制图》等一系列国家标准，对于图样的内容、格式以及机件的表达方式和画法等做了统一规定，工程技术人员绘图时应严格遵照其执行。

一、图纸的幅面和格式

1. 图纸幅面

GB/T 14689—2008《技术制图　图纸幅面和格式》规定，图纸幅面简称图幅，是指图纸尺寸规格的大小，图幅用图纸的短边×长边（即 $B \times L$）表示。在绘制技术图样时，为了使图纸幅面统一，便于装订和保管以及符合缩微复制原件的要求，应优先选用表1-1中的A0~A4这五种基本幅面。

表1-1　图纸幅面及尺寸　（单位：mm）

<table>
<tr><th>幅面代号</th><th>B×L</th><th>a</th><th>c</th><th>e</th></tr>
<tr><td>A0</td><td>841×1189</td><td rowspan="5">25</td><td rowspan="3">10</td><td rowspan="2">20</td></tr>
<tr><td>A1</td><td>594×841</td></tr>
<tr><td>A2</td><td>420×594</td><td rowspan="3">10</td></tr>
<tr><td>A3</td><td>297×420</td><td rowspan="2">5</td></tr>
<tr><td>A4</td><td>210×297</td></tr>
</table>

观察表1-1中A0~A4这五种基本幅面的图纸尺寸可知，将大号的图纸沿幅面的长边对折即可得到小一号幅面的图纸，其对折方式如图1-2所示。必要时也允许选用加长幅面的图纸。加长幅面时，基本幅面的长边尺寸保持不变，短边尺寸乘以整数倍即可，如图1-3所示。此外，表1-1中 a、c、e 均代表周边尺寸，即图框线到纸边界线的距离。

2. 图框格式

图框是指图纸上限定绘图区域的线框，在图纸上必须用粗实线画出，其格式分为不留装订边（图1-4）和留装订边（图1-5）两种，同一机器或部件的图样只能采用一种格式。

3. 标题栏

GB/T 10609.1—2008《技术制图　标题栏》规定每张图样中都必须绘制标题栏。常见的标题栏有两种格式：一种是国家标准规定的标题栏（图1-6），另一种是学校制图作业中使用的简化标题栏（图1-7）。

通常情况下，标题栏位于图纸的右下角，它的具体位置及方向如图1-4和图1-5所示。其中，当标题栏的长边置于水平方向且与图纸的长边平行时，则构成X型图纸；当标题栏的长边与图纸的长边垂直时，则构成Y型图纸。在此情况下，标题栏中的文字方向为看图方向。

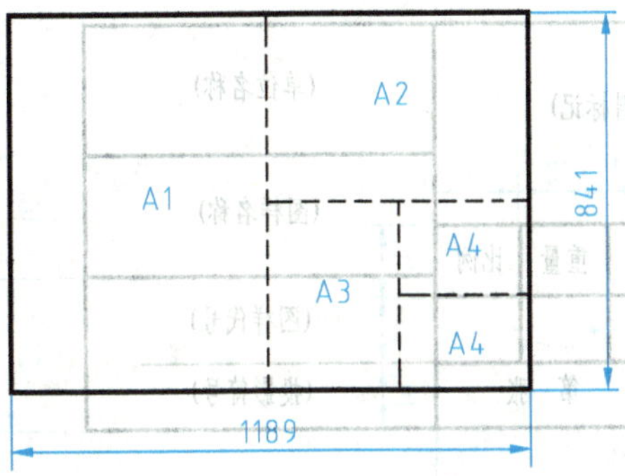

图 1-2　基本图幅间的关系

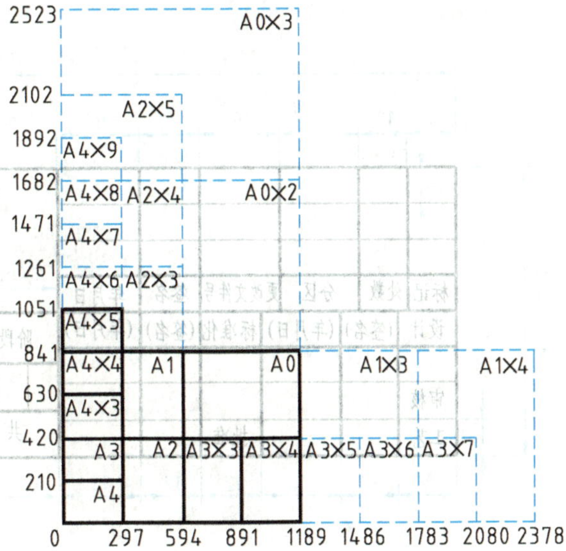

图 1-3　加长幅面

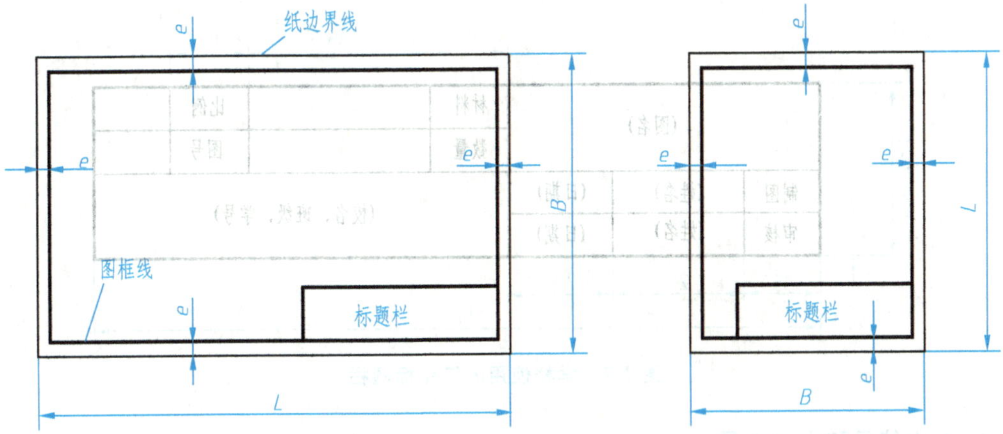

a) A3、A2、A1、A0图纸　　b) A4图纸

图 1-4　不留装订边的图框格式

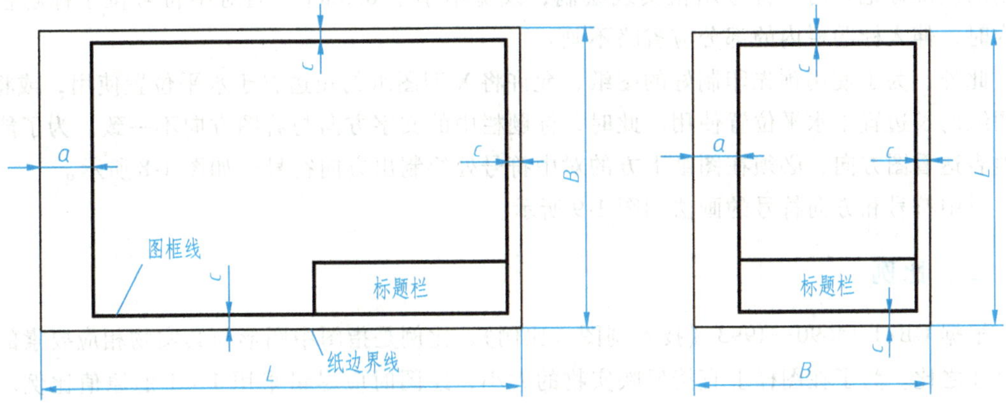

a) A3、A2、A1、A0图纸　　b) A4图纸

图 1-5　留装订边的图框格式

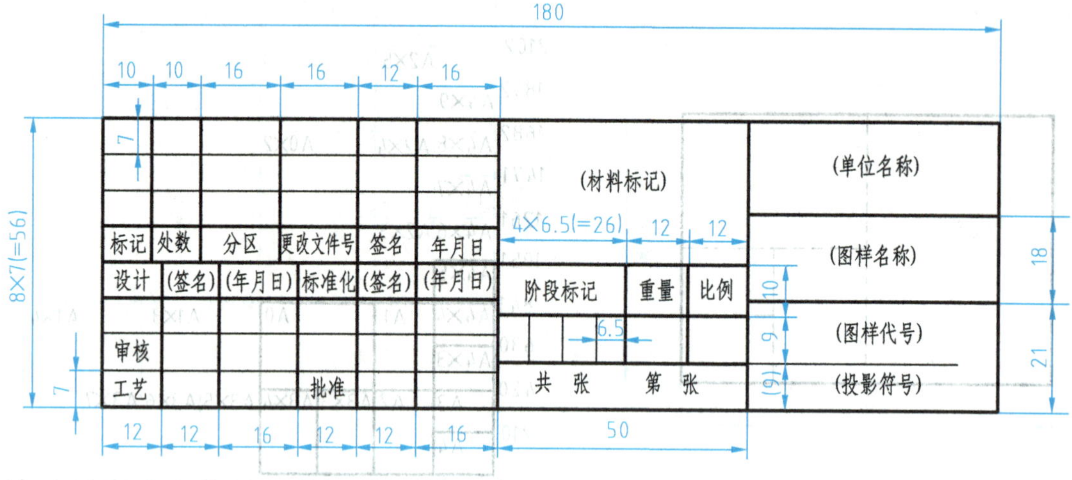

图 1-6 国家标准规定的标题栏

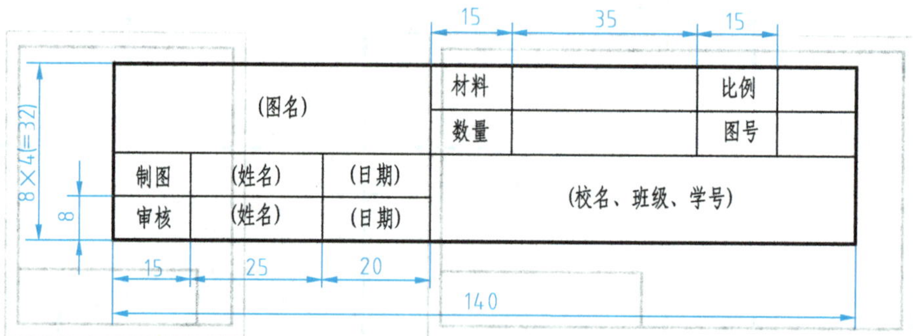

图 1-7 学校使用的简化标题栏

4. 对中符号和方向符号

对中符号是从图纸四边的中点画入图框内约 5mm 的粗实线线段，通常作为缩微摄影和复制的基准标记。对中符号用粗实线绘制，线宽不小于 0.5mm。当对中符号位于标题栏范围内时，伸入标题栏内的部分应省略不画。

此外，为了使用预先印制好的图纸，允许将 X 型图纸的短边置于水平位置使用，或将 Y 型图纸的长边置于水平位置使用。此时，标题栏中的文字方向与看图方向不一致。为了能正确地表达看图方向，必须在图纸下方的对中符号处绘制出方向符号，如图 1-8 所示。

对中符号和方向符号的画法如图 1-9 所示。

二、比例

根据 GB/T 14690—1993《技术制图　比例》，比例是指图中图形与其实物相应要素的线性尺寸之比。为了在图样上直接反映实物的大小，绘图时应尽量采用 1∶1 的原值比例。由于各种实物的大小与结构存在差异，绘图时可根据实际需要选取放大比例或缩小比例，工程上应优先选取第一系列比例，必要时也可以采用第二系列比例（表 1-2）。

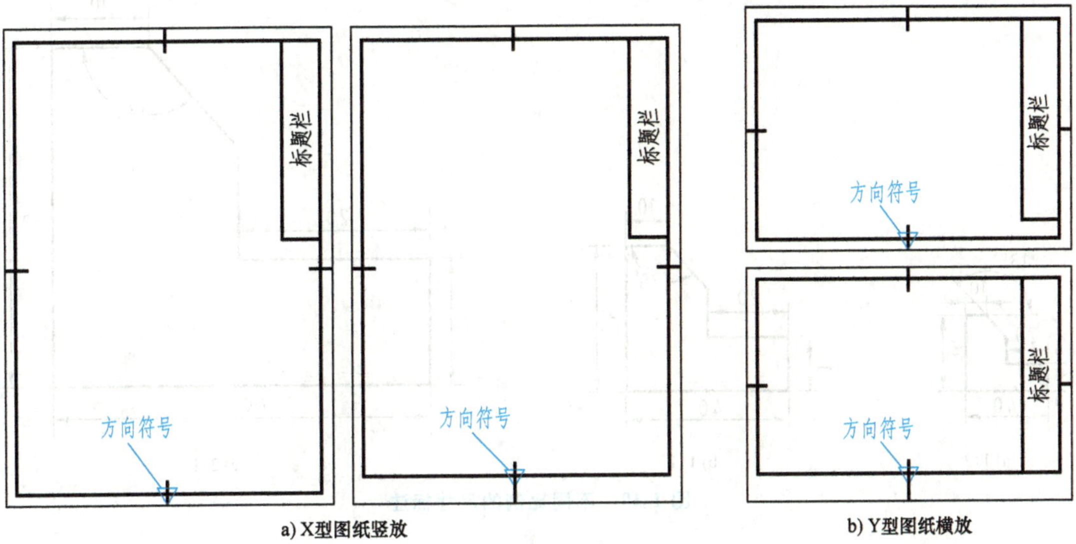

图 1-8 对中符号和方向符号

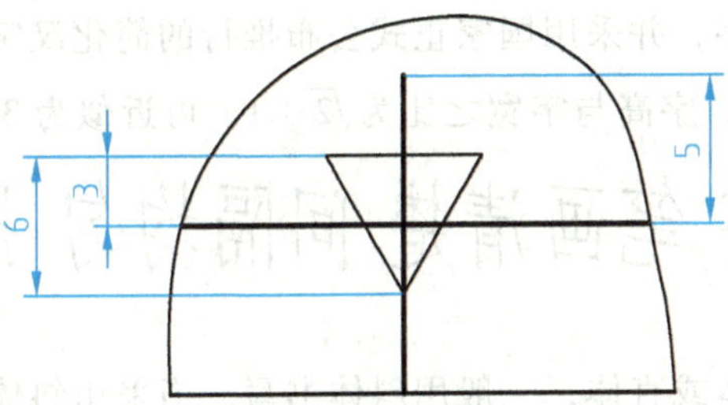

图 1-9 对中符号和方向符号的画法

表 1-2 比例

种类	第一系列	第二系列
原值比例	1∶1	—
放大比例	2∶1，5∶1，1×10^n∶1，2×10^n∶1，5×10^n∶1	4∶1，2.5∶1，4×10^n∶1，2.5×10^n∶1
缩小比例	1∶2，1∶5，1∶10，1∶2×10^n，1∶5×10^n，1∶10×10^n	1∶1.5，1∶2.5，1∶3，1∶4，1∶6，1∶1.5×10^n，1∶2.5×10^n，1∶3×10^n，1∶4×10^n，1∶6×10^n

注：n 为正整数。

注意，无论采用缩小还是放大的比例绘图，图样中标注的尺寸应为物体的实际大小，与绘图比例无关，如图 1-10 所示。绘制图样时，比例一般应注写在标题栏中的“比例”栏内，必要时，也可标注在视图名称的下方或右侧。

三、字体

GB/T 14691—1993《技术制图 字体》规定，图样中的字体包括汉字、数字和字母三种，书写时必须做到字体工整、笔画清楚、间隔均匀、排列整齐。字体的高度即为字号，用

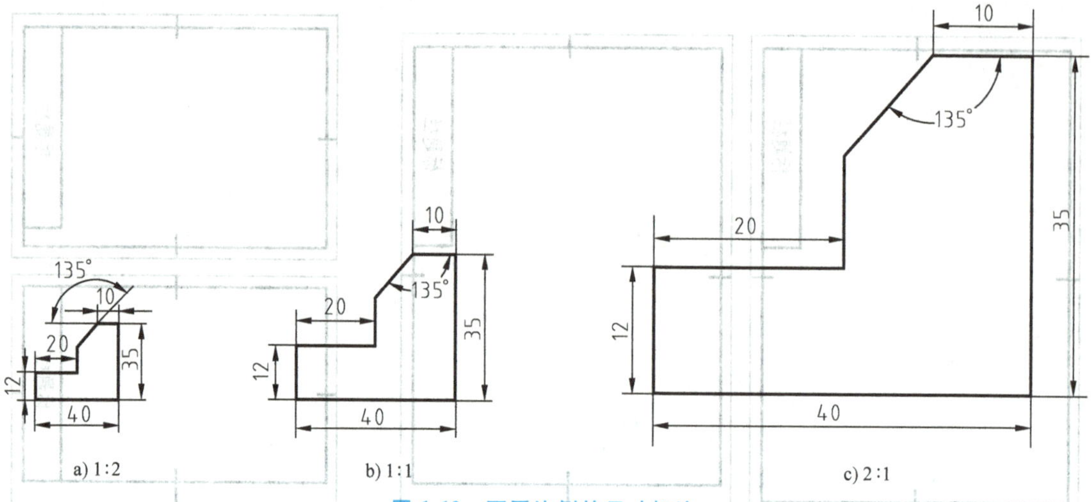

图 1-10　不同比例的尺寸标注

h 表示，共有八种，分别是 1.8mm、2.5mm、3.5mm、5mm、7mm、10mm、14mm 和 20mm。

1. 汉字

汉字应写成长仿宋体字，并采用国家正式公布推行的简化汉字，其高度 h 通常不应小于 3.5mm，字宽一般为 $h/\sqrt{2}$，字高与字宽之比为 $\sqrt{2}:1$，可近似为 3∶2。汉字示例如下：

字体工整 笔画清楚 间隔均匀 排列整齐

2. 数字和字母

数字和字母可写成斜体或直体，一般用斜体书写。当采用斜体时，字头向右倾斜，与水平基准线的夹角约为 75°，如图 1-11 所示。用于表示指数、分数、极限偏差等的数字和字母，一般应比基本字体小一号。需要注意的是，在同一张图样上，只允许选用一种类型的字体。

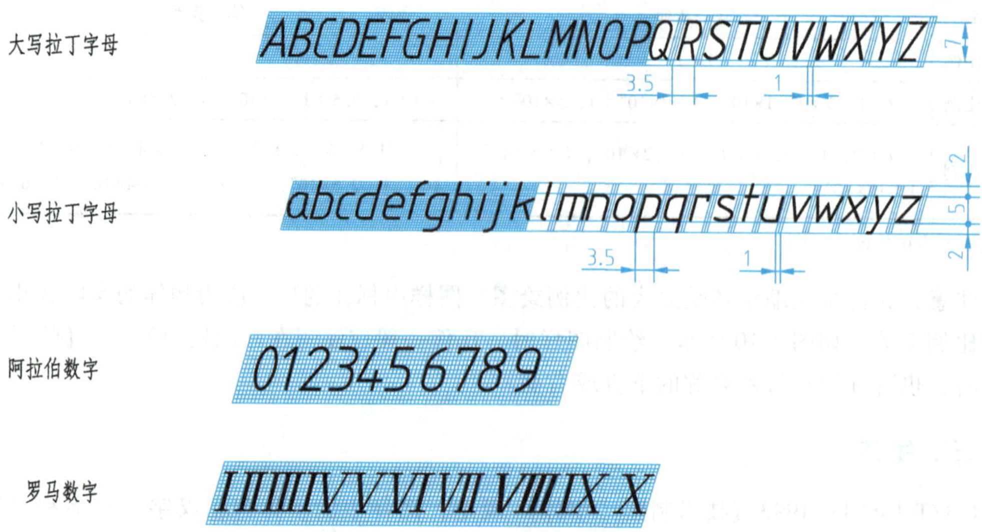

图 1-11　数字和字母示例

四、图线

1. 线型及其应用

GB/T 4457.4—2002《机械制图　图样画法　图线》规定，机械制图中，为了能够准确地表达物体的形状及可见性，通常需要使用不同的线型和线宽来表达不同的对象，线型及其应用见表 1-3。

表 1-3　线型及其应用

图线名称	线型及其尺寸	图线宽度	一般应用	应用举例
粗实线		d	1）可见棱边线 2）可见轮廓线 3）相贯线 4）螺纹牙顶线 5）齿顶圆（线）	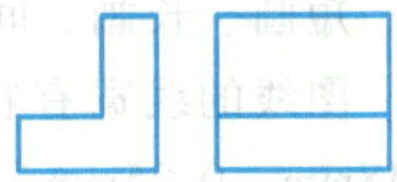
细实线		d/2	1）尺寸线和尺寸界线 2）剖面线 3）重合断面的轮廓线 4）过渡线 5）螺纹牙底线	
波浪线		d/2	1）断裂处边界线 2）视图与剖视图的分界线	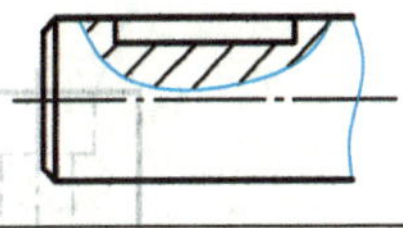
细虚线		d/2	1）不可见棱边线 2）不可见轮廓线	
细点画线		d/2	1）轴线 2）对称中心线 3）分度圆（线） 4）剖切线	
细双点画线		d/2	1）相邻辅助零件的轮廓线 2）可动零件的极限位置的轮廓线 3）轨迹线 4）中断线 5）剖切面前的结构轮廓线	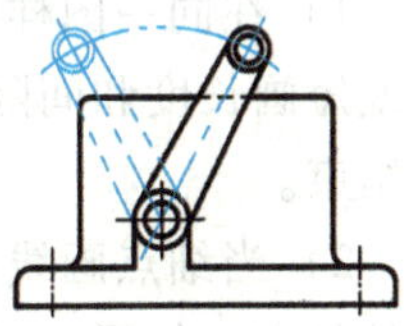
双折线	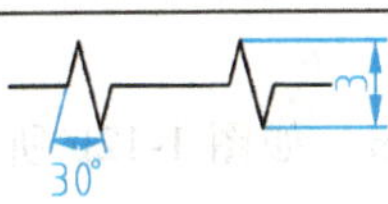	d/2	1）断裂处边界线 2）视图与剖视图的分界线	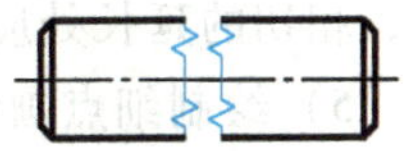
粗虚线		d	允许表面处理的表示线	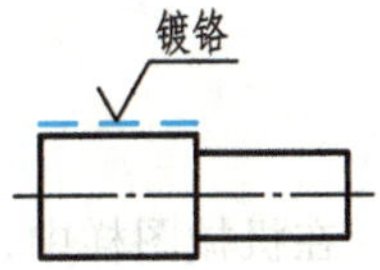

（续）

图线名称	线型及其尺寸	图线宽度	一般应用	应用举例
粗点画线	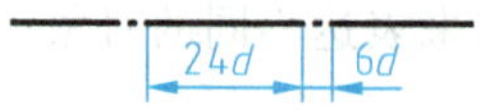	*d*	限定范围表示线	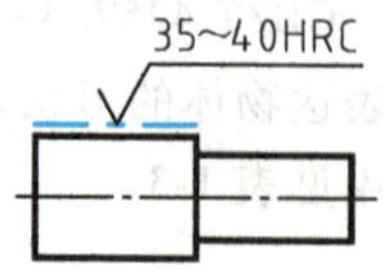

图中所采用的各种线型的线，统称为图线。图线是组成图形的基本要素，由点、短间隔、短画、长画、间隔等组成。

图线的线宽有粗、细两种，粗、细线的线宽之比为 2∶1。线宽 *d* 共有八种，分别是 0.18mm、0.25mm、0.35mm、0.5mm、0.7mm、1mm、1.4mm 和 2mm。粗线的宽度 *d* 应按图样的类型和大小，在 0.25mm、0.35mm、0.5mm、0.7mm、1mm、1.4mm 和 2mm 之间选择（优先选用 0.5mm 或 0.7mm）。图线的画法示例如图 1-12 所示。

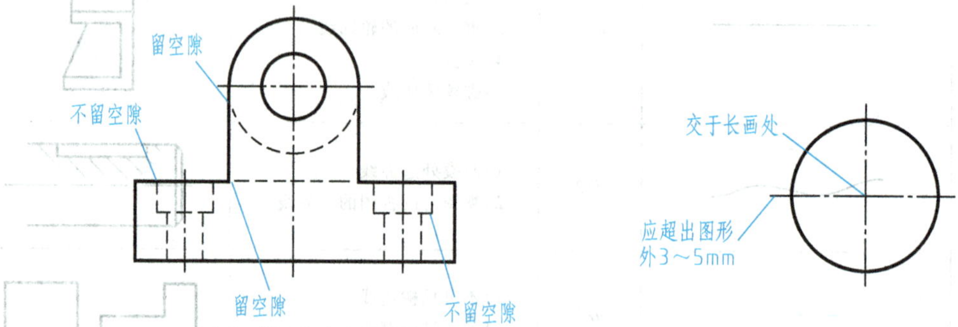

a) 细点画线及细虚线的画法　　b) 圆的对称中心线的画法

图 1-12　图线的画法示例

2. 图线的画法及其注意事项

1）在同一图样中，同类图线的宽度应基本一致。细虚线、细点画线及细双点画线的长画或短画长度和间隔应分别大致相同。细点画线和细双点画线的首尾两端应以长画作为开始和结束。

2）当细点画线、细虚线和其他图线相交时，都应以长画相交，不应在间隔空白处或短画处相交，如图 1-12 所示。

3）在较小的图形上绘制细虚线、细点画线或细双点画线有困难时，可用细实线代替。

4）当细虚线在粗实线的延长线上时，在分界的延长处要留出空隙；当细虚线与圆相切时，相切的延长处应留有间隙，如图 1-12a 所示。

5）绘制细点画线时，细点画线应超出图形轮廓线 3～5 mm，如图 1-12b 所示。

知识点 2　尺 寸 注 法

在机械图样中，图形只能表达零件的结构形状，若要表示物体结构的大小及各部分间的位置关系，则需要在图形中标注尺寸。由此可见，尺寸是图样的重要内容之一，也是加工、检验零件的主要依据，因此必须在图中进行尺寸标注。GB/T 4458. 4—2003《机械制图　尺寸注法》规定，标注尺寸时，应严格执行国家标准有关规定，且所注尺寸必须正确、完整、清晰、合理。

一、基本原则和尺寸要素

1. 尺寸标注的基本原则

1）机件的真实大小应以图样上所标注的尺寸数值为依据，与图形的大小和绘图的准确度无关。

2）图样中（包括技术要求和其他说明）尺寸的单位为 mm 时，不需要标注单位符号或名称，若采用其他单位，则必须注明相应的单位符号，如 m、cm 等。

3）图样中标注的尺寸就是该零件的最后完工尺寸，否则应另加说明。

4）机件的每一尺寸一般只标注一次，并应标注在该结构最清晰的特征视图上。

2. 尺寸标注的组成要素

一个完整的尺寸由尺寸界线、尺寸线及箭头和尺寸数字三个要素组成，如图 1-13 所示。

（1）尺寸界线　尺寸界线表示尺寸的度量范围，用细实线绘制，并应由图形的轮廓线、轴线或对称中心线处引出，也可以将轮廓线、轴线或对称中心线本身作为尺寸界线。尺寸界线一般应与尺寸线垂直并超出尺寸线 2~3mm，必要时允许倾斜，如图 1-14 所示。

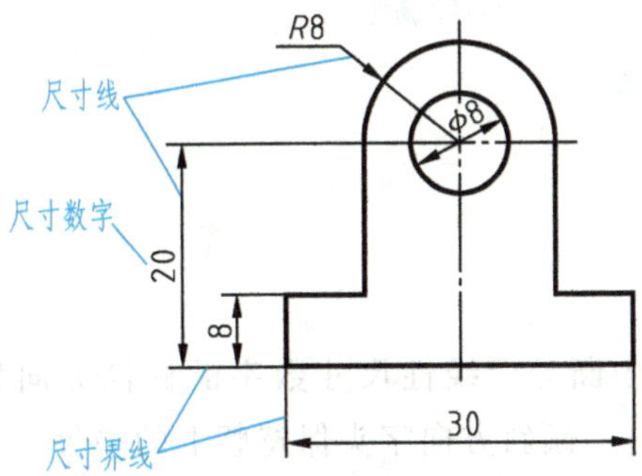

图 1-13　尺寸的组成要素

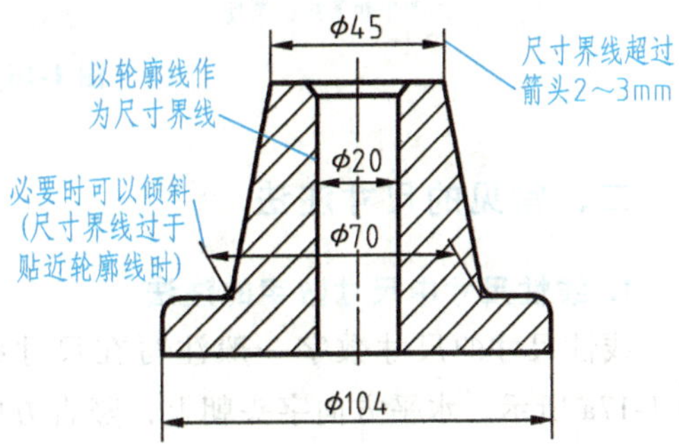

图 1-14　尺寸界线

（2）尺寸线及箭头　尺寸线表示所注尺寸度量的方向，用细实线绘制在两条尺寸界线之间。图样上的尺寸线不能用其他图线代替，也不能与其他图线重合或画在其延长线上，如图 1-15a 所示。

当图上需要标注的尺寸较多时，互相平行的尺寸线应按被注轮廓线的远近顺序由近向远整齐排列，并遵循“小尺寸在内、大尺寸在外”的原则，如图 1-15b 所示。

尺寸线的终端形式有两种，机械图样中一般采用箭头表示，同一张图样中只能采用一种形式，如图 1-16 所示。

（3）尺寸数字　尺寸数字用来确定所标注结构的尺寸大小。水平方向尺寸数字注写在尺寸线上方，竖直方向尺寸数字注写在尺寸线的左方且字头朝左，也允许注写在尺寸线的中断处。尺寸数字不得被任何图线所通过，当无法避免时，必须将图线断开，如图 1-13 和图 1-14 所示。

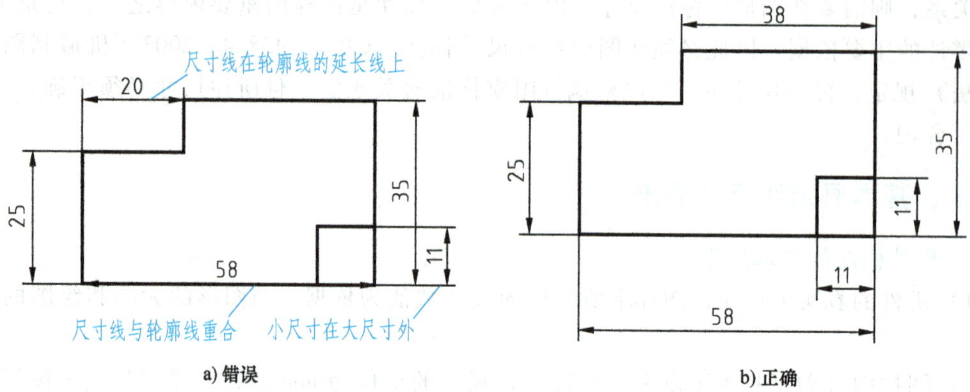

图 1-15　尺寸线

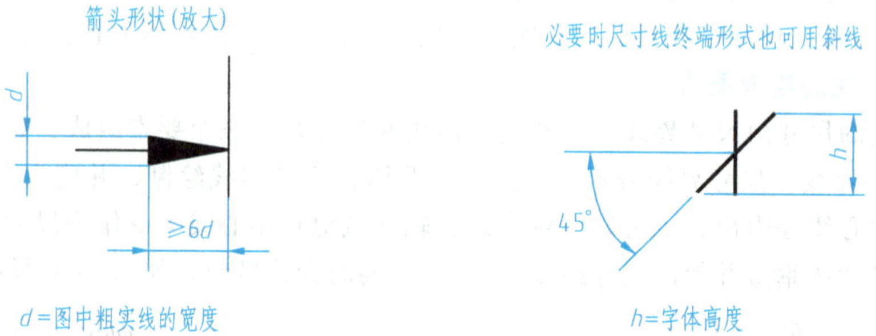

图 1-16　箭头的画法

二、常见的尺寸注法

1. 线性尺寸中尺寸数字的注法

线性尺寸的尺寸数字一般注写在尺寸线上方或中断处。线性尺寸数字的标注方向如图 1-17a 所示，水平方向字头朝上，竖直方向字头朝左，倾斜方向字头保持朝上的趋势，并尽量避免在图示 30°范围内标注尺寸，无法避免时应引出标注，如图 1-17b 所示。对于非水平方向的尺寸，其尺寸数字也可以水平注写在尺寸线的中断处。

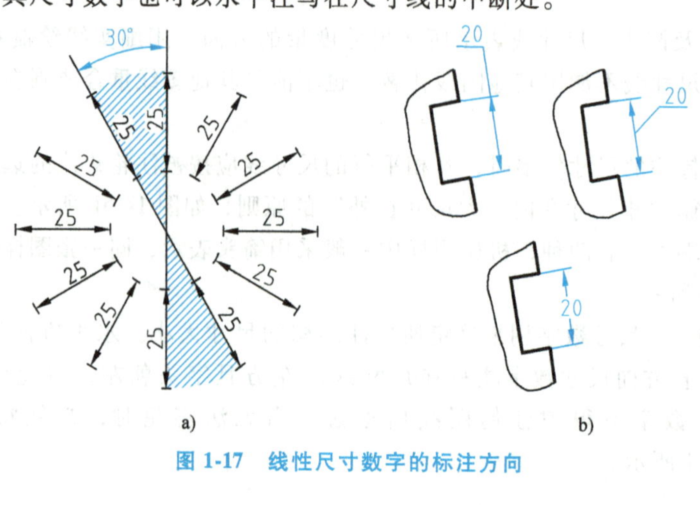

图 1-17　线性尺寸数字的标注方向

2. 半径和直径的尺寸注法

半圆或小于半圆的圆弧一般标注半径尺寸，尺寸线从圆心出发，箭头指向圆弧，且尺寸数字前需注写半径符号“R”，如图 1-18a 所示；当圆弧半径过大或无法标出圆心位置时，圆弧半径的标注方法如图 1-18b 所示。圆或大于半圆的圆弧需标注直径尺寸。标注直径尺寸时，尺寸数字前需加注符号“ϕ”，如图 1-18c 所示。标注球体的直径或半径尺寸时，应在尺寸数字前加注符号“$S\phi$”或“SR”。

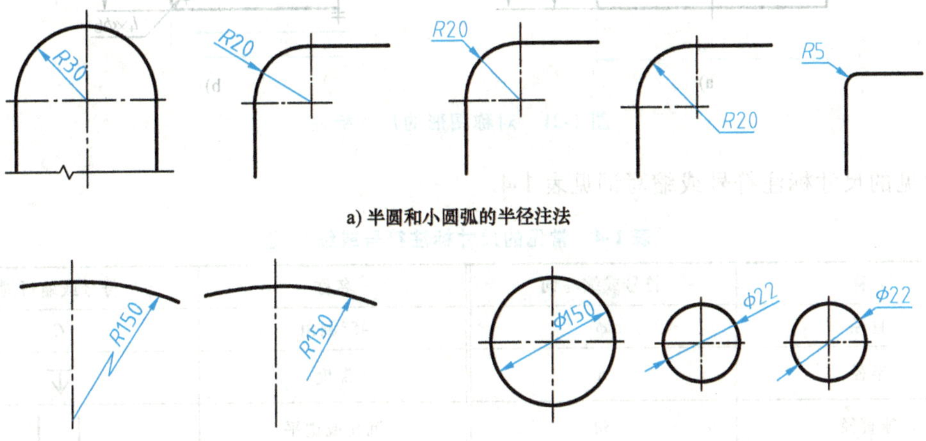

a) 半圆和小圆弧的半径注法

b) 大圆弧的半径注法　　c) 直径的注法

图 1-18　半径和直径的尺寸标注

3. 角度的尺寸注法

标注角度时，角的两条边或两条边的延长线可作为尺寸界线，尺寸线应画成圆弧状，角度数字一律水平注写。一般情况下，角度数字注写在尺寸线的中断处，必要时也可以引出标注，如图 1-19 所示。

4. 狭小部位的尺寸注法

当没有足够的空间画尺寸线两端的箭头时，可以将尺寸线的箭头外移，或用小圆点代替该箭头；当没有足够的空间注写尺寸数字时，尺寸数字可以注写在尺寸线的外面或引出标注，如图 1-20 所示。

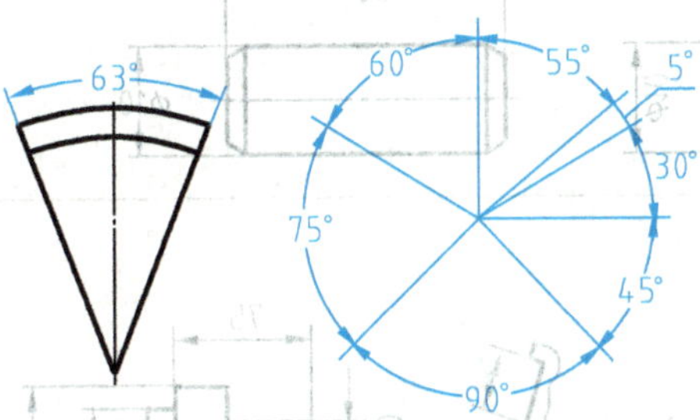

图 1-19　角度的尺寸标注

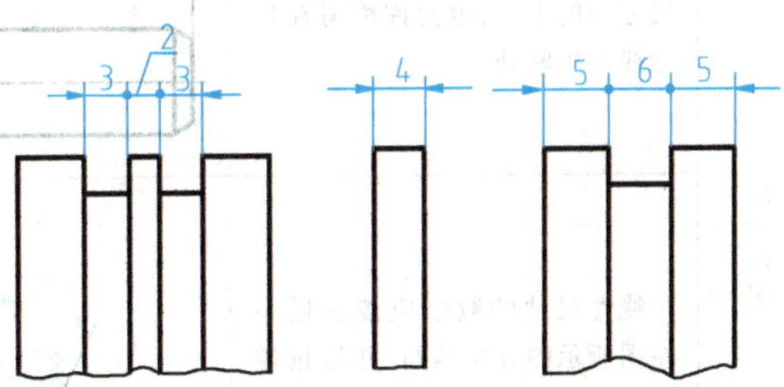

图 1-20　狭小部位的尺寸标注

5. 对称图形的尺寸注法

当分布在中心线两侧的图形完全相同时，其尺寸标注方法如图 1-21a 所示。当对称机件的图形只画出一半或略大于一半时，尺寸线应略超过对称中心线或断开处的边界，此时仅在尺寸线的一端画出箭头，其标注如图 1-21b 所示。

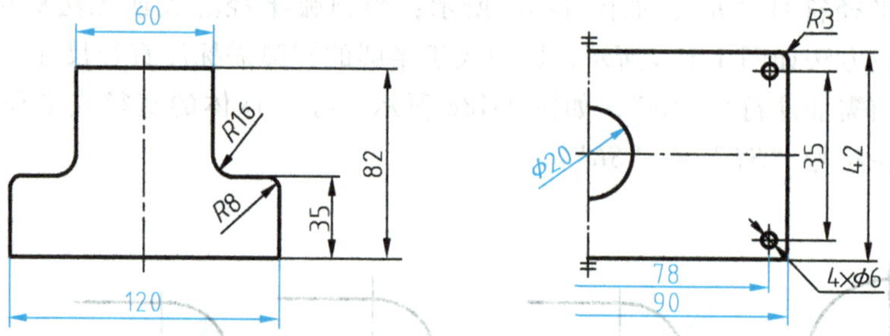

a)　　　　b)

图 1-21　对称图形的尺寸标注

常见的尺寸标注符号或缩写词见表 1-4。

表 1-4　常见的尺寸标注符号或缩写词

名称	符号或缩写词	名称	符号或缩写词
直径	ϕ	45°倒角	C
半径	R	深度	↧
球直径	$S\phi$	沉孔或锪平	⌴
球半径	SR	埋头孔	∨
厚度	t	均布	EQS
正方形	□	弧长	⌒

6. 常见尺寸的标注示例

对尺寸要素的运用和常见的尺寸标注见表 1-5。

表 1-5　常见的尺寸标注

项目	说明	图例
尺寸数字	线性尺寸的数字一般注写在尺寸线的上方，也允许填写在尺寸线的中断处	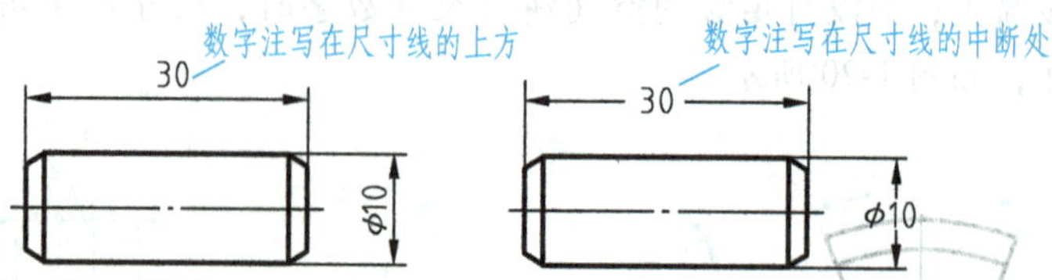
	线性尺寸的数字应按右栏中左图所示的方向填写，并尽量避免在图示 30°范围内标注尺寸。竖直方向尺寸数字也可按右栏中右图的形式标注	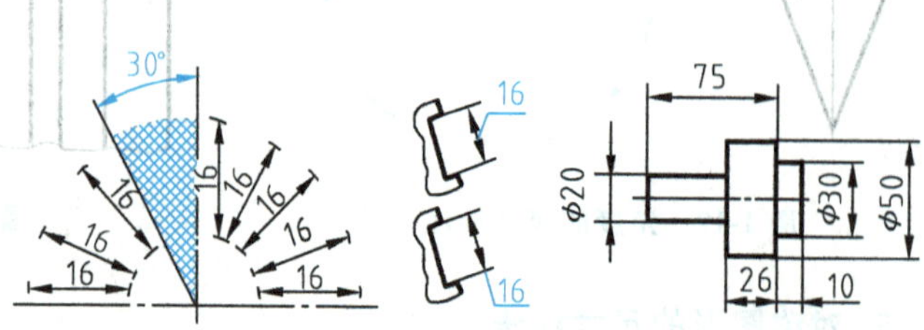

（续）

项目	说明	图例
尺寸数字	尺寸数字不可被任何图线所通过。当不可避免时，图线必须断开	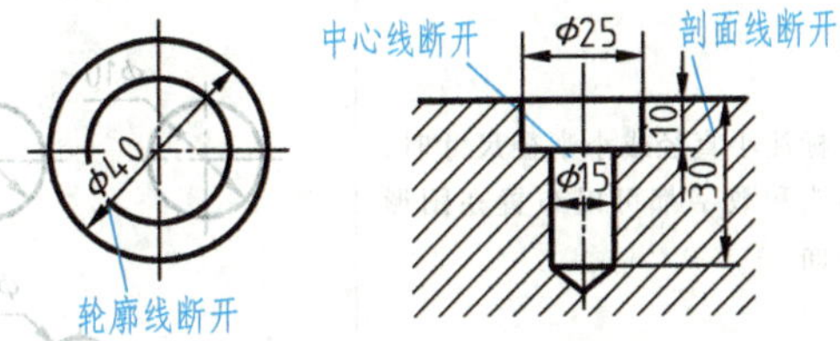
尺寸线	1）尺寸线必须用细实线单独画出。轮廓线、中心线或它们的延长线均不可代替尺寸线 2）标注线性尺寸时，尺寸线必须与所标注的线段平行	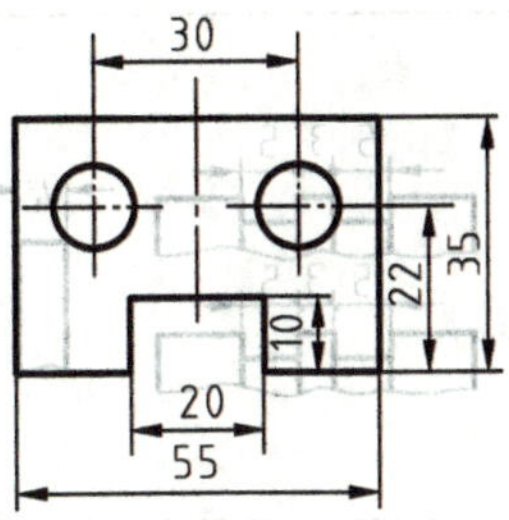a) 正确 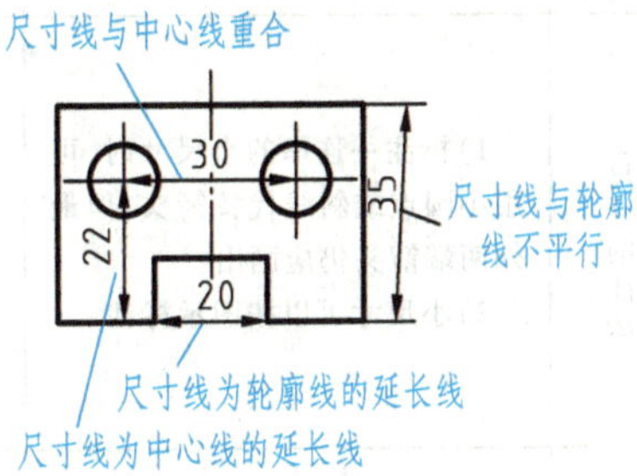b) 错误
尺寸界线	1）尺寸界线用细实线绘制，也可以利用轮廓线（图a）或中心线（图b）作为尺寸界线 2）尺寸界线应与尺寸线垂直。当尺寸界线过于贴近轮廓时，允许倾斜画出（图c） 3）在光滑过渡处标注尺寸时，必须用细实线将轮廓延长，从它们的交点引出尺寸界线（图d）	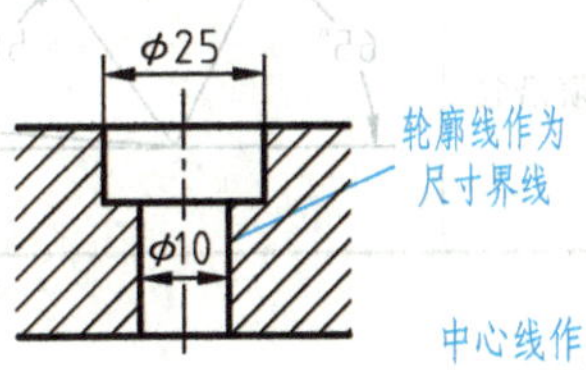a) 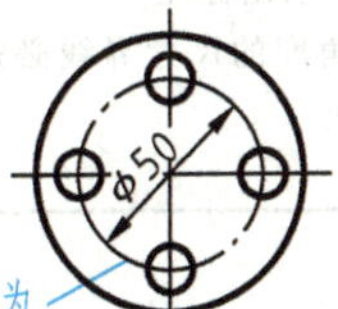b) 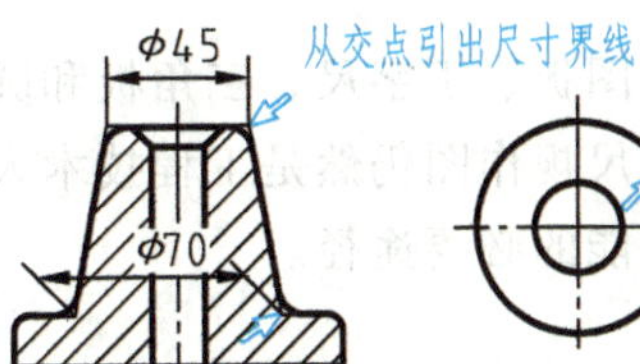c) 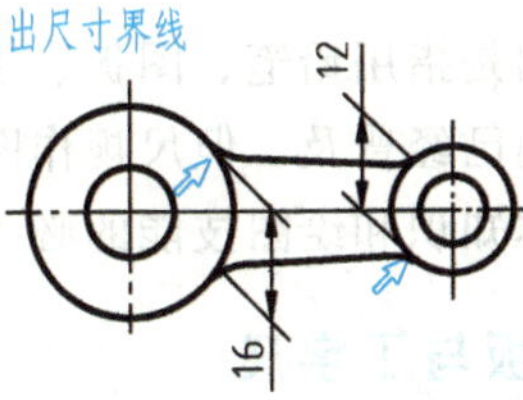d)
直径与半径	标注直径尺寸时，应在尺寸数字前加注直径符号“φ”；标注半径尺寸时，加注半径符号“*R*”，尺寸线应通过圆心	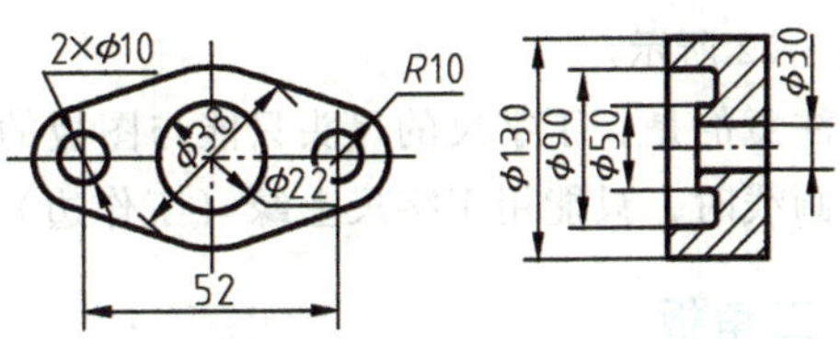

（续）

项目	说明	图例
直径与半径	标注小直径或小半径尺寸时，箭头和数字都可以布置在图形外面	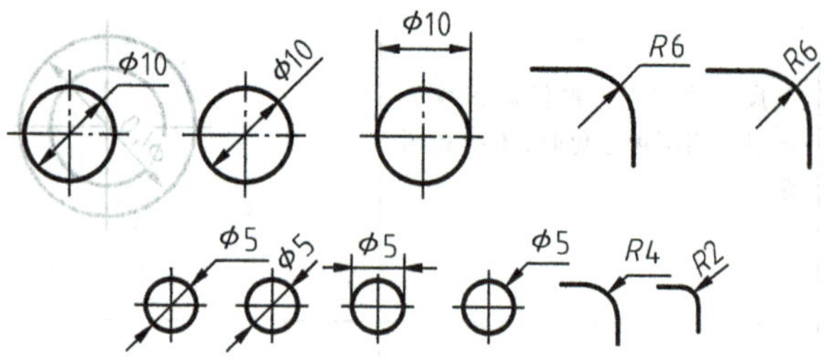
小尺寸的注法	1）标注一连串的小尺寸时，可用小圆点或斜线代替箭头，但最外两端箭头仍应画出 2）小尺寸可以按图示标注	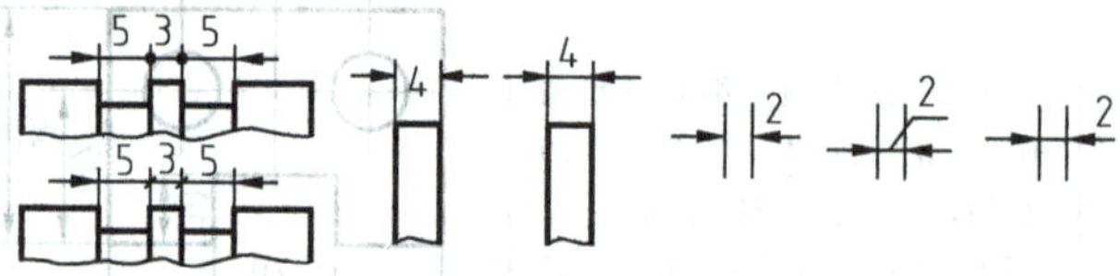
角度	1）角度的数字一律水平注写 2）角度的数字应写在尺寸线的中断处，必要时允许写在图形外面或引出标注 3）角度的尺寸界线必须沿径向引出	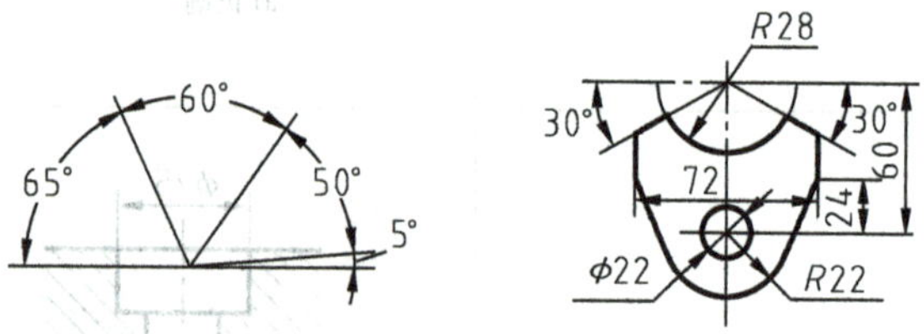

知识点 3　绘图工具及仪器的使用

尺规作图是指用铅笔、图板、丁字尺、三角板和圆规等绘图工具与仪器来绘制图样。虽然计算机绘图已经普及，但尺规作图仍然是工程技术人员必备的绘图基本技能，也是学习和掌握制图基本知识和绘图技能的必要途径。

一、图板与丁字尺

图板是用来固定图纸的，图板的短边（导边）是工作边。画图时，应先将图纸用胶带固定在图板上，然后将丁字尺的头部紧靠图板的工作边（导边）并上下滑动到需要画线的位置，将铅笔垂直于纸面并向右自然倾斜，与纸面夹角为60°~75°，从左向右可以画出水平线，如图1-22所示。

值得注意的是，丁字尺的尺头只能与图板的左导边配合画线，不能与图板的其他边缘配合画线。画线时，只能用丁字尺上缘（工作边）画水平线。

二、三角板

一副三角板一般有两块，一块两锐角均为45°，另一块两锐角分别为30°和60°。三角板

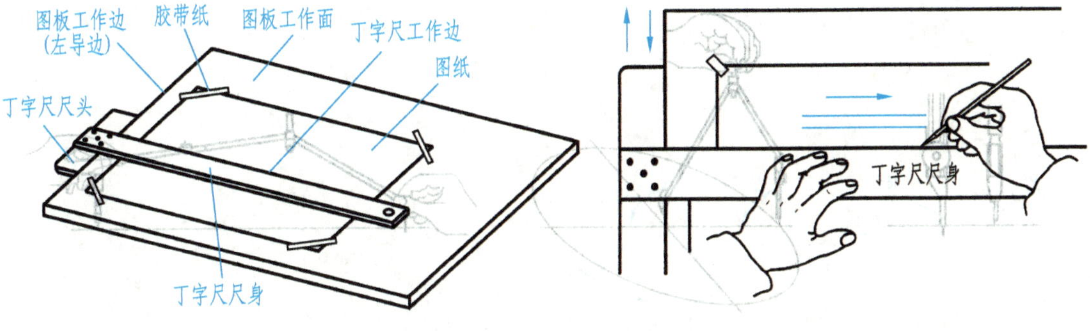

图 1-22　图板与丁字尺配合画线

与丁字尺配合使用，可以画出图 1-23a 所示角度的直线。此外，两块三角板配合使用，可以画出 15°及其整数倍角度的斜线，还可以画出已知直线的平行线或垂直线，如图 1-23b 所示。画线时，必须按图中箭头所示方向绘制。

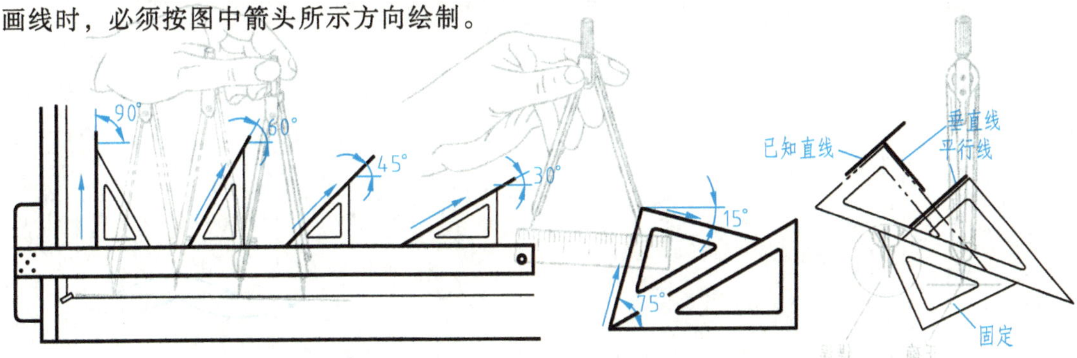

a) 三角板与丁字尺配合　　b) 两块三角板配合

图 1-23　三角板的用法

三、圆规

圆规是用来画圆和圆弧的工具。圆规的附件有描图用的鸭嘴笔插腿和画大圆用的延伸杆，如图 1-24 所示。

画图时，固定圆心的钢针应用带台阶的一端，防止钢针插入图板过深，影响画圆质量；同时应合理调整铅芯与钢针针尖的长度，使两脚在并拢时针尖略长于铅芯，且铅芯的尖端应与钢针的台阶面平齐，如图 1-25a 所示；然后将圆规按顺时针方向旋转，同时保证旋转过程中钢针与铅芯均垂直于纸面，如图 1-25b 所示。画大圆时，应加接延伸杆后使用，如图 1-25c 所示。

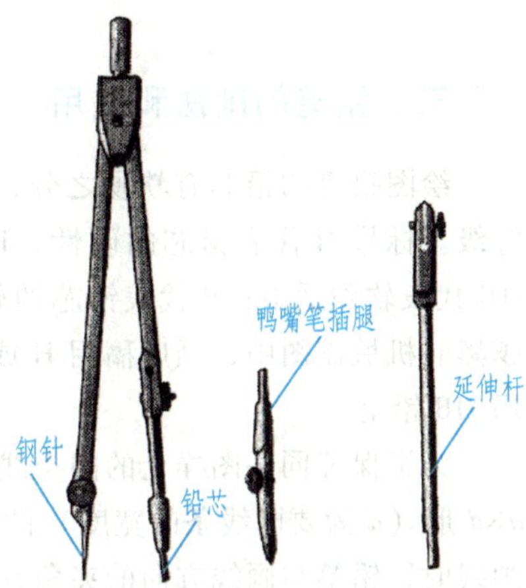

图 1-24　圆规及其附件

四、分规

分规是用来截取尺寸和等分线段的工具。使用前，应检查分规两脚的针尖并拢后是否平齐。分规的用法如图 1-26 所示。

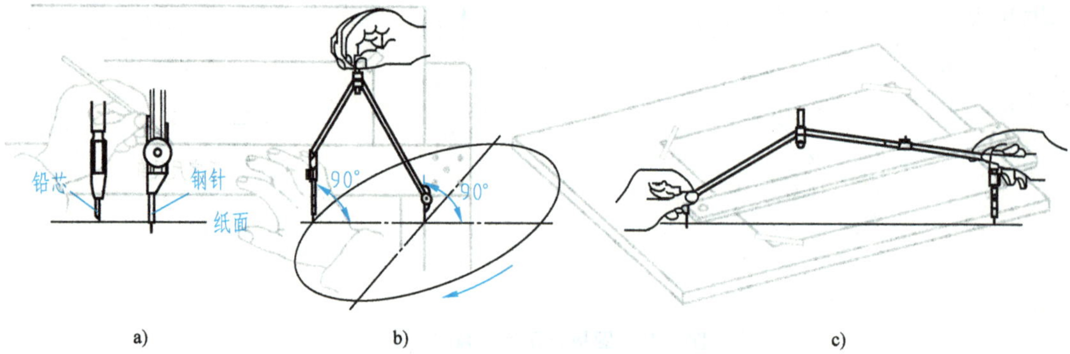

图 1-25 圆规的用法

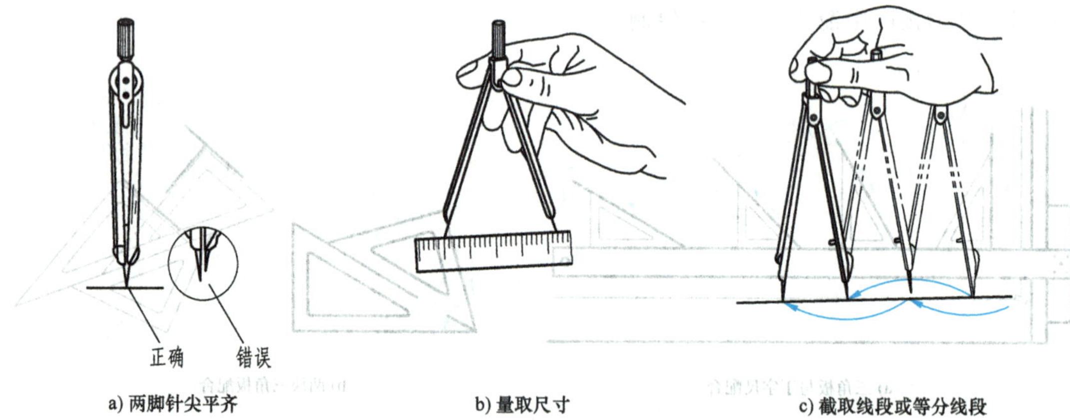

图 1-26 分规的用法

五、铅笔的削法和使用

绘图铅笔的铅芯有软硬之分，根据铅芯的软硬程度不同，可将其分为 H、HB 和 B 三个等级。标号 H 代表铅芯的硬性，H 前的数字越大，表示铅芯越硬，所画图线的颜色越淡；HB 代表软硬适中；B 代表铅芯的软性，B 前的数字越大，表示铅芯越软，所画图线的颜色越黑。机械制图中，画底稿用 H 或 2H 铅笔，加深图线用 B 或 2B 铅笔，写字和标注尺寸时用 HB 铅笔。

为了保证同一图样上的同类线型粗细一致，画粗实线用的铅笔，应将铅芯磨削成截面为 $d \times d$ 形（d 为要画线条的宽度）的四棱柱；写字和标注尺寸时，铅笔铅芯部分应削成锥形；画线时，铅笔与画线方向的夹角约为 60°，如图 1-27 所示。此外，削铅笔时应从没有标号的一端开始，保留有标号的一端以便于识别其硬度。

铅芯的软硬程度可以根据其粗细识别，铅芯越粗，其硬度越低；反之，铅芯越细，其硬度越高。绘图时，画圆或圆弧的铅芯通常比画直线的铅芯软一号，以保证图线的黑亮程度一致。

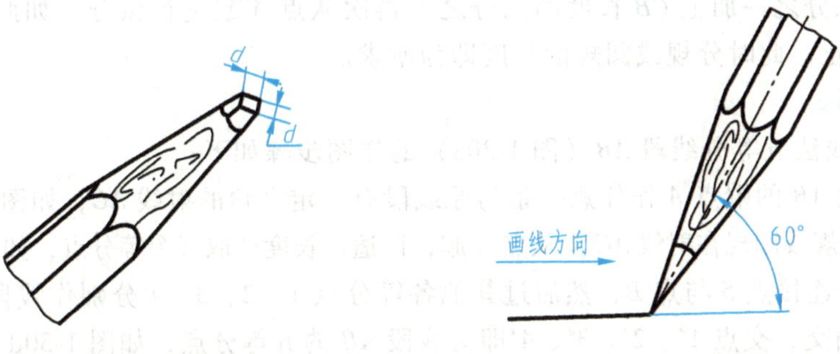

a) 画粗实线用的铅笔　　b) 写字和标注尺寸用的铅笔

图 1-27　绘图铅笔的削法和使用

六、图纸

图纸要求质地坚实，用橡皮擦拭不易起毛，且符合国家标准规定的图幅尺寸要求。画图时，应用图纸的正面画图。图纸正反面的识别方法是：用橡皮擦拭几下，不易起毛的即为正面。

固定图纸时，将丁字尺尺头靠紧图板工作边，以丁字尺上缘为准，将图纸摆正然后绷紧图纸，用胶带将其固定在图板上。当图幅不大时，图纸宜固定在图板的左下方，但在图纸下方应留出足够放置丁字尺的空间，如图 1-28 所示。

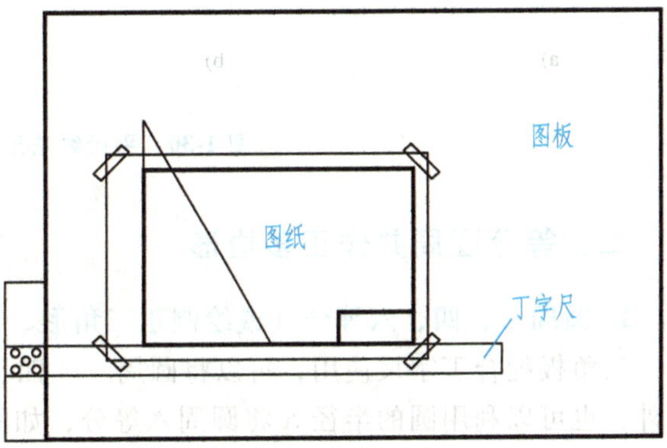

图 1-28　图纸的找正及固定

知识点 4　几何作图

机器零件的形状虽然各不相同，但都是由直线、圆、圆弧和其他一些非圆曲线组成的几何图形。熟练掌握和运用几何作图方法，将会提高绘制图样的速度和质量。

一、等分线段

等分线段有两种方法，分别为试分法和平行线法。

1. 试分法

采用试分法三等分线段 *AB*（图 1-29）的作图步骤如下：

1）根据线段 *AB* 的长度，目测预估其三分之一的长度。

2）利用分规或圆规，从点 *A* 起，以之前预估的长度为一等份截取三个等分点。

3）对剩余部分线段 *CB* 进行试分三等分。用预估

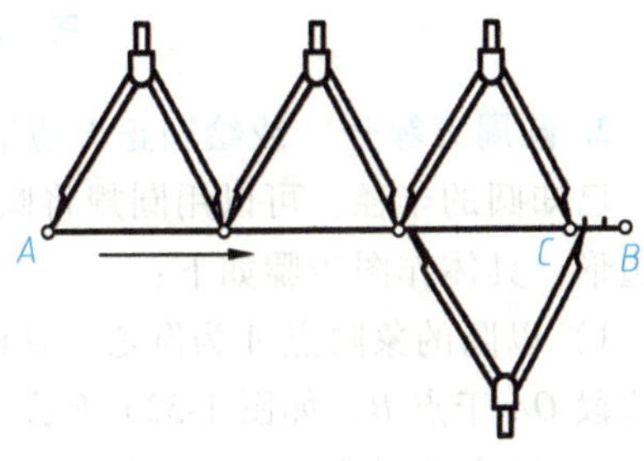

图 1-29　试分法三等分线段 *AB*

的 AB 长度的三分之一加上 CB 长度的三分之一再次从点 A 起进行试分，如此循环直至点 C 与点 B 重合为止，此时分规或圆规的长度即为所求。

2. 平行线法

采用平行线法五等分线段 AB（图 1-30a）的作图步骤如下：

1）过线段 AB 的端点 A 作任意一条与原线段有一定夹角的射线 AC，如图 1-30b 所示。

2）利用分规或圆规在射线 AC 上从点 A 起，以适当长度截取五个等分点，如图 1-30c 所示。

3）用线段连接点 5 与点 B，然后过其他各等分点 1、2、3、4 分别作线段 $B5$ 的平行线并与线段 AB 相交，交点 1′、2′、3′、4′即为线段 AB 的五等分点，如图 1-30d 所示。

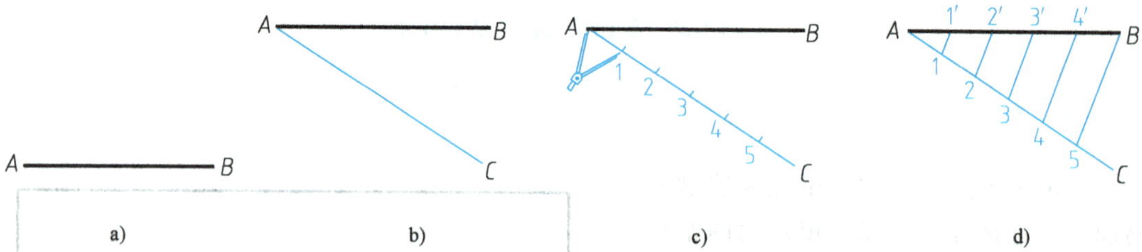

图 1-30 平行线法五等分线段 AB

二、等分圆周并作正多边形

1. 圆周三、四、六等分（或绘制正三角形、正方形和正六边形）

三角板配合丁字尺使用，可以将圆周三、四、六等分，其作图方法如图 1-31a～c 所示。此外，也可以利用圆的半径 R 将圆周六等分，如图 1-31d 所示。依次连接这六个等分点，即可得到圆的内接正六边形。

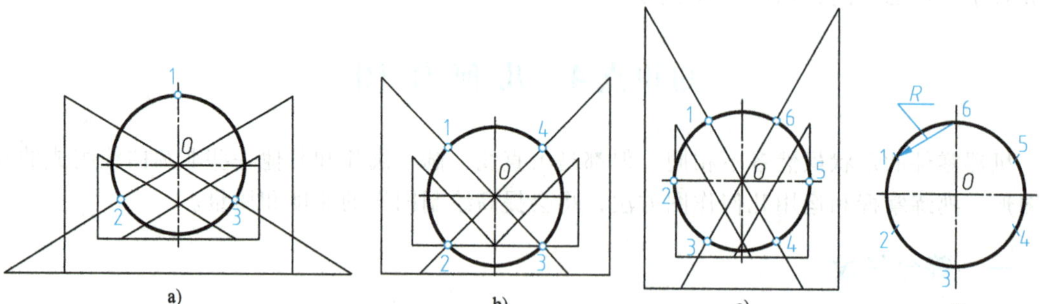

图 1-31 将圆周三、四、六等分

2. 圆周五等分（或绘制正五边形）

已知圆的半径，可以用圆规将圆周五等分，然后依次连接各等分点即可绘制圆的内接正五边形，具体作图步骤如下：

1）以圆的象限点 A 为圆心、OA 为半径画圆弧，交圆于点 E 和点 F，连接点 E 和点 F 交线段 OA 于点 B，如图 1-32a 所示。

2）以点 B 为圆心、BC 为半径画圆弧，交线段 AO 的延长线于点 D，如图 1-32b 所示；

以点 C 为圆心、CD 为半径画圆弧，交圆于 G、H 两点，如图 1-32c 所示。

3）分别以 G、H 两点为圆心，CG 或 CH 为半径画圆弧，交圆于点 M 和点 N，依次连接各等分点即可得到圆的内接正五边形，如图 1-32d 所示。

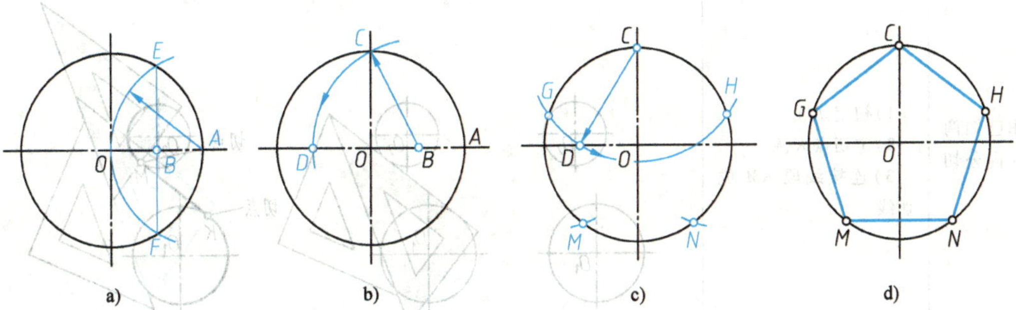

图 1-32　将圆周五等分并画正五边形

三、作圆或圆弧的切线

绘图时，经常会遇到作已知圆或圆弧切线的问题，其作图的关键是准确地找出直线与圆或圆弧的切点。

圆的切线的作图步骤和图例见表 1-6。

表 1-6　圆的切线的作图步骤和图例

类别	作图步骤	图例
过圆上一点作圆的切线	1）连接圆心 O 与圆上一点 P 2）过点 P 初定切线方向 PA，作 $PA \perp PO$	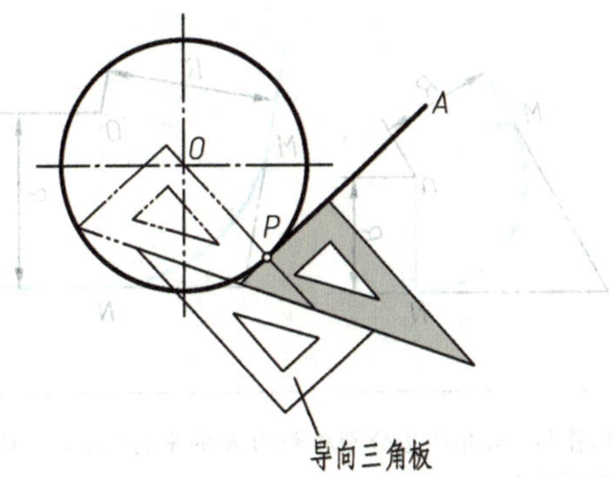
过圆外定点作已知圆的切线	1）初定切线 2）定切点 K 3）连接线段 AK 成切线	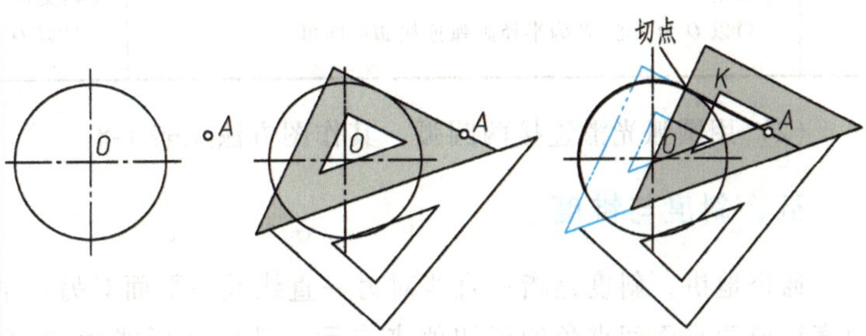

（续）

类别	作图步骤	图例
作已知两圆的内公切线	1)初定切线 2)定切点 K、M 3)连接线段 KM 成切线	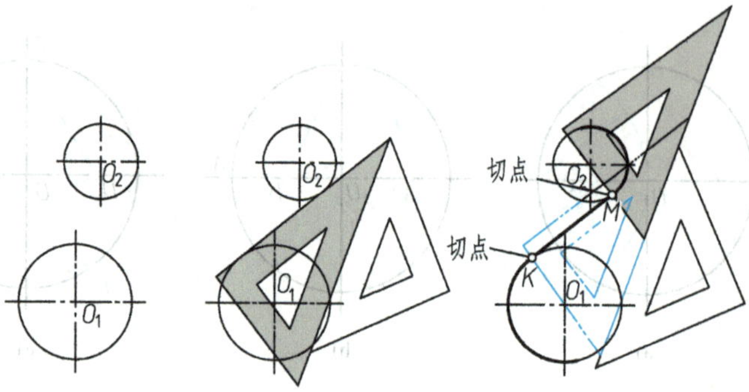

四、圆弧连接

圆弧连接是指用圆弧光滑连接已知直线或曲线。为确保连接光滑，在画连接圆弧前，应准确作出连接圆弧的圆心和连接点（即切点）。常见的圆弧连接有以下两种形式：

（1）用圆弧光滑连接两条直线　其作图方法见表 1-7。

表 1-7　用圆弧连接两条直线的作图方法

类别	用圆弧连接锐角或钝角的两边	用圆弧连接直角的两边
图例	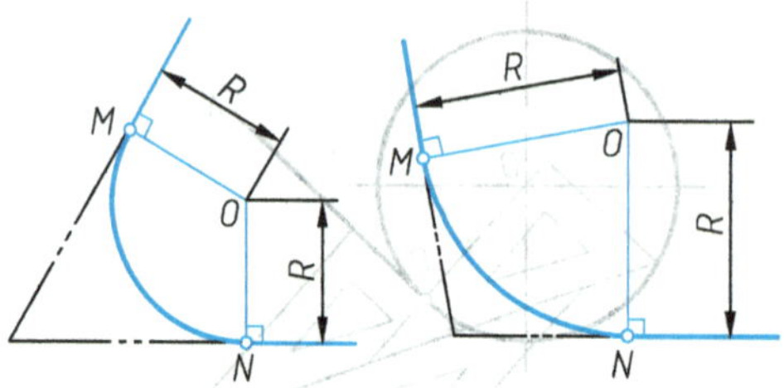	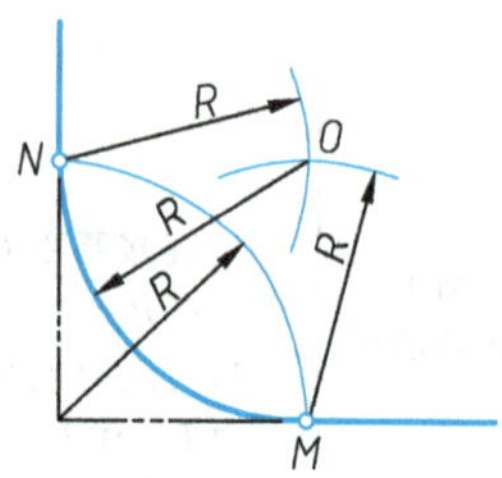
作图步骤	1)作与已知角两边分别相距为 R 的平行线，交点 O 即为连接弧圆心 2)过 O 点分别向已知角两边作垂线，垂足点 M 和点 N 即为切点 3)以 O 为圆心，R 为半径画弧连接 MN 即可	1)以直角顶点为圆心，R 为半径作圆弧交两直角边于点 M 和点 N 2)以点 M 和点 N 为圆心，R 为半径作圆弧，两圆弧相交得连接弧圆心 O 3)以 O 为圆心，R 为半径画弧连接 MN 即可

（2）用圆弧光滑连接两圆弧　其作图方法见表 1-8。

五、斜度与锥度

通俗地讲，斜度是指一直线对另一直线或一平面对另一平面的倾斜程度。斜度的大小用两直线或两平面间夹角的正切值来表示，其标注形式为“∠1 : n”。斜度符号的指向应与斜度方向一致，如图 1-33a 所示，斜度的画法如图 1-33b、c 所示。

表 1-8 圆弧与圆弧连接的作图方法

类别	作图步骤	图例
外连接	1）分别以 O_1 和 O_2 为圆心，$(R+R_1)$ 和 $(R+R_2)$ 为半径作圆弧，两圆弧相交得连接弧圆心 O 2）用直线连接 OO_1 和 OO_2，分别与两圆弧交于切点 A、B 3）以 O 为圆心，R 为半径画弧连接 AB 即可	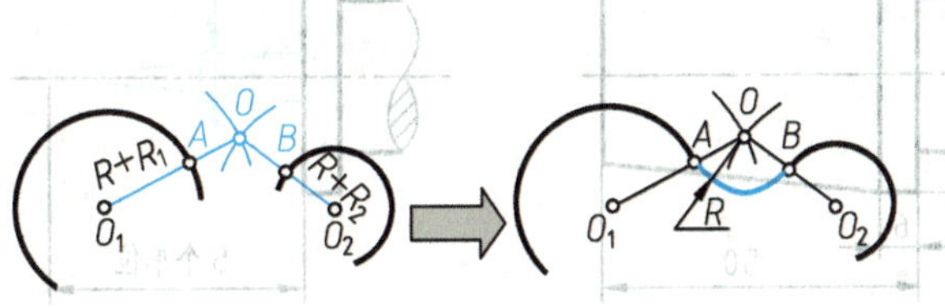
内连接	1）分别以 O_1 和 O_2 为圆心，$(R-R_1)$ 和 $(R-R_2)$ 为半径作圆弧，两圆弧相交得连接弧圆心 O 2）用直线连接 OO_1 和 OO_2 并延长，分别与两已知圆弧交于切点 A、B 3）以 O 为圆心，R 为半径画弧，连接 AB 即可	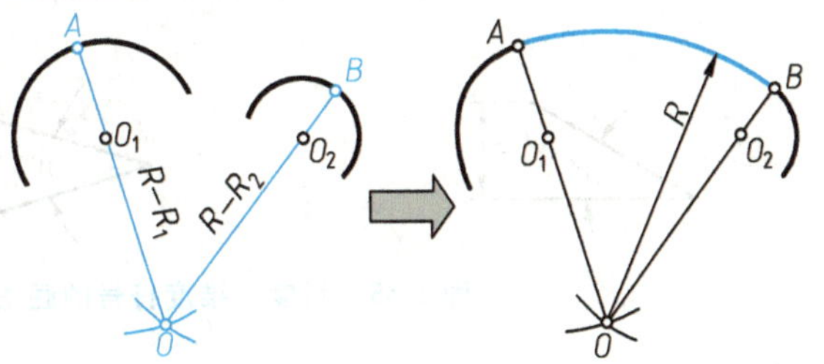
内外连接	1）分别以 O_1 和 O_2 为圆心，(R_1+R) 和 (R_2-R) 为半径画圆弧，两圆弧相交得连接弧圆心 O 2）用直线连接 O_1O 与已知圆弧交得切点 A，连接 O_2O 并延长与已知圆弧交得切点 B 3）以 O 为圆心，R 为半径画弧，连接 AB 即可	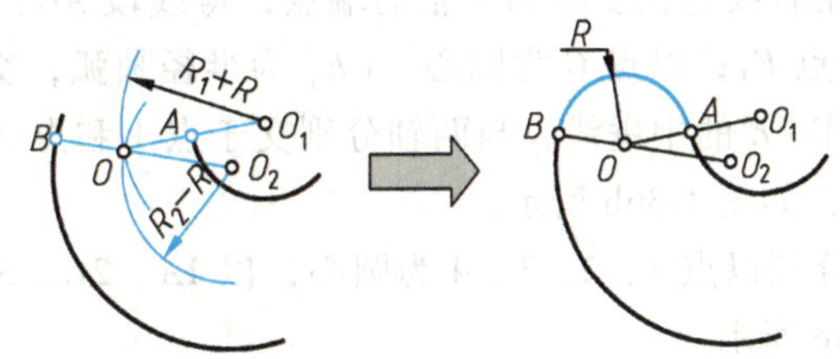

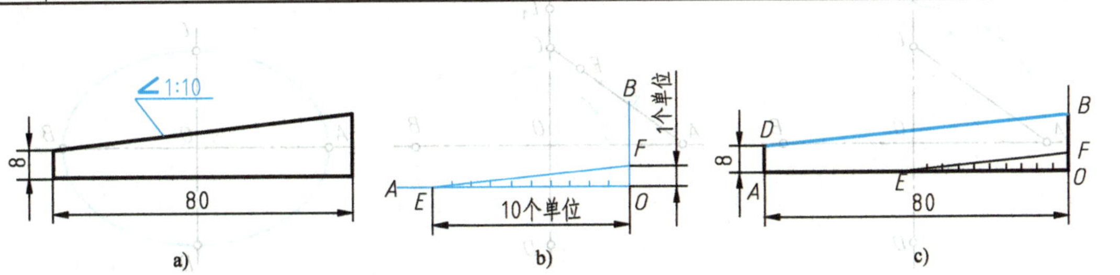

图 1-33 斜度的标注及画法

通俗地讲，锥度是指正圆锥的底圆直径 D 与高度 L 之比，或圆锥台的两底圆直径之差 $(D-d)$ 与高度 L 之比，其标注形式为"▷1:n"，锥度符号的尖端方向应与锥度方向一致，如图 1-34a 所示，锥度的画法如图 1-34b、c 所示。

斜度、锥度符号的画法如图 1-35 所示，其中 h 为字体高度，符号线宽为 $h/10$。

六、椭圆的画法

1. 四心圆法

椭圆有两条相互垂直且对称的轴，即长轴和短轴，通常用"四心圆法"近似地绘制椭

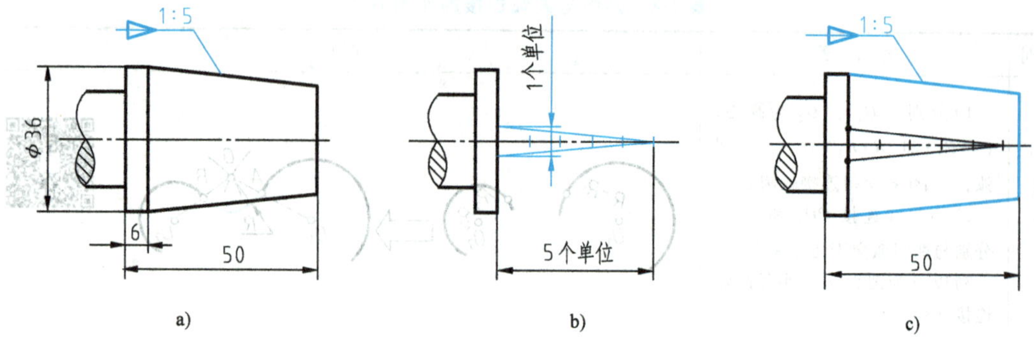

图 1-34 锥度的标注及画法

图 1-35 斜度、锥度符号的画法

圆。例如，已知椭圆的长轴 AB 和短轴 CD，其作图步骤如下：

1）用直线连接长轴和短轴的端点，得线段 AC；以点 O 为圆心，OA 为半径画圆弧，与短轴交于点 E_1；以点 C 为圆心，CE_1 为半径画弧，交 AC 于点 E，如图 1-36a 所示。

2）作 AE 的中垂线，与两轴分别交于点 1 和点 2；分别作这两点在长轴和短轴上的对称点 3 和 4，如图 1-36b 所示。

3）分别以点 1、2、3、4 为圆心，以 $1A$、$2C$、$3B$、$4D$ 为半径画圆弧，即得近似椭圆，如图 1-36c 所示。

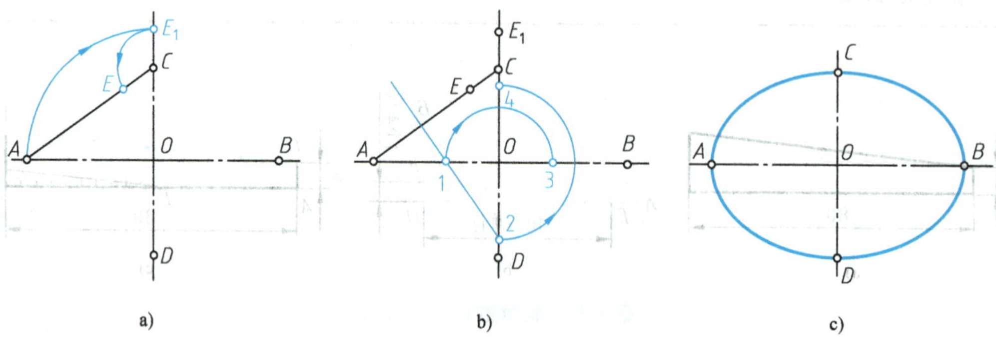

图 1-36 用四心圆法画椭圆

2. 同心圆法

已知椭圆的长轴和短轴，可先求出曲线上一定数量的点，再用曲线板光滑连接，就可以绘制出椭圆。例如，已知椭圆的长轴 AB 和短轴 CD，其作图步骤如下：

1）以长轴 AB 和短轴 CD 为直径画两个同心圆，然后过圆心作一系列直径与两圆分别相交，如图 1-37a 所示。

2）过大圆交点作铅垂线，过小圆交点作水平线，得到的交点就是椭圆上的点。

3）用曲线板光滑连接各点，即得所求椭圆，如图 1-37b 所示。

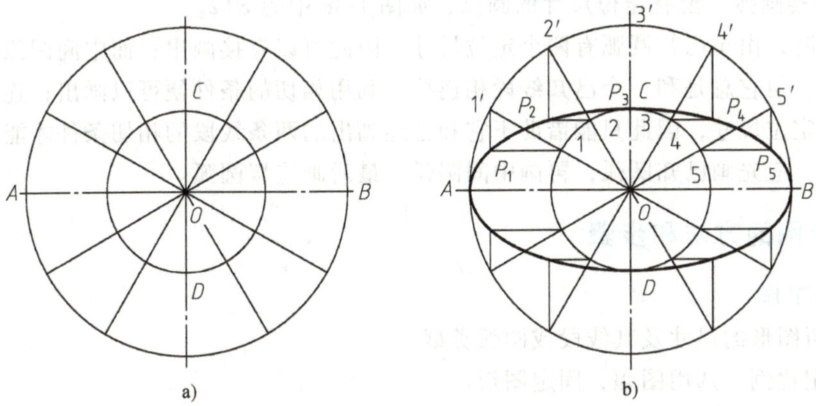

图 1-37　用同心圆法画椭圆

知识点 5　平面图形画法

平面图形一般由许多线段或圆弧连接而成，这些线段或圆弧之间的相对位置和连接关系要依据给定的尺寸来确定。画图时，只有通过分析尺寸和线段或圆弧间的关系，才能明确画该平面图形时应从何处着手，以及按什么顺序作图。

一、尺寸分析

平面图形中的尺寸，按其作用可分为两类：

（1）定形尺寸　用于确定线段的长度、圆弧的半径（或圆的直径）和角度大小等的尺寸，称为定形尺寸，如图 1-38 中的 $\phi5$、$\phi20$ 及 $SR10$、$R15$、$R12$、15 等。

（2）定位尺寸　用于确定线段在平面图形中所处位置的尺寸，称为定位尺寸。如图 1-38 所示，尺寸 8 确定了 $\phi5$ 的圆心位置；尺寸 75 间接地确定了 $SR10$ 的圆心位置；尺寸 45 确定了 $R50$ 圆心的一个坐标值。

定位尺寸通常以图形的对称中心线或某一轮廓线作为标注尺寸的起点，这个起点叫作尺寸基准，如图 1-38 中的 A 和 B。

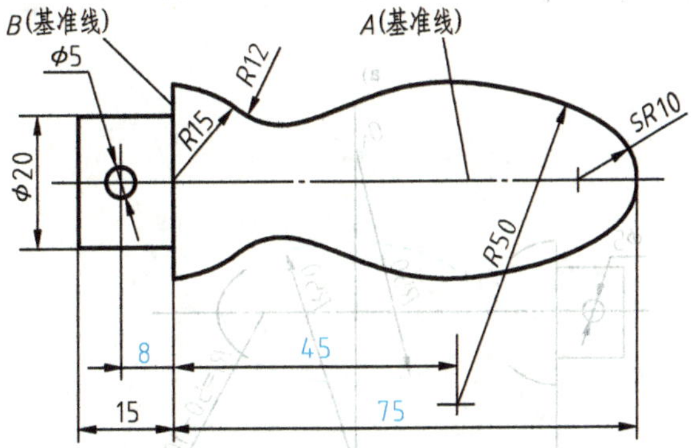

图 1-38　手柄平面图

二、线段分析

平面图形中的线段或圆弧，根据其定位尺寸完整与否，可分为三类（因为直线连接的作图比较简单，所以这里只讲圆弧连接的作图问题）：

（1）已知圆弧　具有两个定位尺寸的圆弧，如图 1-38 中的 $SR10$。

（2）中间圆弧　具有一个定位尺寸的圆弧，如图 1-38 中的 $R50$。

（3）连接圆弧　没有定位尺寸的圆弧，如图 1-38 中的 $R12$。

在作图时，由于已知圆弧有两个定位尺寸，因此可以直接画出；而中间圆弧虽然缺少一个定位尺寸，但它总是和一个已知线段相连接，利用相切的条件便可以画出；连接圆弧则由于缺少两个定位尺寸，因此只能借助于它和已经画出的两条线段的相切条件才能画出来。

作图时，应先画已知圆弧，再画中间圆弧，最后画连接圆弧。

三、绘图的方法和步骤

1. 准备工作

1）分析图形的尺寸及其线段或圆弧类型。

2）确定比例，选用图幅，固定图纸。

3）拟订具体的作图顺序。

2. 绘制底稿

画底稿的步骤如图 1-39 所示。

1）绘制基准线，如图 1-39a 所示。

2）绘制已知线段，如图 1-39b 所示。

3）绘制中间线段，如图 1-39c 所示。

4）绘制连接线段，如图 1-39d 所示。

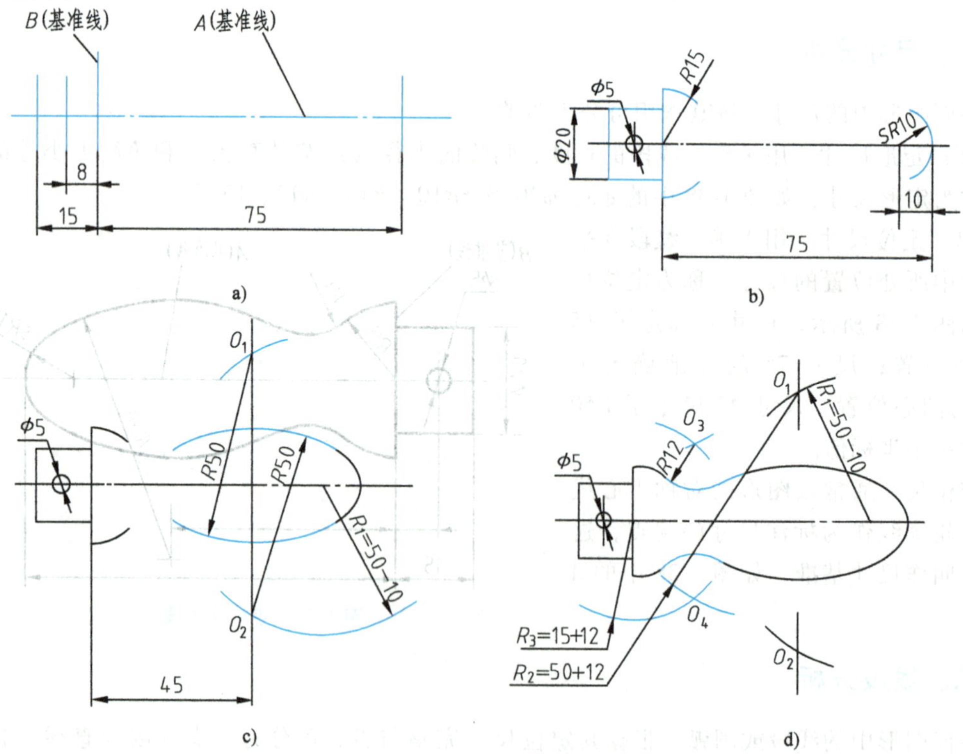

图 1-39　画底稿的步骤

画底稿时，应注意以下几点：

1）画底稿一般使用 H 或 2H 铅笔，铅芯应经常修磨以保持尖锐。

2）底稿上，各种线型暂不分粗细，但要画得很轻很细。

3）作图力求准确。

4）画错的地方，在不影响画图的情况下，可以暂时不擦。

3. 描深底稿

描深底稿的原则是：

（1）先细后粗　一般应先描深全部细虚线、细点画线及细实线等，再描粗全部粗实线，这样可提高绘图效率，又能保证同一线型在全图中粗细一致，并且不同线型之间的粗细也符合比例关系。

（2）先曲后直　在描深同一种线型（特别是粗实线）时，应先描深圆弧和圆，再描深直线，以保证连接圆滑。

（3）先水平、后垂斜　先用丁字尺自上而下描深全部相同线型的水平线，再用三角板自左向右描深全部相同线型的垂直线，最后描深倾斜的直线。

最后画箭头、填写尺寸数字、标题栏等，这些工作可以将图纸从图板上取下来进行。

描深底稿的注意事项如下：

1）在描深以前，必须全面检查底稿，修正错误，把画错的线条及作图辅助线用软橡皮轻轻擦净。

2）用 H、HB、B、2B 铅笔描深各种图线时用力要均匀一致，以免线条浓淡不匀。

3）为避免弄脏图面，要保持双手、三角板及丁字尺的清洁。描深过程中应经常用毛刷将图纸上的铅芯浮末扫净，并应尽量减少三角板在已描深的图线上反复移动。

4）描深后的图线很难擦净，故要尽量避免画错。需要擦掉时，可用软橡皮顺着图线的方向擦拭。描深后的手柄平面图如图 1-40 所示。

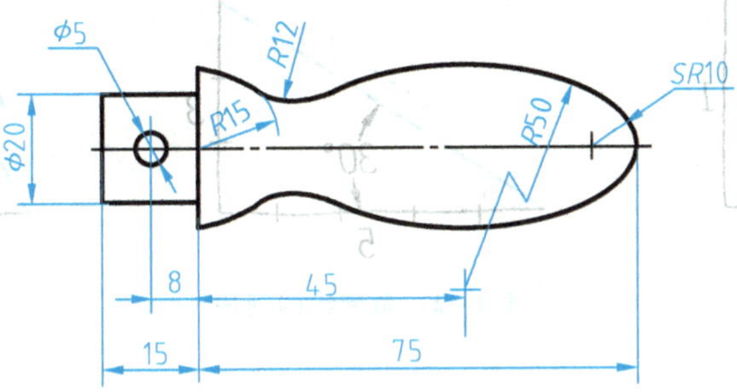

图 1-40　手柄加粗后的平面图

知识点 6　徒手绘制草图

徒手绘图是指不借助绘图工具（丁字尺、三角板、圆规、分规等），主要依靠目测估计图形与实物的比例徒手绘制图样。在生产实践、产品研发设计及技术交流中，工程技术人员经常需要用徒手图来快速、准确地表达自己的设计意图，或将所需要的技术资料用徒手图快速记录下来，故徒手绘图在现场测绘和技术交流时显得尤为必要，是每个工程技术人员必须具备的一项重要的技能。

一、绘制平面图形

画直线时，可以先标出直线的两个端点，然后执笔悬空并沿直线方向比画一下，以便掌握好方向和走势后再落笔画线。为了运笔方便，在画水平线和竖直线时，可以将图纸斜放；画水平和竖直线时，要分别自左向右和自上而下运笔，如图 1-41 所示。画短线时常以手腕运笔，画长线时以手臂运笔。

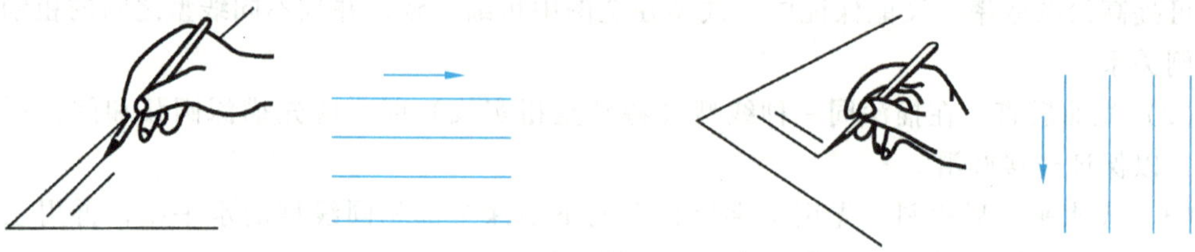

a) 画水平线　　b) 画竖直线

图 1-41　水平线和竖直线的运笔方向及画法

二、常用角度的画法

画 45°、30°、60°等常见角度时，可以根据直角边的比例关系，在两直角边上定出几点，然后连接这些点即可，画线的运笔方向如图 1-42 所示。

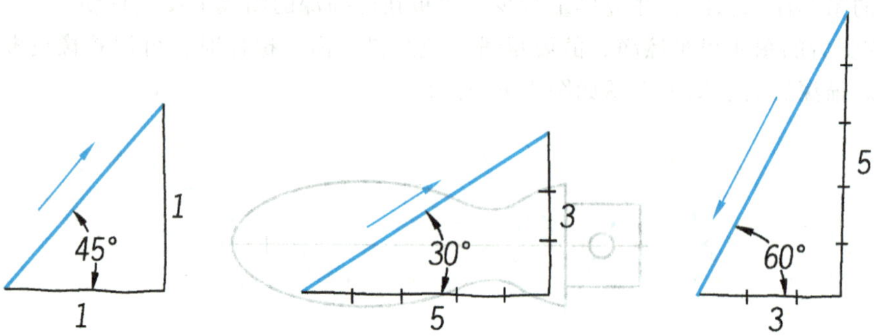

图 1-42　角度线的画法

三、圆的画法

徒手画圆时，应先确定圆的位置并画出两条互相垂直的中心线，然后在中心线上根据半径大小标记出四个点，最后过这四点画圆，如图 1-43a 所示。当圆的半径较大时，则可过圆心在 45°方向上加画两条斜线，同样在这两条斜线上按照半径大小再标记出四个点，然后过这八个点绘制大圆，如图 1-43b 所示。

四、椭圆和圆角的画法

画椭圆时，应先画出椭圆相互垂直的长轴和短轴，然后在这两条轴线上分别截取椭圆的四个端点，接着过这四个端点画椭圆的外切矩形，并将矩形的对角线六等分，最后依次过长、短轴的端点和对角线靠外侧的等分点画椭圆，如图 1-44 所示。

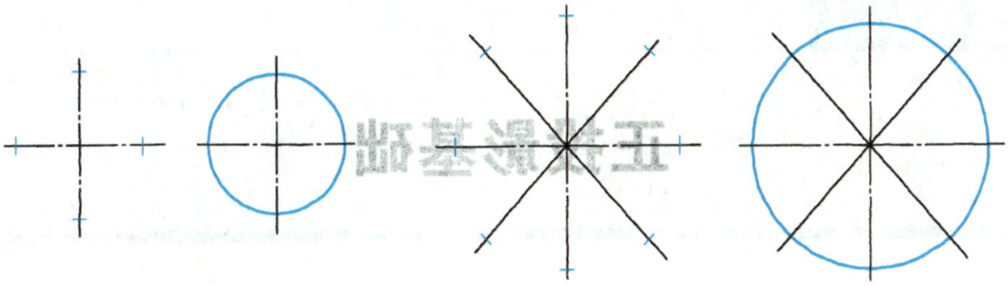

a) 小圆的画法　　b) 大圆的画法

图 1-43　圆的画法

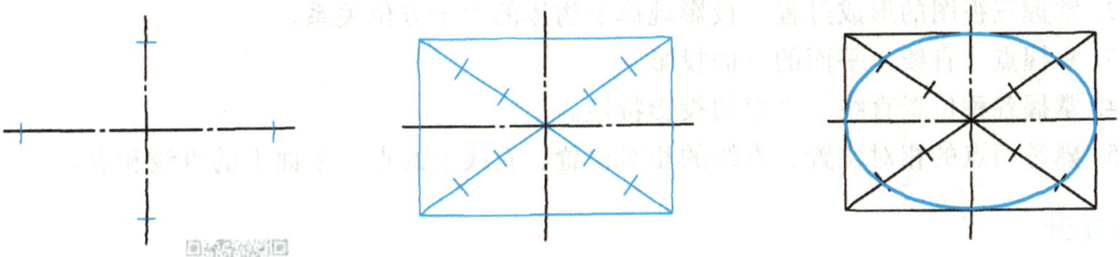

图 1-44　椭圆的画法

徒手画圆角时，应先作角平分线，然后在角平分线上指定圆心，并过圆心作两条边的垂线定出圆弧的两个切点，接着在角平分线上截取圆弧上的一点，最后把三点连接起来即可，如图 1-45 所示。

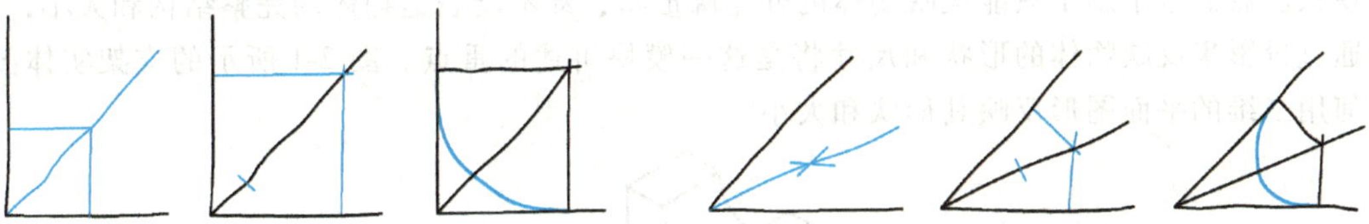

a) 圆角　　b) 连接弧

图 1-45　徒手画圆角和连接弧

任务实施

根据本模块所学知识，完成以下学习任务。

任务 1-1　零件图的最外一圈线框是什么？

任务 1-2　零件图右下角的表格是什么？表格内的比例代表什么含义？

任务 1-3　零件图是用不同的线型表达的，那么不同的线型在使用时有什么区别？

模块2

正投影基础

本模块知识点

1. 了解投影法的基本概念。
2. 掌握三视图的形成过程、投影规律及物体的六个方位关系。
3. 掌握点、直线、平面的三面投影。
4. 掌握各种位置直线、平面的投影特性。
5. 熟悉两点的相对位置、直线的相对位置、直线上的点、平面上的直线和点。

素养提升

实事求是、严谨认真，尊重事物的发展规律及内在联系。

任务引入

在日常生活中，物体在太阳光或灯光照射下，会在地面或墙壁上产生影子，这是一种投影现象。然而这个影子只能反映物体的外轮廓形状，却不能表达物体的完整结构和大小，如何通过投影来反映物体的形状和尺寸将是这一模块讲述的重点。图 2-1 所示的支架实体图，如何用二维的平面图形反映其形状和大小？

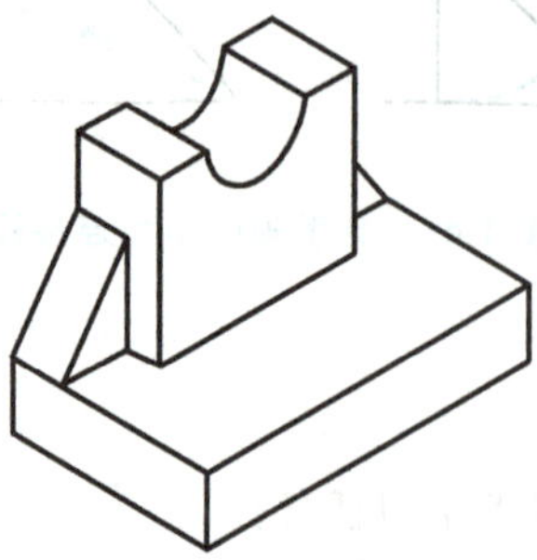

图 2-1　支架实体图

知识点 1　投影法基础知识

一、投影法

工程图样所采用的绘图方法，是将生活中“光线照射物体可以产生影子”的自然现象经过科学的抽象化改造之后形成的一种科学而严密的图示方法，即投影法。简单地说，投影法就是投射线通过物体向选定的面投射并在该面上得到图形的方法。用投影法获得的投影图形称为投影（投影图）。

根据投射线的类型不同（平行或汇交），投影法可分两大类：中心投影法和平行投影法。

1. 中心投影法

如图 2-2a 所示，这种将所有投射线汇交于一点（投射中心位于有限远处）的投影方法叫中心投影法。用中心投影法得到的物体投影，其大小会随着投影面、物体及投射中心之间距离的变化而变化。使用中心投影法绘制的图形符合人的视觉习惯，立体感较强，但不能反映物体的真实大小，度量性差，因此在机械图样中很少使用（广泛应用于建筑、装饰设计等领域，如图 2-2b 所示）。

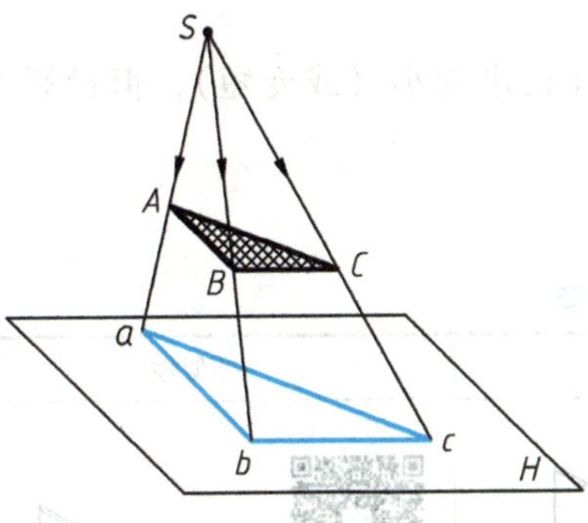

a)

b)

图 2-2　中心投影法

2. 平行投影法

投射线相互平行的投影法（投射中心位于无限远处）称为平行投影法，简称平行投影。如图 2-3 所示，在平行投影法中，若投射线与投影面相倾斜，则为斜投影法；若投射线与投影面相垂直，则为正投影法，其投影图形的大小不随着形体与投影面距离的改变而改变，度量性好。

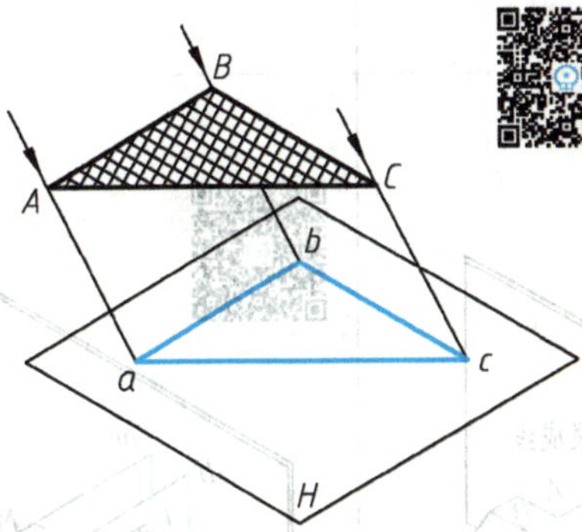

a) 斜投影

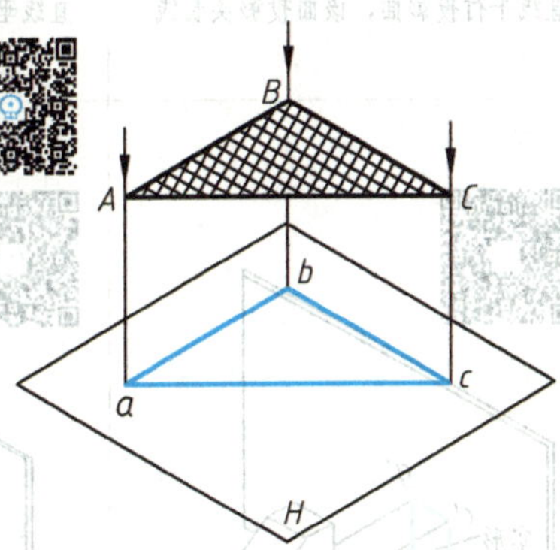

b) 正投影

图 2-3　斜投影和正投影

不仅如此，当形体表面与投影面平行时，该面的投影即全等于该表面，具有真实性。在作图原理上，正投影法比其他投影法简单，便于作图，因此在机械图样中，正投影的应用十分广泛，也是本课程学习的重点内容。

为简便起见，下文中提到的投影都指正投影，特别指明的除外。

二、正投影基本性质

正投影的投射线相互平行，且垂直于投影面，直线或平面与投影面的相对位置不同，将呈现出不同的投影特性：

（1）真实性（显实性） 平面（或直线）与投影面平行时，其投影反映实形（或实长）的性质，称为真实性。

（2）积聚性 平面（或直线）与投影面垂直时，其投影积聚成一条线（或一个点）的性质，称为积聚性。

（3）类似性 平面（或直线）与投影面倾斜时，其投影变小（或变短），但投影的形状与原来相类似的性质，称为类似性。

正投影的投影特性见表 2-1。

表 2-1 正投影的投影特性

特性	真实性	积聚性	类似性
直线	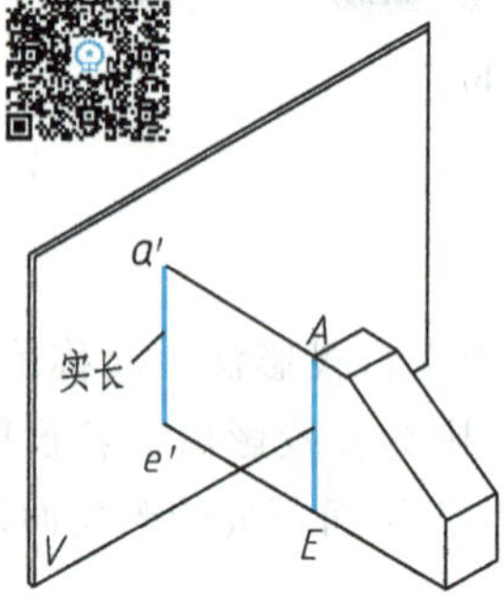直线平行投影面，该面投影实长线	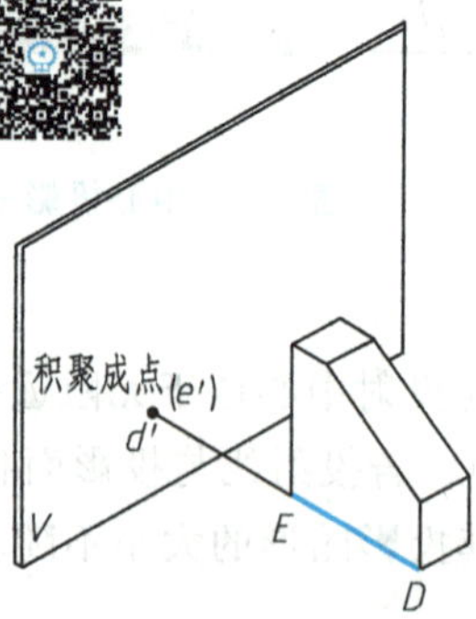直线垂直投影面，该面投影聚成点	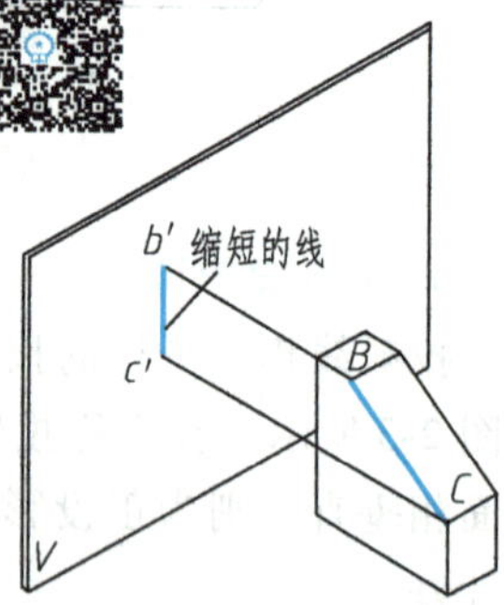直线倾斜投影面，该面投影变短线
平面	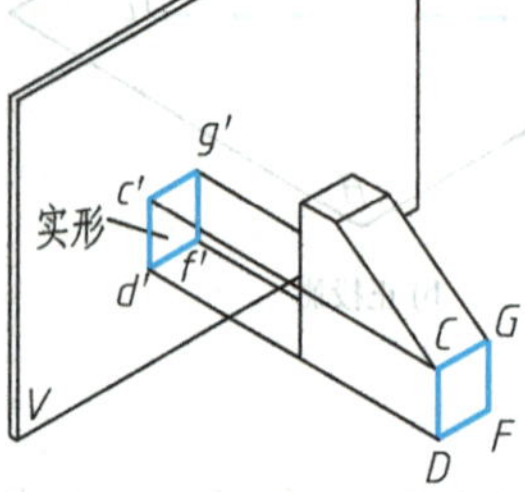平面平行投影面，该面投影显实形	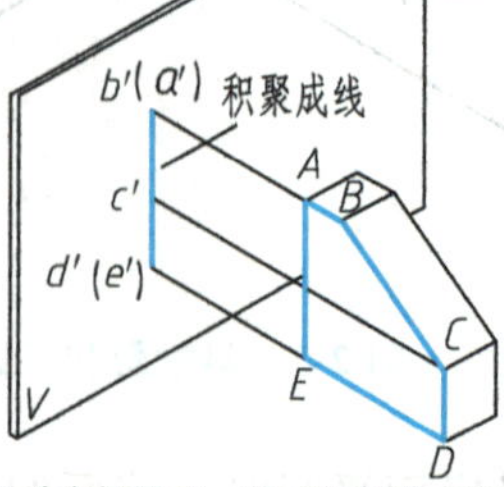平面垂直投影面，该面投影聚成线	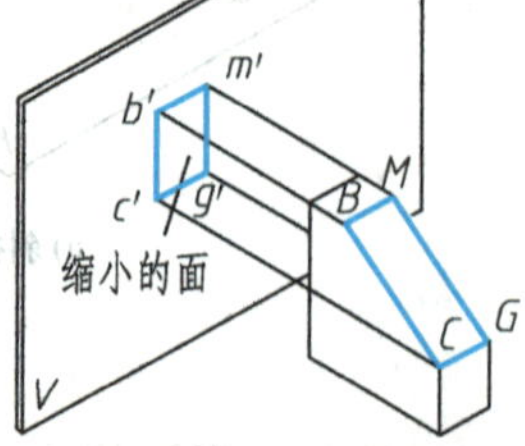平面倾斜投影面，图形类似大小变

知识点 2 三视图的形成及投影规律

一、三投影面体系的建立

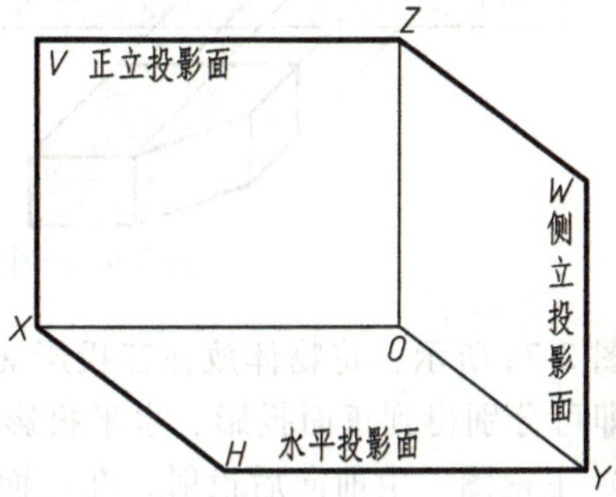

图 2-4 三投影面体系

三投影面体系由三个相互垂直的投影面组成，如图 2-4 所示。

三个投影面分别为：

1）正立投影面（简称正面），用 V 表示。

2）水平投影面（简称水平面），用 H 表示。

3）侧立投影面（简称侧面），用 W 表示。

相互垂直的投影面之间的交线，称为投影轴，它们分别是：

1）OX 轴（简称 X 轴），是 V 面与 H 面的交线，代表长度方向。

2）OY 轴（简称 Y 轴），是 H 面与 W 面的交线，代表宽度方向。

3）OZ 轴（简称 Z 轴），是 V 面与 W 面的交线，代表高度方向。

三根投影轴相互垂直，其交点 O 称为原点。

为了画图方便，需将互相垂直的三个投影面摊平在同一个平面上。如图 2-5a 所示，正立投影面保持不动，将水平投影面绕 OX 轴向下旋转 90°，将侧立投影面绕 OZ 轴向右旋转 90°，分别重合到正立投影面上。应注意在水平投影面和侧立投影面旋转时，OY 轴被分为两处，分别用 OY_H（在 H 面上）和 OY_W（在 W 面上）表示，如图 2-5b 所示。

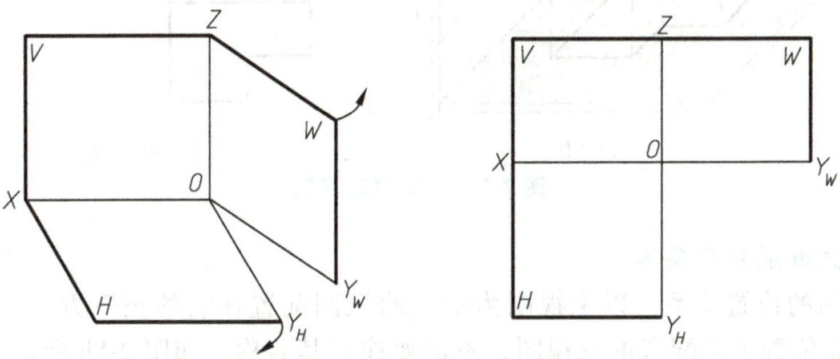

a) b)

图 2-5 三投影面体系的展开

二、形体三视图的投影规律及画法

1. 三视图的形成

根据国家标准和规定，用正投影法绘制的物体图形，称为视图。一般情况下，物体的一个视图不能确定其形状，如图 2-6 所示，三个形状不同的物体，它们在同一投影面上的视图却相同，这并不能反映物体的真实形状。因此，要反映物体的完整形状，必须将物体放在三投影面体系中，才能将物体表达清楚。工程上常用三投影面体系来表达简单物体的形状。

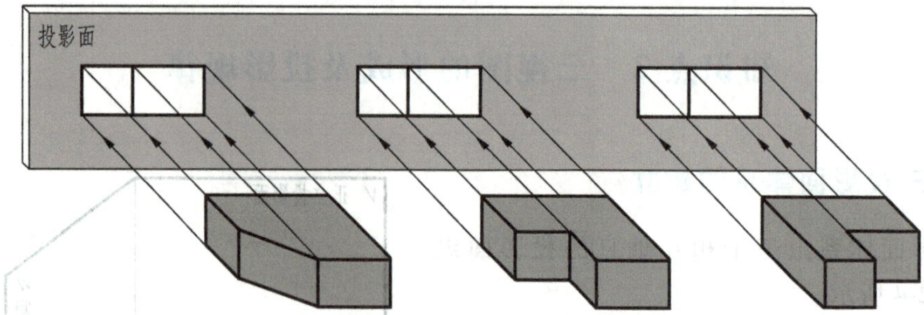

图 2-6 一个视图不能确定物体形状

如图 2-7a 所示，将物体放在三投影面体系中，按正投影法分别向 V 面、H 面和 W 面作投影，即可分别得到正面投影、水平投影和侧面投影，如图 2-7b 所示。

（1）主视图 由前向后投射，在正面上所得的视图。

（2）俯视图 由上向下投射，在水平面上所得的视图。

（3）左视图 由左向右投射，在侧面上所得的视图。

注意：绘图时，不必绘制投影面和投影轴，只需画出三面视图。

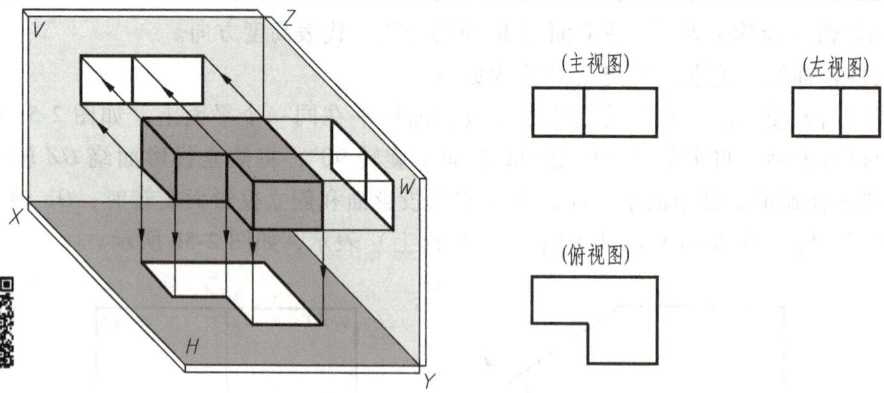

a) 立体图 b) 三视图

图 2-7 物体的三视图

2. 三视图之间的对应关系

（1）三视图的位置关系 以主视图为准，俯视图配置在它的正下方，左视图配置在它的正右方。按此位置关系配置的三视图，不需要注写其名称，如图 2-8b 所示。

（2）三视图间的“三等”关系 从三视图的形成过程中可以看出：主视图反映物体的长度（X）和高度（Z）；俯视图反映物体的长度（X）和宽度（Y）；左视图反映物体的高度（Z）和宽度（Y）。

由此可以归纳得出：主、俯视图长对正，主、左视图高平齐，俯、左视图宽相等。

注意：应当指出，无论是整个物体还是物体的局部，其三面投影都必须符合“长对正、高平齐、宽相等”的“三等”规律，如图 2-9 所示。

（3）视图与物体的方位关系 所谓方位关系，指的是以绘图（或看图）者面对正面（即主视图的投射方向）观察物体为准，看物体的上、下、左、右、前、后六个方位（图 2-10a）在三视图中的对应关系，如图 2-10b 所示。其中主视图反映物体的上、下和左、右，俯视图反映物体的左、右和前、后，左视图反映物体的上、下和前、后。

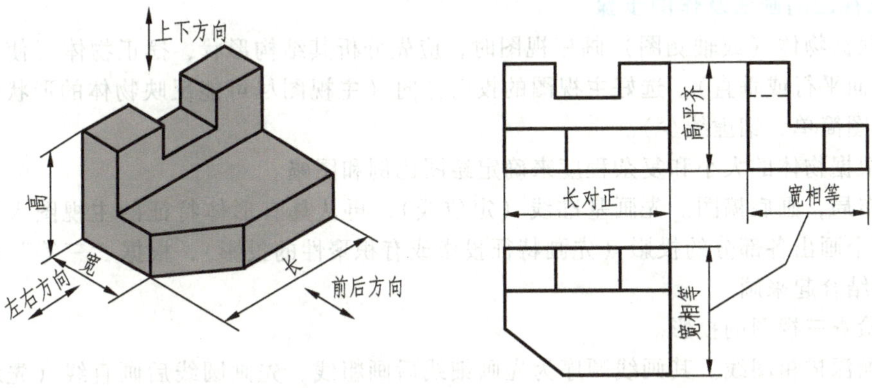

a) 立体图　　b) 三视图

图 2-8　三视图的“三等”规律

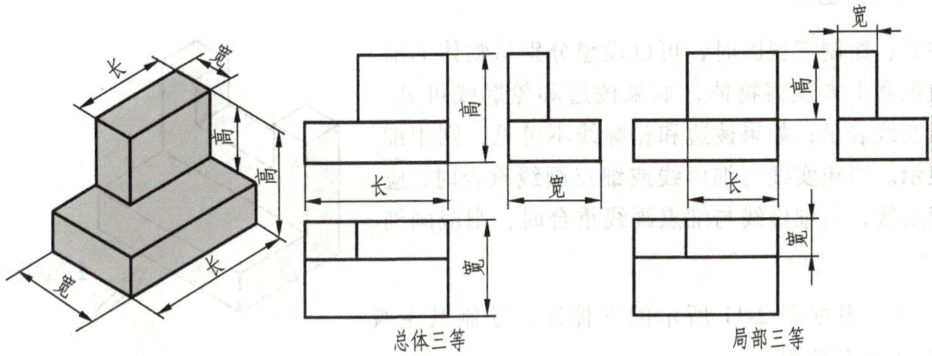

a) 立体图　　b) 三视图

图 2-9　三视图的局部“三等”规律

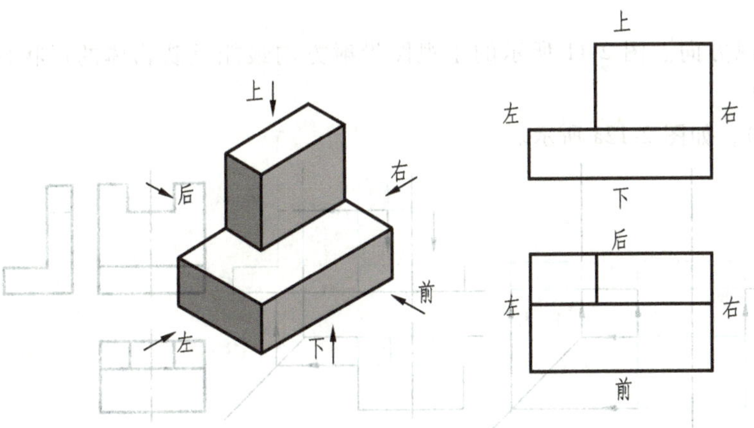

a)　　b)

图 2-10　三视图的方位关系

注意：俯、左视图靠近主视图的一侧（里边）均表示物体的后面，远离主视图的一侧（外边）均表示物体的前面。

3. 三视图的画法及作图步骤

1）根据物体（或轴测图）画三视图时，应先分析其结构形状，摆正物体（使其主要表面与投影面平行或垂直），选好主视图的投射方向（主视图尽可能反映物体的形状特征，其他视图作图简单、细虚线少）。

2）根据物体的大小和复杂程度来确定绘图比例和图幅。

3）布局，画底稿图。先画基准线（定位线），再从具有形体特征的主视图入手，先主后次，逐个画出各部分的投影（先画特征投影或有积聚性的投影），根据“三等”规律，将三个视图结合起来画。

4）检查三视图的投影。

5）加深描粗图线。其画线顺序为先画细线后画粗线，先画圆线后画直线（先水平后铅垂再斜线），从左至右、从上至下依次加深描粗图线。

6）全面检查，校对视图，修饰图面。

7）填写标题栏。

注意：绘制三视图时，可以设想分别从物体的前方、左侧和上方观察物体，如果棱边和轮廓线可见，则用粗实线表示；如果棱边和轮廓线不可见，则用细虚线表示。当粗实线与细虚线或细点画线重合时，应画成粗实线；当细虚线与细点画线重合时，则应画细虚线。

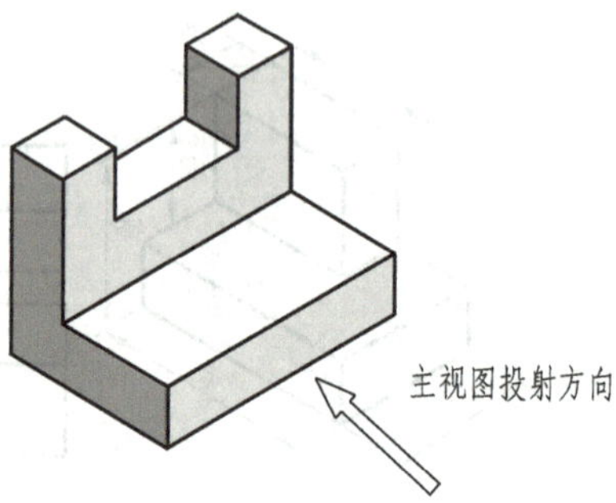

图 2-11 立体图

例 2-1 根据图 2-11 所示的立体图，绘制其主视图、俯视图和左视图。

分析：该物体是由两个长方体叠加而成的，其上部分长方体的正上方切去一个长方体形成凹槽，根据立体图绘制三视图。

作图步骤：

1）形体分析，确定主视方向。图 2-11 所示的主视图投射方向最能反映物体的形状特征，并且物体是左右对称的。

2）画基准线（定位线），如图 2-12a 所示。

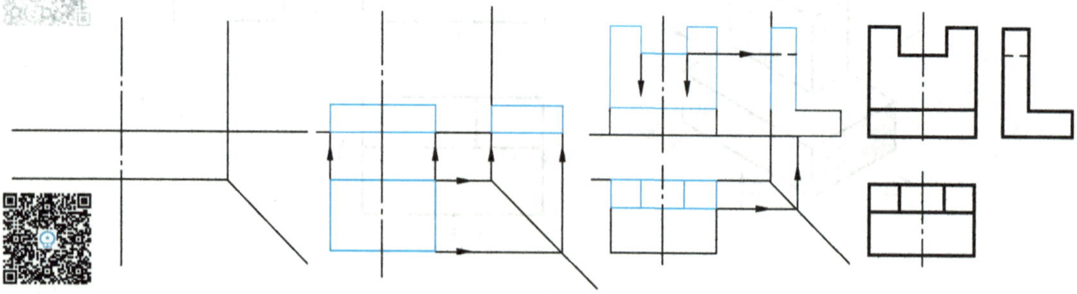

a) 画基准线　b) 绘制底板　c) 绘制带槽立板　d) 完善图形

图 2-12 绘制立体的三视图

3）画主要结构的底稿图。利用“三等”关系（即长对正、高平齐、宽相等）完成底部长方体的三视图，如图 2-12b 所示。

4）完成上面带凹槽立板的投影。先完成立板长方体的三视图，然后绘制凹槽特征视图，即主视图的投影，再利用“长对正”完成俯视图中切去的长方体的投影，然后根据“高平齐”补画左视图中切去的长方体的投影，如图2-12c所示。由于切去的长方体的深度在左视图中的投影不可见，故用细虚线表示。

5）对照立体图检查画的三视图，清洁图面并擦去多余的辅助线，如图2-12d所示。确认无误后加深描粗图线，如图2-13所示。

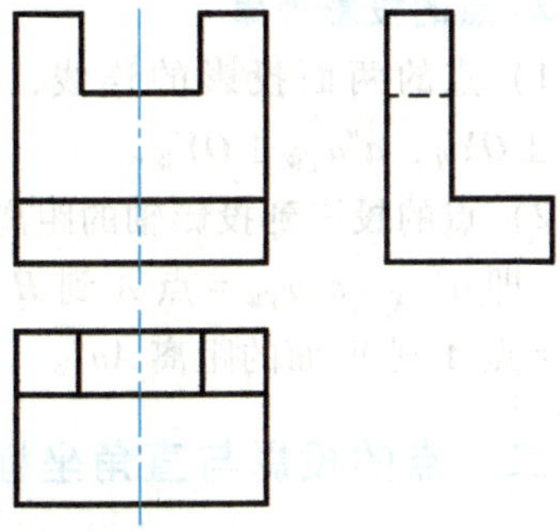

图2-13 清洁图面并加深描粗图线

6）全面检查，校对图样，清洁图面。

注意：主视图应尽可能地反映物体的形状特征。重视三视图间的三等关系，尤其是俯、左视图应做到宽相等。对称图形画对称中心线（用细点画线表示）；不要漏画不可见轮廓的投影（用细虚线表示）。

知识点3 点的投影

点、线、面是组成几何体最基本的要素，要想正确地绘制出物体的三视图，必须先掌握点的投影规律。

一、点的三面投影

点的投影仍然是点。

1. 点的表示法

空间点用大写字母或罗马数字表示，例如 A、B、C 或 Ⅰ、Ⅱ、Ⅲ 等；水平投影用相应的小写字母或阿拉伯数字表示，如 a、b、c 或1、2、3等；正面投影用相应的小写字母或阿拉伯数字加一撇表示，如 a'、b'、c'或1′、2′、3′等；侧面投影用相应的小写字母或阿拉伯数字加两撇表示，如 a''、b''、c''或1″、2″、3″等。

如图2-14所示，求点 A 的三面投影，就是由点 A 分别向三个投影面作垂线，则其垂足 a、a'、a''即为点 A 的三面投影。若将投影面摊平在一个平面上，则将得到点 A 的三面投影图（图2-14b）。图中 a_X、a_{YH}、a_{YW}、a_Z 分别为点的投影连线与投影轴 X、Y_H、Y_W、Z 的交点。

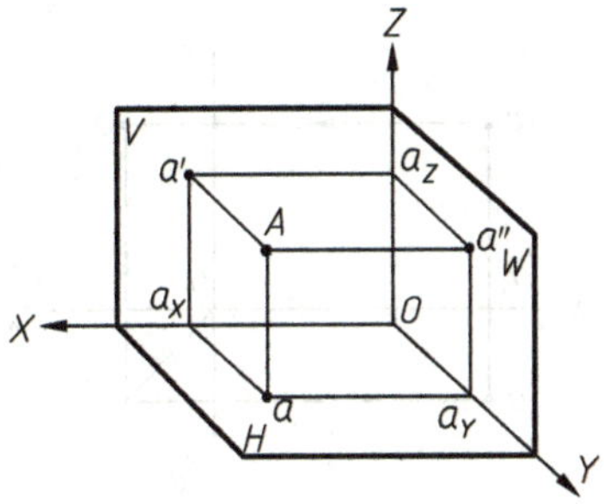

a) 点在三面投影体系中的投影

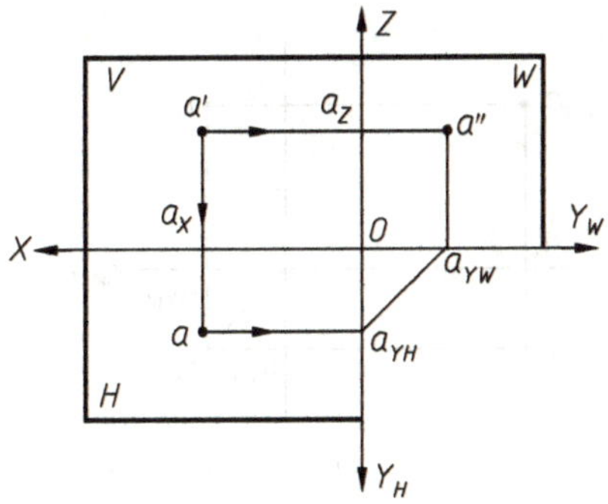

b) 三面投影图

图2-14 点的三面投影

2. 点的投影规律

1）点的两面投影的连线，必定垂直于相应的投影轴。即 $aa' \perp OX$，$a'a'' \perp OZ$，而 $aa_{YH} \perp OY_H$，$a''a_{YW} \perp OY_W$。

2）点的投影到投影轴的距离等于空间点到相应的投影面的距离，即“影轴距等于点面距”。即 $a'a_X = a''a_{YW}$ = 点 A 到 H 面的距离 Aa；$aa_X = a''a_Z$ = 点 A 到 V 面的距离 Aa'；$aa_{YH} = a'a_Z$ = 点 A 到 W 面的距离 Aa''。

二、点的投影与直角坐标的关系

点的空间位置可以用直角坐标来表示，如图 2-15 所示。即把投影面当作坐标平面，投影轴当作坐标轴，O 即为坐标原点。则点 A 的 X 坐标 X_A 等于点 A 到 W 面的距离 Aa''；点 A 的 Y 坐标 Y_A 等于点 A 到 V 面的距离 Aa'；点 A 的 Z 坐标 Z_A 等于点 A 到 H 面的距离 Aa。点 A 坐标的规定书写形式为：A（X_A，Y_A，Z_A）。

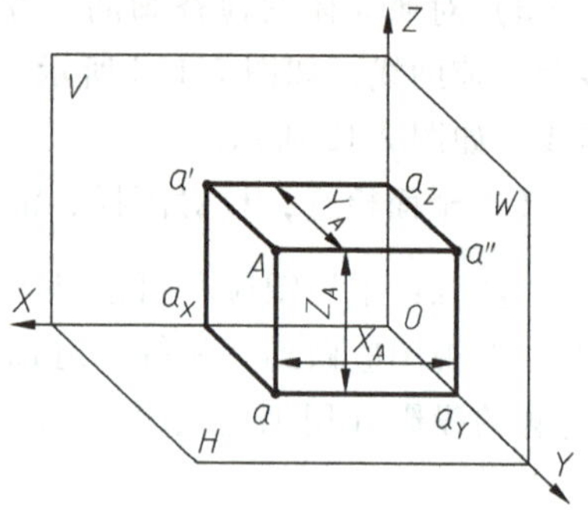

图 2-15 点的投影与直角坐标的关系

例 2-2 已知点 A（30，10，20），求作其三面投影图。

方法 1：

1）作投影轴 OX、OY_H、OY_W、OZ。

2）在 OX 轴上由 O 点向左量取 30mm，得点 a_X，在 OY_H、OY_W 轴上由 O 点分别向下、向右量取 10mm，得点 a_{YH}、a_{YW}；在 OZ 轴上由 O 向上量取 20mm，得点 a_Z。

3）过点 a_X 作 OX 轴的垂线，过点 a_{YH}、a_{YW} 分别做 OY_H、OY_W 轴的垂线，过点 a_Z 作 OZ 轴的垂线。

4）各条垂线的交点 a、a'、a''即为点 A 的三面投影，如图 2-16a 所示。

方法 2：

1）作投影轴 OX、OY_H、OY_W、OZ。

2）在 OX 轴上由 O 点向左量取 30mm，得点 a_X。

3）过点 a_X 作 OX 轴的垂线，并沿垂线向下量取 10mm，得点 a，向上量取 $a_Xa' = 20$mm，得点 a'。

4）根据点 a、a'，根据三等规律，求出第三投影点 a''，如图 2-16b 所示。

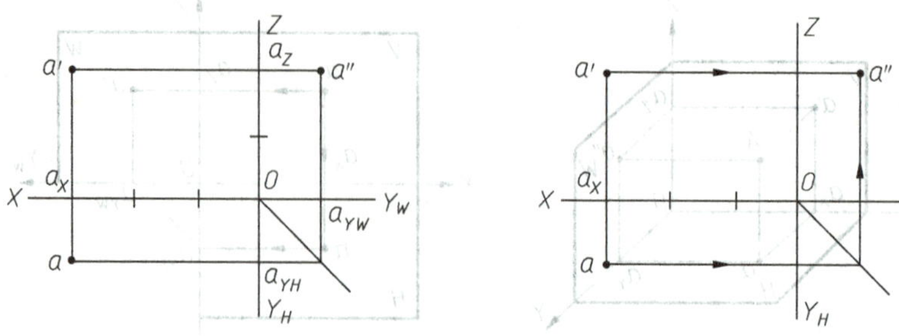

图 2-16 根据点的坐标作投影图

三、两点的相对位置

1. 两点相对位置的确定

两点在空间的相对位置由两点的坐标差来确定，如图 2-17 所示。

1）两点的左、右相对位置由 X 坐标差（X_A-X_B）确定。由于 $X_A>X_B$，因此点 B 在点 A 的右方。

2）两点的前、后相对位置由 Y 坐标差（Y_A-Y_B）确定。由于 $Y_A<Y_B$，因此点 B 在点 A 的前方。

3）两点的上、下相对位置由 Z 坐标差（Z_A-Z_B）确定。由于 $Z_A<Z_B$，因此点 B 在点 A 的上方。

综上所述，点 B 在点 A 的右、前、上方。

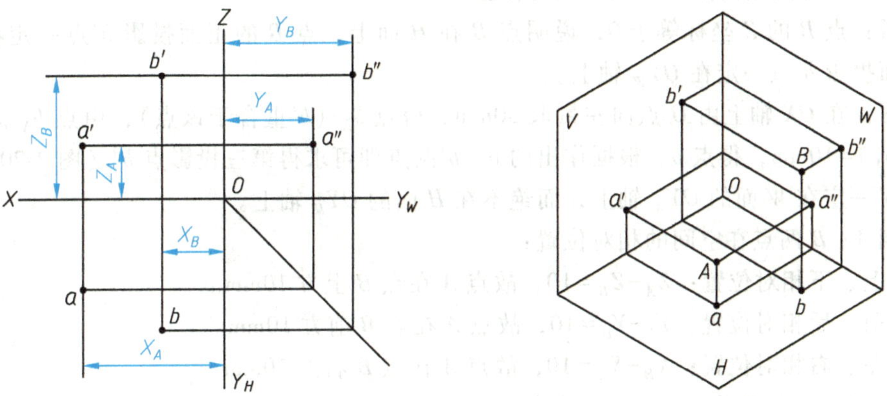

a) 投影图　　b) 轴测图

图 2-17　判断两点相对位置

2. 重影点

如图 2-18 所示，在 A、B 两点的投影中，a 和 b 重合，这说明 A、B 两点的 X、Y 坐标相同，$X_A=X_B$、$Y_A=Y_B$，即 A、B 两点处于垂直于水平面的同一条投射线上。

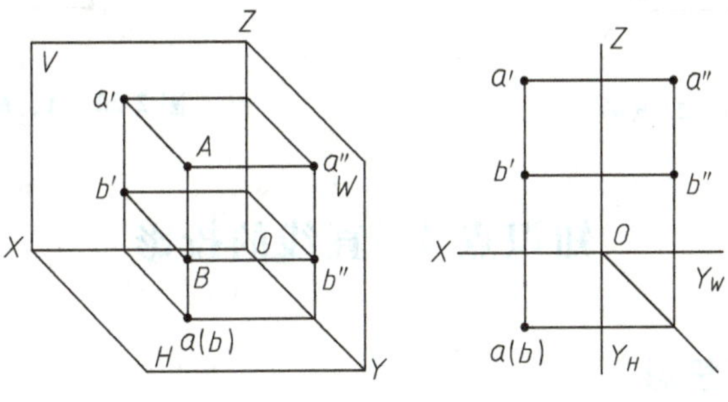

a) 轴测图　　b) 投影图

图 2-18　重影点的可见性判断

由此可见，共处于同一条投射线上的两点，必在相应的投影面上具有重合的投影，这两个点被称为对该投影面的一对重影点。

重影点的可见性需要根据这两点不重影的投影的坐标大小来判断，即：

1）当两点在 V 面的投影重合时，需判别其 H 面或 W 面投影，则点在前（Y 坐标大）者可见。

2）当两点在 H 面的投影重合时，需判别其 V 面或 W 面投影，则点在上（Z 坐标大）者可见。

3）若两点在 W 面的投影重合时，需判别其 H 面或 V 面投影，则点在左（X 坐标大）者可见。

如图 2-18b 所示，a、b 两点在 H 面的投影重合，但 V 面投影不重合，且 a'在上 b'在下，即 $Z_A>Z_B$。因此对 H 面来说，点 A 可见、点 B 不可见。在投影图中，对于不可见的点需要加圆括号表示。如图 2-18 所示，对于不可见点 B 在 H 面的投影应加圆括号，表示为（b）。

例 2-3 在已知点 A（20，20，10）的三面投影图上（图 2-19），作点 B（30，10，0）的三面投影，并判断两点在空间的相对位置。

分析：点 B 的 Z 坐标等于 0，说明点 B 在 H 面上，点 B 的正面投影 b'点一定在 OX 轴上，侧面投影 b''点一定在 OY_W 轴上。

作图：在 OX 轴上由 O 点向左量取 30mm，得点 b_X（b'重合于该点），由点 b_X 向下作垂线并取 $b_Xb=10$mm，得点 b。根据作出的 b、b'两点即可求得第三投影点 b''（图 2-20）。应注意，点 b''一定在 W 面的 OY_W 轴上，而绝不在 H 面的 OY_H 轴上。

判别 A、B 两点在空间的相对位置：

1）上、下相对位置：$Z_A-Z_B=10$，故点 A 在点 B 上方 10mm。

2）前、后相对位置：$Y_A-Y_B=10$，故点 A 在点 B 前方 10mm。

3）左、右相对位置：$X_B-X_A=10$，故点 A 在点 B 右方 10mm。

因此点 A 在点 B 的上、前、右方各 10mm 处。

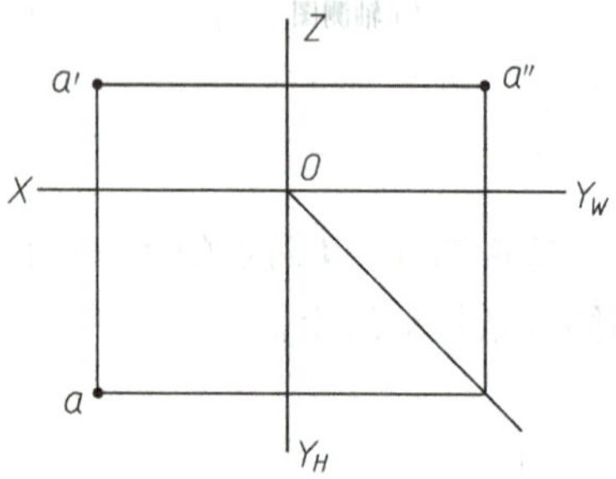

图 2-19 点 A 的三面投影

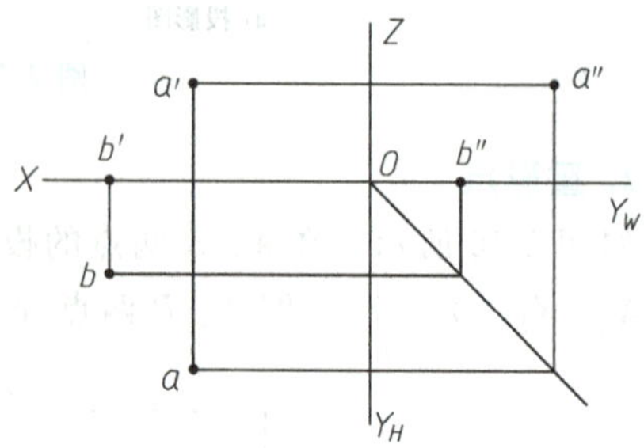

图 2-20 A、B 两点的三面投影

知识点 4 直线的投影

一、直线的三面投影

直线的投影一般仍为直线。如图 2-21a 所示，直线 AB 的水平投影 ab、正面投影 $a'b'$、侧面投影 $a''b''$均为直线。

本节所研究的直线，多指直线的有限部分（即线段）。

直线的投影可以由直线两端点的同面投影（即同一投影面上的投影）来确定。因为空

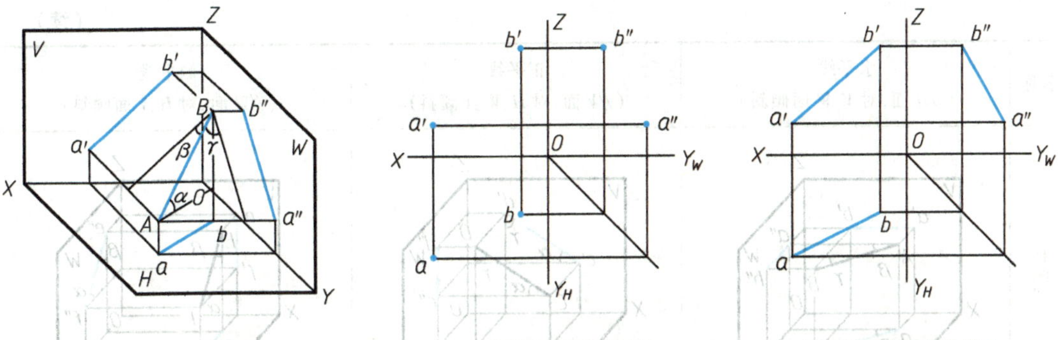

a) 空间直线的投影情况　　b) 作直线两端点的投影　　c) 同面投影连线即为所求

图 2-21　直线的三面投影

间中直线可以由直线的两个端点来确定，所以直线的投影也可以由直线两个端点的投影来确定。

图 2-21b 所示为直线两端点 A、B 的三面投影，连接两点的同面投影得到 ab、$a'b'$、$a''b''$，就是直线 AB 的三面投影（图 2-21c）。

二、各种位置直线的投影

直线相对于投影面的位置有三种：平行、垂直、倾斜。下面分别介绍这三种位置直线的投影特性。

1. 一般位置直线

对三个投影面都倾斜的直线称为一般位置直线。图 2-21 所示即为一般位置直线，其投影特性为：

1）一般位置直线各面投影都与投影轴倾斜。

2）一般位置直线各面投影的长度均小于实长。

2. 特殊位置直线

（1）投影面平行线　平行于一个投影面而对其他两个投影面都倾斜的直线称为投影面平行线。

直线和投影面的夹角，称为直线对投影面的倾角，并分别以 α、β、γ 表示直线对 H 面、V 面、W 面的倾角。

平行于 H 面的直线称为水平线，平行于 V 面的直线称为正平线，平行于 W 面的直线称为侧平线，它们的投影特性见表 2-2。

表 2-2　投影面平行线的投影特性

名称	水平线 （//H 面，对 V、W 面倾斜）	正平线 （//V 面，对 H、W 面倾斜）	侧平线 （//W 面，对 H、V 面倾斜）
实例	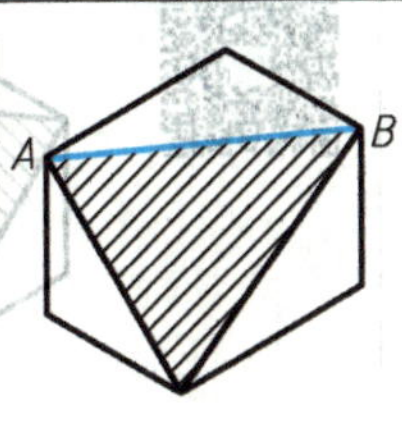	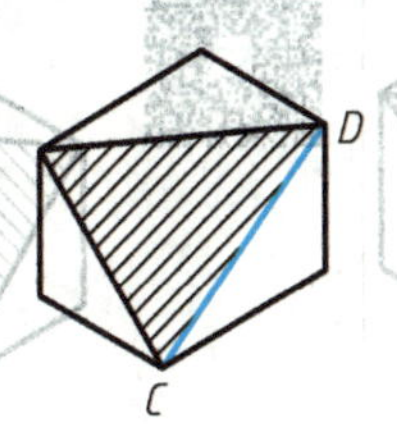	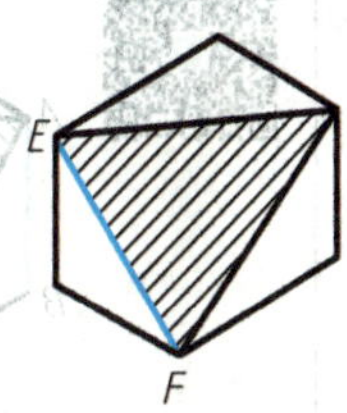

（续）

名称	水平线 （//*H* 面，对 *V*、*W* 面倾斜）	正平线 （//*V* 面，对 *H*、*W* 面倾斜）	侧平线 （//*W* 面，对 *H*、*V* 面倾斜）
轴测图	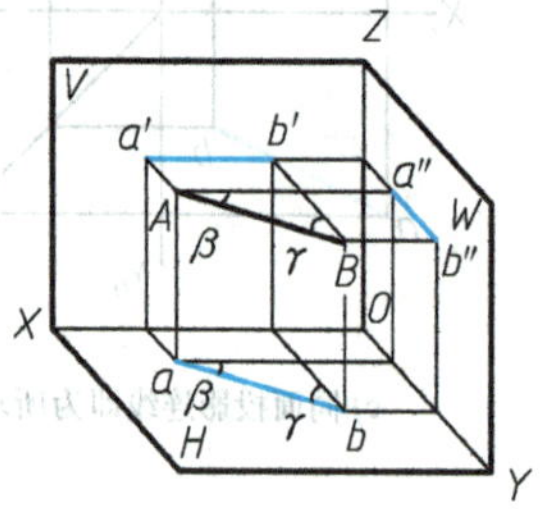	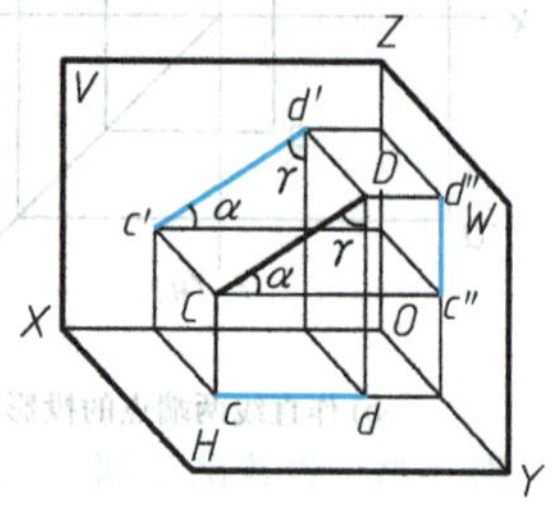	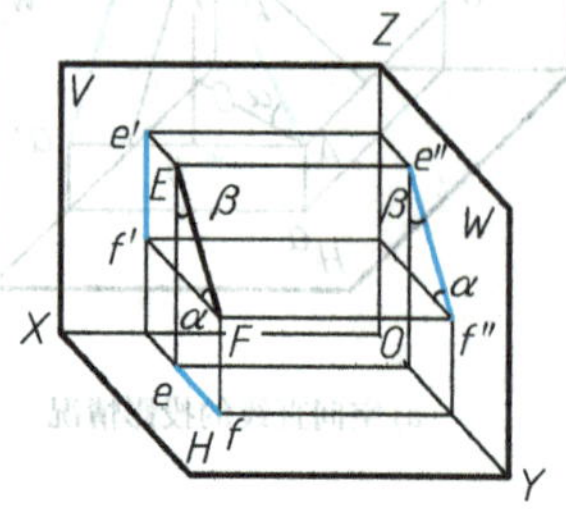
投影图	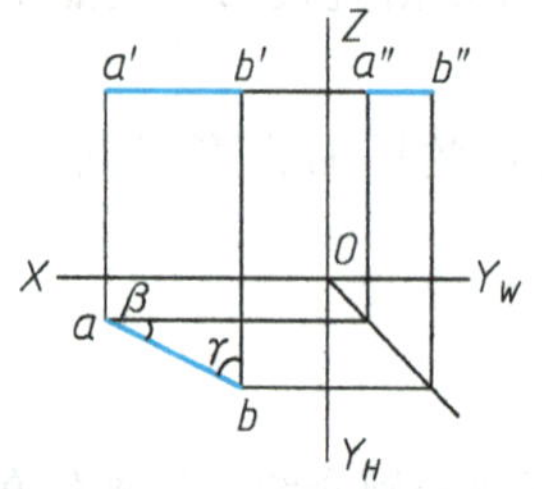	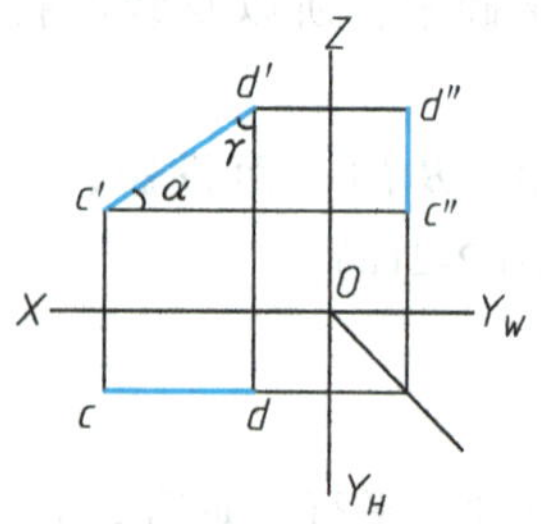	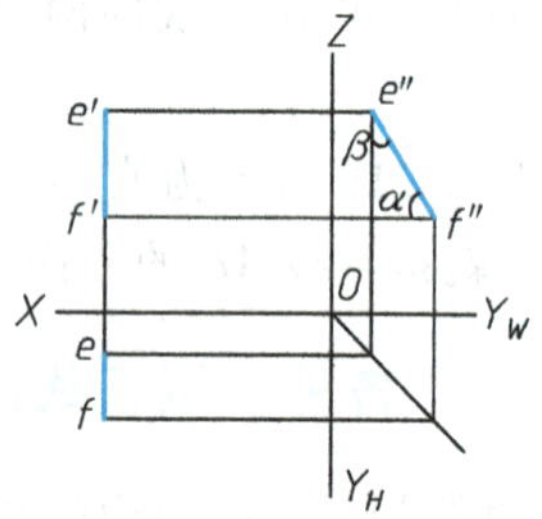
投影特性	1）水平投影 $ab=\|AB\|$ 2）正面投影 $a'b'/\!/OX$，侧面投影 $a''b''/\!/OY_W$，都不反映实长 3）ab 与 OX、OY_H 轴的夹角 β、γ 等于 AB 对 *V*、*W* 面的倾角	1）正面投影 $c'd'=\|CD\|$ 2）水平投影 $cd/\!/OX$，侧面投影 $c''d''/\!/OZ$，都不反映实长 3）$c'd'$ 与 OX、OZ 轴的夹角 α、γ 等于 CD 对 *H*、*W* 面的倾角	1）侧面投影 $e''f''=\|EF\|$ 2）水平投影 $ef/\!/OY_H$，正面投影 $e'f'/\!/OZ$，都不反映实长 3）$e''f''$ 与 OY_W、OZ 轴的夹角 α、β 等于 EF 对 *H*、*V* 面的倾角
	小结：①在所平行的投影面上的投影反映实长 ②其他投影面上的投影平行于相应的投影轴 ③反映实长的投影与投影轴所夹的角度，等于空间直线对相应投影面的倾角		

（2）投影面垂直线　垂直于一个投影面而对其他两个投影面都平行的直线称为投影面垂直线。

垂直于 *H* 面的直线称为铅垂线，垂直于 *V* 面的直线称为正垂线，垂直于 *W* 面的直线称为侧垂线，它们的投影特性见表 2-3。

表 2-3　投影面垂直线的投影特性

名称	铅垂线 （⊥*H* 面，//*V* 和 *W* 面）	正垂线 （⊥*V* 面，//*H* 和 *W* 面）	侧垂线 （⊥*W* 面，//*H* 和 *V* 面）
实例	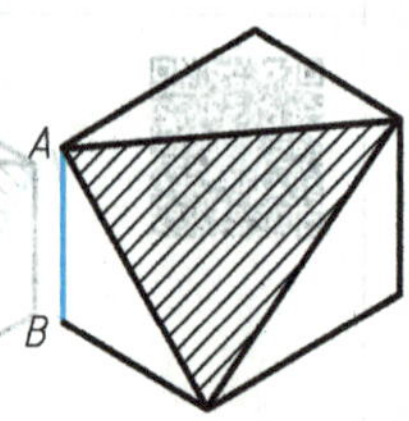	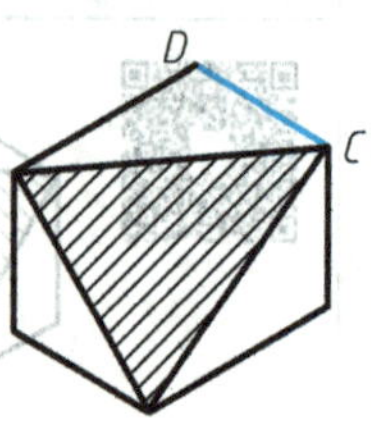	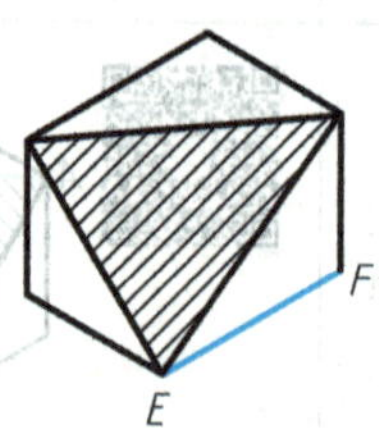

（续）

名称	铅垂线 （⊥*H* 面，//*V* 和 *W* 面）	正垂线 （⊥*V* 面，//*H* 和 *W* 面）	侧垂线 （⊥*W* 面，//*H* 和 *V* 面）
轴测图	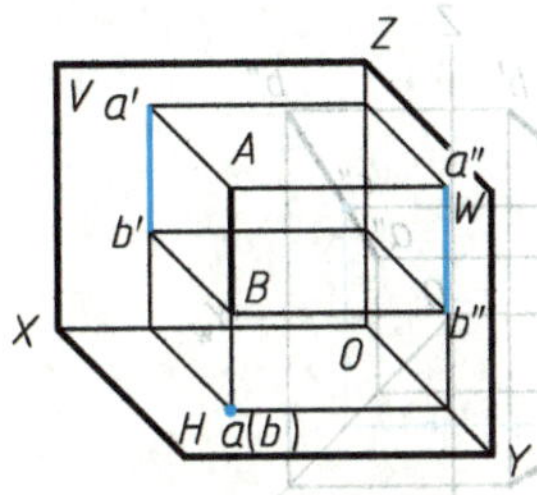	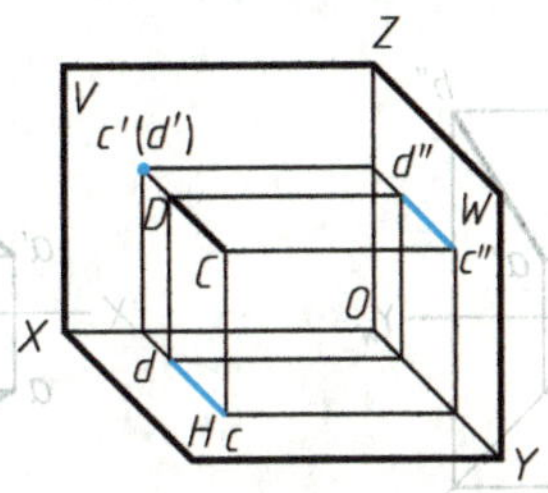	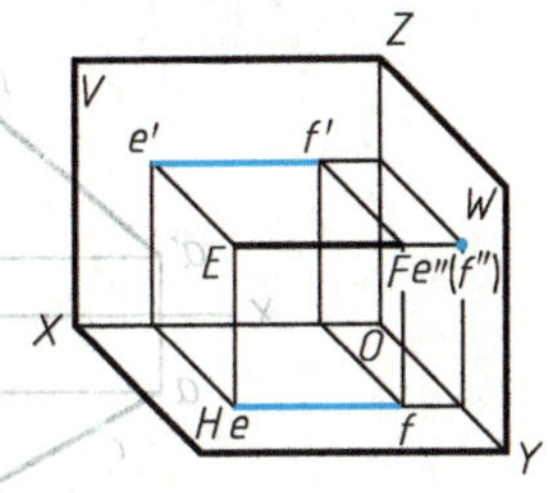
投影图	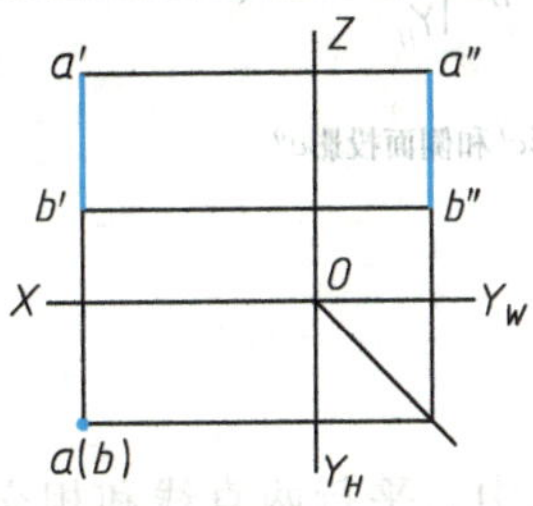	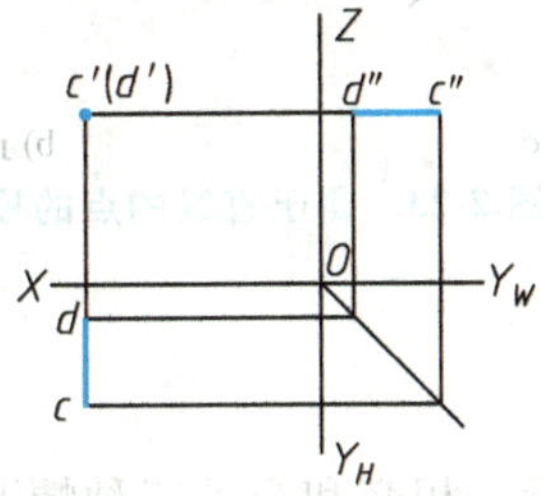	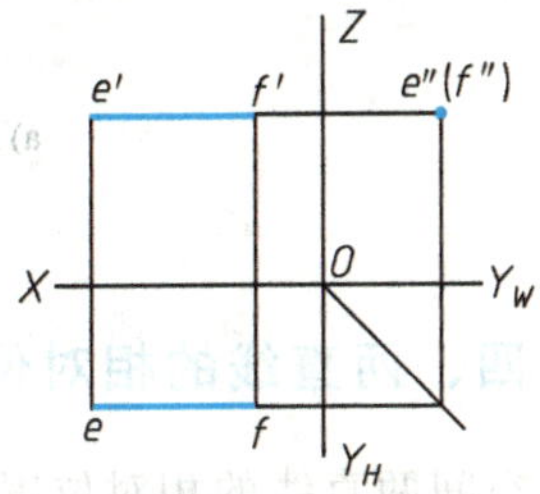
投影特性	1）水平投影 *ab* 成一点，有积聚性 2）$a'b'=a''b''=\|AB\|$，且 $a'b'\perp OX$，$a''b''\perp OY_W$	1）正面投影 $c'd'$ 成一点，有积聚性 2）$cd=c''d''=\|CD\|$，且 $cd\perp OX$，$c''d''\perp OZ$	1）侧面投影 $e''f''$ 成一点，有积聚性 2）$ef=e'f'=\|EF\|$，且 $ef\perp OY_H$，$e'f'\perp OZ$
	小结：①在所垂直的投影面上的投影有积聚性 ②其他投影面上的投影反映线段实长，且垂直于相应的投影轴		

注意：不能把铅垂线认为是正平线或侧平线。以此类推，不能把正垂线认为是水平线或侧平线，不能把侧垂线认为是水平线或正平线。

三、属于直线的点

属于直线的点，其投影仍属于直线的投影。

如图 2-22 所示，点 $C\in AB$（$\in$ 为属于符号），则 $c\in ab$、$c'\in a'b'$、$c''\in a''b''$。

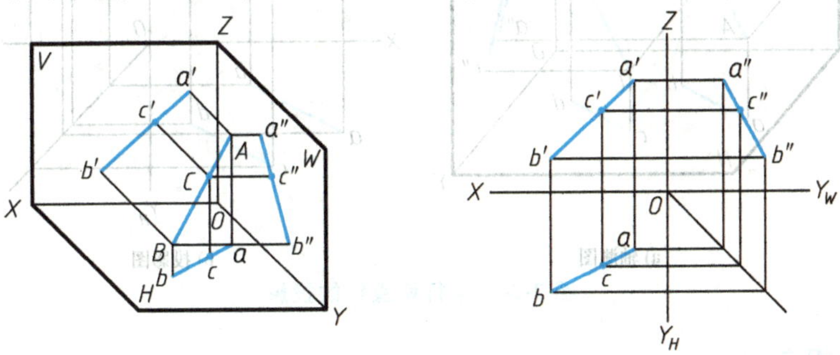

a) 轴测图　　b) 投影图

图 2-22　属于直线上点的投影

要注意的是，如果一点的三面投影中有一面投影不属于该直线的同面投影，则该点必不属于该直线。

图 2-23 所示为已知直线 AB 的三面投影和属于直线的点 C 的水平投影 c，求点 C 的正面投影 c'和侧面投影 c''的作图情况。

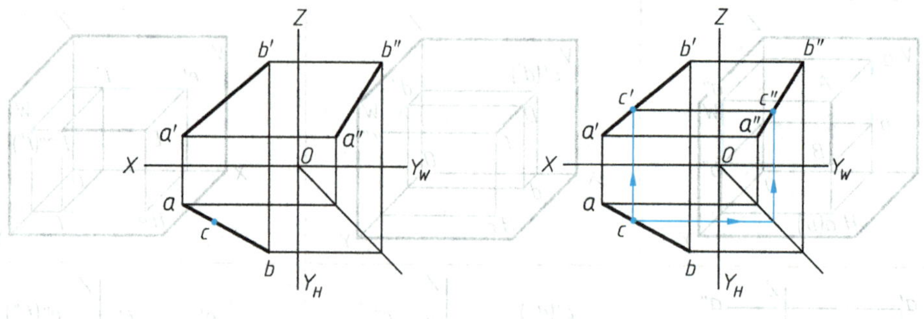

a) 水平投影c　　b) 正面投影c'和侧面投影c''

图 2-23　属于直线的点的投影

四、两直线的相对位置

空间两直线的相对位置有平行、相交和交叉三种情况。其中，平行两直线和相交两直线称为共面直线，交叉两直线称为异面直线。

1. 两直线平行

两直线平行的投影规律为：

1）若空间两直线平行，则它们的各组同面投影一定相互平行。反之，若空间两直线的各组同面投影均相互平行，则该两直线一定为平行关系。

2）若空间两直线平行，则它们的长度之比等于它们各组同面投影的长度之比。

如图 2-24 所示，直线 AB 与直线 CD 平行，则 $ab//cd$、$a'b'//c'd'$、$a''b''//c''d''$，且 $AB:CD=ab:cd=a'b':c'd'=a''b'':c''d''$。

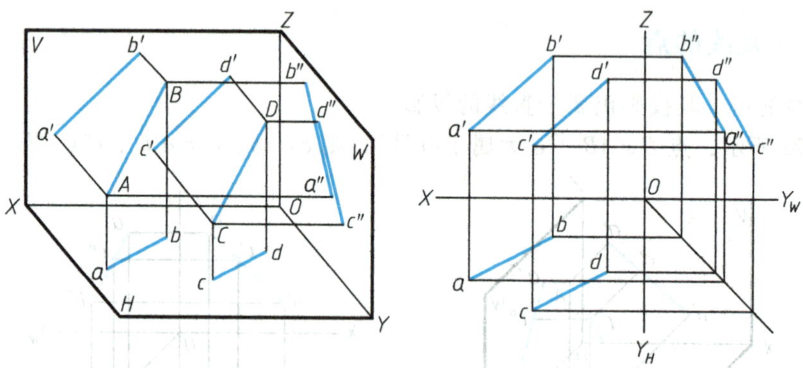

a) 轴测图　　b) 投影图

图 2-24　平行两直线的投影

2. 两直线相交

若空间两直线相交，则它们的各组同面投影一定相交，且其交点的投影符合直线上点的投影规律。反之，若空间两直线的各组同面投影都相交，并且交点的投影符合直线上点的投影规律，则这两条直线一定相交。

如图 2-25 所示，直线 AB 和 CD 相交于点 K，则其投影 ab 与 cd 相交于点 k，$a'b'$ 与 $c'd'$ 相交于点 k'，$a''b''$ 与 $c''d''$ 相交于点 k''，并且点 k、k'、k'' 的投影符合直线上点的投影规律。

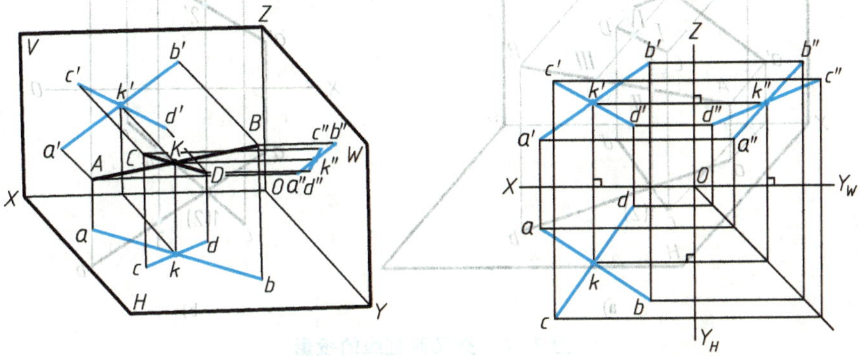

a) 轴测图　　b) 投影图

图 2-25　相交两直线的投影

3. 两直线垂直

两直线垂直是两直线相交特殊情况，其夹角投影有三种情况：

1）当两直线都平行于某投影面时，其夹角在该投影面上的投影反映实形。

2）当两直线都不平行于某投影面时，其夹角在该投影面上的投影一般不反映实形。

3）当两直线中有一直线平行于某投影面时，如果夹角是直角，则它在该投影面上的投影仍然是直角。

直角投影定理：与两相交垂直直线一样，两交叉垂直直线，只要有一条直线平行于某个投影面，那么它们在该投影面的投影仍互相垂直。

直角投影定理（逆）：如果两直线在某一投影面上的投影相互垂直，而且其中一条直线平行于该投影面，则这两条直线在空间一定互相垂直。

4. 两直线交叉

若空间两条直线既不平行也不相交，则称其为交叉两直线。交叉两直线的同面投影可能有一组、两组或者三组分别相交，但交点的投影并不符合直线上点的投影规律。反之，若空间两直线的各组投影既不符合两直线平行的投影规律，也不符合两直线相交的投影规律，则这两直线一定交叉。

如图 2-26a 所示，直线 AB 和 CD 为交叉直线，虽然这两条直线的正面投影和水平投影均相交，但正面投影的交点与水平投影的交点并非同一点，其投影图如图 2-26b 所示。

五、线段的实长及其对投影面的倾角

对于特殊位置的直线，即投影面平行线和投影面垂直线，其三面投影就可以反映其空间实际长度和相对于投影面的倾角。

但对于一般位置直线，由于它相对于三个投影面都是倾斜的，在三个投影面上的投影都不能反映其本身的实际长度和相对于投影面的倾角，因此，当我们想根据一般位置直线的三面投影确定其实长及其相对于投影面的倾角时，必须采用一些方法，如直角三角形法、换面法和旋转法。

本节只介绍用直角三角形法求一般位置线段的实长及其与投影面的倾角。

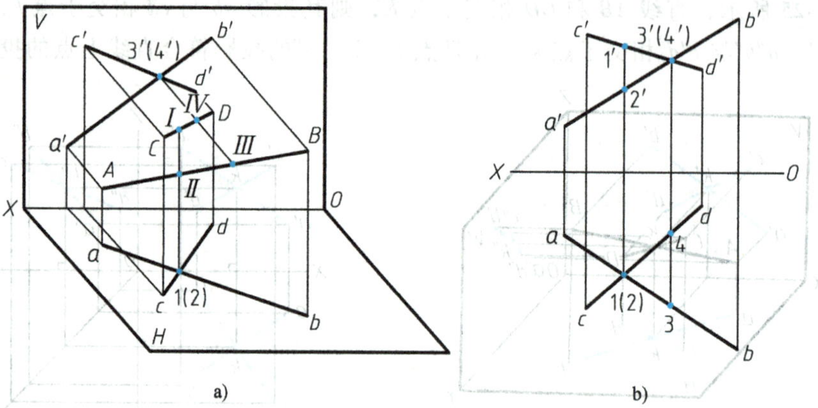

图 2-26 交叉两直线的投影

如图 2-27a 所示，空间一般线段 AB 的 H 面投影为 ab，过点 A 作 ab 的平行线，与 Bb 交于点 C，由于 Bb 垂直于 ab，因此 Bb 必然也垂直于 AC，即 $\angle ACB=90°$，也就是说$\triangle ACB$ 是一个直角三角形。在直角三角形 ACB 中，直角边 AC 等于 AB 在 H 面的投影 ab 长度，而另一直角边 BC 的长度是 A、B 两点相对于 H 面的高度差，可以用 ΔZ 表示，斜边 AB 正是空间线段的实际长度，而$\angle BAC$ 便是 AB 相对于 H 面的倾角。

如果要在投影图中求线段 AB 的实长及其与投影面的倾角，则只需作一个与$\triangle ACB$ 全等的直角三角形。如图 2-27b 所示，过 a'作 OX 轴的平行线与 bb'交于点 c'，则 $b'c'=BC=\Delta Z$（A、B 两点的高度差）。由于 $ab=AC$，以 ab 为一条直角边，$bB_1=\Delta Z$ 为另一条直角边，作出$\triangle ACB$ 的全等$\triangle abB_1$，其斜边 aB_1 即为所求线段 AB 的实长，$\angle baB_1$ 为所求的倾角 α。这种求线段实长和倾角的方法即为直角三角形法。

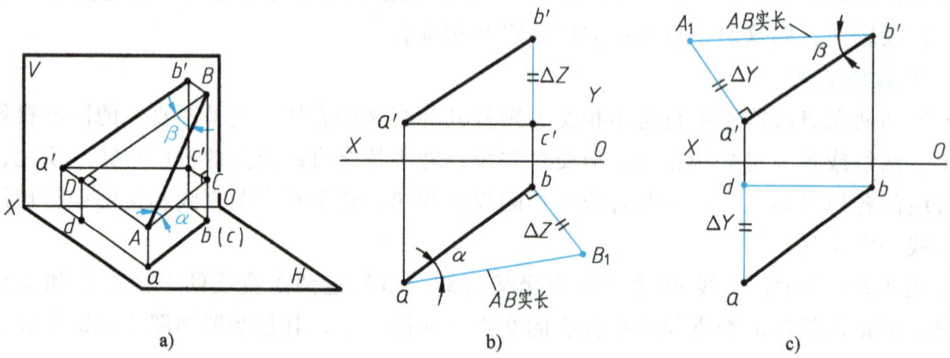

图 2-27 直角三角形法求线段的实长和倾角

同理，要求 AB 对 V 面的倾角 β，如图 2-27a、c 所示，可以 $a'b'$为一条直角边，$a'A_1=ad=\Delta Y$（A、B 两点的宽度差）为另一条直角边，作出一个与直角三角形 ADB 全等的三角形 $A_1a'b'$，则直角三角形 $A_1a'b'$的斜边 $b'A_1$ 即为所求的线段实长，而$\angle a'b'A_1$ 为所求线段相对于 V 面的倾角 β。

例 2-4 如图 2-28a 所示，已知直线 AB 的水平投影 ab 和点 A 的正面投影 a'，且 AB 对 H 面的倾角 $\alpha=30°$，点 B 在点 A 之上，求 AB 的 V 面投影 $a'b'$。

分析：此题可以用直角三角形法反推求作 AB 的 V 面投影。

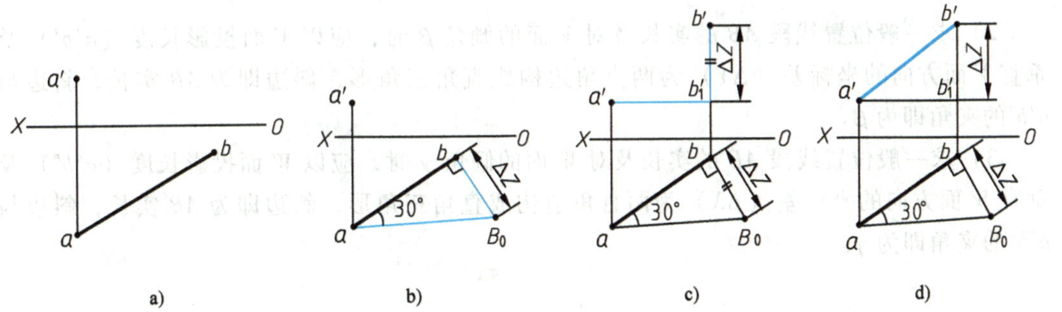

图 2-28 求 AB 的 V 面投影 $a'b'$

作图步骤：

1）如图 2-28b 所示，以 ab 为一直角边，作一锐角为 30°的直角三角形 B_0ba，则 $B_0b=Z_B-Z_A$，即为 A、B 两点到 H 面的距离之差 ΔZ。

2）过 b 作 OX 轴的垂线，过 a' 作 OX 轴的平行线，两者交于 b'_1，然后从 b'_1 沿 OX 轴的垂线向上截取 $b'_1b'=\Delta Z=Z_B-Z_A$（点 B 在点 A 之上），即得 b'，如图 2-28c 所示。

3）连接 a'、b'两点，即得直线 AB 的正面投影 $a'b'$，如图 2-28d 所示。

例 2-5 如图 2-29a 所示，已知直线 AB 的 V 面投影 $a'b'$和点 A 的 H 面投影 a，AB 的实长为 25mm，且点 B 在点 A 的前方，求 AB 的 H 面投影 ab。

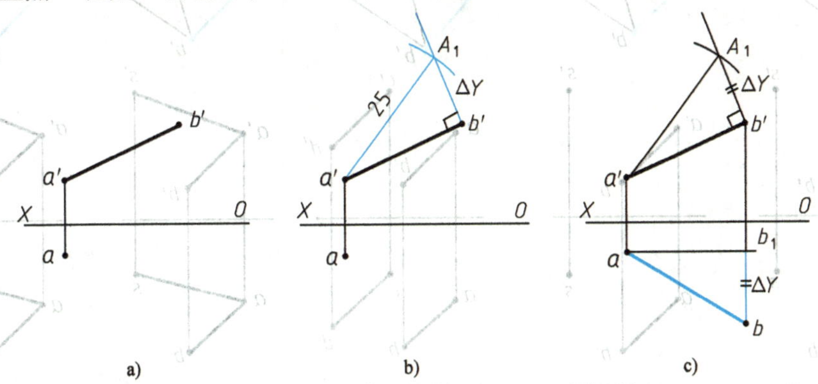

图 2-29 求 AB 的 H 面投影 ab

分析：此题仍要根据直角三角形法反推求作 ab。

作图步骤：

1）如图 2-29b 所示，过 b'作 $a'b'$的垂线，以 a'为圆心、25mm 为半径作圆弧，与 $a'b'$的垂线交于点 A_1，连接 $a'A_1$，则直角三角形 $a'A_1b'$的直角边 A_1b'即为点 A 和点 B 相对于 V 面的距离之差 ΔY。

2）如图 2-29c 所示，过 a 作 OX 轴的平行线，过 b'作 OX 轴的垂线并与 OX 轴的平行线交于点 b_1，并延长至点 b，使 $bb_1=b'A_1=\Delta Y$（由于点 B 在点 A 的前方），连接 ab，即为所求。

总结：

1）求一般位置线段 AB 的实长及对 H 面的倾角 α 时，应以 H 面投影长度（ab）及垂直 H 面方向的坐标差（ΔZ）为两直角边构成直角三角形，斜边即为 AB 实长，斜边与 ab 的夹角即为 α。

2）求一般位置线段 AB 的实长及对 V 面的倾角 β 时，应以 V 面投影长度（$a'b'$）及垂直 V 面方向的坐标差（ΔY）为两直角边构成直角三角形，斜边即为 AB 实长，斜边与 $a'b'$ 的夹角即为 β。

3）求一般位置线段 AB 的实长及对 W 面的倾角 γ 时，应以 W 面投影长度（$a''b''$）及垂直 W 面方向的坐标差（ΔX）为两直角边构成直角三角形，斜边即为 AB 实长，斜边与 $a''b''$ 的夹角即为 γ。

知识点 5　平面的投影

一、平面的三面投影

不属于同一直线的三个点可以确定一平面。因此，平面可以用下列任何一组几何要素的投影来表示（图 2-30）。

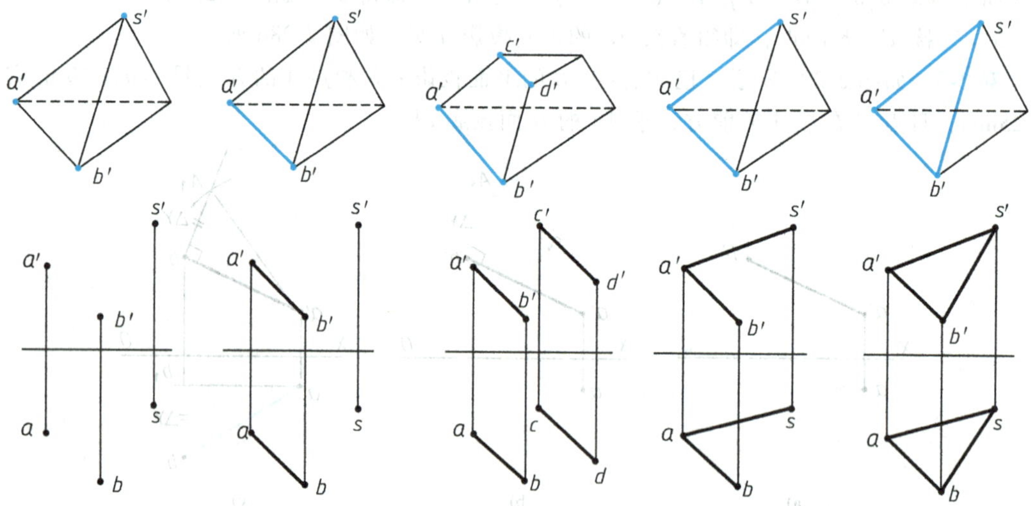

a) 不在同一直线上的三个点　b) 直线及线外一点　c) 两平行直线　d) 两相交直线　e) 平面图形

图 2-30　平面的表示法

本节所研究的平面，多指平面上的有限部分，即平面图形。

平面图形的边和顶点，是由一些线段（直线段或曲线段）及其交点组成的。因此，这些线段投影的集合，就表示了该平面图形。先画出平面图形各顶点的投影，然后将各投影面上的点依次连接，即为平面图形的投影，如图 2-31 所示。

二、各种位置平面的投影

平面相对于投影面的位置有三种：平行、垂直和倾斜。下面将分别介绍这三种位置平面的投影特性。

1. 一般位置平面

对三个投影面都倾斜的平面，称为一般位置平面。

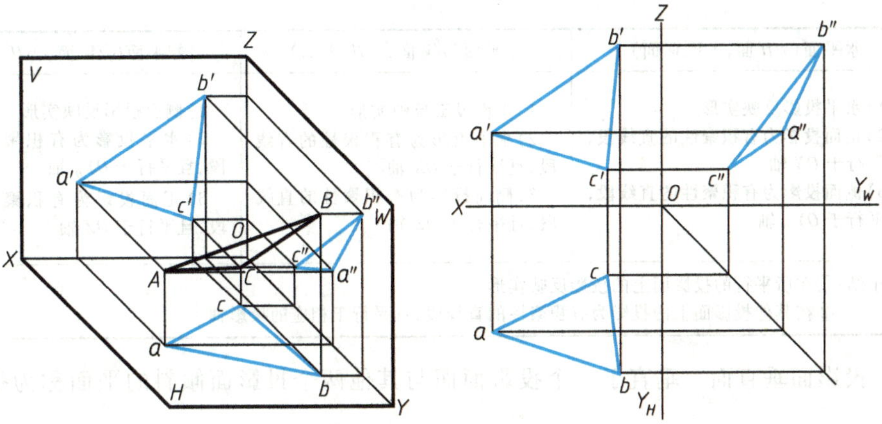

图 2-31 平面图形的投影

如图 2-31 所示，△*ABC* 为一般位置平面。由于△*ABC* 对三个投影面都倾斜，因此各面投影虽然仍是三角形，但都不反映实形，而是原平面图形的类似形。

2. 特殊位置平面

（1）投影面平行面　平行于一个投影面而与另外两个投影面都垂直的平面称为投影面平行面。

平行于 *H* 面的平面称为水平面，平行于 *V* 面的平面称为正平面，平行于 *W* 面的平面称为侧平面，它们的投影特性见表 2-4。

表 2-4 投影面平行面的投影特性

名称	水平面（//*H* 面，⊥*V*、*W* 面）	正平面（//*V* 面，⊥*H*、*W* 面）	侧平面（//*W* 面，⊥*H*、*V* 面）
实例	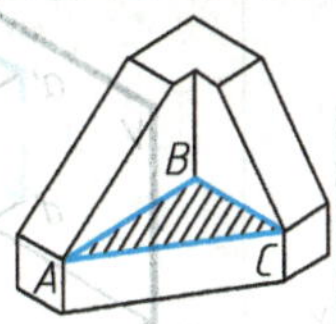	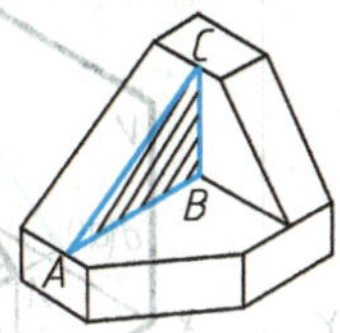	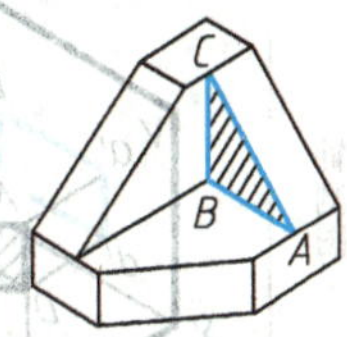
轴测图	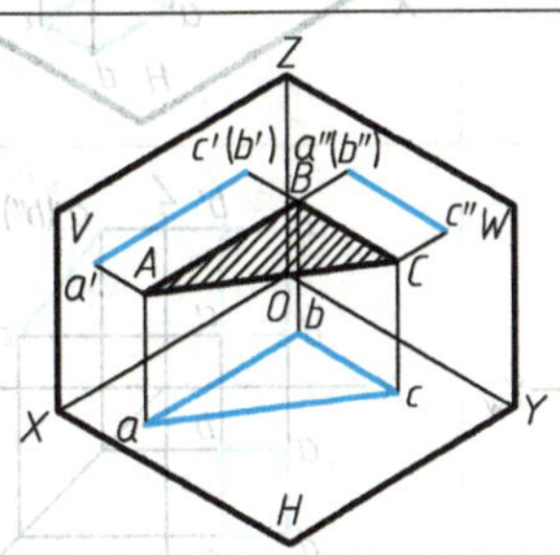	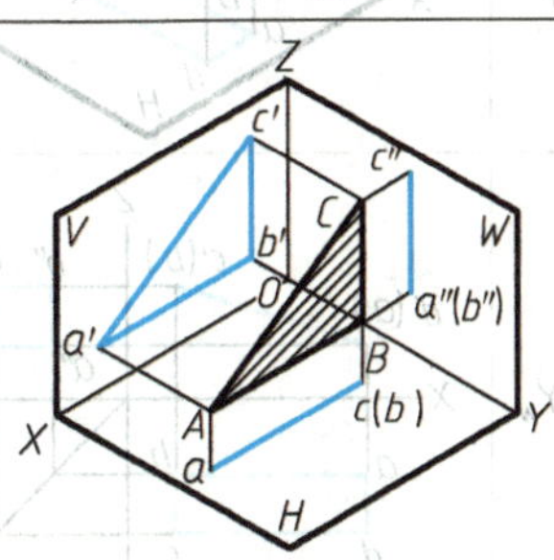	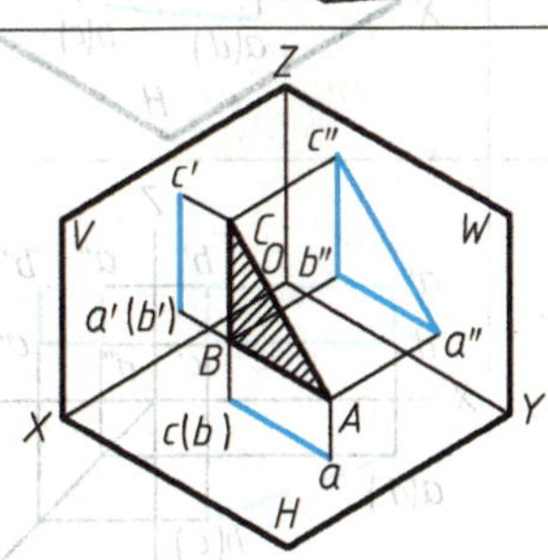
投影图	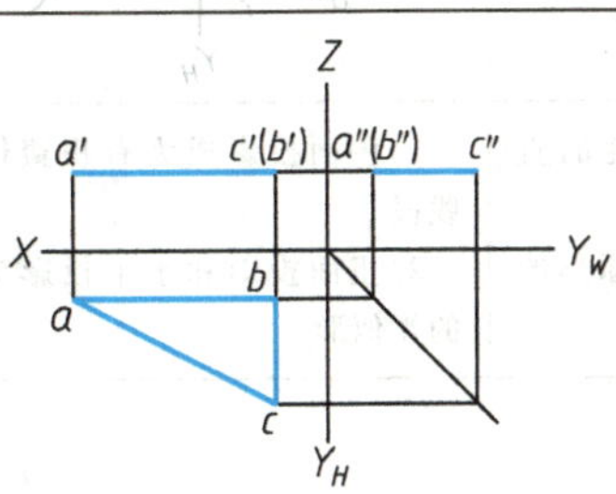	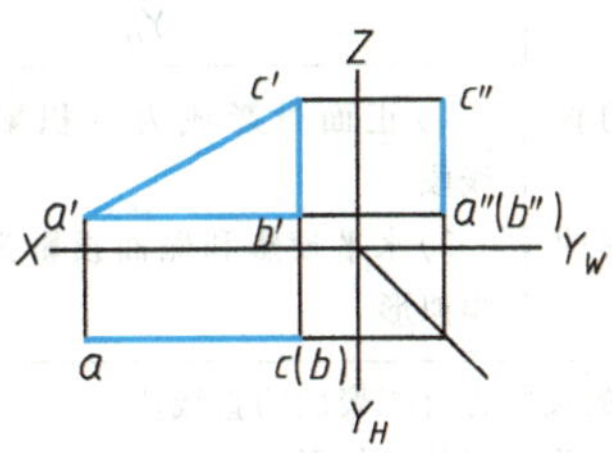	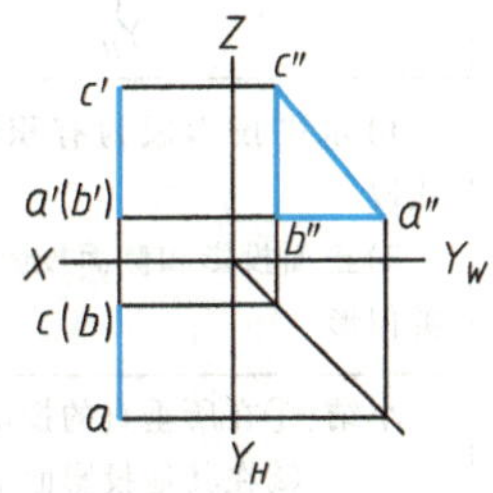

（续）

名称	水平面（//*H* 面，⊥*V*、*W* 面）	正平面（//*V* 面，⊥*H*、*W* 面）	侧平面（//*W* 面，⊥*H*、*V* 面）
投影特性	1）水平投影反映实形 2）正面投影为有积聚性的直线段，且平行于 OX 轴 3）侧面投影为有积聚性的直线段，且平行于 OY_W 轴	1）正面投影反映实形 2）水平投影为有积聚性的直线段，且平行于 OX 轴 3）侧面投影为有积聚性的直线段，且平行于 OZ 轴	1）侧面投影反映实形 2）水平投影为有积聚性的直线段，且平行于 OY_H 轴 3）正面投影为有积聚性的直线段，且平行于 OZ 轴
	小结：①在所平行的投影面上的投影反映实形 ②在其他投影面上的投影为有积聚性的直线段，且平行于相应的投影轴		

（2）投影面垂直面　垂直于一个投影面而与其他两个投影面倾斜的平面称为投影面垂直面。

垂直于 *H* 面的平面称为铅垂面，垂直于 *V* 面的平面称为正垂面，垂直于 *W* 面的平面称为侧垂面，它们的投影特性见表 2-5。

表 2-5　投影面垂直面的投影特性

名称	铅垂面（⊥*H* 面）	正垂面（⊥*V* 面）	侧垂面（⊥*W* 面）
实例	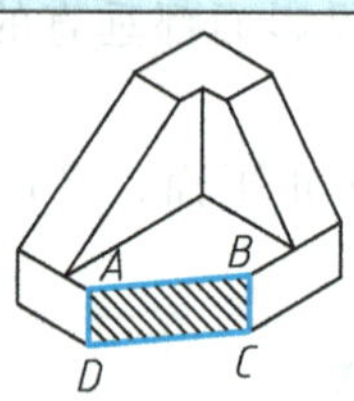	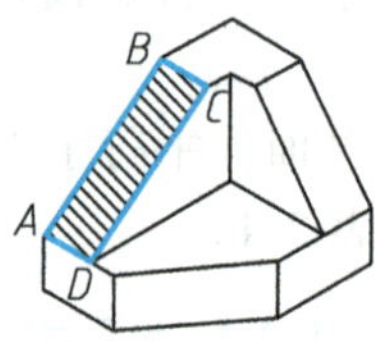	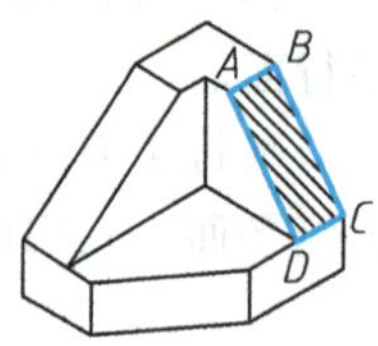
轴测图	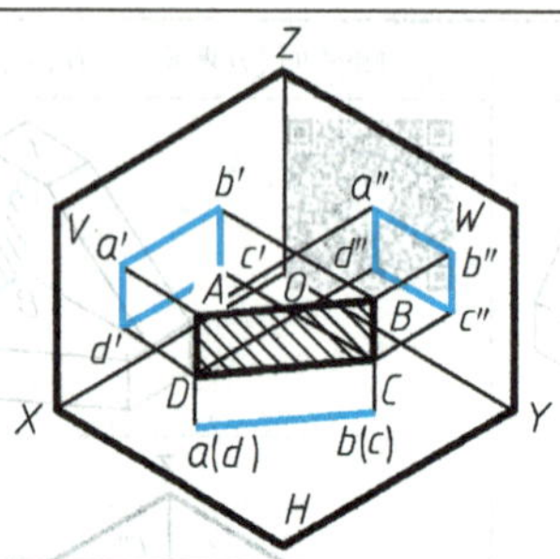	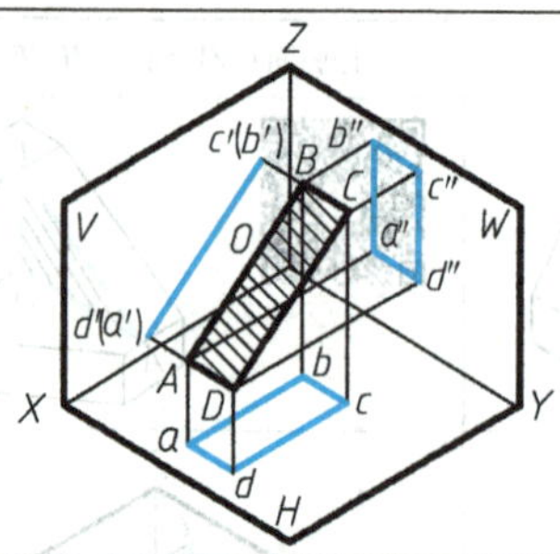	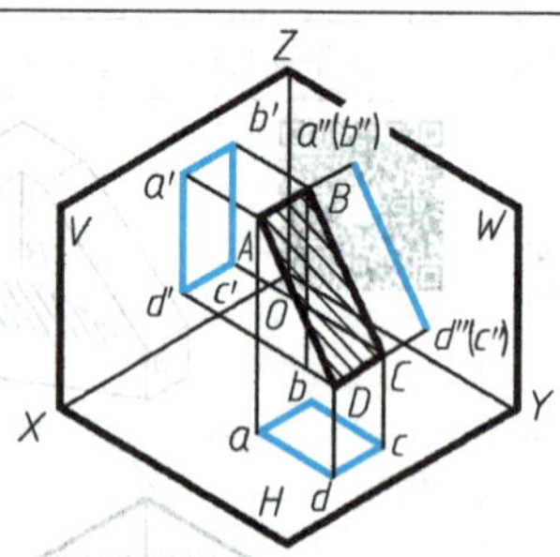
投影图	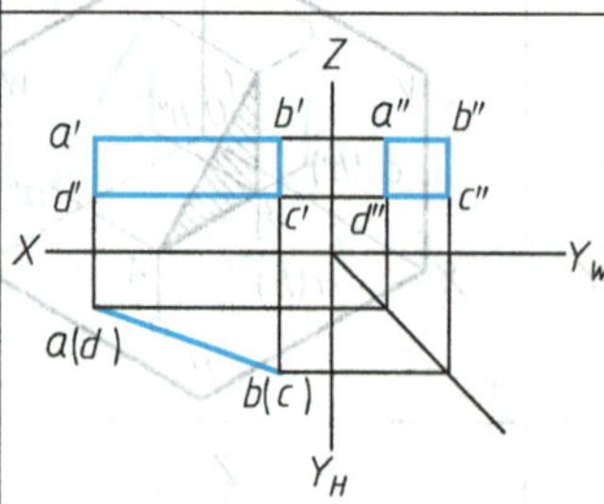	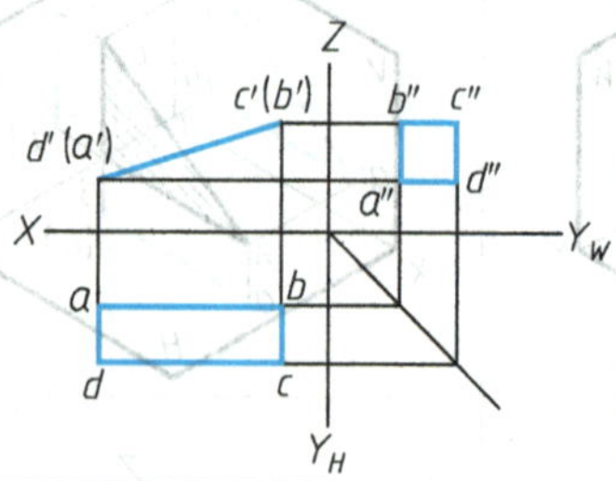	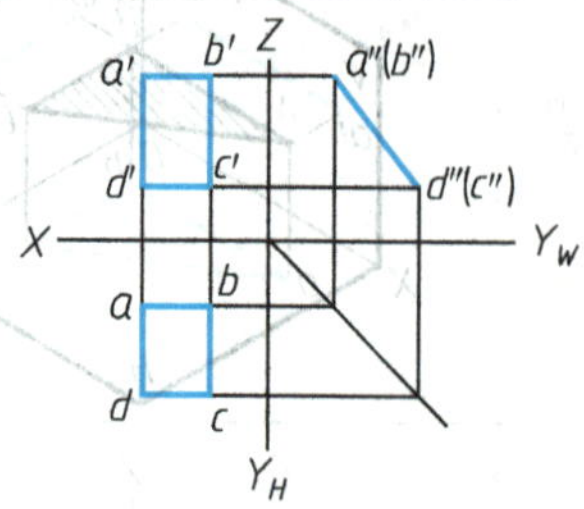
投影特性	1）水平投影成为有积聚性的直线段 2）正面投影和侧面投影为原形的类似形	1）正面投影成为有积聚性的直线段 2）水平投影和侧面投影为原形的类似形	1）侧面投影成为有积聚性的直线段 2）正面投影和水平投影为原形的类似形
	小结：①在所垂直的投影面上的投影为有积聚性的直线段 ②在其他投影面上的投影为原形的类似形		

三、属于平面的直线和点

1. 属于平面的直线

直线属于平面的条件是下列二者之一：

1）一直线经过属于该平面的两点。

2）一直线经过属于该平面的一点，且平行于属于该平面的另一直线。

例 2-6 已知平面△*ABC*，试作出属于该平面的任一直线。

方法 1：根据“一直线经过属于该平面的两点”的条件作图（图 2-32a）。

任取属于直线 *AB* 的一点 *M*，它的投影分别为 *m* 和 *m′*；再取属于直线 *BC* 的一点 *N*，它的投影分别为 *n* 和 *n′*；连接两点的同面投影。由于 *M*、*N* 两点皆属于平面，因此 *mn* 和 *m′n′* 所表示的直线 *MN* 必属于平面△*ABC*。

方法 2：根据“一直线经过属于该平面的一点，且平行于属于该平面的另一直线”的条件作图（图 2-32b）。

任取属于直线 *AB* 的一点 *M*，它的投影分别为 *m* 和 *m′*，作直线 *MD*（*md*，*m′d′*）平行于已知直线 *BC*（*bc*，*b′c′*），则直线 *MD* 必属于平面△*ABC*。

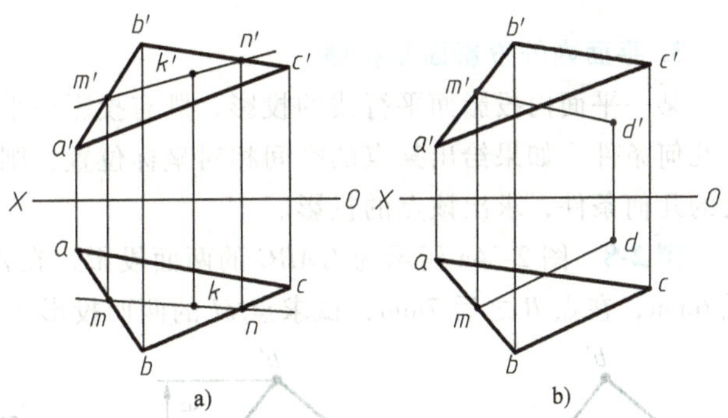

图 2-32 属于平面的直线

2. 属于平面的点

点属于平面的条件是：若点属于一直线，该直线属于一平面，则该点必属于该平面。

因此，在取属于平面的点时，应先取属于平面的直线，再取属于该直线的点。

图 2-32a 所示为在属于△*ABC* 平面的直线 *MN* 上取一点 *K* 的作图法。由于 $K \in MN$，根据点属于直线的特性可知，$k' \in m'n'$，再过 *k′* 作 *OX* 轴的垂线，交 *mn* 于 *k*，则 *k* 和 *k′* 即为点 *K* 的两面投影。

例 2-7 如图 2-33a 所示，已知属于△*ABC* 平面的点 *E* 的正面投影 *e′* 和点 *F* 的水平投影 *f*，试求它们的另一面投影。

分析：因为点 *E*、*F* 属于△*ABC* 平面，所以过 *E*、*F* 各作一条属于△*ABC* 平面的直线，则点 *E*、*F* 的两个投影必属于相应直线的同面投影。

作图步骤：

1）过 *E* 作直线 *MN* 平行于 *AB*，即过 *e′* 作 *m′n′*//*a′b′*，再求出水平投影 *mn*；然后过 *e′* 作 *OX* 轴的垂线并与 *mn* 相交，交点即为点 *E* 的水平投影 *e*。

2）过 *F* 和定点 *A* 作直线，即过 *f* 作直线的水平投影 *fa*，*fa* 交 *bc* 于 *k*，再求出其正面投影 *k′*。

3）然后过 *f* 作 *OX* 轴的垂线与 *a′k′* 的延长线相交，交点即为点 *F* 的正面投影 *f′*，如图 2-33b 所示。

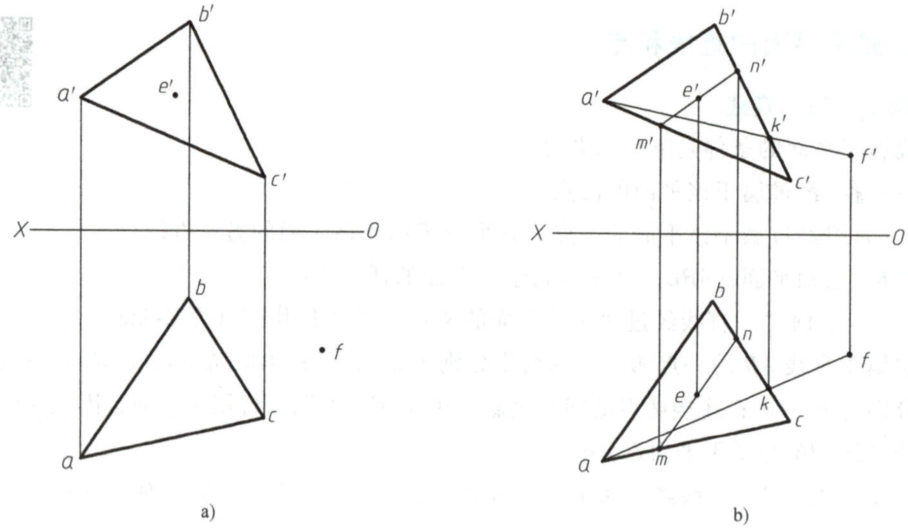

图 2-33 属于平面的点

3. 平面内的投影面平行线

某一平面内投影面平行线的投影，既有投影面平行线具有的特性，又满足直线在平面上的几何条件。如果给出某点的空间相对坐标位置，则可以利用投影面平行线的特性及应该满足的几何条件，求出该点的投影。

例 2-8 图 2-34a 所示为△*ABC* 的两面投影，在△*ABC* 平面上取一点 *M*，使点 *M* 比点 *B* 低 6mm，在点 *B* 之后 7mm，试求点 *M* 的两面投影。

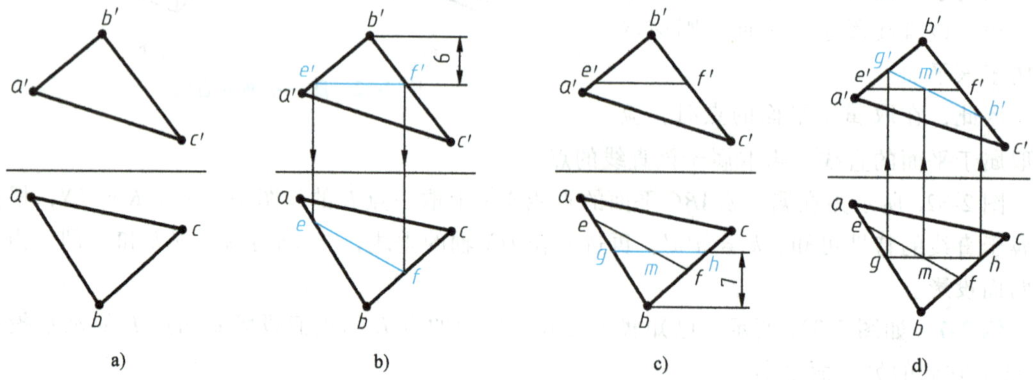

图 2-34 求点 *M* 的两面投影

分析：已知点 *M* 比点 *B* 低 6mm，可以作平面上的水平线；已知点 *M* 在点 *B* 之后 7mm，可以作平面上的正平线，点 *M* 必在两直线的交点上。

作图步骤：

1）在主视图中，从 *b*′向下量取 6mm，作一平行于 *OX* 轴的直线 *e*′*f*′，与 *a*′*b*′交于 *e*′，与 *b*′*c*′交于 *f*′，并作出水平线 *EF* 的水平投影 *ef*，如图 2-34b 所示。

2）在俯视图中，从 *b* 向后量取 7mm，作一平行于 *OX* 轴的直线 *gh*，与 *ab* 交于 *g*，与 *bc* 交于 *h*，则 *ef* 与 *gh* 的交点即为 *m*，如图 2-34c 所示。

3）作出正平线 *GH* 的正面投影 *g*′*h*′，则 *g*′*h*′与 *e*′*f*′的交点即是 *m*′，如图 2-34d 所示。

4. 平面的最大斜度线

（1）最大斜度线的定义　平面上相对投影面倾角最大的直线称为该平面的最大斜度线，这是属于该平面，并垂直于该平面上的投影面平行线的垂直线。平面上垂直于水平线的直线，称为对水平投影面的最大斜度线；垂直于正平线的直线，称为对正立投影面的最大斜度线；垂直于侧平线的直线，称为对侧立投影面的最大斜度线。

如图 2-35 所示，直线 *CD* 是属于平面 *P* 上的水平线，垂直于 *CD* 且属于平面 *P* 的直线 *AE* 是对 *H* 面的最大斜度线。显然，该平面对 *H* 面的最大斜度线有无穷多条，均与 *AE* 平行。

如图 2-36 所示，给定平面△*ABC*，为作属于平面△*ABC* 的对水平投影面的最大斜度线，应先在△*ABC* 内任意作一水平线 *CD*（*cd*，*c′d′*），再根据直角投影定理在平面上任作一条 *CD* 的垂线 *AE*（*ae*，*a′e′*），*AE* 便是对水平投影面的最大斜度线。

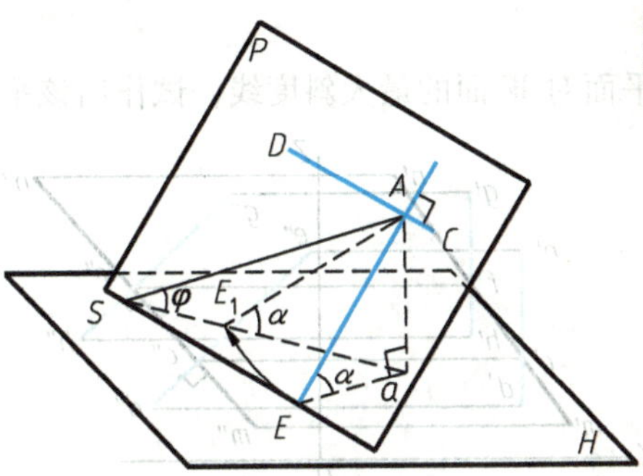

图 2-35　最大斜度线

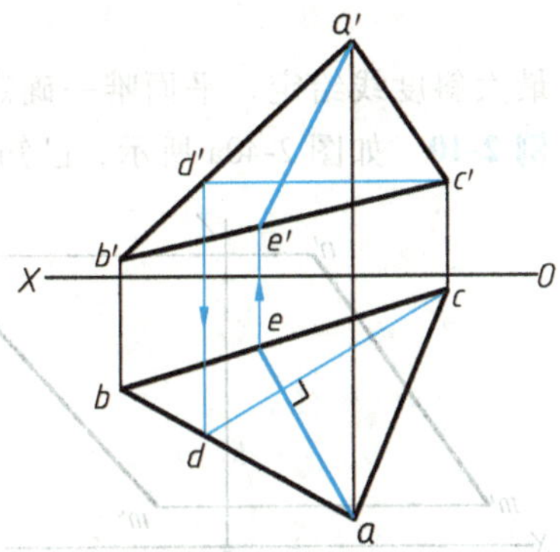

图 2-36　对水平投影面的最大斜度线

（2）最大斜度线与投影面的夹角最大　如图 2-35 所示，水平线 *CD* 与 *H* 面的夹角为 0°，最大斜度线 *AE* 与 *H* 面的夹角为 α。最大斜度线与投影面的夹角是最大的。

如图 2-35 所示，过点 *A* 作最大斜度以外的属于平面 *P* 的任意直线 *AS*。它对 *H* 面的夹角为 φ。由于 *AE*⊥*CD*，取 *SE*//*CD*，因此 *SE*⊥*AE*。根据直角投影定理，*aE*⊥*SE*，则 *AS*>*AE*，两个直角三角形 *AaS* 和 *AaE*，有相等的直角边 *Aa*，而另一对直角边 *aS*>*aE*，因此相应的锐角 φ<α，即最大斜度线与投影面的夹角最大。

（3）平面对投影面的倾角　最大斜度线的几何意义是可以用它来测定平面对投影面的倾角。二面角的大小是用平面角测定的。在图 2-35 中，平面 *P* 与 *H* 面构成二面角，其平面角 α 即为最大斜度线 *AE* 与 *H* 面的倾角。

如图 2-37 所示，给定一平面△*ABC*。为求该平面与 *H* 面的倾角，先任作一属于该平面的对 *H* 面的最大斜度线 *AE*，再用直角三角形法求出线段 *AE* 对 *H* 面的夹角 α 即可。

若要求该平面对 *V* 面的倾角，则要用对 *V* 面的最大斜度线（即 *CG*），作出 *CG* 对 *V* 面的夹角 β 即可，如图 2-38 所示。

例 2-9　如图 2-39 所示，试过水平线 *AB* 作一与 *H* 面成 30°夹角的平面。

分析：由于平面对 *H* 面的最大斜度线与 *H* 面的夹角反映了该平面与 *H* 面的夹角，只要作出任意一条与已知水平线 *AB* 垂直相交，且与 *H* 面成 30°的最大斜度线，则问题得解。

作图：在水平线 *AB* 的水平投影 *ab* 上任取一点 *c*，过 *c* 作与 *ab* 垂直的线段 *cd*，过 *d* 作夹角为 30°的线与 *ab* 交于 *l*，*lc* 即为线段 *CD* 的 *Z* 坐标差，由此得 *d′*，连接 *c′d′*，则线段 *CD* 与水平线 *AB* 组成的平面即为所求。

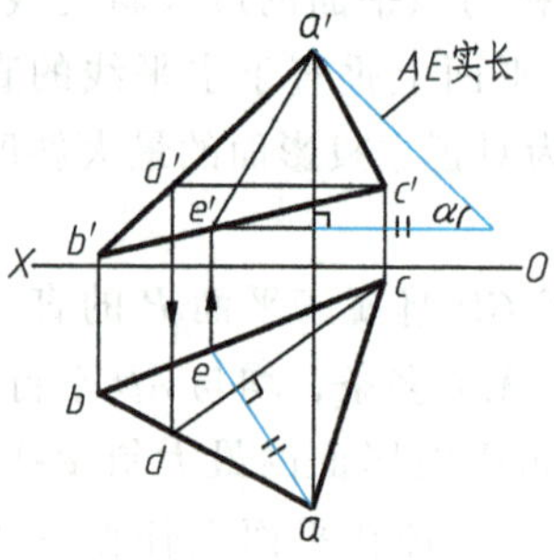

图 2-37 平面对 *H* 面的夹角

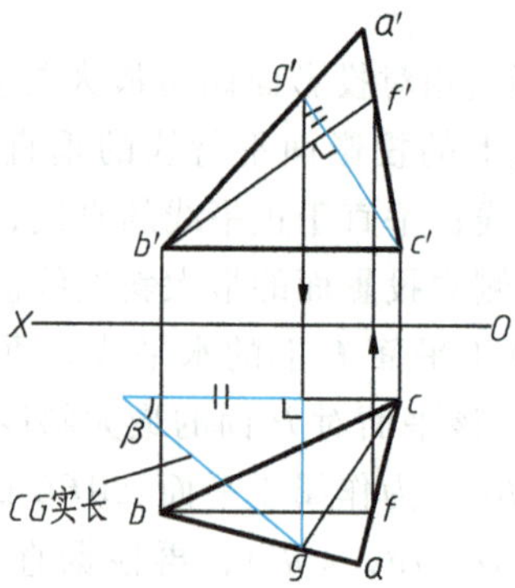

图 2-38 平面对 *V* 面的夹角

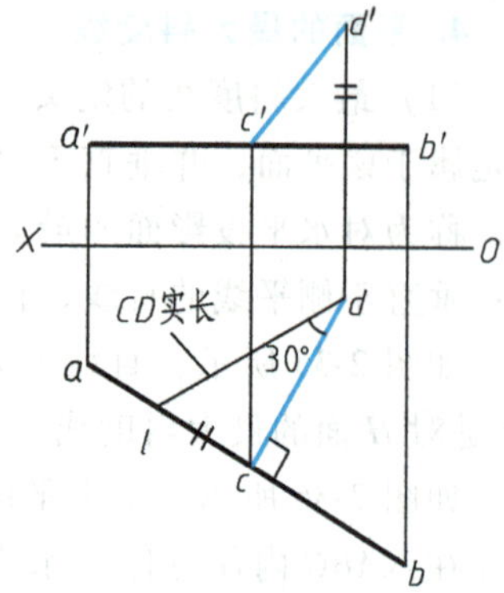

图 2-39 作与 *H* 面成 30°夹角的平面

最大斜度线给定，平面唯一确定。

例 2-10 如图 2-40a 所示，已知直线 *MN* 为某平面对 *W* 面的最大斜度线，试作出该平面。

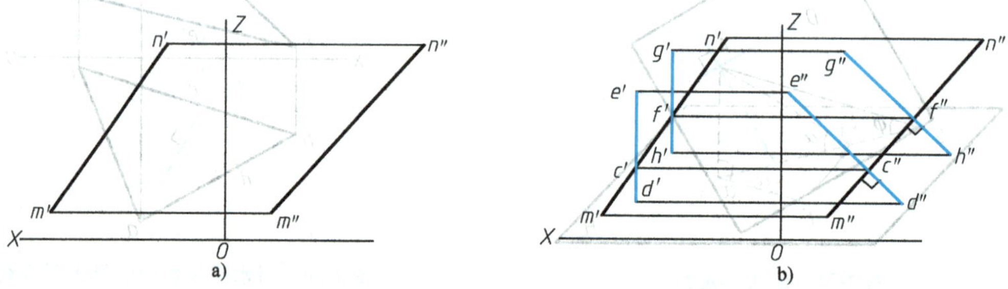

图 2-40 作出最大斜度线所确定的平面

解： 属于该平面的侧平线一定与已知直线 *MN* 垂直，因此过直线 *MN* 上任一点 *C* 作一侧平线 *DE*，使得 $DE \perp MN$，则相交两直线 *MN* 与 *DE* 所确定的平面即为所求，如图 2-40b 所示。

若过 *MN* 上另外一点 *F* 作侧平线 $GH \perp MN$，则 $GH /\!/ DE$，因此 *GH* 与 *MN* 所确定的平面与上述解答是同一个平面，即最大斜度线给定，平面唯一确定。

任务实施

机械图样，不管是零件图、装配图，还是轴测图，都是物体向投影面进行正投射所得到的图形。这些图形的绘制必须符合国家标准的规定，如线型、字体、图纸等各项内容。机械图样不仅表达了物体的形状，还表达了物体的尺寸大小、各种加工要求等，是一种能用于实际生产中的图样。

根据图 2-1 所示的支架实体图，完成以下任务。

任务 2-1 认真观察图 2-1 所示支架实体图，根据其形体结构，思考并绘制其三视图。

1. 思考应该选择哪个方向作为主视图的投影方向，用箭头指出，并说明原因。
2. 绘制图 2-1 所示支架的三视图。绘图比例为 1∶1，尺寸从轴测图量取。

任务 2-2 归纳总结绘制三视图会用到哪些线型，作用是什么。

模块3

投影变换

本模块知识点

1. 了解换面法的基本概念。
2. 掌握点、直线、平面的换面方法。
3. 熟悉直线、平面换面法的应用。

素养提升

在遵守规则的基础上，要学会变通，以解决工程实际问题。

任务引入

在解决工程实际问题时经常会遇到求解度量问题（如实长、实形、距离、夹角等）或者求解定位问题（如交点、交线等）。通过对直线或平面的投影分析可知，当直线或平面对投影面处于一般位置时，在投影图上不能直接反映它们的实长、实形、距离、夹角等；当直线或平面对投影面处于特殊位置时，在投影图上就可以直接得到它们的实长、实形、距离、夹角等。

如图 3-1 所示，直接通过几何方法求解一般位置直线或平面的度量问题（实长、实形、距离、夹角等）是没那么容易的，但如果能把一般位置直线或平面转化成为特殊位置直线或者平面，求解就简单了。当直线或者平面对投影面处于特殊位置时，它们的投影可能直接

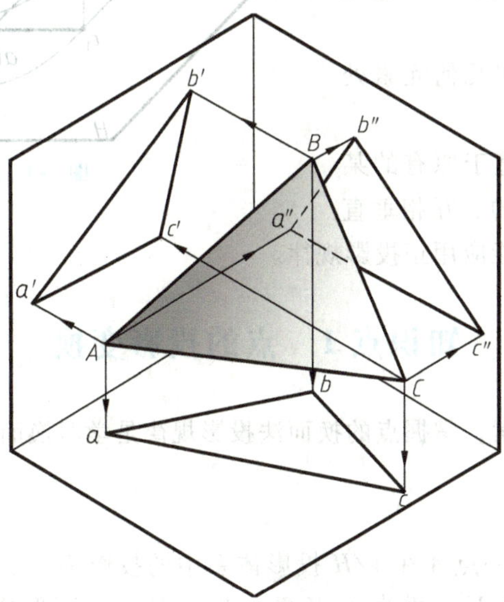

图 3-1　一般位置平面

真实地反映度量关系和位置关系或者具有积聚性。这种变换空间几何元素（点、线、面）对投影面相对位置的方法，称为投影变换。投影变换也就成为解决一般位置直线或平面度量问题（实长、实形、距离、夹角等）常用的几何求解方法。

投影变换的方法一般有换面法和旋转法两种。

保持空间几何元素不动，设置一个新的投影面，使其替换原投影体系中的某一个投影面，组成一个新的投影体系，使几何元素在新投影面上的投影直接反映所需要的几何关系，这种方法称为换面法。

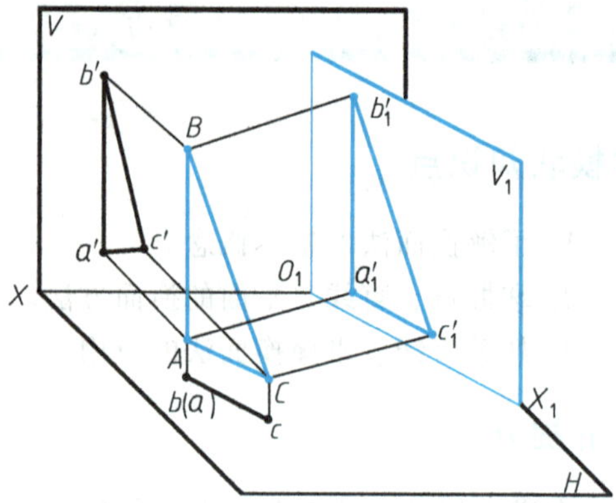

图 3-2 换面法

如图 3-2 所示，△*ABC* 在原投影体系 *H* 面和 *V* 面上的投影均不反映实形。现设置一个新投影面 V_1，使 V_1 面垂直于 *H* 面并与△*ABC* 平行，这就组成了一个新投影体系 V_1/H，V_1 面与 *H* 面的交线 O_1X_1 为新投影轴。在这个新投影体系中，△*ABC* 在 V_1 面上的投影△$a_1'b_1'c_1'$反映实形。

原投影面保持不变，将空间几何元素绕着某条选定的轴线旋转到有利于解题的位置，这种投影变换方法称为旋转法。

如图 3-3 所示，以△*ABC* 上垂直于 *H* 面的直角边 *AB* 为轴，使△*ABC* 旋转到与 *V* 面平行的位置△ABC_1，此时其在 *V* 面上的投影△$a'b'c_1'$反映实形。

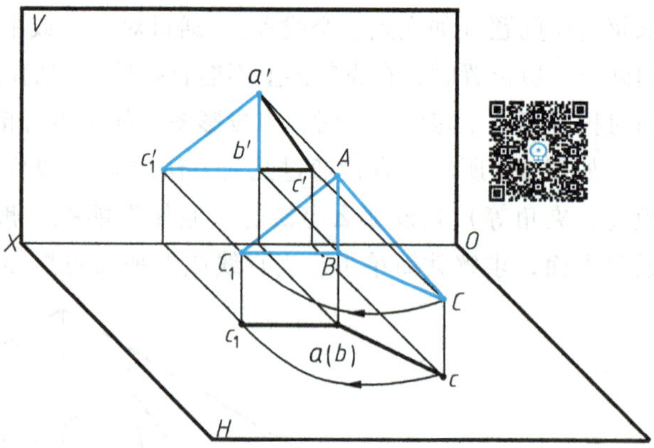

图 3-3 旋转法

本章将就换面法做详细介绍。

换面法中新投影面的设置，应满足以下两个条件：

1）投影面必须与空间几何元素处于有利于解题的位置。

2）新投影面必须垂直于原有的某一投影面，以形成一个新的、互相垂直的两投影面体系，这样才能应用正投影规律。

知识点 1 点的投影变换

点是最基本的几何元素，掌握点的换面法投影规律是学习换面法的基础。

一、点的一次换面

如图 3-4a 所示，空间一点 *A* 在 *V/H* 投影体系中的投影为 a'、a，现设置一新的投影面 V_1，使 V_1 面替换原投影面 *V* 并垂直于 *H* 面，此时 V_1、*H* 面形成一个新的两投影面体系 V_1/H。V_1 面和 *H* 面的交线 O_1X_1 称为新投影轴。点 *A* 在 V_1/H 两投影面体系中的投影为 a_1'、

a。此时 a_1' 和 a 分别称为新投影和不变投影，在 V 面上的投影 a' 称为被替换投影。使 V_1 面绕新投影轴 O_1X_1 旋转至与展开后的 H 面重合，即可得到点 A 在 V_1/H 新投影面体系中的两面投影图。$a_1'a_{X1}=a'a_X=Aa$（即点 A 的 Z 坐标不变）。当 V_1 面绕 O_1X_1 轴旋转至与展开后的 H 面重合时，根据点的投影规律可知 $aa_1' \perp O_1X_1$ 轴。

由上述分析可知，点的换面规律如下：

1）点的新投影和不变投影的连线垂直于新投影轴。

2）点的新投影到新投影轴的距离等于被替换投影到原投影轴的距离。

根据以上换面规律，点的一次换面作图步骤如下：

1）作新投影轴 O_1X_1，用 V_1 面代替 V 面，形成 V_1/H 两投影面体系。

2）过点 a 作 O_1X_1 的垂线，在垂线上截取 $a_1'a_{X1}=a'a_X$，即得点 A 在 V_1 面上的新投影 a_1'，如图 3-4b 所示。

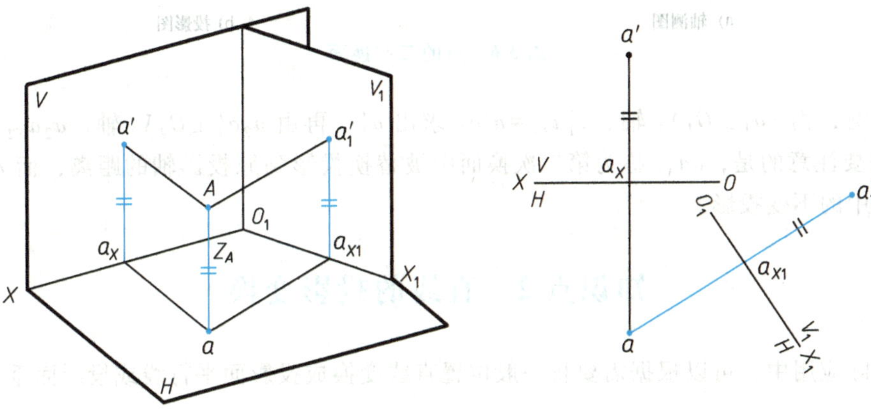

a)　　b)

图 3-4　点的一次换面（变换 V 面）

如果变换 H 面，则用一个垂直于 V 面的新投影面 H_1 代替 H 面，构成 V/H_1 两投影面体系。如图 3-5 所示，可作出点 B 在 H_1 面上的新投影，其作图步骤与变换 V 面时相似，此时点 B 的 Y 坐标不变。

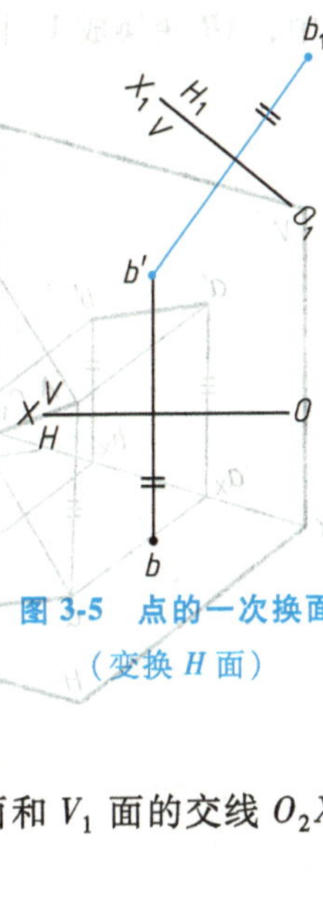

图 3-5　点的一次换面（变换 H 面）

二、点的二次换面

在实际绘图过程中，有些问题经过一次换面还不能解决，需要经过两次或两次以上的连续换面。二次换面是在一次换面的基础上再进行换面，每次换面都需按照点的换面规律。但应注意，在换面时，先换哪一个面应根据解题需要而定，然后按顺序依次更换各个投影面，V、H 面必须交替变换，即以 $V/H \to V/H_1 \to V_2/H_1$ 的顺序变换或以 $V/H \to V_1/H \to V_1/H_2$ 的顺序变换。

如图 3-6a 所示，第一次作 V_1 面垂直于 H 面，形成 V_1/H 投影体系，第二次作 H_2 面垂直于 V_1 面，形成 V_1/H_2 投影体系。

点 A 在 V_1 面上的投影为 a_1'，在 H_2 面上的投影为 a_2，H_2 面和 V_1 面的交线 O_2X_2 为第二

新投影轴。如图 3-6b 所示，将各个投影面依次展开到一个平面上后，即得到两次换面后点

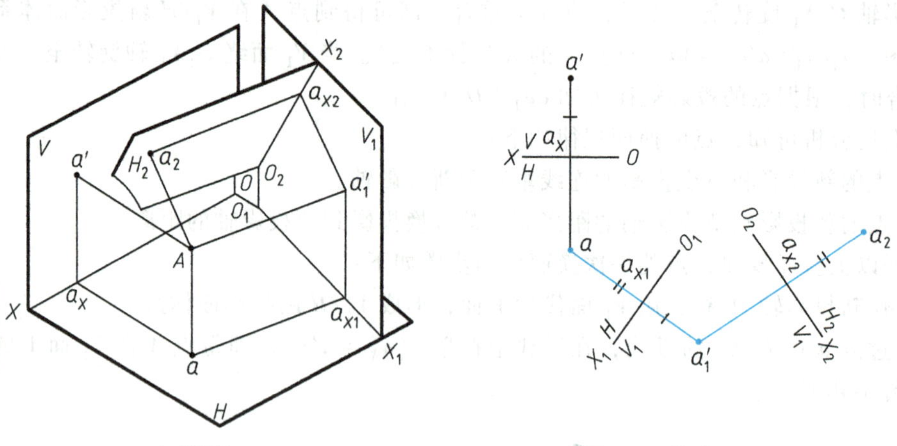

a）轴测图　　b）投影图

图 3-6　点的二次换面

A 的投影图，由 $aa_1' \perp O_1X_1$ 轴、$a_1'a_{X1} = a'a_X$ 求出 a_1'，再由 $a_2a_1' \perp O_2X_2$ 轴、$a_2a_{X2} = aa_{X1}$ 求出 a_2。需要注意的是，aa_{X1} 称为第二次换面中被替换投影到原投影轴的距离，而 a_1' 称为第二次换面中的不变投影。

知识点 2　直线的投影变换

在实际应用中，可以根据需要将一般位置直线变换成投影面平行线或投影面垂直线。

一、将一般位置直线变换成投影面平行线

将一般位置直线变换成投影面平行线只需一次换面。如图 3-7a 所示，在 V/H 投影面体系中，AB 为一般位置直线，现设置 V_1 面垂直于 H 面并平行于直线 AB，在新建立的 V_1/H 投影面体系中，AB 变换成 V_1 面的平行线。在图 3-7b 中作图，步骤如下：

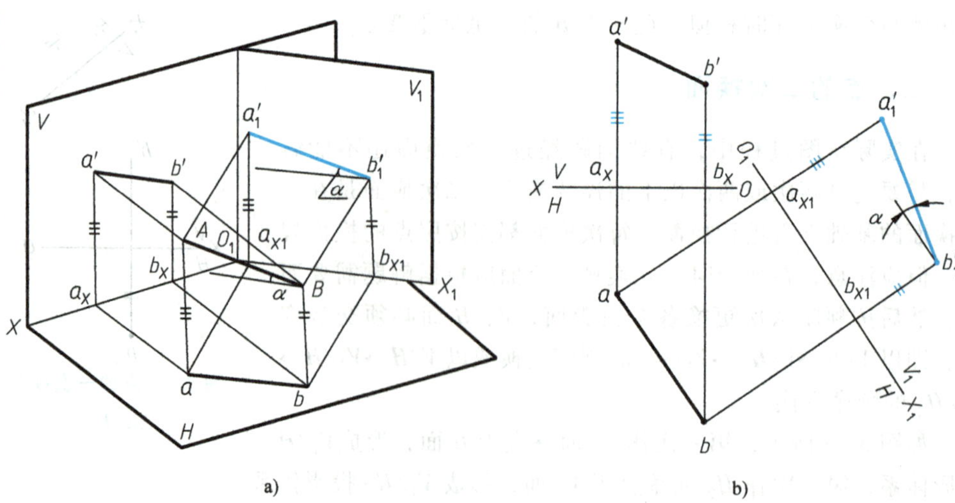

a）　　b）

图 3-7　一般位置直线变换成正平线

1）作新投影轴 $O_1X_1 /\!/ ab$。

2）按照点的新旧投影之间的关系，即 $a_1'a_{X1}=a'a_X$、$b_1'b_{X1}=b'b_X$，作出新投影 a_1'、b_1'。

3）连接 $a_1'b_1'$ 即为直线 AB 的新投影，它等于 AB 的线段实长，与 O_1X_1 轴的夹角 α 反映直线 AB 对 H 面的倾角，如图 3-7b 所示。

同理，也可设置新投影面 H_1 平行于直线 AB，使直线 AB 在投影面体系 V/H_1 中变换为 H_1 面的平行线，即可得出 AB 对 V 面的倾角 β，如图 3-8 所示。

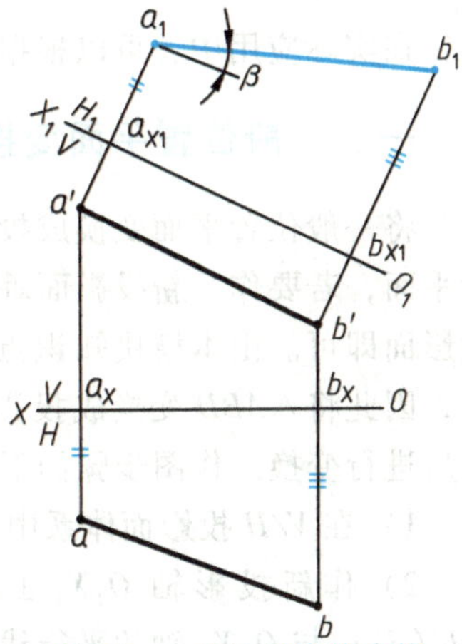

图 3-8　一般位置直线变换成投影面平行线

二、将投影面平行线变换成投影面垂直线

将投影面平行线变换成投影面垂直线只需一次换面。如图 3-9 所示，在 V/H 投影面体系中，AB 为一条正平线，现设置 H_1 面垂直于 V 面且垂直于直线 AB，则直线 AB 在新投影面体系 V/H_1 中就变为 H_1 面的垂直线，在 H_1 面上的投影积聚为一点。作图步骤如下：

1）作新投影轴 $O_1X_1 \perp a'b'$。

2）根据 $a_1a_{X1}=aa_X$、$b_1b_{X1}=bb_X$，作出新投影 $a_1(b_1)$。

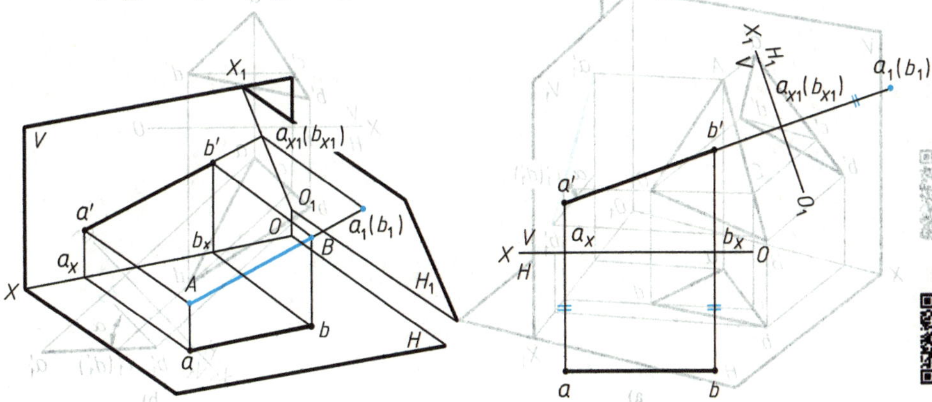

a)　　b)

图 3-9　投影面平行线变换成投影面垂直线

三、将一般位置直线变换成投影面垂直线

将一般位置直线变换成投影面垂直线需要二次换面，如图 3-10 所示。第一次换面将一般位置直线变换成投影面平行线，第二次换面再将投影面平行线变换成投影面垂直线。

将一般位置直线变换成铅垂线的作图步骤如下：

1）将直线变换成正平线。作新投影轴 $O_1X_1 /\!/ ab$，得到 AB 在 V_1/H 投影面体系中的新投影 $a_1'b_1'$。

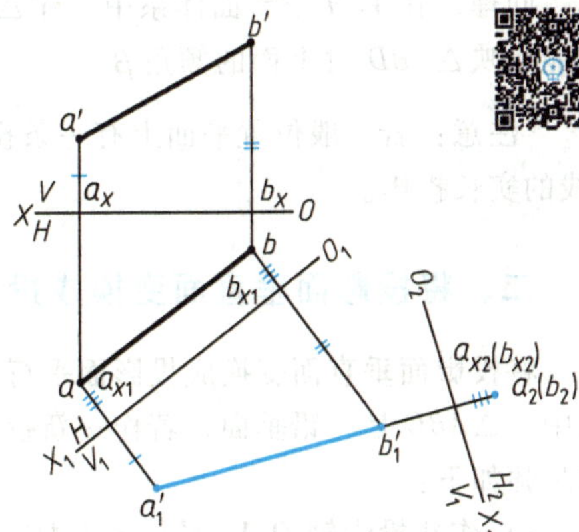

图 3-10　一般位置直线变换成投影面垂直线

2）将正平线换成铅垂线。再作另一新投影轴

$O_2X_2 \perp a_1'b_1'$，得到 AB 在 V_1/H_2 投影面体系中的新投影 $a_2(b_2)$。

知识点 3　平面的投影变换

在实际应用中，可以根据需要将一般位置平面变换成投影面垂直面或投影面平行面。

一、一般位置平面变换成投影面垂直面

将一般位置平面变换成投影面垂直面只需一次换面。如图 3-11 所示，△ABD 为一般位置平面，若要作一新投影面垂直于△ABD，则只要使△ABD 上的一条投影面平行线垂直于新投影面即可。由本模块知识点 2 内容可知，投影面平行线变换为投影面垂直线只需一次换面，因此将△ABD 变换成投影面垂直面即可归结为在△ABD 平面上作一条投影面平行线，然后进行变换。作图步骤如下：

1）在 V/H 投影面体系中，作△ABD 平面上水平线 CD 的两面投影 cd、$c'd'$。

2）作新投影轴 $O_1X_1 \perp cd$，在 V_1 投影面上得到△ABD 的积聚性投影 $a'_1b'_1(d'_1)$，$a_1'b_1'(d_1')$ 与 O_1X_1 轴的平行线间的夹角反映了△ABD 对 H 面的倾角 α。

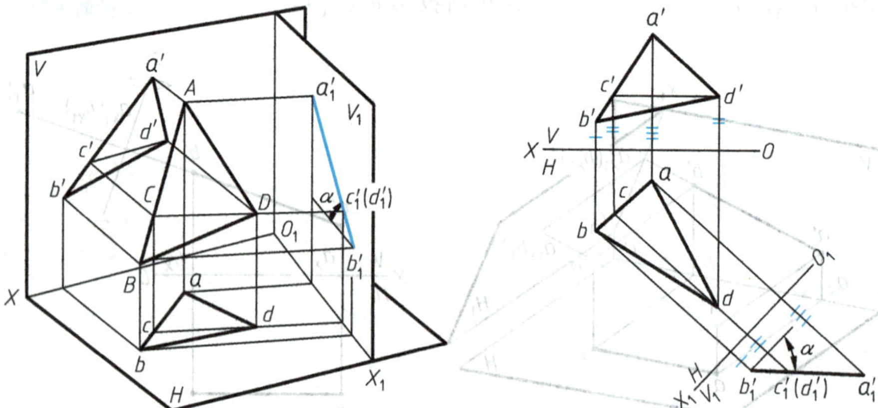

a)　　　　b)

图 3-11　一般位置平面变换成投影面垂直面

同理，在 V/H 投影面体系中，作△ABD 平面上的正平线，可以将△ABD 变换成铅垂面，并能反映△ABD 对 V 面的倾角 β。

> 注意：若一般位置平面上有一条投影面平行线，则可将新投影轴设置为垂直于此平行线的实长投影。

二、将投影面垂直面变换成投影面平行面

将投影面垂直面变换成投影面平行面只需一次换面。如图 3-12 所示，在 V/H 投影面体系中，△ABC 是一铅垂面，若作一新投影面 V_1 平行于△ABC，则 V_1 面一定垂直于 H 面。作图步骤如下：

1）作新投影轴 O_1X_1 平行于△ABC 的积聚性投影 abc。

2）在 V_1 投影面上得到△ABC 的新投影△$a_1'b_1'c_1'$，△$a_1'b_1'c_1'$反映△ABC 的实形。

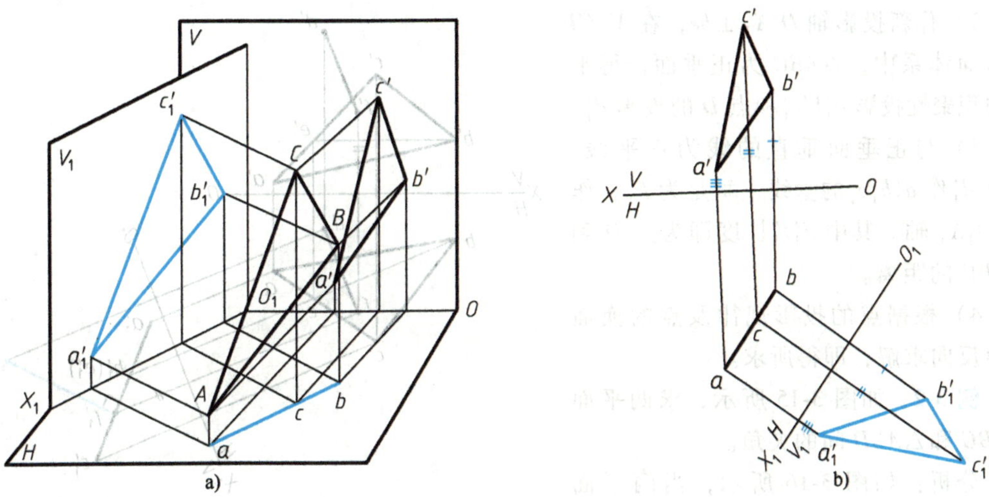

图 3-12 投影面垂直面变换成投影面平行面

三、将一般位置平面变换成投影面平行面

将一般位置平面变换成投影面平行面需二次换面。如图 3-13 所示，首先将其变换成投影面垂直面，然后将投影面垂直面变换成投影面平行面。

将一般位置平面变换成正平面的作图步骤如下：

1）在△ABC 上过点 A 作正平线 AE，并作新投影轴 $O_1X_1 \perp a'e'$，在 H_1 面上得到△ABC 的积聚性投影 $a_1b_1c_1$。

2）作新投影轴 $O_2X_2 // a_1b_1c_1$，在 V_2 投影面上得到新投影△$a_2'b_2'c_2'$，它反映△ABC 的实形。

注意：若一般位置平面上有一条投影面平行线，第一次换面则可将新的投影轴设置为垂直于此平行线的实长投影。

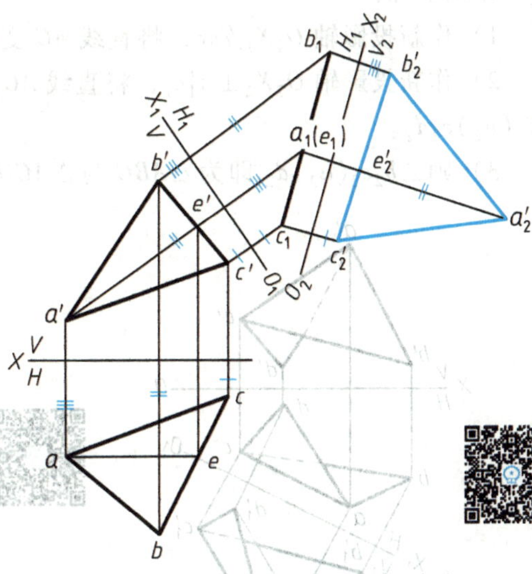

图 3-13 一般位置平面变换成投影面平行面

知识点 4 换面法的应用

例 3-1 如图 3-14 所示，求点 D 到△ABC 的距离的投影。

分析：当平面为投影面垂直面时，在它所垂直的投影面上的投影反映了点到平面的距离，即点到直线（平面的积聚线）的距离就反映了点到平面的距离，因此只需把平面一次变换成投影面垂直面即可求解。

作图步骤：

1）作△ABC 上的水平线 BE 的投影 be、$b'e'$。

2）作新投影轴 $O_1X_1 \perp be$，在 V_1/H 投影面体系中，△ABC 为正垂面，得平面的积聚性投影 $a_1'b_1'c_1'$ 和点 D 的投影 d_1'。

3）与正垂面垂直的线为正平线，过点 d_1' 作 $a_1'b_1'c_1'$ 的垂线，垂足为 f_1'，作 $df // O_1X_1$ 轴。其中 $d_1'f_1'$ 长度即为点 D 到△ABC 的距离。

4）根据点的投影规律及点的换面规律反向求解，即得所求。

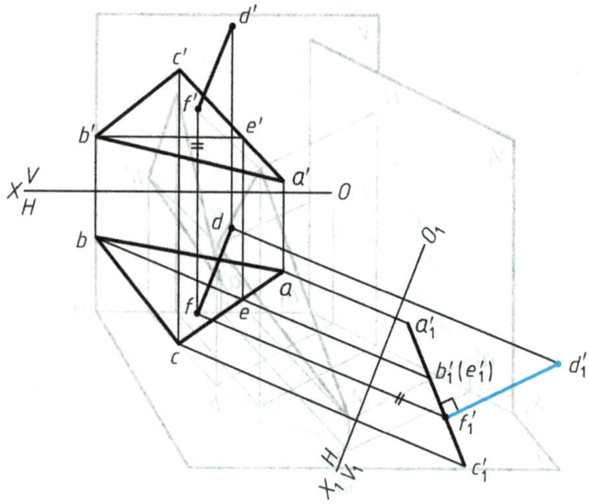

图 3-14 求点到平面的距离

例 3-2 如图 3-15 所示，求两平面△ABC 和△ACD 间的夹角。

分析：如图 3-16 所示，当两平面同时垂直于某一投影面时，它们的积聚性投影间的夹角即为两平面的夹角。因此，只要将两平面的交线变换成投影面垂直线即可求解。

作图步骤：

1）作新投影轴 $O_1X_1 // ac$，将直线 AC 变换成正平线，然后作出△$a_1'b_1'c_1'$ 和△$a_1'c_1'd_1'$。

2）作新投影轴 $O_2X_2 \perp a_1'c_1'$，将直线 AC 变换成铅垂线，然后作出积聚性投影 $(a_2)b_2c_2$ 和 $(a_2)c_2d_2$。

3）则 $\angle b_2c_2(a_2)d_2$ 即为△ABC 与△ACD 两平面间的夹角，如图 3-15 所示。

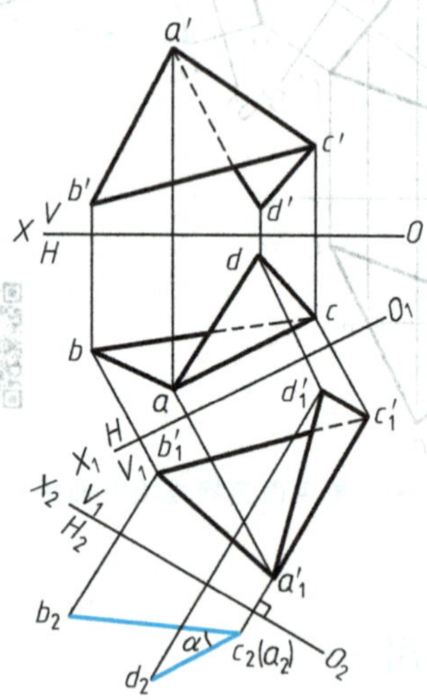

图 3-15 求两平面间的夹角

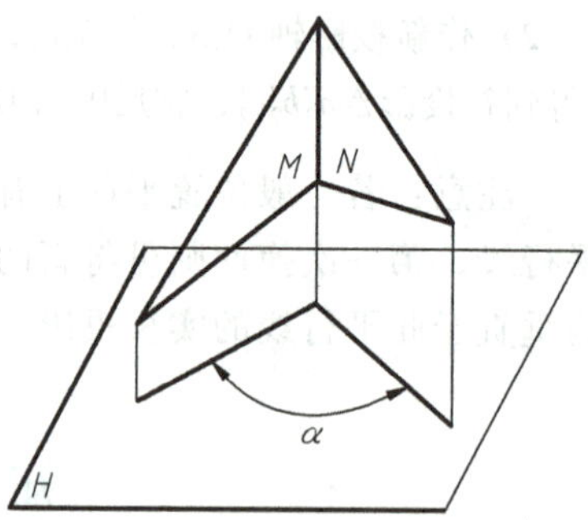

图 3-16 两平面间的夹角分析

例 3-3 如图3-17 所示，在直线 BC 上取一点 E，使 $AE = 20\text{mm}$。

分析：直线 BC 与点 A 组成一般位置平面△ABC，利用二次换面可以求出△ABC 的实形，在实形中可以作出 $AE = 20\text{mm}$。

作图步骤：

1）连接△ABC，在△ABC 内过点 C 作出水平线 CM。

2）作新投影轴 $O_1X_1 \perp cm$，将 $\triangle ABC$ 变换成正垂面，得出积聚性投影 $a_1'b_1'c_1'$。

3）作新投影轴 $O_2X_2 /\!/ b_1'c_1'a_1'$，将 $\triangle ABC$ 变换成水平面，得出实形 $\triangle a_2b_2c_2$。

4）以 a_2 为圆心，20mm 为半径画圆弧，与 b_2c_2 的交点即为 e_2。

5）根据点的换面规律即可作出 e、e'。

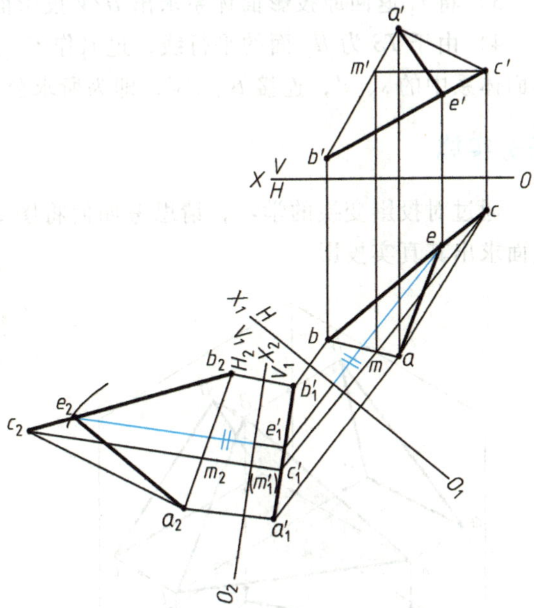

图 3-17 求平面上的直线

例 3-4 如图3-18 所示，求两交叉直线 AB 和 CD 的距离，并定出它们公垂线的位置。

分析：若两交叉直线之一成为某一投影面的垂直线，则问题就能获得便捷的解法。如图 3-18a 所示，若将直线 CD 变为投影面垂直线，则 CD 与 AB 的公垂线 TS 必是该投影面的平行线，TS 在新投影面 H_2 上的投影反映两交叉直线之间的距离。公垂线 TS 又与直线 AB 垂直，则其在 H_2 面上的投影反映直角，即 $t_2s_2 \perp a_2b_2$，由此即可定出公垂线 TS 的位置。一般位置直线 CD 变成投影面垂直线，需变换两次投影面。

作图步骤（图 3-18b）：

1）将一般位置直线 CD 经过两次投影变换变为新投影面的垂直线，直线 AB 随同直线 CD 一起变换。由于 $S \in CD$，因此 $s_2 \in c_2d_2$。

2）根据直角投影定理，过 s_2 向 a_2b_2 作垂线，与 a_2b_2 交于 t_2，t_2s_2 即为所求距离。

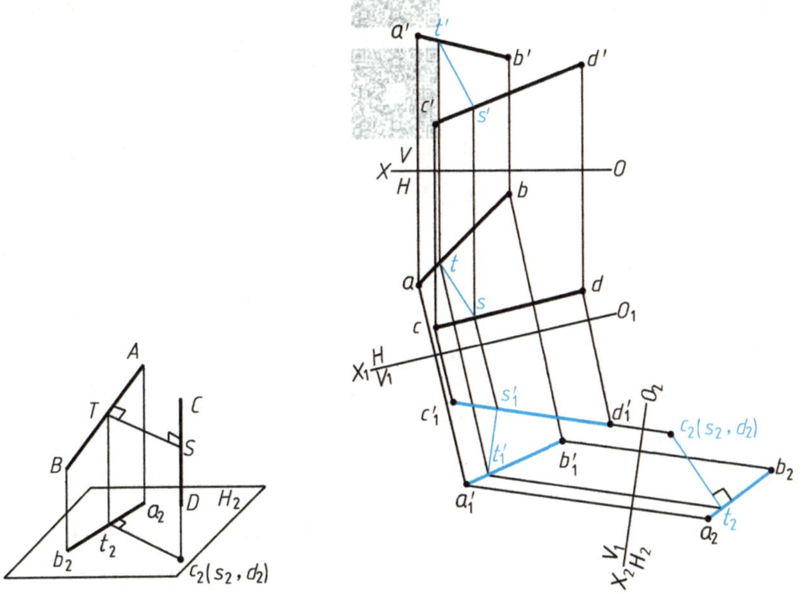

a) 空间分析图 b) 投影图

图 3-18 求两交叉直线的距离

3）将 t_2 返回原投影面体系求出 H/V 投影面体系中的 t、t'。

4）由于 TS 为 H_2 面的平行线，过 t_1' 作 $t_1's_1'//O_2X_2$，它与 $c_1'd_1'$ 交于 s_1'。由 s_1' 求出 H/V 投影面体系中的 s、s'，连接 ts、$t's'$，即为所求公垂线的投影。

任务实施

通过对投影变换的学习，请思考如何将图 3-19 所示的一般位置平面△ABC 通过平面的换面求出其真实投影。

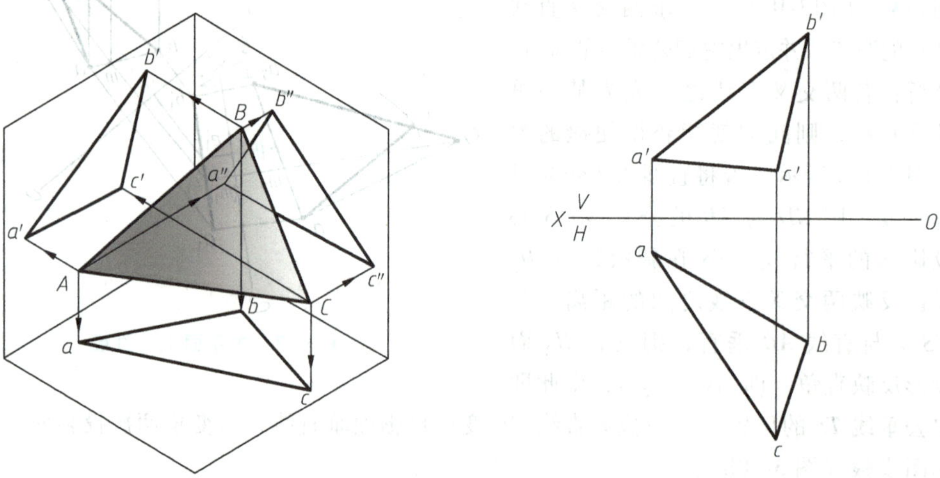

图 3-19　求作一般位置平面的实形

模块4

立体及其表面交线

本模块知识点

1. 掌握基本体三视图的画法、尺寸注法及其表面上点的投影的作图方法。
2. 掌握平面立体和回转体被不同截平面截切后截交线的形状及其画法。
3. 熟悉常见相贯线的形状，能够熟练画出常见相贯线及相贯体的投影。
4. 能够根据截交线和相贯线的特征，标注截断体和相贯体的尺寸。

素养提升

精雕细琢方成大器。

任务引入

大多数的零件不管多么复杂，都可以看成是由一些单一几何体组成的，这些单一几何体被称为基本立体，简称基本体。常见基本体如图 4-1 所示。

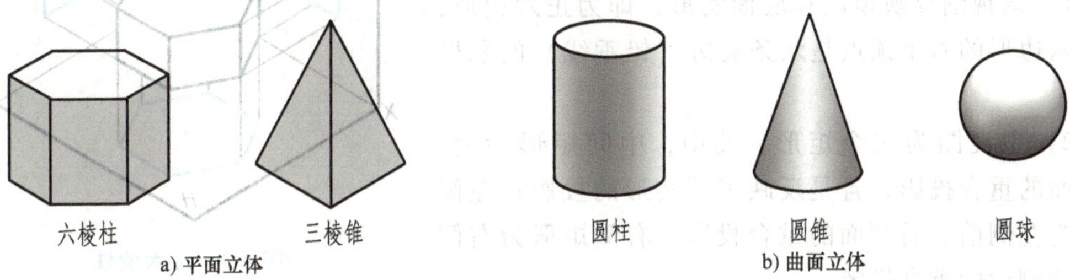

图 4-1　常见基本体

基本体分为平面立体和曲面立体两种。其中，平面立体是指表面均为平面的基本体，工程上常见的有棱柱和棱锥等；曲面立体是指表面由曲面或曲面和平面组成的基本体，常见的曲面立体有圆柱、圆锥和圆球等。

在生产实际中，很多零件是用平面截切上述基本体而成的，或者由上述基本体组合而成的，简单的基本体经过截切或者组合后，在零件表面会产生一定的交线。基本体经过平面截切，得到平面与基本体的表面相交产生的交线，例如图 4-2a 所示的顶尖；多个基本体相交可在表面产生交线，例如图 4-2b 所示的三通法兰。如何绘制顶尖和三通法兰这类零件的三视图？除了解决各个基本体的三视

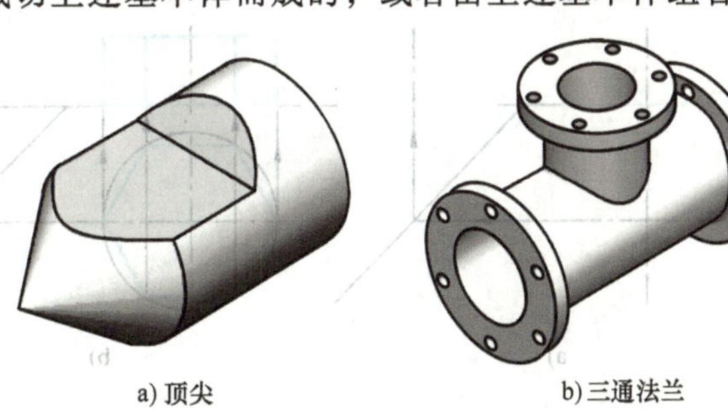

图 4-2　立体及其表面交线

图的投影，还要考虑如何绘制它们表面产生的交线。

知识点1　基本几何体的投影

一、平面立体的三视图及表面上点的投影

1. 棱柱及其表面上点的投影

棱柱是由两个底面和若干侧面围成的平面立体，立体上相邻侧面的交线称为棱线。棱柱分为直棱柱和斜棱柱，直棱柱是由两个相互平行的多边形底面和几个矩形侧面围成的立体。顶面和底面为正多边形的直棱柱称为正棱柱，正棱柱的棱线互相平行。常见的棱柱有三棱柱、四棱柱、五棱柱和六棱柱等。

棱柱的作图方法为：先画出棱柱底面多边形的投影（也是侧面的积聚性投影），再根据“三等”规律完成另外两面投影的绘制。

正棱柱投影图的特征为：一面视图为多边形，另两面视图为矩形框。下面以正六棱柱为例，分析其投影特征和作图方法。不同棱柱的三视图的画法大致相同。

（1）棱柱的投影　以正六棱柱为例，将其置于三投影面体系中，为了便于作图，使其顶面和底面（正六边形）平行于 H 面，并使前、后侧面与 V 面平行，如图 4-3 所示。此时，该正六棱柱的投影特性如下：

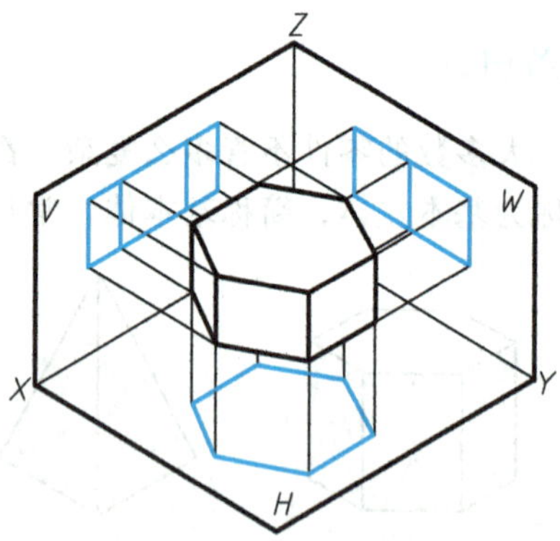

图 4-3　正六棱柱

1）俯视图反映顶面和底面实形，即为正六边形，该正六边形的六个顶点是六条棱边（铅垂线）的积聚投影。

2）主视图为三个矩形。其中，中间矩形为前、后侧面的重合投影，且是反映了其实形的投影；左侧矩形为左侧前、后侧面的重合投影，右侧矩形为右侧前、后侧面的重合投影。

3）左视图为两个矩形，分别是左、右四个铅垂侧面的重合投影。

作图步骤：

1）画出各投影轴的轴线及45°辅助线，作正六棱柱的对称中心线和底面基线以确定各视图的位置，如图 4-4a 所示。

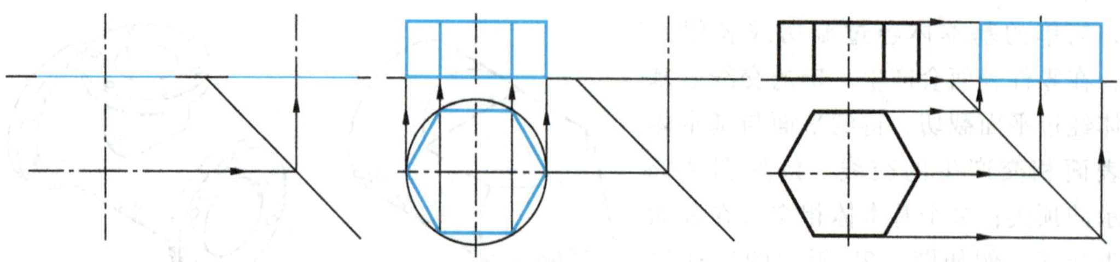

a)　b)　c)

图 4-4　正六棱柱三视图的作图步骤

2）画出反映主要形状特征的视图，即画俯视图中的正六边形，按照“长对正”的投影规律及正六边形的高度画出主视图，如图 4-4b 所示。

3）根据“高平齐、宽相等”的投影规律画出左视图，即矩形框，如图 4-4c 所示。

注意：在棱柱的两面矩形框的投影视图中，要进行棱线的可见性判断，可见的棱线画粗实线，不可见的棱线画细虚线，如果在投影中后面的棱线与前面的棱线投影重合，应将细虚线省略。

（2）棱柱表面上点的投影　求作棱柱表面上点的投影，应先确定该点在棱柱的哪个表面上，然后利用面的积聚性来求点的投影。判定点的可见性时，若平面可见，则该平面上点的投影可见。

例 4-1　已知正六棱柱表面上点 M 的水平投影及点 N 的正面投影，如图 4-5a 所示，试求这两点的另外两面投影。

作图步骤：

1）作 45°辅助线。

2）由点 M 的水平投影 m 不可见可以判断出该点位于正六棱柱的底面上。因为该棱柱底面的正面投影和侧面投影都具有积聚性，所以点 M 的正面投影 m' 和侧面投影 m'' 一定在底面的积聚性投影上。根据点的投影规律可以求出点 m' 和点 m''，如图 4-5b 所示。

3）由点 N 的正面投影可见，可以判断出点 N 位于铅垂侧面 AA_1B_1B 上。因为该侧面的水平投影积聚成直线 ab，所以点 N 的水平投影一定在此积聚线上，由点 n' 向下画投影线并与直线 ab 相交于点 n，该点即为点 N 的水平投影。最后由点 n' 和点 n 可以求出点 n''，如图 4-5b 所示。

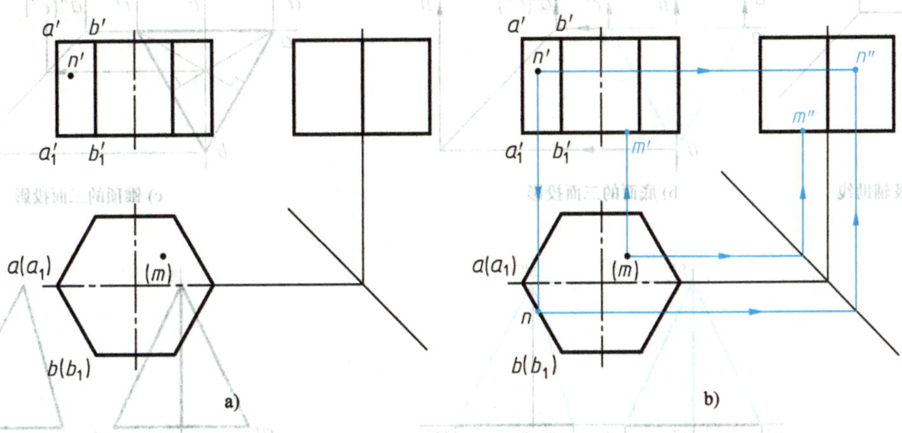

图 4-5　作棱柱表面上点的投影

2. 棱锥及其表面上点的投影

（1）棱锥的投影　棱锥由一个多边形底面和若干个侧面组成，相邻两侧面的交线称为棱线，各棱线汇交于锥顶。常见的棱锥有三棱锥、四棱锥、五棱锥等。底面为正多边形且顶点投影在底面中心的棱锥称为正棱锥。

棱锥的作图方法为：先画底面的三面投影（先画底面多边形的投影），再画锥顶的三面投影，最后连接锥顶与底面各顶点，即为棱锥的三视图。正棱锥投影图的特征为：一面视图为多边形，另两面视图为三角形。下面以正三棱锥为例，分析其投影特征和作图方法。不同棱锥的三视图，其画法大致相同。

如图 4-6 所示，将正三棱锥放入三投影面体系中，使底面△*ABC* 平行于水平面，侧面 *SAC* 为侧垂面，另外两个侧面为一般位置平面。此时，该正三棱锥的投影特性如下：

1）俯视图反映正三棱锥的底面实形，即为等边三角形，三个侧面的投影表现为类似形，顶点的投影与等边三角形的中心重合。

2）主视图为两个三角形，即左、右两个侧面的类似形。

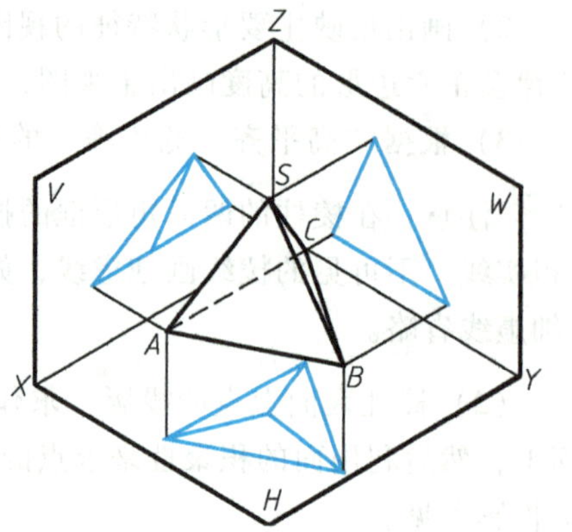

图 4-6 正三棱锥

3）左视图为一个三角形，其中，后侧面积聚为后面的一条直线，左、右侧面的投影仍为三角形，且相互重合。

画正三棱锥的投影时，应先画出底面的三面投影，再画出锥顶的三面投影，然后连接各棱线即得正三棱锥的三面投影，如图 4-7 所示。

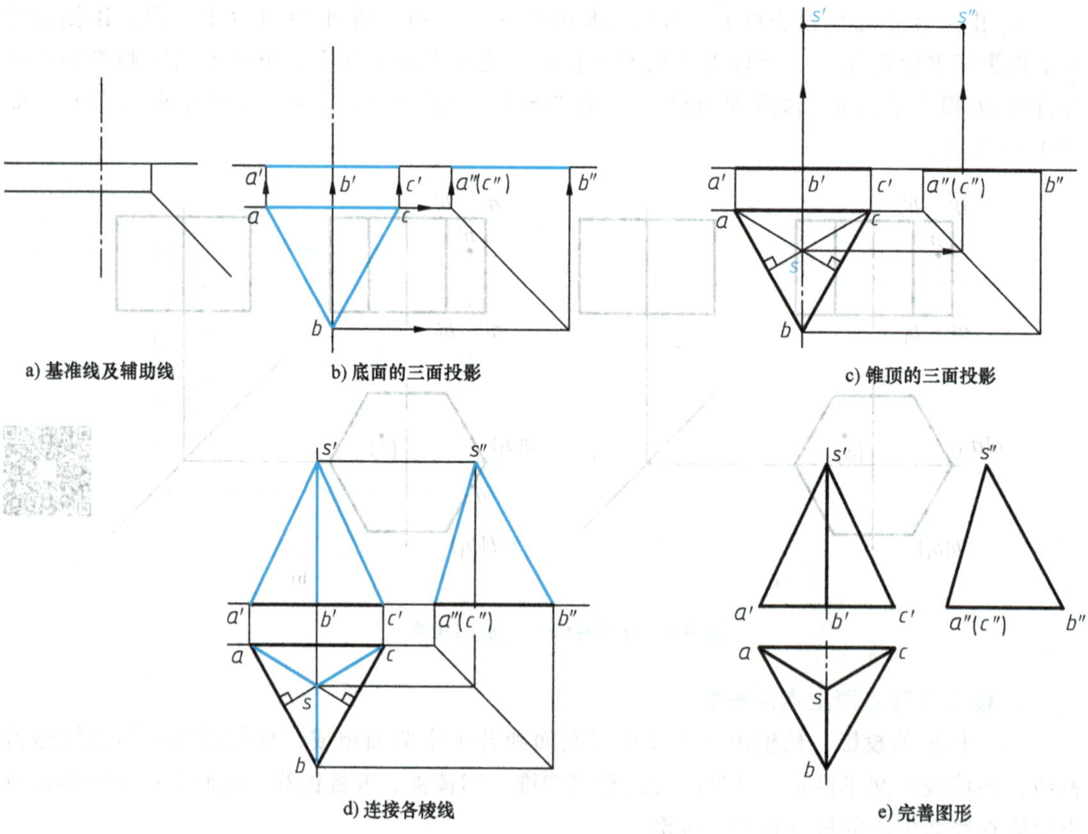

a) 基准线及辅助线　b) 底面的三面投影　c) 锥顶的三面投影　d) 连接各棱线　e) 完善图形

图 4-7 正三棱锥三视图的作图步骤

(2) 棱锥表面上点的投影　组成棱锥的表面可能是特殊位置的平面，也可能是一般位置的平面。凡属于特殊位置表面上的点，其投影都可以利用平面投影的积聚性直接求得；对于一般位置表面上的点，可以通过作辅助线的方法求得。

例 4-2　已知三棱锥表面上 *M* 点和 *N* 点的正面投影（图 4-8）和三棱锥表面上 *P* 点的水平投影（图 4-9），用不同的方法求作其在其他两个投影面上的投影。

作图方法一——辅助平面法

1）如图 4-8a 所示，由 *M* 点的正面投影 m' 不可见可以判断出该点位于后侧面 *SAC* 上，由于该棱面为侧垂面，其侧面投影具有积聚性，因此 *M* 点的侧面投影 m'' 一定积聚在直线 $s''a''$ 上，根据点的投影规律求出 m'' 点，最后由 m' 点和 m'' 点求出 *M* 点的水平投影 *m*。

2）由 *N* 点的正面投影可见可以判断出该点位于右侧面 *SBC* 上。通过 n' 点作辅助线 $n'1'$ $//b'c'$（平行于底面的辅助平面），交 $s'c'$ 于 $1'$，求出 Ⅰ 点的水平投影 1，过 1 点作平行于 *bc* 的直线，根据点的投影规律求出 *N* 点的水平投影 *n*，并由 n' 点和 *n* 点求出 *N* 点的侧面投影 n''，如图 4-8b 所示。

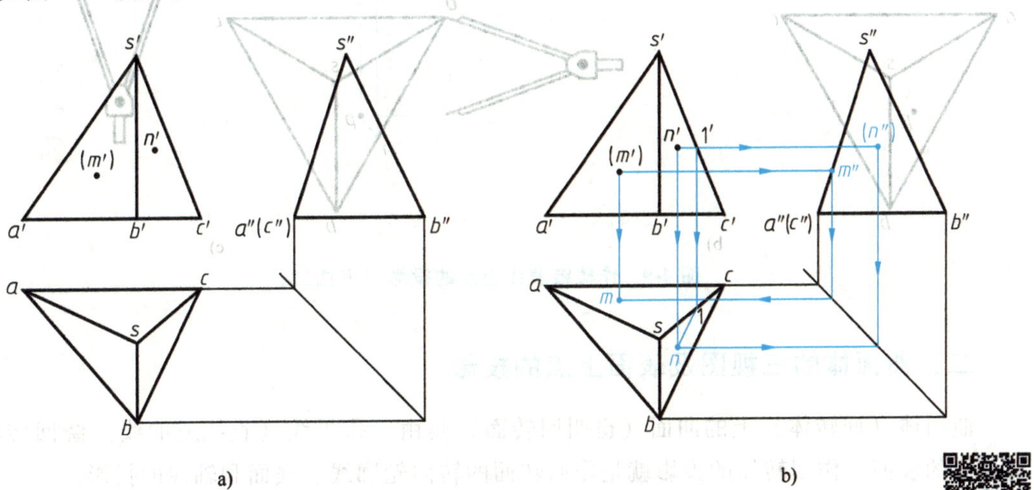

图 4-8　作棱锥表面上点的投影（方法一）

作图方法二——辅助棱线法

分析：如图 4-9a 所示，由 *P* 点的水平投影可见可以判断出该点位于前侧面 *SAB* 上，由于该面为一般位置平面，根据在面内取点的方法，由锥顶 *S* 过 *P* 作辅助线 *SH*，由于 *P* 点在 *SH* 上，则 *P* 点的投影一定在直线 *SH* 的同面投影上，下面为求作棱锥表面上点的另一种作图方法。

作图步骤：

1）如图 4-9 所示，在俯视图中连接 *sp*，延长交直线 *ab* 于点 *h*。

2）点 *H* 在底面 *ABC* 的 *AB* 边上，*ABC* 为水平面，根据“长对正”得到 h'，连接 $s'h'$。

3）p' 在直线 $s'h'$ 上，根据“长对正”得到 p'。

4）根据点的投影规律，由 p' 点和 *p* 点求出 *P* 点的侧面投影 p''，如图 4-9c 所示。

注意：在平面立体的表面上取点，当面的投影可见时，点在面的同面投影可见；当面的投影不可见时，点在面的同面投影也不可见（用括号将字母括起来）；当面的投影积聚成一条直线时，点的同面投影也落在这条直线上，且按可见处理。

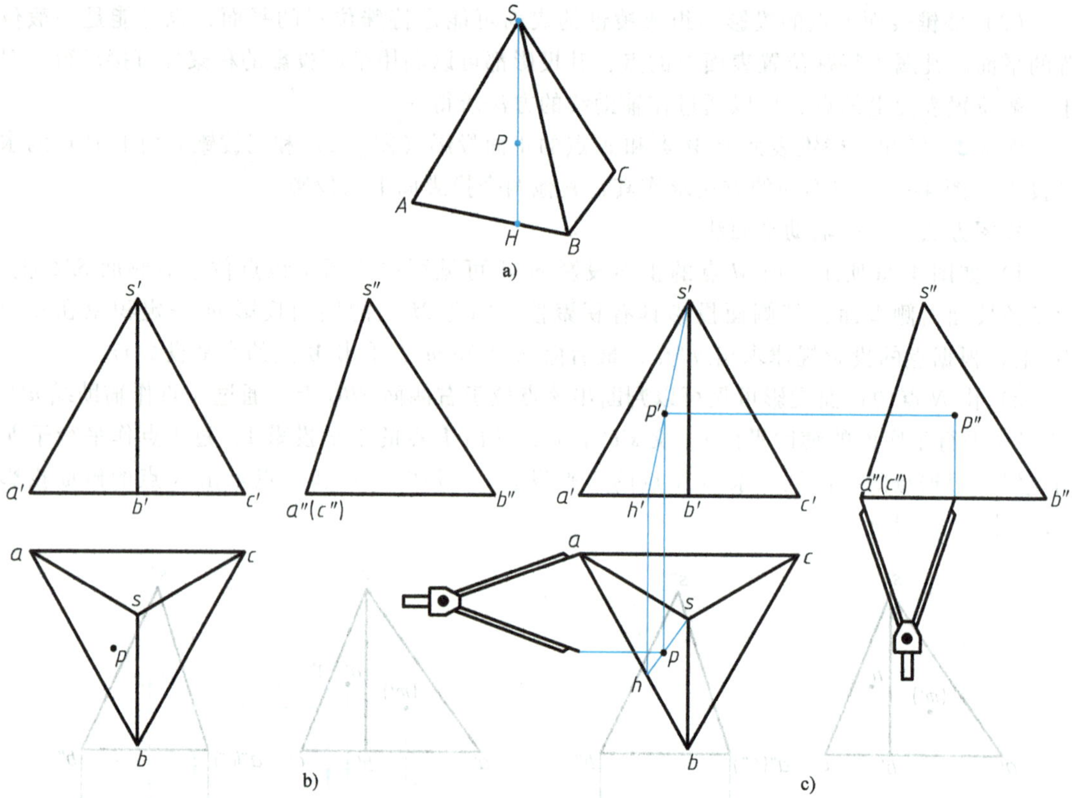

图 4-9 作棱锥表面上点的投影（方法二）

二、曲面体的三视图及表面上点的投影

曲面体（回转体）上的曲面（也叫回转面）是由一条母线（直线或曲线）绕回转轴旋转而成的表面。作回转体的投影就是作回转面的转向轮廓线、底面和轴线的投影。

1. 圆柱及其表面上点的投影

（1）圆柱的投影 圆柱是由圆柱面和上、下两底面组成的回转体，圆柱面可以看作是由一条与轴线平行的母线绕回转轴旋转所形成的，因此圆柱面为回转面。圆柱面上任意一条平行于轴线的直线称为素线，如图 4-10a 所示。

圆柱的作图方法为：先画出轴线的三面投影（细点画线），再画出底面圆的投影（也为圆柱面的积聚投影），最后根据“三等”规律及圆柱的高度完成另外两面投影的绘制。

圆柱投影图的特征为：其中一面投影为圆，另外两面投影为形状相同的矩形框。

将圆柱体放置在三投影面体系中并使其轴线垂直于 H 面，如图 4-10b 所示，其三视图的投影特征如下：

1）俯视图为反映上、下底面实形的圆。此时，圆柱面的投影积聚在圆周上。

2）主视图为一个矩形，其上、下两边线分别是圆柱上、下底面的积聚投影，左、右两边线分别是圆柱最左、最右素线的投影。

3）左视图为一个矩形，其上、下两边线分别是圆柱上、下底面的积聚投影，左、右两边线分别是圆柱最后、最前素线的投影。

要绘制圆柱的三视图，可以先画出圆的对称中心线和主、左视图中圆柱轴线的投影，如图 4-10c 所示，然后画出俯视图中底圆的投影，如图 4-10d 所示，最后按照投影关系画出主、左视图中顶面及转向素线的投影，如图 4-10e 所示。

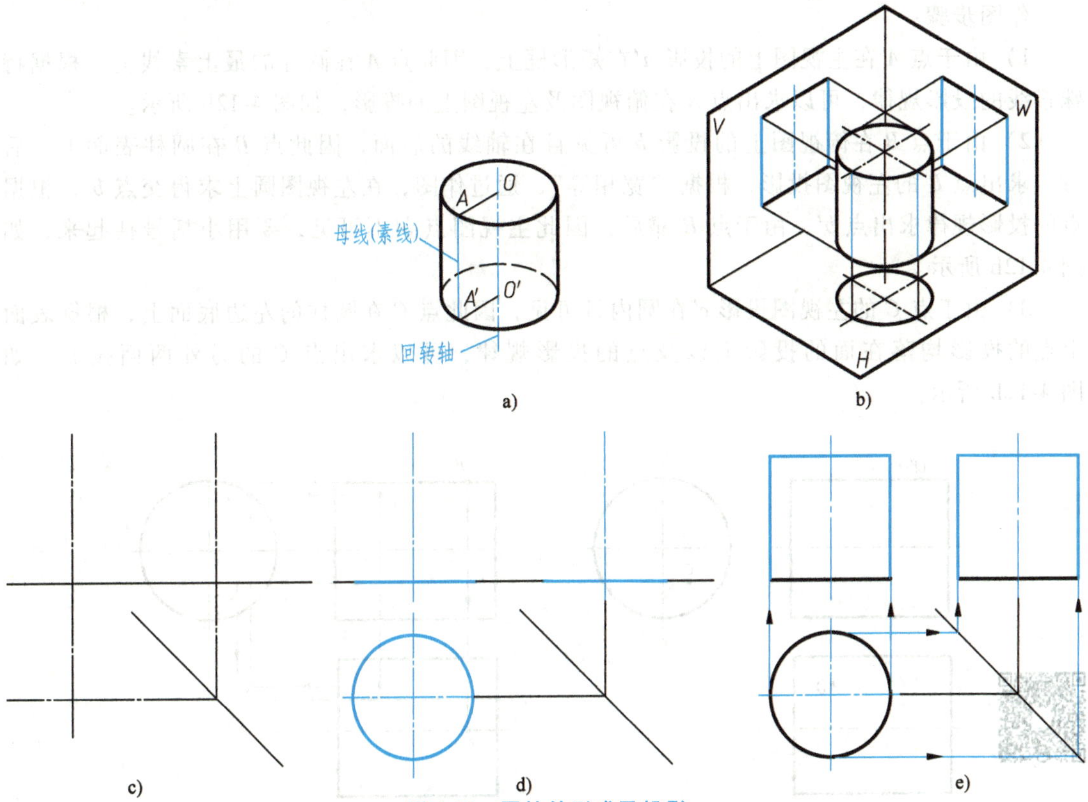

图 4-10 圆柱的形成及投影

（2）圆柱表面上点的投影　圆柱表面上点的投影，可以根据圆柱的积聚性求出。例如，如图 4-11 所示，已知圆柱面上 M 点的 V 面投影 m'，要求该点的其他两面投影，可以根据圆柱面的积聚性及该点的可见性，先求出其水平投影 m，最后再由 m'和 m 求出侧面投影 m''。

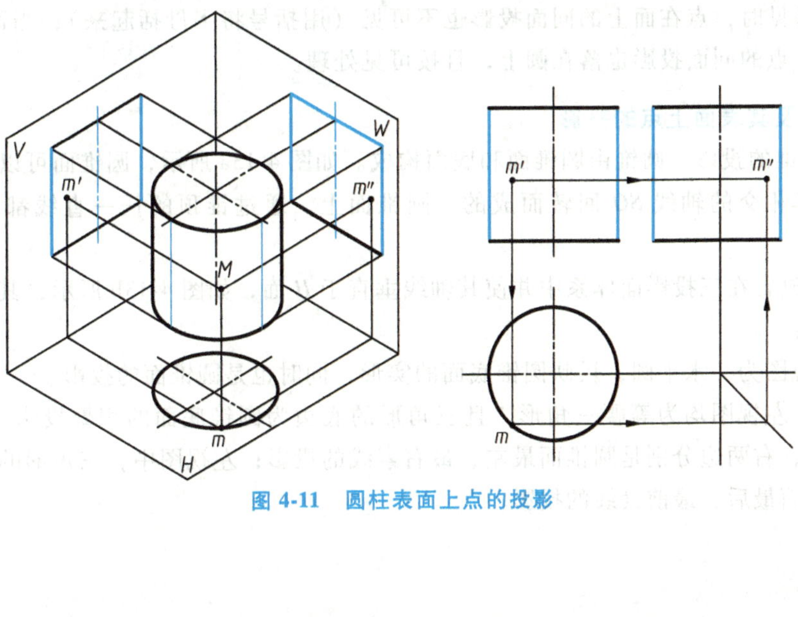

图 4-11 圆柱表面上点的投影

例 4-3 如图 4-12a 所示，求圆柱表面上点的三面投影。

分析：图 4-12 所示为圆柱所放置的位置，圆柱表面在左视图积聚为一个圆，在求圆柱表面上的点时，应先求其左视图的投影；若点的投影落在圆内，则该点必在圆柱底面上。

作图步骤：

1）由于点 A 在主视图上的投影 a'在矩形框上，因此点 A 在圆柱的最上素线上，根据特殊素线的投影规律，可以求出点 A 在俯视图及左视图上的投影，如图 4-12b 所示。

2）由于点 B 在俯视图上的投影 b 可见且在轴线的后面，因此点 B 在圆柱表面上、后方。求出点 B 的左视图投影，根据“宽相等”，通过作图，在左视图圆上求得交点 b''，根据点的投影规律求出点 b'，由于点 B 靠后，因此主视图点 b'不可见，要用小括号括起来，如图 4-12b 所示。

3）由于点 C 的左视图投影 c''在圆内且可见，因此点 C 在圆柱的左边底面上，根据表面上点的投影均落在面的投影上以及点的投影规律，可以求出点 C 的另外两面投影，如图 4-12b 所示。

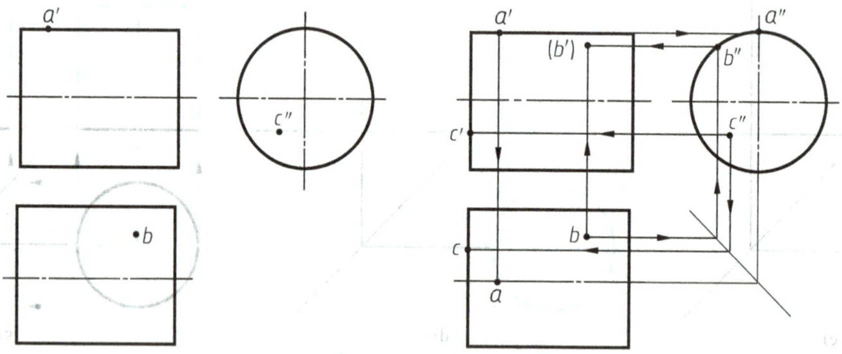

a) b)

图 4-12 圆柱表面上点的投影

注意：在圆柱立体表面上取点，当面的投影可见时，点在面上的同面投影可见；当面的投影不可见时，点在面上的同面投影也不可见（用括号将字母括起来）；当面的投影积聚成圆时，点的同面投影也落在圆上，且按可见处理。

2. 圆锥及其表面上点的投影

（1）圆锥的投影 圆锥由圆锥面和底面构成。如图 4-13a 所示，圆锥面可以看成是由直线 SA 绕与其相交的轴线 SO 回转而成的。圆锥面上，通过锥顶的任一直线都是圆锥面的素线。

将圆锥放置在三投影面体系中并使其轴线垂直于 H 面，如图 4-13b 所示，其三视图的投影特性如下：

1）俯视图为一水平圆，反映圆锥底面的实形，同时也是圆锥面的投影。

2）主、左视图均为等腰三角形，且三角形的底边为圆锥底面的积聚投影。主视图中，三角形的左、右两边分别是圆锥面最左、最右素线的投影；左视图中，三角形的左、右两边分别是圆锥面最后、最前素线的投影。

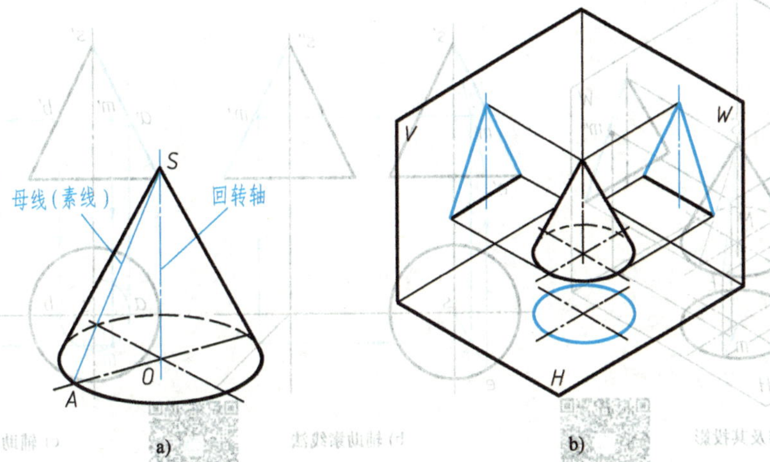

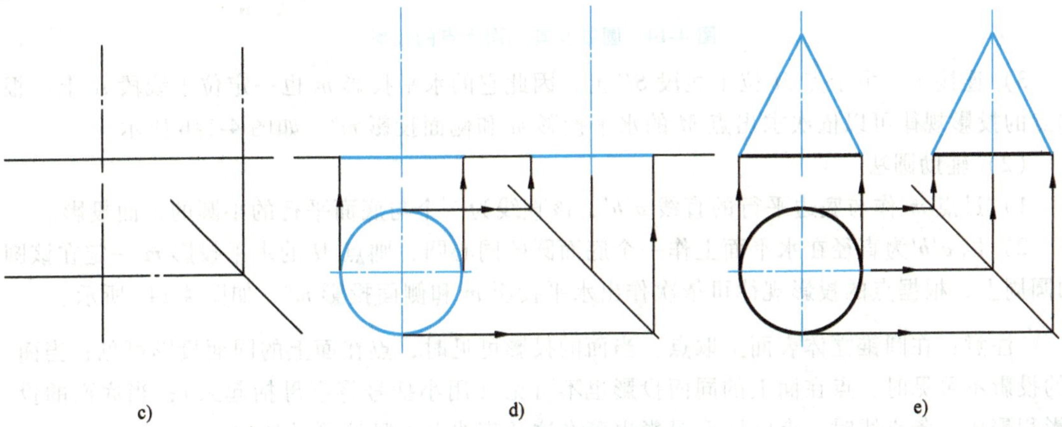

图 4-13　圆锥的形成及投影

要绘制圆锥的三视图，可以先画出圆的对称中心线和主、左视图中圆锥轴线的投影，如图 4-13c 所示，然后在俯视图中画出圆锥底圆的投影，接着画出底圆在主、左视图中的投影，如图 4-13d 所示，再根据圆锥的高度确定锥顶在主、左视图中的投影，最后连接轮廓线即可，如图 4-13e 所示。

（2）圆锥表面上点的投影　圆锥底面具有积聚性，其上的点可以直接求出；圆锥面没有积聚性，其上的点需要用辅助线法才能求出。按照辅助线的作用不同，辅助线法可以分为辅助素线法和辅助圆法两种，其中，利用辅助素线法所作的辅助线是过顶点的素线，利用辅助圆法所作的辅助线是过该点且与底面平行的圆。

例 4-4　如图 4-14 所示，已知圆锥面上 M 点的 V 面投影 m'，试求该点的另外两面投影。

（1）辅助素线法

1）由点 M 的正面投影可见可以判断出点 M 位于圆锥体靠左的前半圆锥面上，因此水平投影和侧面投影都可见。由于圆锥面没有积聚性，因此必须利用辅助线才能求出点 M 的另外两面投影，即在主视图上用细实线连接三角形的顶点 s'和点 m'，延长 $s'm'$与底边相交于点 e'。

2）由于点 E 位于圆锥底面上且其正面投影可见，因此根据点的投影规律可以直接求得该点的水平投影 e。

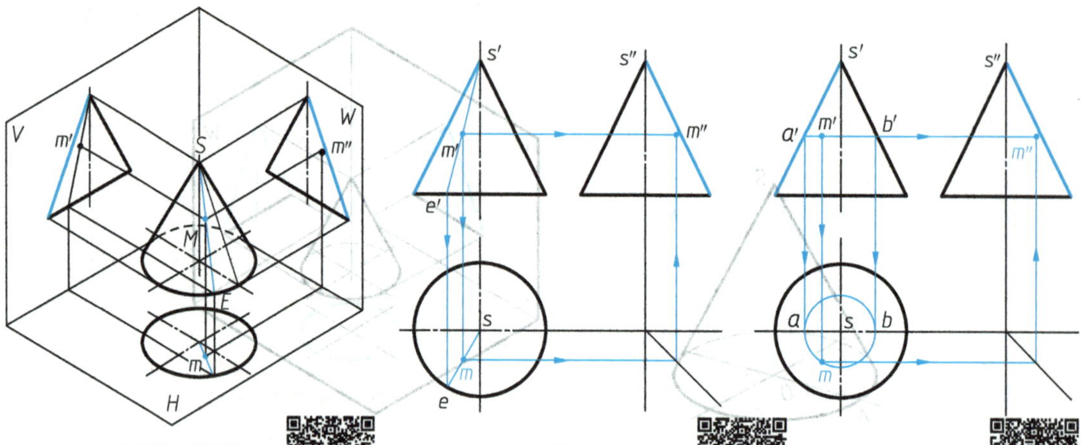

a) 圆锥及其投影　b) 辅助素线法　c) 辅助圆法

图 4-14　圆锥及其表面上点的投影

3）连接 se，由于点 M 位于线段 SE 上，因此它的水平投影 m 也一定位于线段 se 上。根据点的投影规律可以依次求出点 M 的水平投影 m 和侧面投影 m''，如图 4-14b 所示。

（2）辅助圆法

1）过点 m' 作与底边平行的直线 $a'b'$，该直线为一个与底面平行的小圆的正面投影。

2）以 $a'b'$ 为直径在水平面上作一个底面圆的同心圆，则点 M 的水平投影 m 一定在该圆的圆周上，根据点的投影规律可依次作出水平投影 m 和侧面投影 m''，如图 4-14c 所示。

注意：在圆锥立体表面上取点，当面的投影可见时，点在面上的同面投影可见；当面的投影不可见时，点在面上的同面投影也不可见（用小括号将字母括起来）；当底面的投影积聚成一条直线时，点的同面投影也落在这条直线上，且按可见处理。

3. 圆球及其表面上点的投影

（1）圆球的投影　圆球的三面投影均为与该圆球直径相等的圆，该圆是球面对投影面的转向轮廓线的投影，代表球体上三个不同方向的纬圆，这三个纬圆分别平行于三个投影面，如图 4-15 所示。

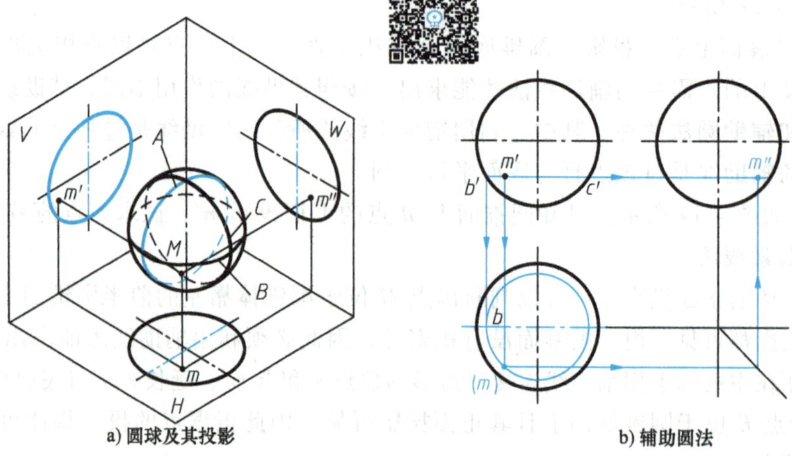

a) 圆球及其投影　b) 辅助圆法

图 4-15　圆球及其表面上点的投影

（2）圆球表面上点的投影　由于圆球面均无积聚性，因此除了转向轮廓线上的点可以直接求出以外，圆球表面上的其他点均需用辅助圆法才能求出。例如，已知圆球面上一点 M 的 V 面投影 m'，如图 4-15 所示，求作该点的水平投影和侧面投影。

作图步骤：

1）由于 M 点的正面投影可见，且投影位于主视图的左下方，因此可以推断出该点位于前半球的左下部位，由此可知 M 点的水平投影不可见，其侧面投影可见。过 m' 点作水平线 $b'c'$，它与圆球的正面投影相交于点 b' 和点 c'。

2）以 $b'c'$ 为直径，在水平面上作圆球水平投影的同心圆，则 M 点的水平投影 m 一定在该圆周上。

3）根据点的投影规律可以依次作出水平投影 m 和侧面投影 m''。

三、基本体的尺寸标注

视图只能表达物体的形状，而各部分的大小和位置关系则要用尺寸来表达。基本体的尺寸标注以能确定其基本形状和大小为原则，一般应将长、宽、高三个方向的尺寸标注齐全，既不能缺少尺寸，也不能重复标注尺寸。标注基本体的尺寸时，需要注意以下两点：

1）标注棱锥、棱柱及棱台的尺寸时，一般将尺寸标注在最能反映其实形的投影上，然后在另一投影图上标注另一方向的尺寸，如图 4-16 所示。此外，六棱柱的底面通常标注对边的间距，括号中的尺寸是参考尺寸。

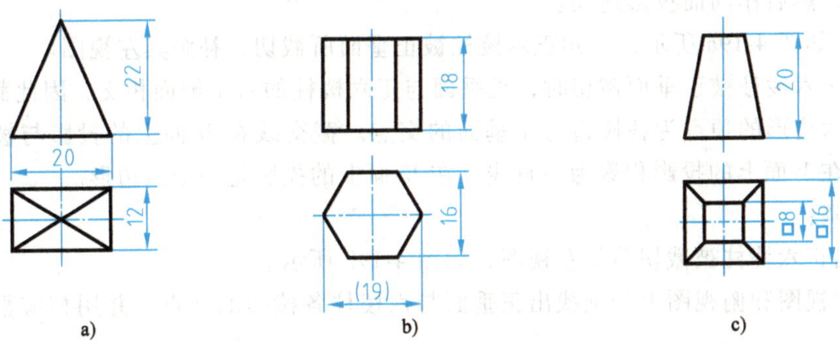

图 4-16　平面立体的尺寸标注

2）圆柱、圆锥应标注底圆直径和高度尺寸，如图 4-17 所示。若将直径标注在非圆视图上，尺寸数字前需加“ϕ”符号。球体只标注直径，并在直径尺寸前加注字母“$S\phi$”。球体标注直径后，只需一个投影图即可表达。

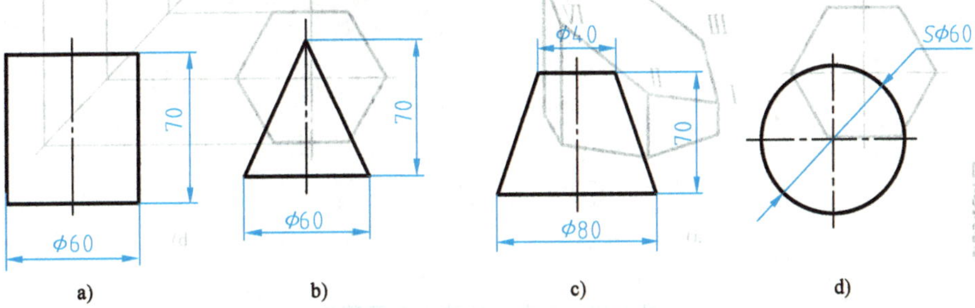

图 4-17　曲面立体的尺寸标注

知识点 2　截交线的投影及作图

用一个平面截切立体，平面与立体表面所形成的交线称为截交线，用来截切立体的平面称为截平面，立体被截切后的断面称为截断面，如图 4-18 所示。

当立体表面形状和截平面的位置不同时，截交线的形状也不同，但任何形状的截交线都具有以下两个基本性质：

（1）封闭性　截交线围成一个封闭的平面图形。

（2）共有性　因为截交线既属于截平面又属于基本体表面，所以截交线是截平面和基本体表面的共有线。

由此可见，求作截交线的实质，就是求截平面与立体表面的共有点和共有线。

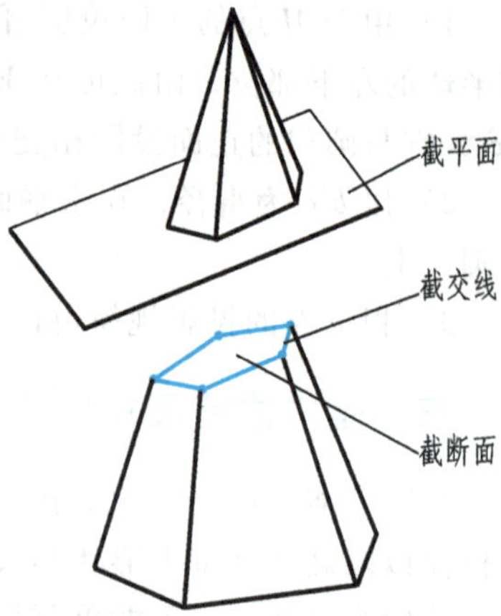

图 4-18　平面截断体

一、平面立体截切体的画法

平面立体的截交线围成一个封闭的平面多边形，该多边形的各边是截平面与立体表面的交线，多边形的顶点是截平面与立体各棱边的交点。因此，求平面截断体的投影，关键是找到这些交点，然后作同面投影连线。

例 4-5　如图 4-19a 所示，已知正六棱柱被正垂面所截切，补画其左视图。

分析：正六棱柱被正垂面截切时，正垂面与正六棱柱的六个侧面相交，因此截交线是一个六边形，六边形的顶点为各棱边与正垂面的交点。截交线在 H 面上的投影与棱柱的水平投影重合，在 V 面上的投影积聚为一直线，在 W 面上的投影是一个六边形。

作图步骤：

1）画出正六棱柱被截切前的左视图，如图 4-19b 所示。

2）在主视图和俯视图上分别找出正垂面与六棱柱各棱边的交点，并用相应数字或字母

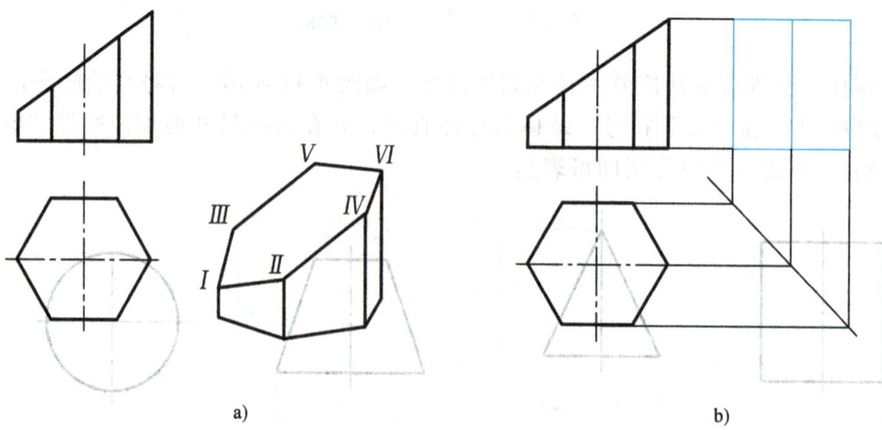

图 4-19　正六棱柱被正垂面截切

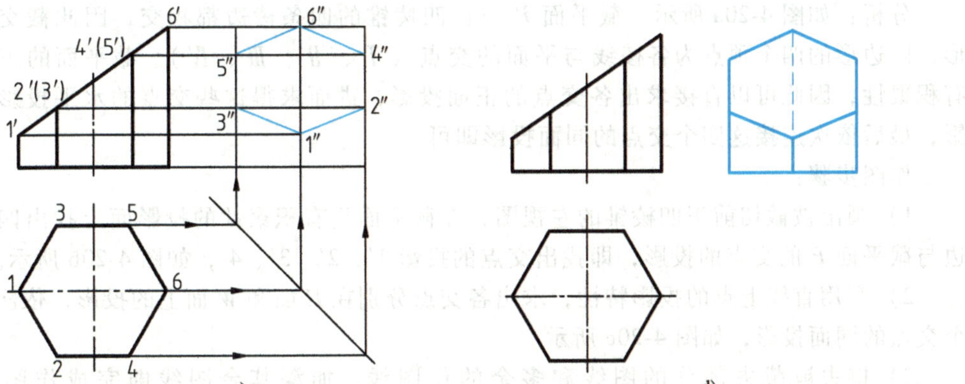

c) d)

图 4-19 正六棱柱被正垂面截切（续）

进行标注，根据点的投影规律，找出这些交点在侧平面中的投影点 1″、2″、4″、6″、5″和 3″，最后用直线连接各交点，如图 4-19c 所示。

3）检查左视图并画出遗漏的细虚线，擦去被切去部分的投影线和多余的作图线并加深图线，结果如图 4-19d 所示。

注意：正六棱柱最右侧棱边的投影在左视图中被截断面挡住了，因此要用细虚线画出被挡住部分的投影。

例 4-6 如图 4-20a 所示，已知正四棱锥被正垂面 *P* 截切，补画被截切后截断体的三视图。

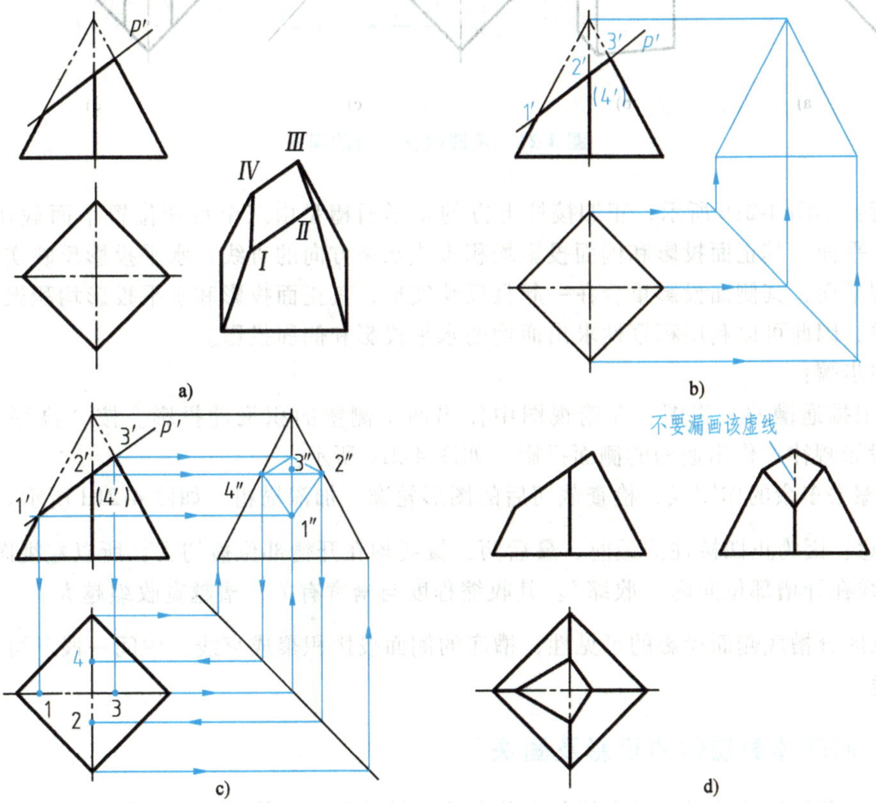

a) b) c) d)

图 4-20 正四棱锥截交线的画法

分析：如图 4-20a 所示，截平面 P 与正四棱锥的四条棱边都相交，因此截交线为四边形，四边形的四个顶点为各棱线与平面的交点（Ⅰ、Ⅱ、Ⅲ、Ⅳ）。截平面的正面投影具有积聚性，因此可以直接求出各交点的正面投影，进而求得这些交点的水平投影和侧面投影，最后依次连接这四个交点的同面投影即可。

作图步骤：

1）画出被截切前正四棱锥的左视图，在截平面具有积聚性的投影面上找出四棱锥各棱边与截平面 P 的交点的投影，即找出交点的投影 1′、2′、3′、4′，如图 4-20b 所示。

2）利用直线上点的投影特性，求出各交点分别在 H 面和 W 面上的投影，依次连接这四个交点的同面投影，如图 4-20c 所示。

3）擦去被截去部分的图线和多余的作图线，加深其余图线即完成作图，结果如图 4-20d 所示。

例 4-7 如图 4-21 所示，在正四棱柱上方截切一个矩形通槽，试完成正四棱柱矩形通槽的水平投影和侧面投影。

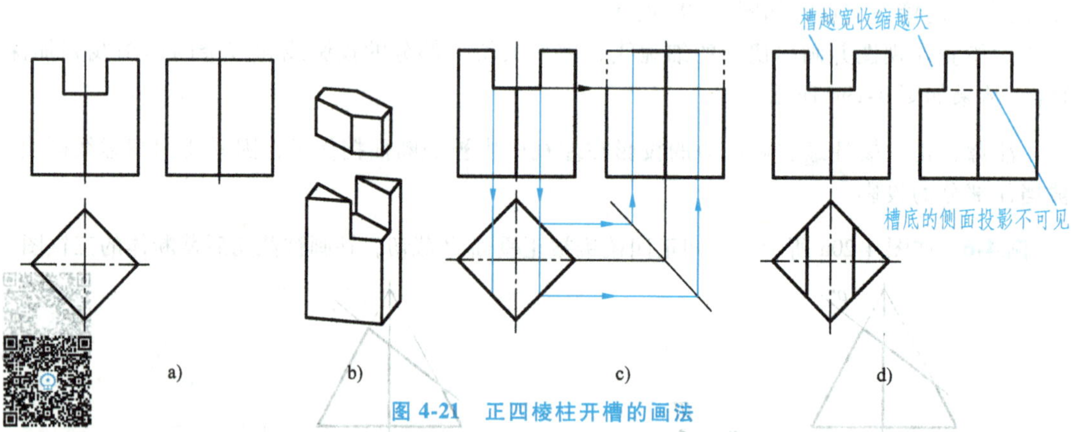

图 4-21 正四棱柱开槽的画法

分析：如图 4-21b 所示，正四棱柱上方的矩形通槽是由三个特殊位置平面截切而成的。槽底是水平面，其正面投影和侧面投影均积聚成水平方向的直线，水平投影反映实形。两个侧壁是侧平面，其侧面投影重合在一起且反映实形，其正面投影和水平投影均积聚成竖直方向的直线，因此可以利用积聚性求出通槽的水平投影和侧面投影。

作图步骤：

1）根据通槽的主视图，在俯视图中作出两个侧壁的积聚性投影。按“高平齐、宽相等”的投影规律，作出通槽的侧面投影，如图 4-21c 所示。

2）擦去多余的作图线，检查截切后的图形轮廓，加深描粗，如图 4-21d 所示。

注意：因为正四棱柱的最前、最后两条棱线均在开槽部位被切去，所以左视图中的外形轮廓线在开槽部位向内“收缩”。其收缩程度与槽宽有关，槽越宽收缩越大。

注意区分槽底侧面投影的可见性，槽底的侧面投影积聚成直线，中间一段不可见，应画成细虚线。

二、回转体截切体的投影及画法

用平面截切回转体时，截交线的形状取决于被截切回转体的表面形状，以及截平面与回转体的相对位置，截交线的形状一般是封闭的平面曲线或平面曲线与直线段相连的平面图形，特殊情况下也可能是平面多边形。

1. 圆柱的截交线

（1）平面截切圆柱　圆柱被平面截切时，柱面与平面的截交线有三种情况：

1）当截平面与圆柱的轴线垂直时，截交线为圆。

2）当截平面与圆柱的轴线平行时，截交线为矩形。

3）当截平面与圆柱的轴线倾斜时，截交线为椭圆。

三种情况圆柱的截交线见表4-1。

表4-1　圆柱的截交线

截平面垂直于轴线	截平面平行于轴线	截平面倾斜于轴线
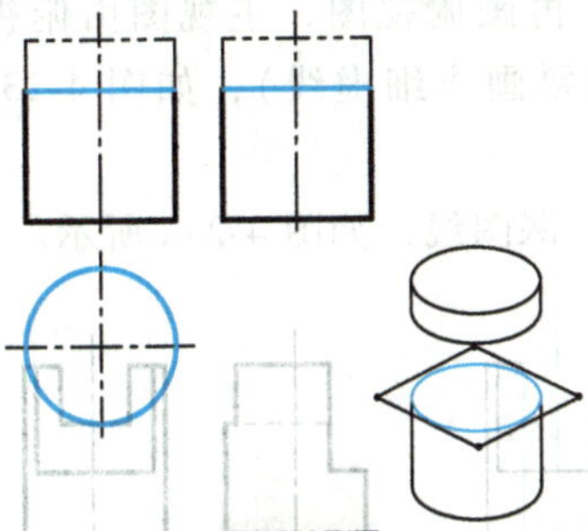	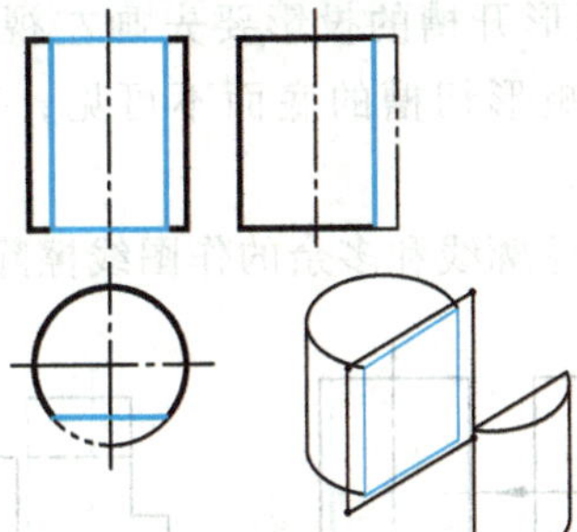	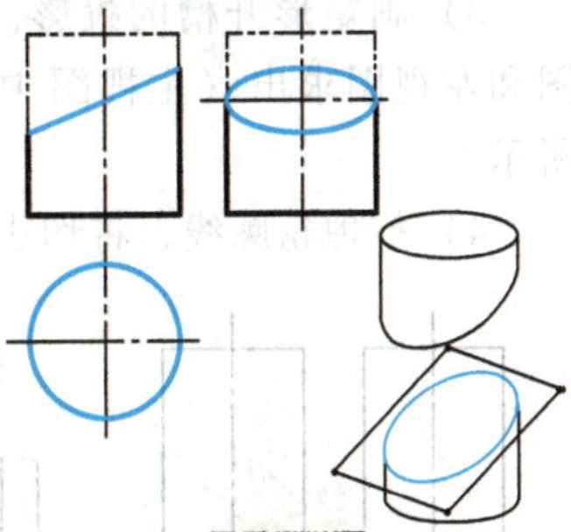

（2）圆柱截交线的画图步骤　求作圆柱截切后的三视图（主要是求作截交线的投影），其具体步骤如下：

1）画出截切前圆柱的三视图。

2）在截平面垂直于投影面的视图上确定截平面的位置。因为截平面垂直于该投影面，所以截断面在该投影面上的投影为直线，根据立体图（或模型）即可确定截平面在该投影面上的投影。

3）求截交线的其他两个投影。在投影为圆的视图上，截交线的投影和该圆重合；在投影不为圆的视图上，需要先根据截平面与圆柱轴线的位置关系，判断截交线的形状，然后再根据前两个视图求出该投影面上截交线的投影。如果投影为椭圆，则要求出椭圆的长轴和短轴，以及椭圆上的一些一般位置点，最后连接这些点形成一条光滑曲线并加深图线。

例4-8　如图4-22a所示立体图，绘制其三视图。

分析：基础几何体为圆柱，先用一个侧平面和水平面切去一角，侧平面和柱面的交线为线段，水平面和柱面的交线为圆弧；再用两个正平面和一个水平面切去一个矩形槽，矩形槽的侧面和柱面的交线为线段，槽的底面与柱面的交线为圆弧，如图4-22b所示。

作图步骤（图4-23）：

1）主视图的投射方向如图4-22a所示，画出截切前圆柱的三视图，如图4-23a所示。

2）画切角的投影。切角的投影要先画主视图，再画俯视图，根据主视图和俯视图画左视图，擦去主视图中切去的轮廓线，如图4-23b所示。

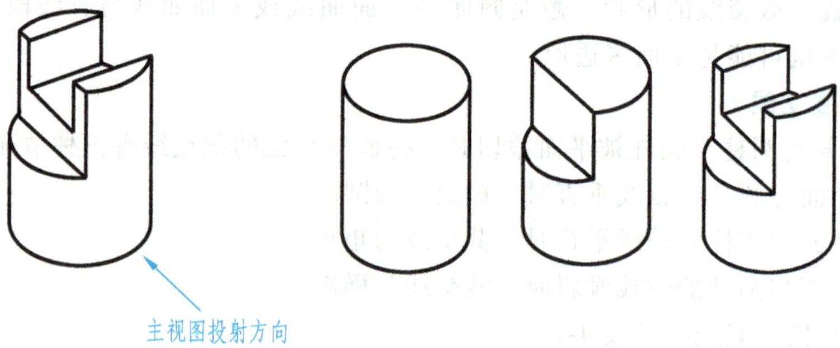

a) 立体图　　b) 形体分析

图 4-22　圆柱体切口开槽立体图

3）画矩形开槽的投影。矩形开槽的投影要先画左视图，再画俯视图，主视图由俯视图和左视图求出（主视图中，矩形切槽的底面不可见，因此要画成细虚线），如图 4-23c 所示。

4）整理轮廓线，将切去的轮廓线和多余的作图线擦除并加深图线，如图 4-23d 所示。

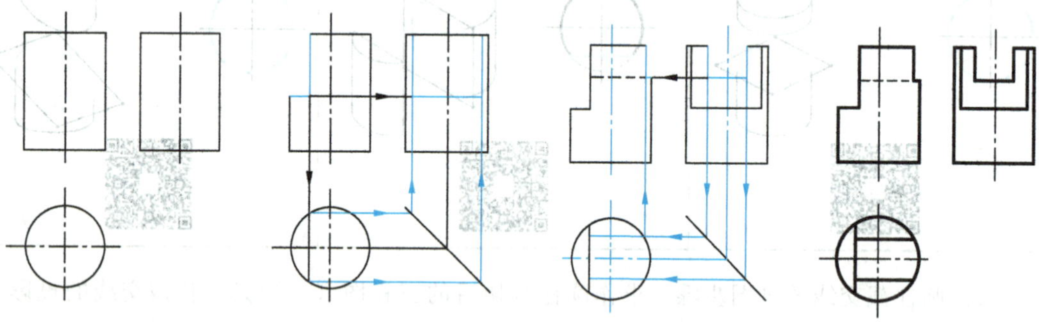

a) 画未截切前圆柱的三视图　　b) 画切角　　c) 画矩形开槽　　d) 整理并加深图线

图 4-23　圆柱切口开槽画法

例 4-9　已知圆筒被开槽，如图 4-24a 所示，求作其三视图。

分析：如图 4-24a 所示，开槽部分的侧壁是由两个侧平面 Q、槽底是由一个水平面 P 截切而成的，圆柱面上的截交线分别位于被切出的各个平面上。由于这些面均为投影面的平行面，其投影具有积聚性或真实性，因此，截交线的投影应依附于 Q、P 的投影，不需要另行求出。

作图步骤：

1）作出完整基本几何体的三视图，并作出开槽圆柱的主视图，如图 4-24b 所示。

2）作出圆柱开槽的三面投影图。根据开槽圆柱的主视图，在俯视图中作出两侧壁的积聚性投影；按"高平齐、宽相等"的投影规律，作出通槽的侧面投影，如图 4-24c 所示。

3）作出穿孔的三面投影图。穿孔部分为去除材料，如图 4-24d 所示。

注意：因为圆筒的内外圆柱面的最前、最后两条转向素线均在开槽部位被切去，所以左视图中的内外圆柱面轮廓线在开槽部位向内"收缩"。其收缩程度与槽宽有关，槽越宽收缩越大。

注意区分槽底侧面投影的可见性，即槽底的侧面投影积聚成直线，中间截切圆筒壁厚一段不可见，应画成细虚线。

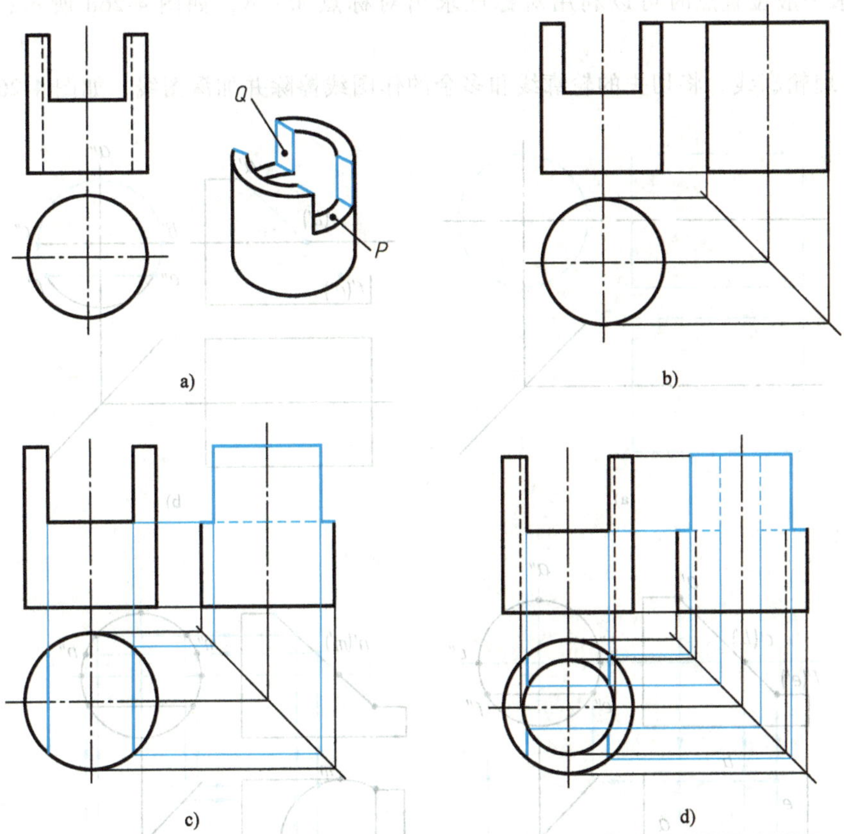

图 4-24 圆筒开槽画法

例 4-10 绘制图 4-25 所示立体图的三视图。

分析：基础几何体为圆柱，用一个水平面和正垂面切去一角，水平面和柱面的交线为线段，截断面形状为矩形，正垂面和柱面的交线为椭圆弧。椭圆弧的圆心为 O，点 O 在圆柱的轴线上，长轴的端点为 A，点 A 在圆柱面的最上方素线上（柱面对 V 面的转向轮廓线），短轴的端点为 B 和 C，点 B、C 在柱面最后和最前素线上（柱面对 H 面的转向轮廓线），E、F 是椭圆弧的端点，也是水平截断面和柱面交线的端点。

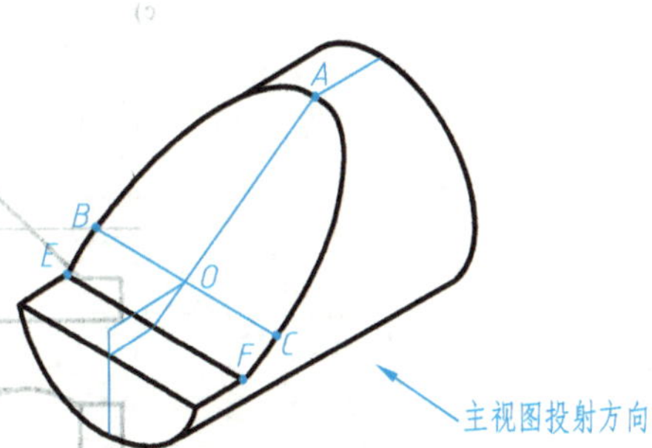

图 4-25 圆柱截交线立体图

作图步骤：

1）主视图的投射方向如图 4-25 所示，画出截切之前圆柱的三视图，如图 4-26a 所示。

2）根据圆柱截交线立体图，在主视图上确定截断面的位置和投影，如图 4-26b 所示。

3）绘制左视图。矩形截断面在左视图中为一条直线，椭圆弧截交线在左视图中为圆弧，如图 4-26b 所示。

4）根据主视图和左视图绘制俯视图。椭圆弧截交线的俯视图仍为椭圆弧，可以先求出截交线上的特殊点（转向轮廓线上的点和交线的端点），如图 4-26c 所示；再求出一些一般位置点，求一般位置点时可以利用对称性求出对称点 M、N，如图 4-26d 所示；光滑连接各点。

5）整理轮廓线，将切去的轮廓线和多余的作图线擦除并加深图线，如图 4-26e 所示。

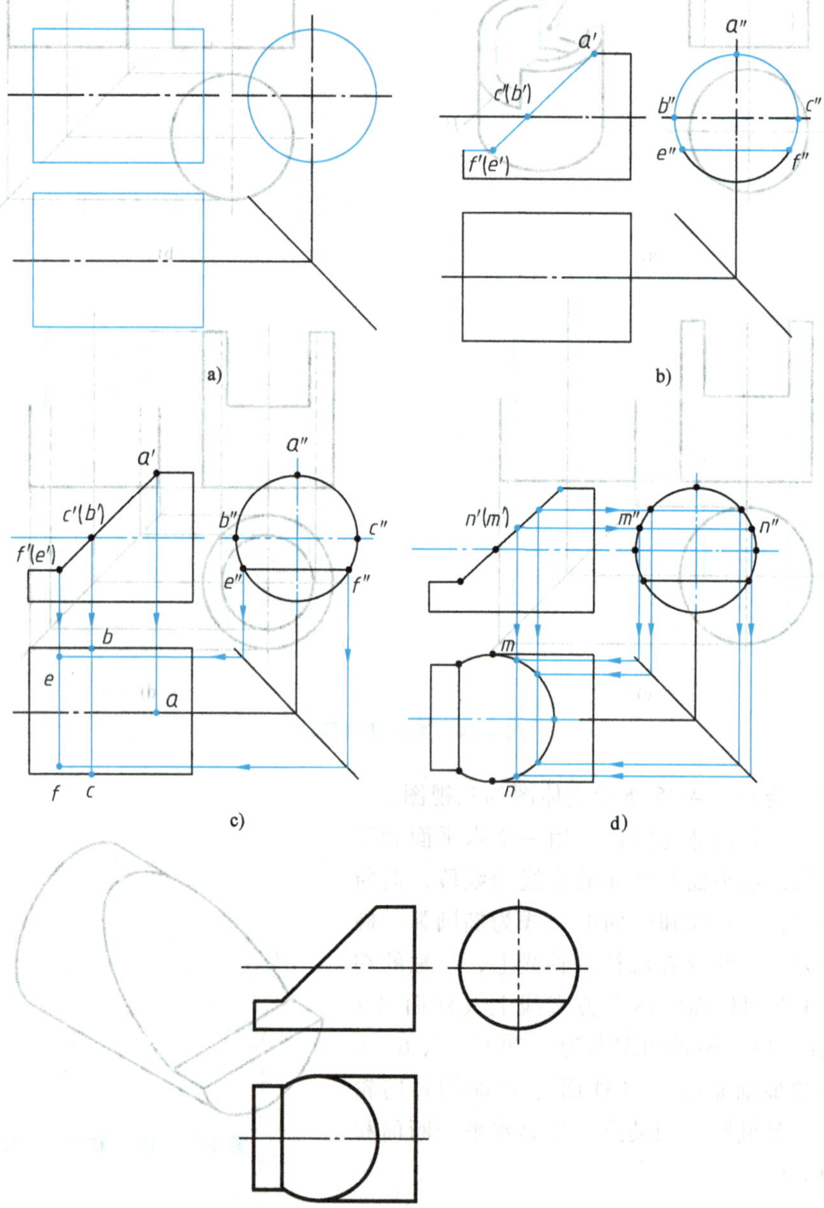

图 4-26 圆柱截交线画法

2. 圆锥的截交线

（1）平面截切圆锥 圆锥被平面截切时，锥面与平面的截交线有五种情况，见表 4-2。

表 4-2 圆锥截交线

截平面位置	过锥顶	垂直于轴线	不过锥顶，与所有素线相交（$\alpha>\beta$）	不过锥顶，但平行于某条素线（$\alpha=\beta$）	不过锥顶，但平行于轴线（$\alpha=0°$）
截交线	等腰三角形	圆	椭圆	封闭的抛物线	封闭的双曲线
立体图	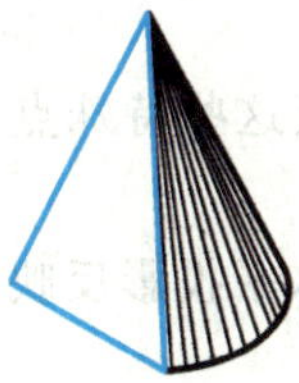	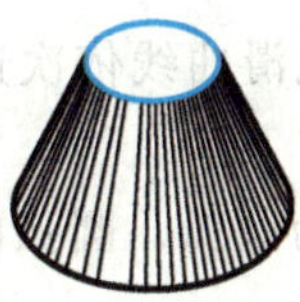	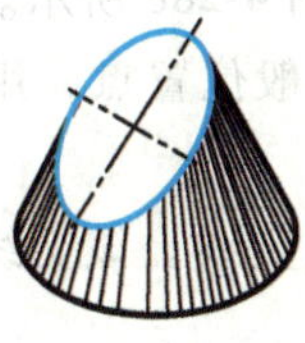		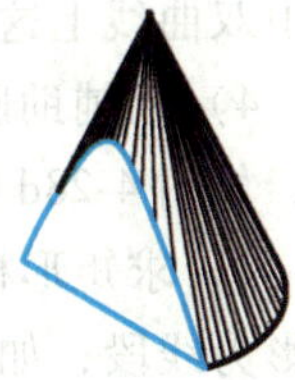
投影图	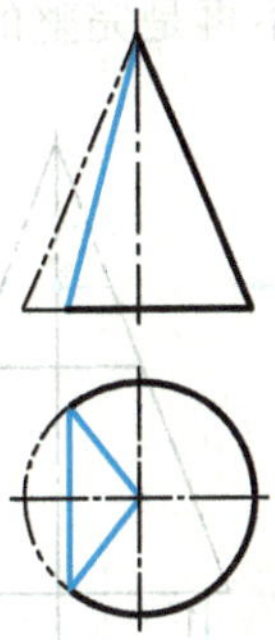	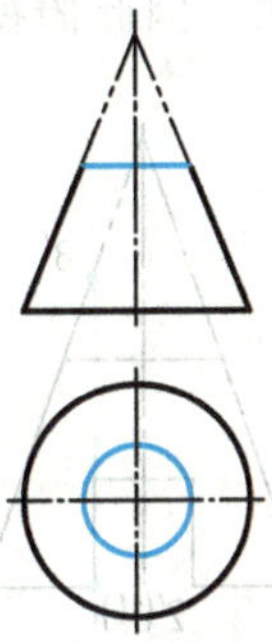	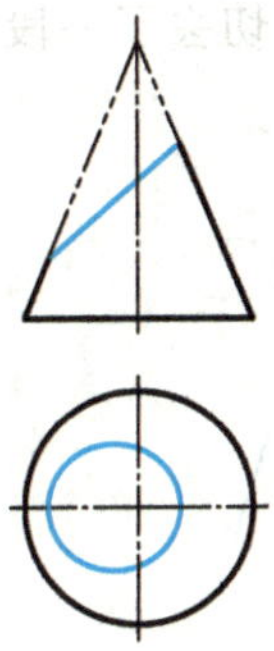	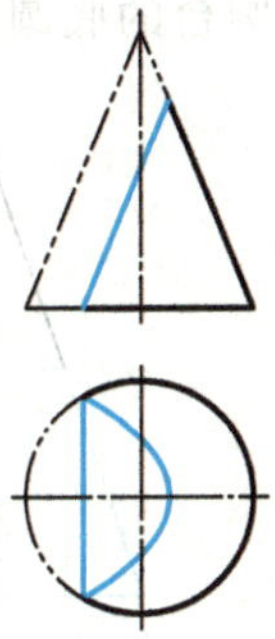	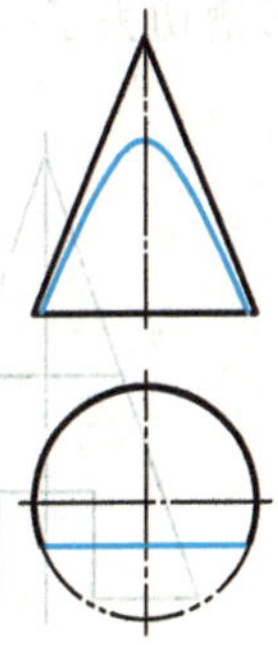

注：α 为截断面和圆锥轴线的夹角，β 为圆锥锥角的 1/2。

（2）圆锥截交线（为曲线时）的画图步骤　求作圆锥截切后的三视图，其具体步骤如下：

1）画出截切前圆锥的三视图。

2）根据立体图（或模型）画出截断面积聚为直线的投影。

3）截交线的投影为曲线时，要先求出特殊点的投影。立体中投影面转向轮廓线上的点和特征点称为特殊点，例如椭圆长短轴的端点、双曲线的顶点和圆的象限点等。

4）用辅助素线法或辅助圆法求一般位置点的投影。

5）光滑连接曲线，然后擦去已切去的轮廓线和多余的作图线，最后加深图线。

例 4-11　如图 4-27 所示，已知锥台截切矩形槽后的主视图，参考立体图补画其俯视图和左视图。

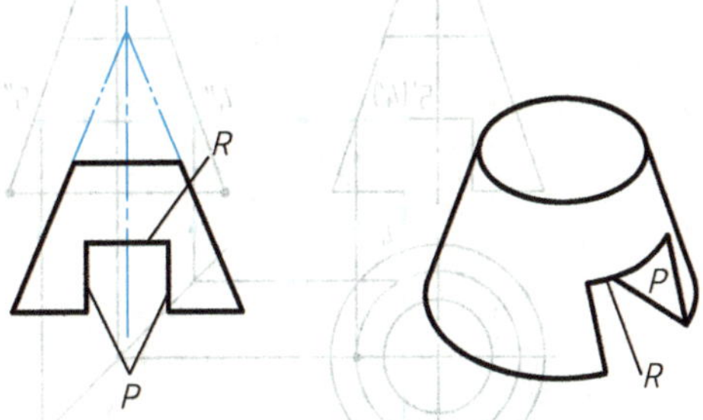

图 4-27　圆锥台开槽立体图

分析：矩形槽的侧面 P 为侧平面，并与圆锥的轴线平行，因此平面 P 和锥面的交线为双曲线，并且其侧面投影反映实形。槽的顶面 R 为水平面，并与圆锥的轴线垂直，因此平面 R 和锥面的交线为圆弧，且其水平投影反映实形，圆弧的半径可从主视图上求得。

作图步骤：

1）画出截切前锥台的左视图和俯视图，如图 4-28a 所示。

2）求矩形槽的侧面 P 与锥面交线（即双曲线）的顶点和端点。假想侧平面 P 将该锥台截切，则图 4-28b 中的点 3′为双曲线的顶点，与底圆的交点 1、2 即为双曲线的端点，如图 4-28b 所示。根据主视图和俯视图，可以在左视图中作出点 1″、2″、3″。

3）求双曲线上的特殊点。在主视图上取特殊点 4′和 5′，用辅助圆法确定俯视图和左视图中双曲线上这两个点的投影，如图 4-28c 所示。

4）用辅助圆法求双曲线上的一般位置点，用光滑曲线依次连接这些特殊点和一般位置点，如图 4-28d 所示。

5）求矩形槽的顶面 R 和锥面的交线。该交线为圆弧，圆弧的水平投影反映实形，侧面投影为线段，如图 4-28e 所示。

6）整理轮廓线，如图 4-28f 所示。从主视图上可以看出，锥面对侧面的转向轮廓线被矩形槽切去了一段，圆台的底圆也被切去了一段圆弧，因此俯视图不再是完整的圆。

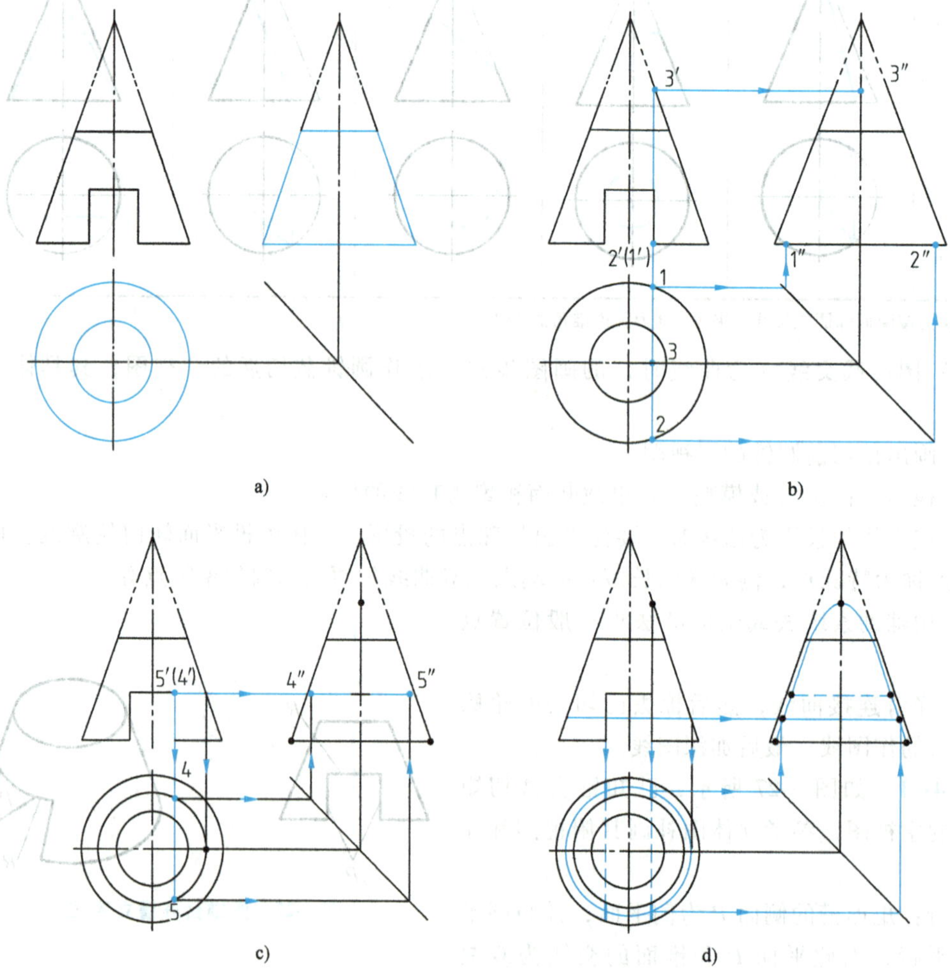

图 4-28 圆锥台开槽画法

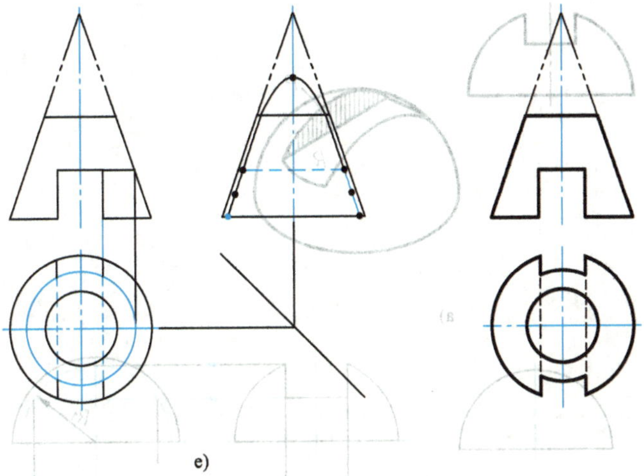

图 4-28　圆锥台开槽画法（续）

3. 圆球的截交线

圆球被平面截切，不论截平面处于什么位置，球面和截平面的空间交线总为圆。当圆球被投影面平行面截切时，截断面在与其平行的投影面上的投影为圆，在其他两个投影面上的投影为线段，见表 4-3；当圆球被投影面垂直面截切时，截断面在其垂直的投影面上的投影为线段，在其他两个投影面上的投影为椭圆。

表 4-3　圆球的截交线

截平面为水平面	截平面为正平面	截平面为正垂面
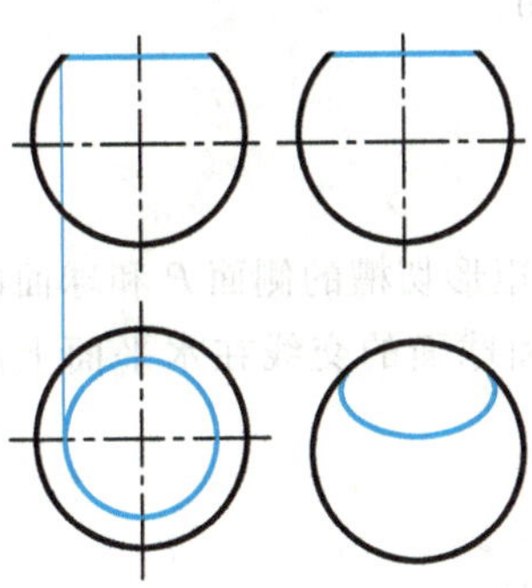	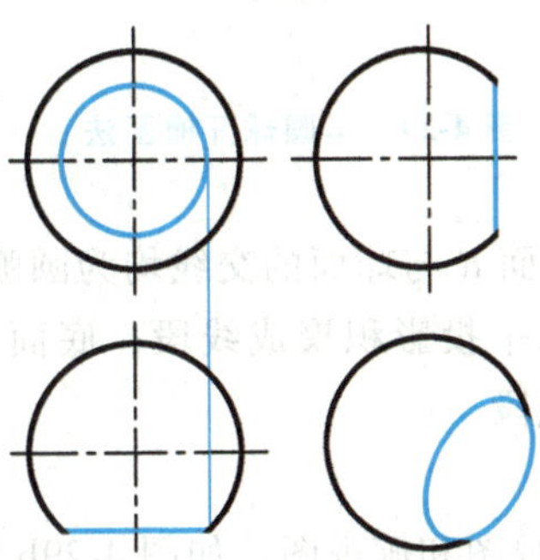	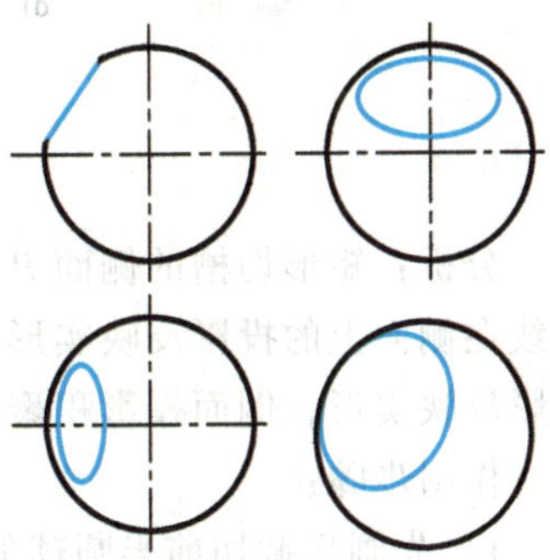

例 4-12　如图 4-29a 所示，已知开槽半圆球的主视图，参考立体图补画其俯视图和左视图。

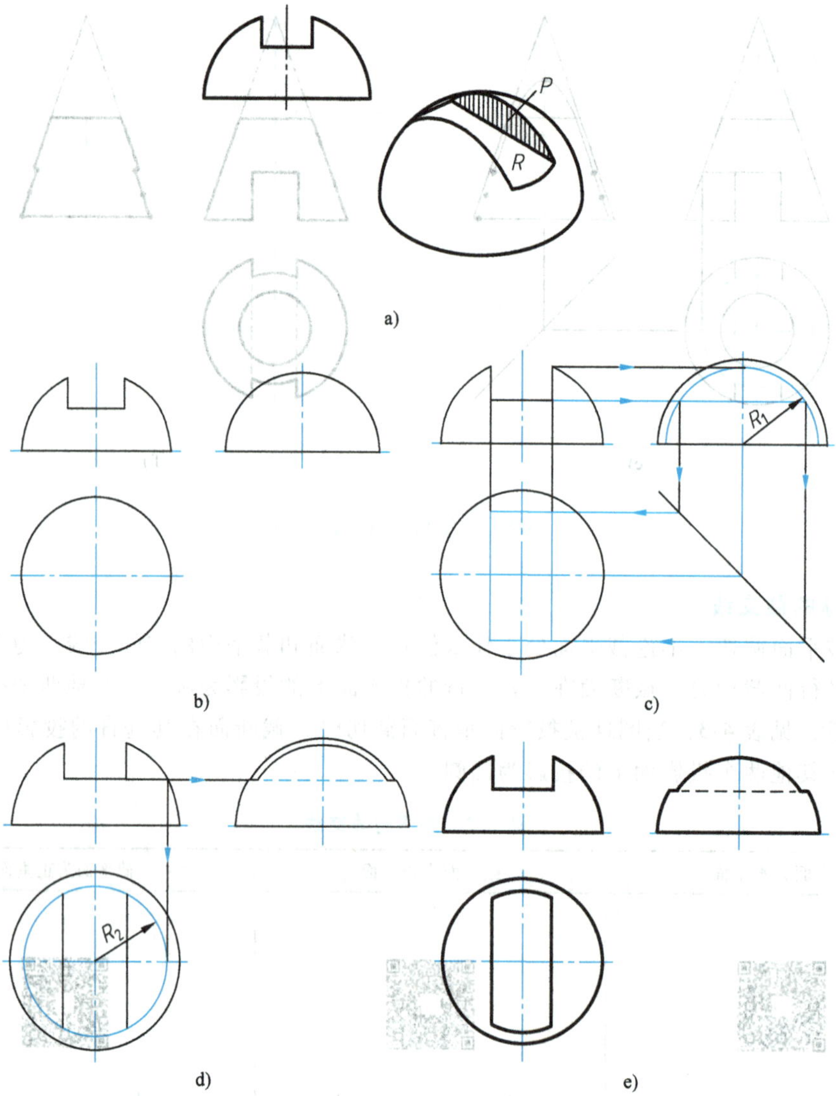

图 4-29 半圆球开槽画法

分析：矩形切槽的侧面 P、底面 R 与球面的交线均为圆弧。矩形切槽的侧面 P 和球面的交线在侧面上的投影反映实形，水平投影积聚成线段；底面 R 和球面的交线在水平面上的投影反映实形，侧面投影积聚成线段。

作图步骤：

1）先画出截切前半圆球的左视图和俯视图，如图 4-29b 所示。

2）求矩形切槽的侧面 P 和球面交线的投影。如图 4-29c 所示，先画左视图（半径为 R_1），后画俯视图。

3）求矩形切槽的底面 R 和球面交线的投影。如图 4-29d 所示，先画俯视图（半径为 R_2），后画左视图。

4）判断可见性，擦除多余图线并加深其余图线，如图 4-29e 所示。

例 4-13 如图 4-30a 所示，完成圆球被正垂面截切后的俯视图。

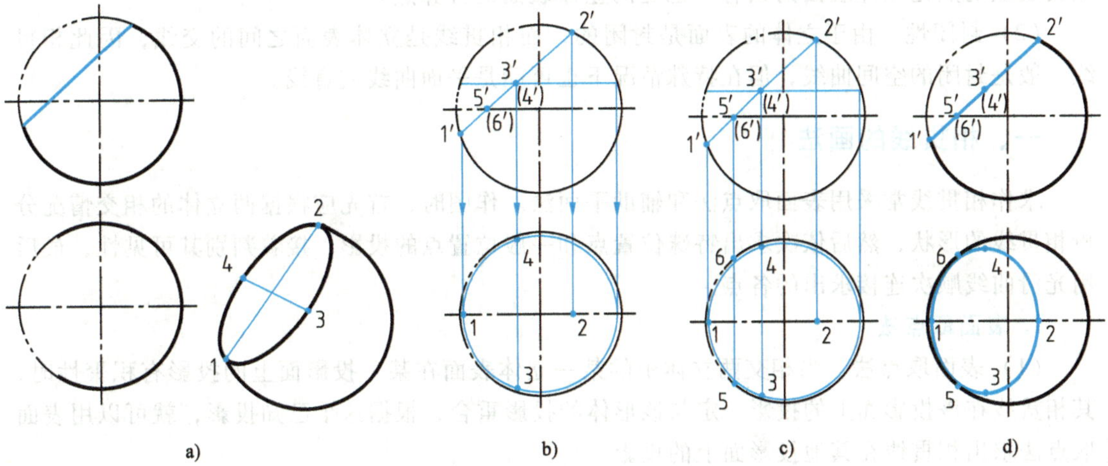

图 4-30 平面截切圆球的投影

分析：圆球被正垂面截切，截交线为圆且在正面积聚为直线，在水平面上的投影为类似的椭圆。

作图步骤：

1）求特殊点。俯视图为类椭圆，找出椭圆轴径上四个点的投影，如图 4-30b 所示。

2）确定截交线与转向轮廓线的交点。俯视图的转向轮廓线在主视图上的投影落在水平轴线上，如图 4-30c 所示。

3）依次光滑连接各点的水平投影，擦去多余图线并加深其余图线，如图 4-30d 所示。

知识点 3 相贯线的投影及作图

两个立体相交称为相贯，其表面形成的交线称为相贯线。相贯线是两相交立体表面的共有线，是一条封闭的空间曲线。由于相交体的几何形状、大小和相对位置不同，交线的形状也不同。如图 4-31 所示，前两种情况交线的画法与截交线的画法类似，下文不做特别的叙述研究。下文只对两个回转体相交的画法做详细介绍，后面所讲的相贯线特指两个回转体的交线，如图 4-31c 所示。相贯线的形状与回转体的形状和回转体空间相交的形式有关。

a) 平面立体与平面立体相交　b) 回转体与平面立体相交　c) 回转体与回转体相交

图 4-31 相贯体的类型

无论相贯线的形状如何，它都具有共有性和封闭性两个基本性质。

（1）共有性　由于相贯线是两个相交立体表面的共有线，也是其表面的分界线，因此相贯线上的点是立体表面的共有点也是两立体表面的分界点。

（2）封闭性　由于立体的表面是封闭的，而相贯线是立体表面之间的交线，因此相贯线一般是封闭的空间曲线，但在特殊情况下也可能是平面曲线或直线。

一、相贯线的画法

求作相贯线常采用表面取点法和辅助平面法。作图时，首先应根据两立体的相交情况分析相贯线的形状，然后依次求出特殊位置点和一般位置点的投影，接着判别其可见性，最后用光滑曲线顺次连接求出的各点。

1. 表面取点法

（1）表面取点法　当相交两立体中的某一立体表面在某一投影面上的投影有积聚性时，其相贯线在该投影面上的投影一定与该形体的投影重合，根据这个已知投影，就可以用表面取点法求出相贯线在其他投影面上的投影。

例 4-14　如图4-32a 所示，已知两圆柱正交，求作该相贯体的三视图。

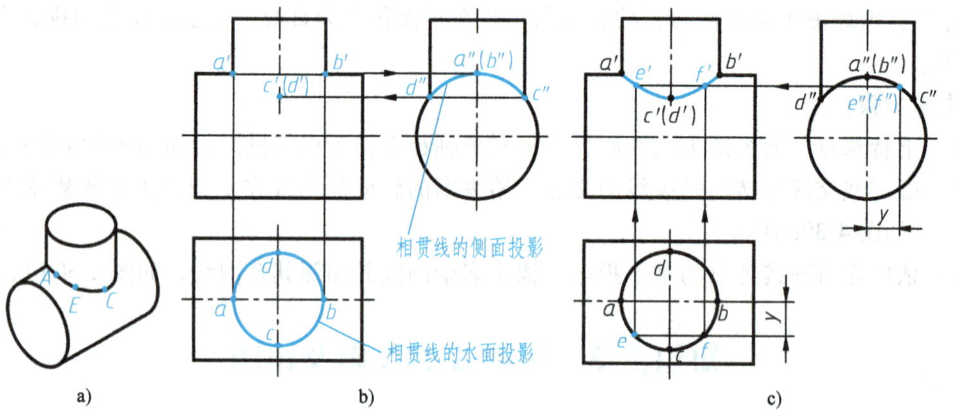

图 4-32　两正交圆柱三视图的画法

分析：如图 4-32a 所示，该相贯体由一个铅垂圆柱与一个水平圆柱正交所得，因此相贯线为曲线。相贯线的水平投影与铅垂圆柱面的水平投影重合，侧面投影与侧垂圆柱的侧面投影重合，因此只需求作它的正面投影即可。

作图步骤：

1）按照投影关系画出两圆柱的投影，主视图中的相贯线先不画。

2）求特殊位置点的投影。在相贯体上取特殊位置点 A、B、C、D，其中，点 A 和点 B 是两圆柱正面投影的转向轮廓线交点，其投影可以在各视图上直接找出；点 C 和点 D 是铅垂圆柱侧面投影的转向轮廓线和水平圆柱表面的交点，其投影可以在左、俯视图上直接找到，主视图中的点 c'和点 d'可根据点的投影规律作出，如图 4-32b 所示。

3）求一般位置点的投影。在铅垂圆柱的水平投影圆上取对称的两点 e 和 f，它们的侧面投影和水平投影都可以根据点的投影规律求出，如图 4-32c 所示。

4）用光滑的曲线顺次连接正面投影上各点的投影，即可得到相贯线的正面投影。

（2）两圆柱正交相贯线的画法　两圆柱正交时，按圆柱面的可见性分为外圆柱与外圆柱、外圆柱与内圆柱、内圆柱与内圆柱相贯，其相贯线的画法见表 4-4。

表 4-4　两圆柱正交时相贯线的画法

外圆柱与外圆柱相交	外圆柱与内圆柱相交	两内圆柱相交
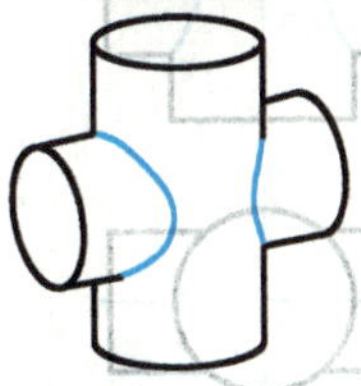	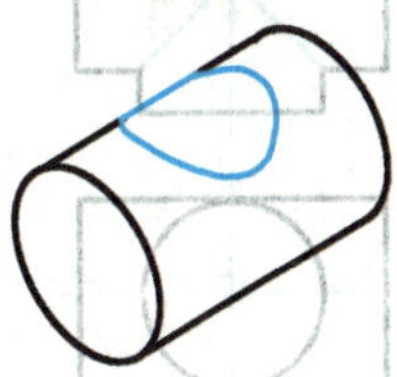	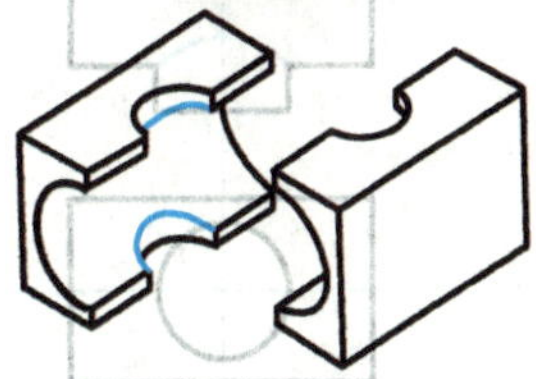
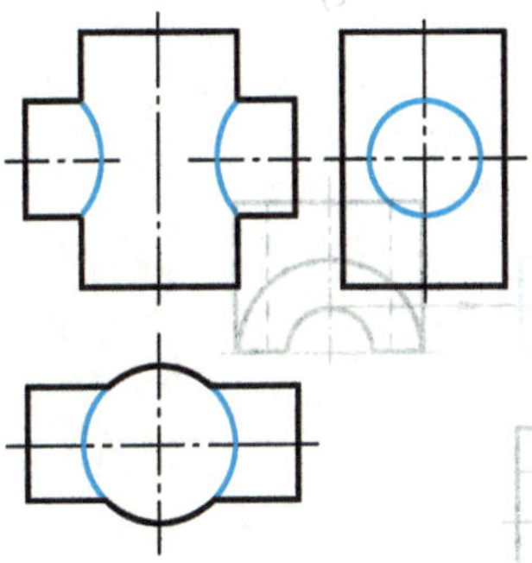	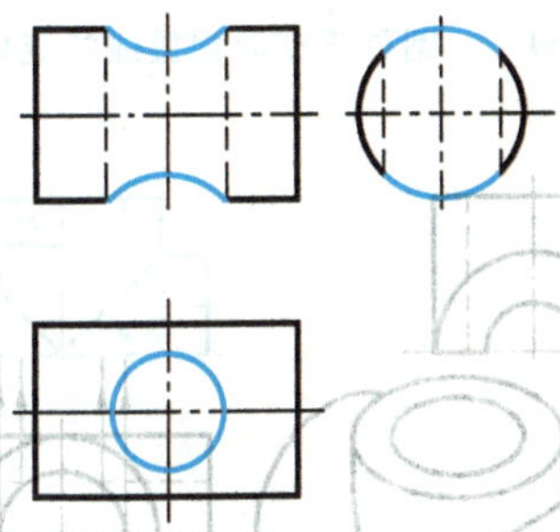	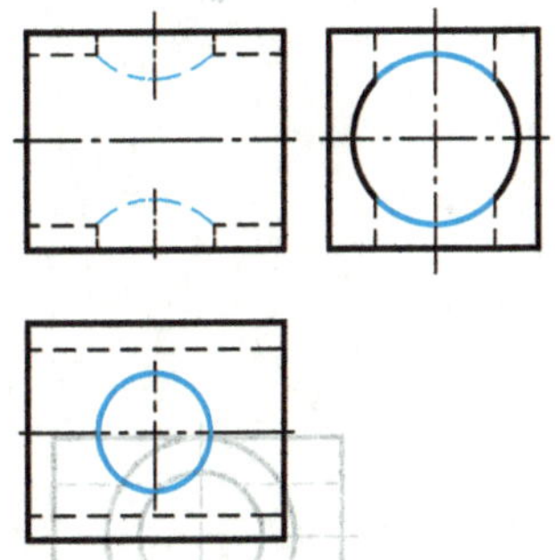

为了简化作图，在不致引起误解时，允许采用简化画法绘制相贯线的投影。例如，当两个圆柱正交，且两条轴线都平行于某个投影面时，相贯线在该投影面上的投影可以用大圆柱半径 R 所作的圆弧来代替，如图 4-33 所示。

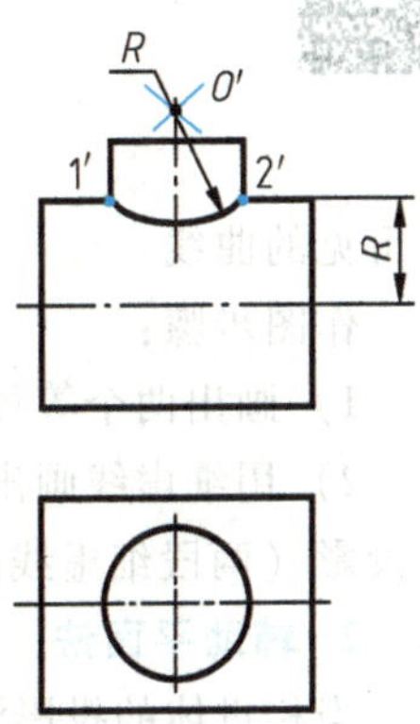

图 4-33　相贯线的简化画法

相贯线的形状除了与两圆柱的相对位置有关外，还与圆柱的半径大小有关。当正交两圆柱的相对位置不变，而相对大小发生变化时，相贯线的形状和位置也将随之变化。定义竖直方向圆柱的直径为 ϕ_1，水平方向圆柱的直径为 ϕ。当 $\phi_1<\phi$ 时，相贯线的正面投影为上下对称的曲线，如图 4-34a 所示；当 $\phi_1=\phi$ 时，相贯线在空间为两个相交的椭圆，其正面投影为两条相交的直线，如图 4-34b 所示；当 $\phi_1>\phi$ 时，相贯线的正面投影为左右对称的曲线，如图 4-34c 所示。

例 4-15　如图 4-35 所示，已知相贯体的俯、左视图，求作该相贯体的主视图。

分析：如图 4-35a 所示，该相贯体由一个直立圆筒与一个水平半圆筒正交，其内外表面都有交线，其中外表面的相贯线为两个等径圆柱面相交形成的两条平面曲线（椭圆），其水平投影和侧面投影分别与两个圆柱面的投影重合，其正面投影为两条直线；内表面的相贯线为两段空间曲线，其水平投影和侧面投影也分别与两个圆孔的投影重合，其正面投影为两段

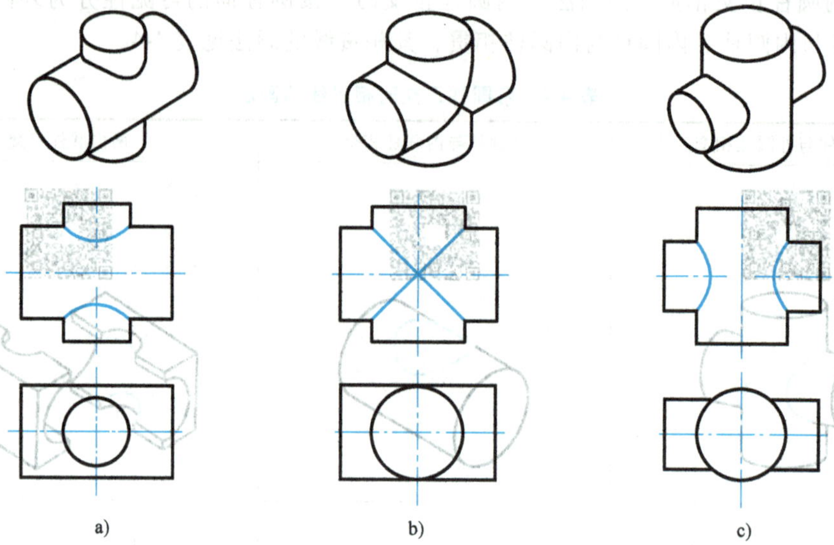

图 4-34　两圆柱正交时相贯线的变化

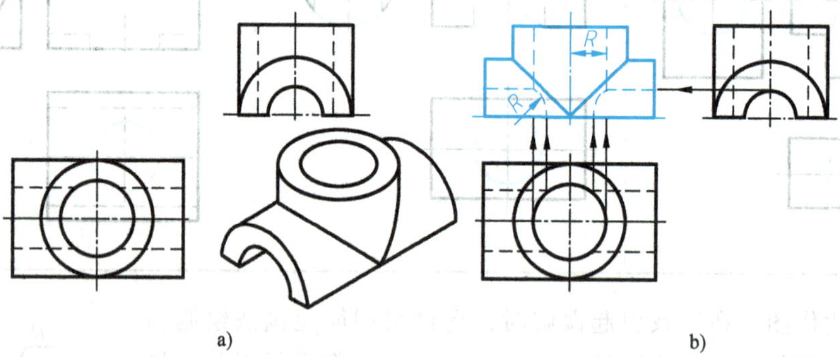

图 4-35　圆筒相贯

不可见的曲线。

作图步骤：

1）画出两个等径圆柱的外圆轮廓，作出外表面相贯线的正面投影（两段 45°斜线）。

2）用细虚线画出两个圆孔的轮廓，采用相贯线的简化画法，作出两个圆孔相贯线的正面投影（两段细虚线圆弧），如图 4-35b 所示。

2. 辅助平面法

当相贯体的投影没有积聚性时，通常采用辅助平面法求其相贯线。假想用一辅助平面在两个回转体交线范围内对其进行截切，则辅助平面与两个立体表面都产生截交线，这两条截交线的交点既属于辅助平面，又属于两个立体表面，是三面的共有点，即相贯线上的点。

为了作图方便，选择辅助平面的原则是：选择特殊位置的辅助平面（一般为投影面平行面），使得截交线的投影为直线或圆。

例 4-16　已知圆柱与圆台相贯，如图 4-36 所示，求作该相贯体的相贯线投影。

分析：如图 4-36 所示，圆台的轴线为铅垂线，圆柱的轴线为侧垂线，两轴线正交且都平行于正面，因此相贯线前后对称，且正面投影重合。由于圆柱的侧面投影为圆，相贯线的

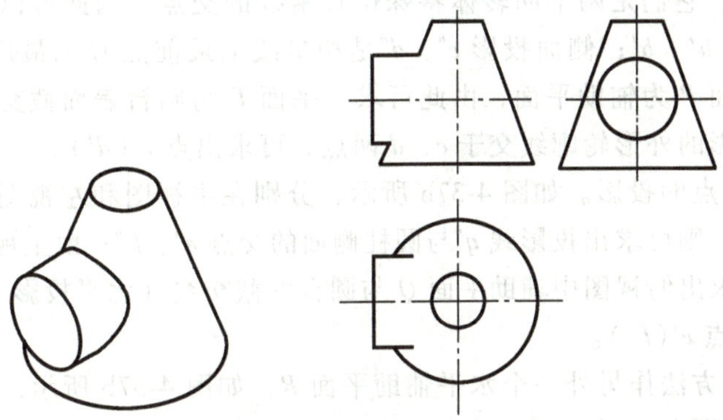

图 4-36 圆柱与圆台相贯

侧面投影积聚在该圆上，因此只需求作相贯线的水平投影和正面投影即可。

作图步骤：

1）求特殊位置点的投影。如图 4-37a 所示，侧面投影 a''、b''分别是相贯线上最高点 A

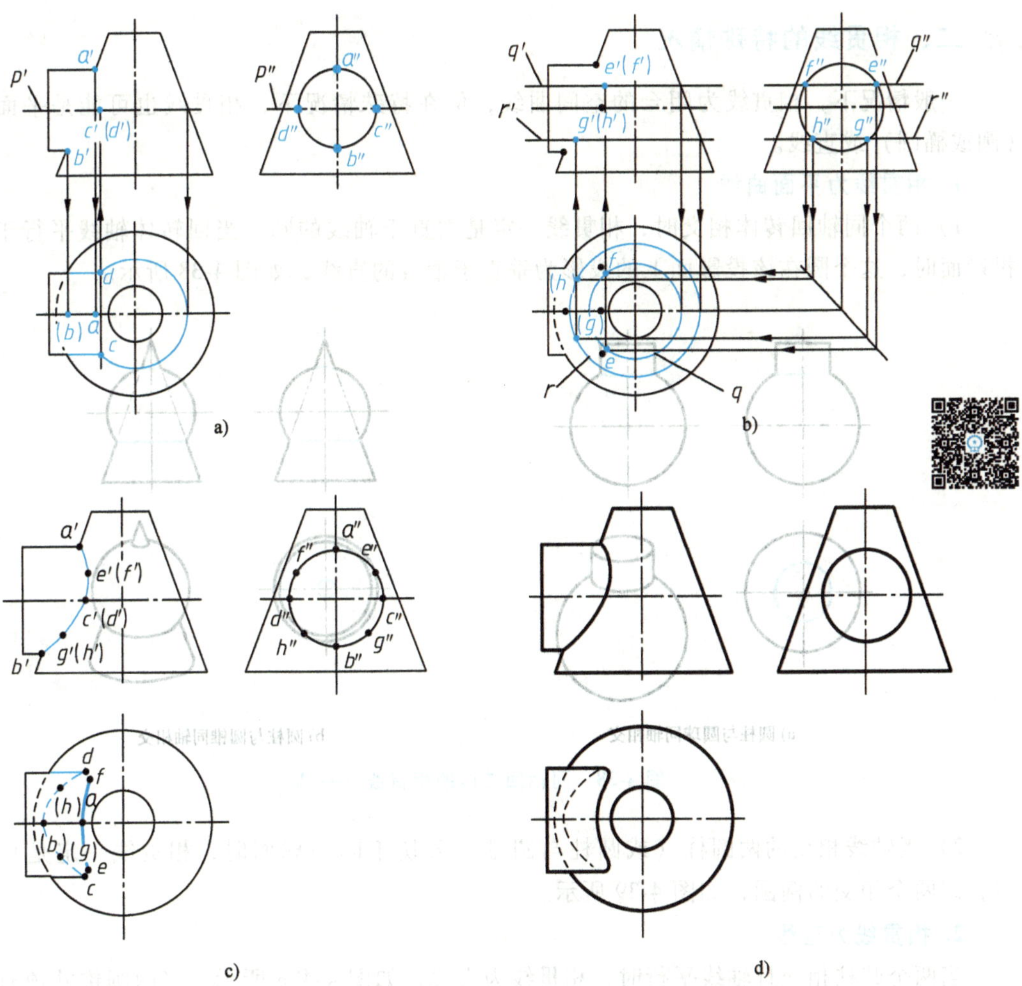

图 4-37 圆柱与圆台相贯线的画法

和最低点 B 的投影，它们是两个回转体特殊位置素线的交点，因此可以直接求出其水平投影 a、b 和正面投影 a'、b'；侧面投影 c''、d''是相贯线上最前点 C 和最后点 D 的侧面投影，过圆柱轴线作水平面 P 为辅助平面，由此可求出平面 P 与圆台表面截交圆的水平投影，该圆与圆柱面水平投影的外形轮廓线交于 c、d 两点，可求出点 $c'(d')$。

2）求一般位置点的投影。如图 4-37b 所示，分别在主视图和左视图中作水平辅助平面 Q 的投影线 q'和 q''，则可求出投影线 q''与圆柱侧面的交点 e''、f''；由主视图中投影线 q'与圆台表面的交点，可求出俯视图中辅助平面 Q 与圆台的截交线（水平投影圆），根据投影关系可以求出点 e、f 及点 $e'(f')$。

3）采用同样的方法作另外一个水平辅助平面 R，如图 4-37b 所示，求出该平面上其他 G、H 两点的投影，即点（g）、（h）和点 $g'(h')$。

4）用光滑曲线顺次连接各点。主视图中，由于相贯线前后对称且重合，因此只需用实线画出可见的前半部分曲线；俯视图中，以 c、d 点为分界，上半圆柱面上的投影曲线可见，因此将 $ceafd$ 段曲线画成实线，其余部分不可见，因此画成细虚线，如图 4-37c 所示。

5）检查图形并擦去多余图线，然后加深其余图线，如图 4-37d 所示。

二、相贯线的特殊情况

一般情况下，相贯线为闭合的空间曲线，但在特殊情况下，相贯线也可能是平面曲线（圆或椭圆）或直线。

1. 相贯线为平面曲线

1）两个同轴回转体相交时，相贯线一定是垂直于轴线的圆。当回转体轴线平行于某一投影面时，这个圆在该投影面上的投影为垂直于轴线的直线，如图 4-38 所示。

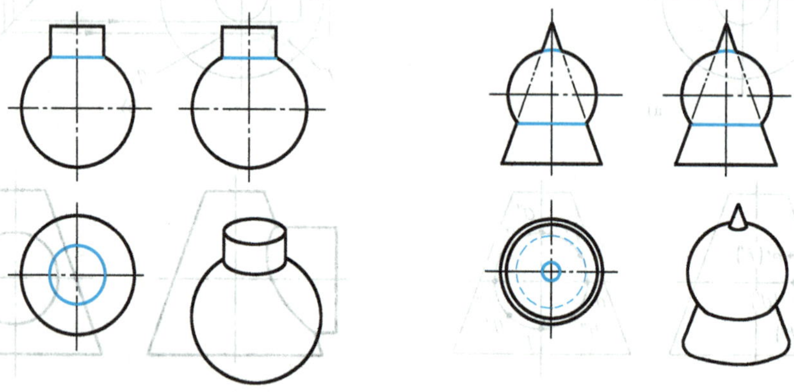

a) 圆柱与圆球同轴相交　　b) 圆柱与圆锥同轴相交

图 4-38 同轴回转体的相贯线——圆

2）当轴线相交的两圆柱（或圆柱与圆锥）公切于同一球面时，相贯线一定是平面曲线，即两个相交的椭圆，如图 4-39 所示。

2. 相贯线为直线

当两个圆柱相交且轴线平行时，相贯线为直线，如图 4-40a 所示。当两圆锥共顶时，相贯线也是直线，如图 4-40b 所示。

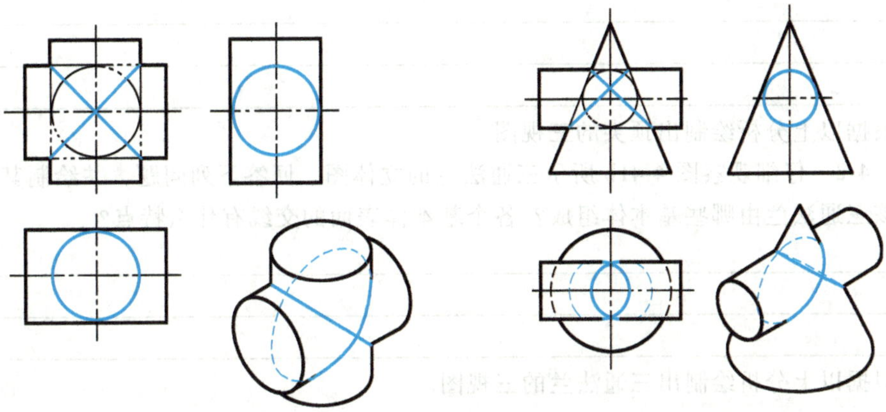

a) 圆柱与圆柱等径正交(公切－圆球)　　b) 圆柱与圆锥正交(公切－圆球)

图 4-39　两回转体公切于同一球面的相贯线——椭圆

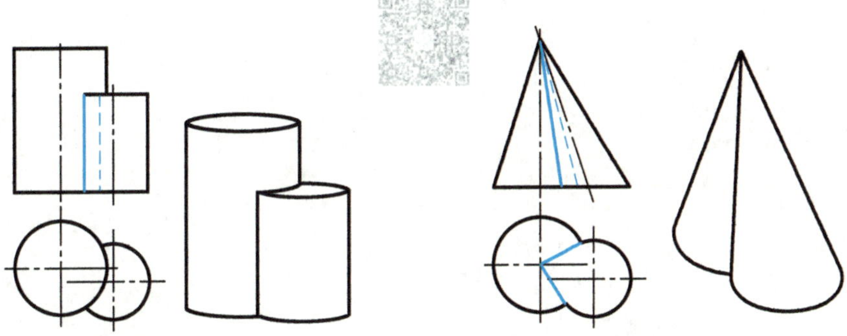

a) 两个相交圆柱的轴线平行　　b) 两圆锥共锥顶

图 4-40　相贯线为直线

任务实施

根据本模块所学知识，完成以下学习任务。

任务 4-1　仔细观察图 4-41a 所示顶尖的立体图，回答下列问题，并绘制其三视图。

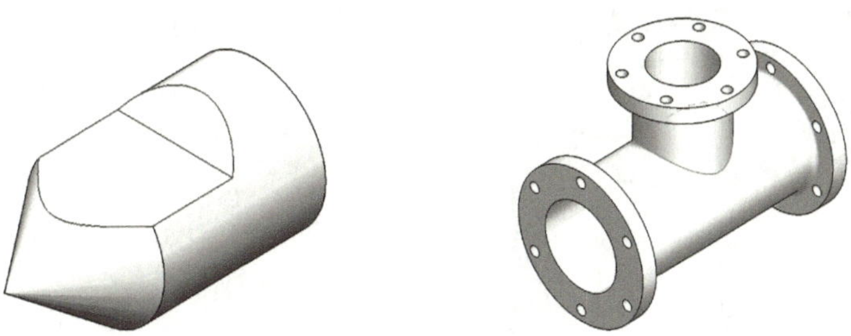

a) 顶尖　　b) 三通法兰

图 4-41　立体及其表面交线

1. 该顶尖由哪些基本体组成，顶尖是如何被平面截切的?

2. 根据以上分析绘制出顶尖的三视图。

任务 4-2　仔细观察图 4-41b 所示三通法兰的立体图，回答下列问题，并绘制其三视图。

1. 该三通法兰由哪些基本体组成？各个基本体表面的交线有什么特点？

2. 根据以上分析绘制出三通法兰的三视图。

模块5

组 合 体

本模块知识点

1. 掌握运用形体分析法和线面分析法分析组合体各组成部分的形状、相对位置和表面连接关系的步骤。

2. 掌握三种类型组合体三视图的作图方法和步骤。

3. 掌握组合体三视图的尺寸标注方法。

4. 掌握运用形体分析法和线面分析法识读组合体视图，并补画组合体所缺视图或补画组合体视图中漏线的步骤。

素养提升

培养团队协作意识和集体荣誉感。

任务引入

在工业实际生产中，由单一基本体形成的零件很少，大部分零件都是由多个基本体按照一定的方式组合而成的。如图 5-1 所示的轴承座和图 5-2 所示的扳手就是由多个基本体组合而成的形体。那么这些零件是由哪些基本体组成的？是按什么方法组合而成的？应该如何绘制它们的三视图呢？

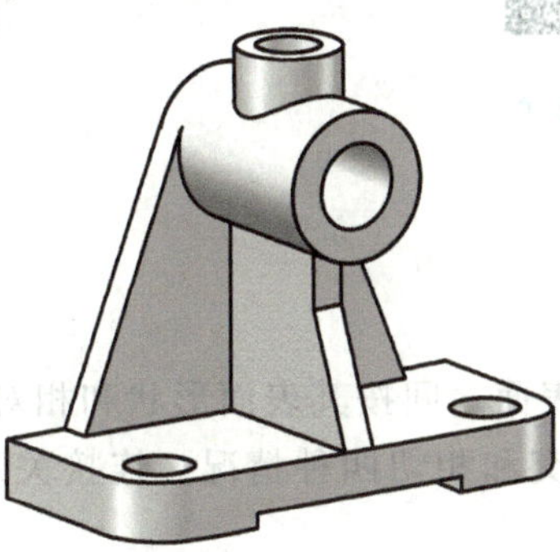

图 5-1　轴承座

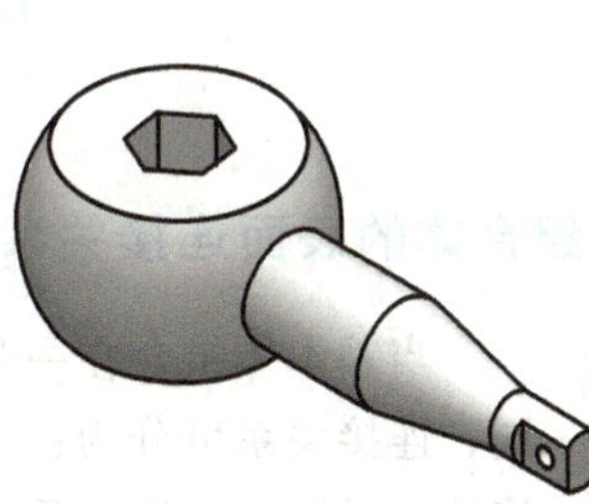

图 5-2　扳手

知识点 1　组合体的形体分析

一、组合体的组合形式

1. 组合体的概念

从形体的角度来分析，任何复杂的机器零件都可以看成是由若干基本形体（柱、锥、球等），按一定的方式（叠加、切割、穿孔等）组合而成的。由两个或两个以上的基本形体组合构成的整体称为组合体。

2. 组合体的形体分析法

组合体的形体分析法是将组合体按照其组成方式分解为若干基本形体，以便搞清楚各基本形体的形状、它们之间的相对位置以及表面间的连接关系的分析方法。形体分析法是解决组合体问题的基本方法，在作图、读图和标注组合体尺寸的过程中，常常要运用形体分析法。

3. 组合体的组合形式

组合体的组合形式有叠加式、切割式和综合式三种。叠加式组合体可以看成是由若干个基本形体叠加而成的；切割式组合体可看成是在一个基本形体上挖切掉某些部分而成的。多数组合体是既有叠加又有切割的综合式，如图 5-3 所示。

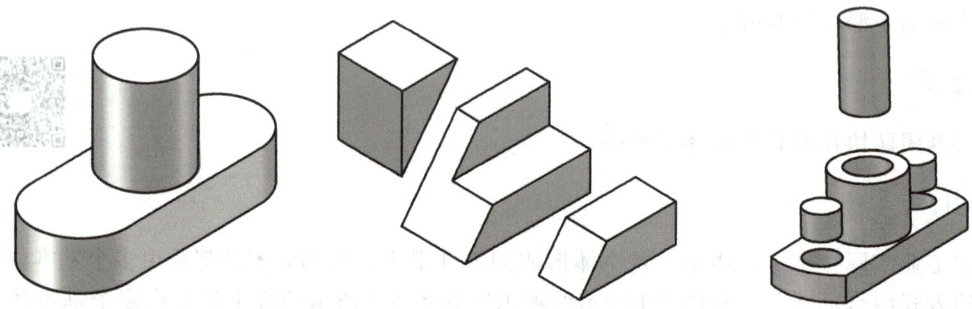

a) 叠加式　　b) 切割式　　c) 综合式

图 5-3　组合体的组合形式

二、组合体的表面连接关系

当基本体组合在一起时，各形体相邻表面之间按其表面形状和相对位置不同，连接关系可分为：平齐、不平齐、相交和相切四种情况。连接关系不同，连接处投影的画法也不相同。

（1）两形体表面平齐叠加　当相邻两个形体的表面平齐时，两个平面变成一个大平面，中间不应有线隔开，如图 5-4、图 5-6（前面部分）所示。

（2）两形体表面相错叠加　两平面立体相互叠加，当相邻两个形体的表面不平齐时，两个平面在空间有一定的错位，中间应该有线隔开，如图 5-5（后面部分）、图 5-6 所示。

（3）两形体表面相切叠加　平面立体与回转体相互叠加，当相邻两个形体的表面相切时，由于两个表面在相切处是光滑过渡的，因此在相切处不应画线，如图 5-7 所示。

（4）两形体表面相交叠加　平面立体与回转体相互叠加，当相邻两个形体的表面相交时，应在相交处画出交线，如图 5-8 所示。

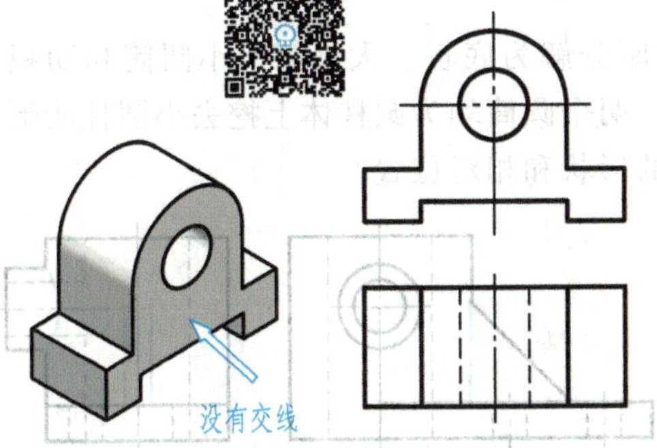

图 5-4　表面平齐

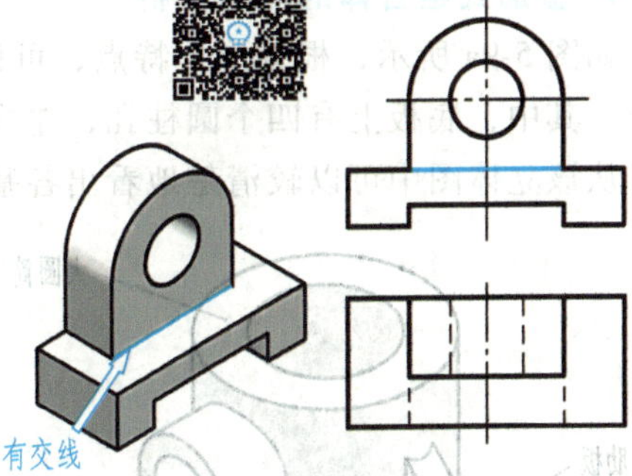

图 5-5　表面不平齐

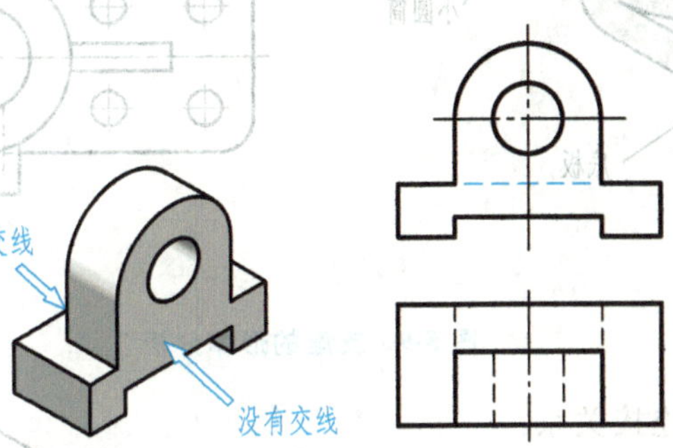

图 5-6　前面平齐，后面不平齐

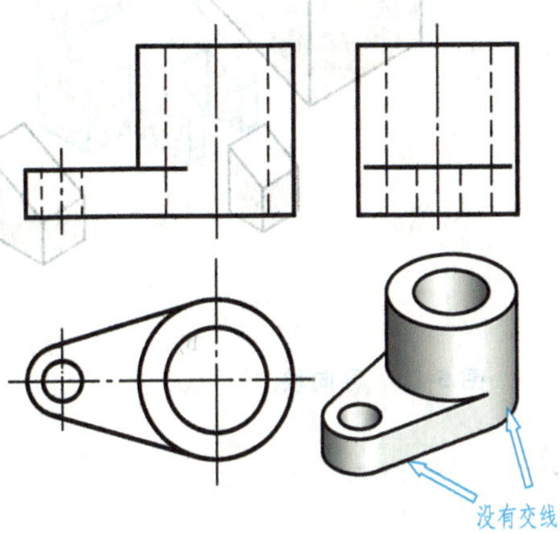

图 5-7　表面相切

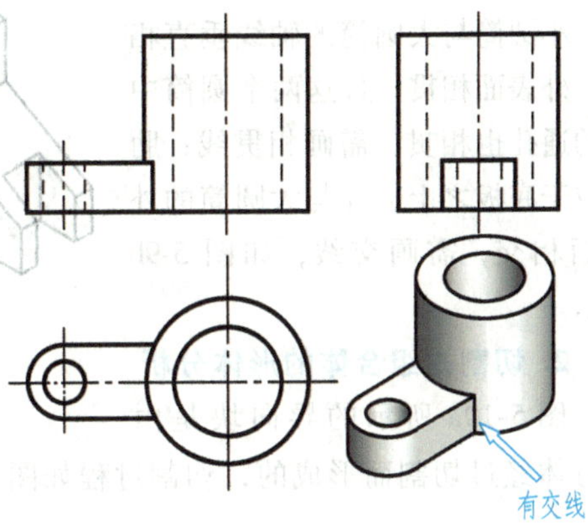

图 5-8　表面相交

三、组合体的形体分析

在绘制、识读组合体视图和标注尺寸的过程中，经常需要使用形体分析法。所谓形体分析法就是假想将组合体分解成若干个组成部分（基本体），然后分别分析各组成部分（基本体）的形状、相对位置关系、表面连接关系及组合形式，最后综合归纳，以对组合体有全方位认识的方法，即“先分解、后综合”的方法。

形体分析法就是把一个复杂的问题分解为几个简单的问题来处理的方法，它是正确、快速地绘制、识读组合体视图及标注尺寸的最基本、最有效的方法。

1. 叠加式组合体的形体分析

如图 5-9a 所示，根据形体特点，可以将该支座分解为底板、大圆筒、小圆筒和肋板四部分。其中，底板上有四个圆柱孔，左边有圆角，两个圆筒均为圆柱体上挖去小圆柱所形成的。从该立体图中可以较清楚地看出各基本形体的形状和相对位置。

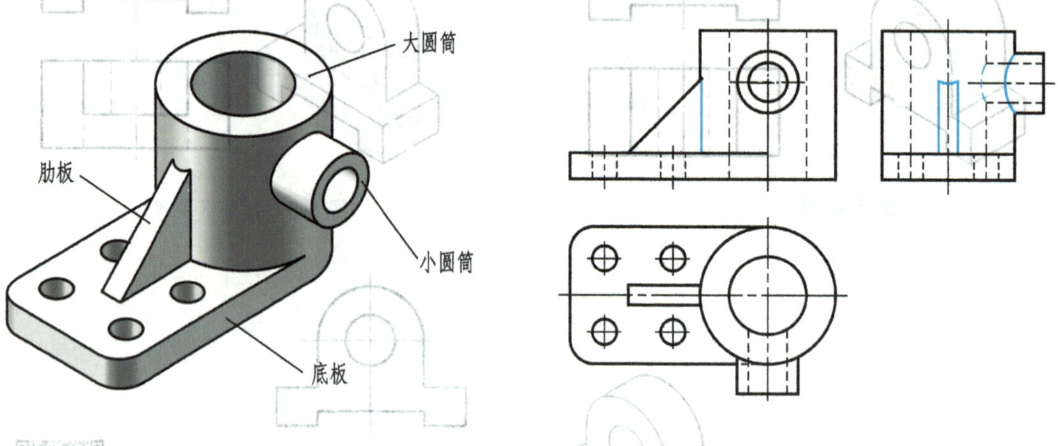

a) b)

图 5-9 支座的形体分析

各基本形体的表面连接关系：底板与大圆筒的底面平齐，底板的前后面与大圆筒相切，不画分界线；小圆筒与大圆筒的轴线垂直相交，外表面相贯，且这两个圆筒中间的通孔也相贯，需画相贯线；肋板位于底板之上，并与大圆筒的外表面相交，需画交线，如图 5-9b 所示。

2. 切割式组合体的形体分析

图 5-10a 所示的导向块是由长方体经过切割而形成的，切割过程如图 5-10b 所示。

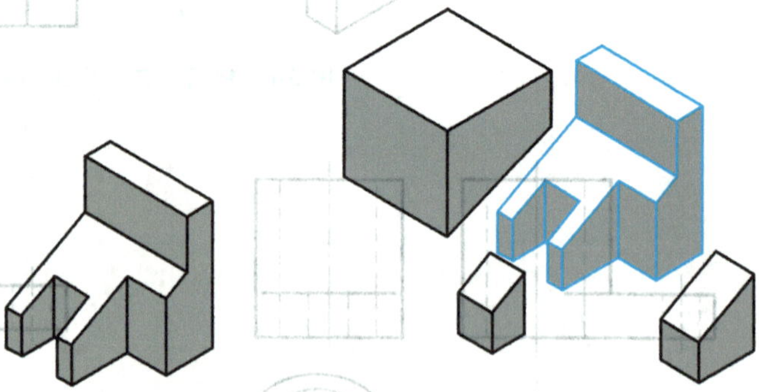

a) b)

图 5-10 导向块

知识点 2 组合体三视图的画法

两个或两个以上基本体通过叠加或切割能形成组合体，反之，组合体也可以分解为若干个基本体，因此在画组合体的三视图之前，应先利用形体分析法弄清楚该组合体的组合形式，以及各基本形体间的相对位置、表面连接关系等，然后按照组合体的形成过程逐一画出各基本形体的三视图。

画组合体的三视图时，要注意两个顺序：

（1）组成组合体的各基本体的画图顺序 一般按组合体的形成过程先画基础形体的三视图，再逐个画其他叠加体或切割体的三视图。

（2）同一形体三个视图的画图顺序　一般先画形状特征最明显的视图，或有积聚性的视图，然后再画其他两个视图。

一、叠加式组合体三视图的画法

常用形体分析法画图，即首先对物体进行形体分析，将物体假想分解为几个组成部分（基本体），弄清楚各部分的结构形状、相对位置关系、表面连接关系，逐个画出各部分的投影，最后进行综合整理得到组合体视图。

下面以图 5-11 所示的轴承座为例来讲解叠加式组合体三视图的绘制方法和步骤。

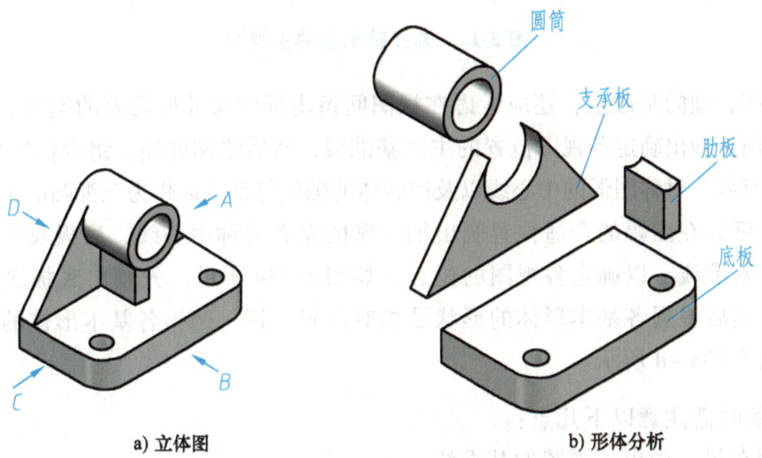

图 5-11　轴承座

1. 形体分析

如图 5-11 所示，轴承座由底板、圆筒、支承板和肋板四部分叠加而成。底板上有两个圆角及两个圆柱通孔，支承板的左、右侧面与圆筒的外表面相切，肋板在底板上且与圆筒相交，支承板、圆筒的后端面与底板的后端面平齐。

2. 视图选择

首先选择主视图的投射方向，主视图应该能较多地反映组合体的形状特征，因此在选择主视图时，应先将组合体放平、摆正，使其主要表面或主要轴线平行或垂直于投影面，然后选择能较好地反映组合体形状特征和各组成部分相对位置的方向作为主视图的投射方向，同时还需兼顾另外两个视图的可见性，使得视图整体上表达清晰且读图方便。

如图 5-11 所示，将轴承座摆正、放平后，分别从 *A*、*B*、*C*、*D* 四个方向对其进行投射，其投影图如图 5-12 所示。由于 *A* 或 *B* 方向的投影图（即图 5-12a 或图 5-12b）能最清楚地反映轴承座的实形，原则上图 5-12a，b 都可以作为主视图，但图 5-12b 中虚线较少，现定图 5-12b 为主视图，即 *B* 向为主视方向。

3. 选比例、定图幅

视图确定后，应根据物体的大小和复杂程度，选择国家标准规定的作图比例和图幅。一般情况下，尽可能选用 1∶1 的作图比例。确定图幅大小时，除考虑绘图所需面积外，还要预留标注尺寸和绘制标题栏的位置和间距。

4. 布置视图并绘制底稿

根据每一个视图的最大轮廓尺寸均匀布置各视图的位置，即通过合理布局画出三视图的主要

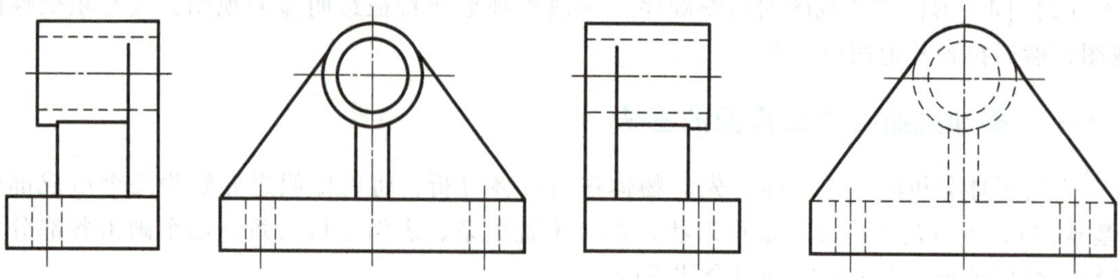

a) A方向的投影　b) B方向的投影　c) C方向的投影　d) D方向的投影

图 5-12　选择轴承座的主视图

基准线。在布图合理的基础上，还应考虑在视图间留出标注尺寸所需要的空间。视图位置确定后，可以先在图上画出确定各视图位置的主要基准线，然后绘制底稿。组合体底面的积聚直线、大端面的积聚直线、对称图形的中心线以及回转体的轴线等都可以作为三视图的主要基准线。

本例中，可以在图幅的合适位置画出轴承座的左右对称中心线、底板及支承板的后端面积聚线等主要基准线，以确定各视图的位置。如图 5-13a 所示，先画出底板底面、最后面及圆筒中心线，然后根据各基本形体的形状及相对位置，逐一画出各基本形体的三视图，具体作图步骤如图 5-13a～d 所示。

绘制底稿时需注意以下几点：

1）合理布局，画出三视图的基准线。

2）一般应从每一部分形状特征最明显的视图入手，先画主要部分，后画次要部分；先画可见部分，后画不可见部分；先画圆或圆弧，后画直线。

3）绘制底稿时，应正确确定物体每一个组成部分的相对位置，其三个视图应按照“三等规律”配合着画，以免出现漏缺和错画等情况。切记不要先画完一个视图后再画另一个视图，这样不仅会降低绘图速度，而且还容易出错。

4）绘制底稿时，所画图线越轻越好，以能看清楚为宜，以便检查时修改图线。

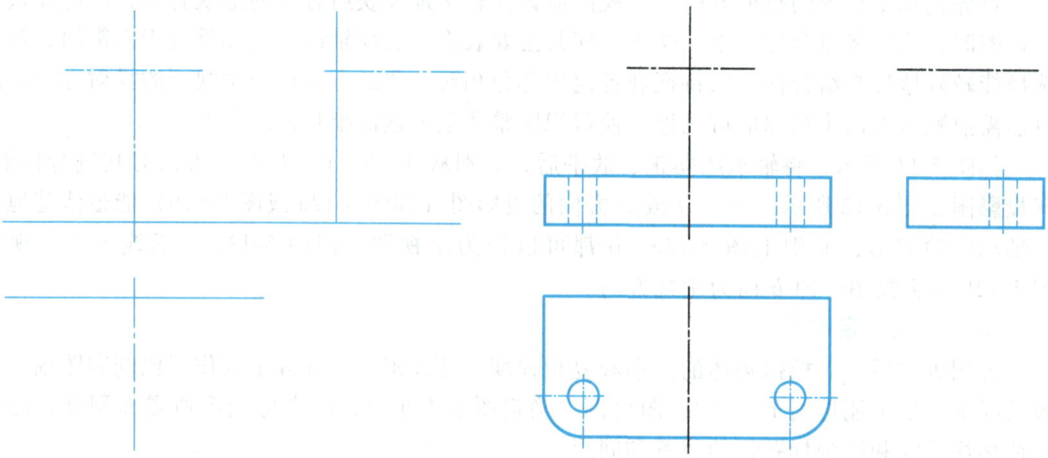

a) 画基准　b) 画底板

图 5-13　画轴承座三视图的步骤

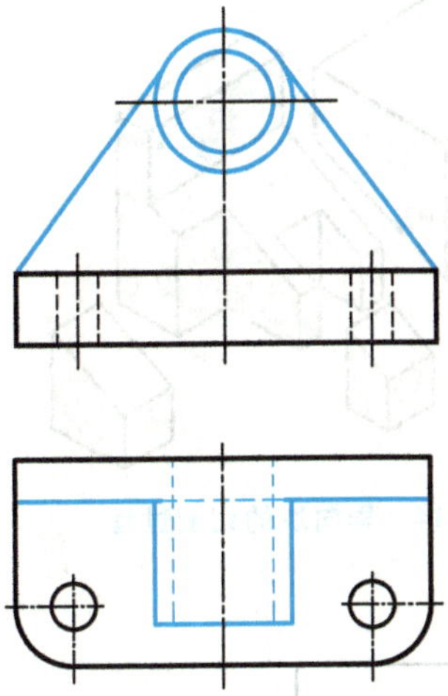

c) 画圆筒和支承板

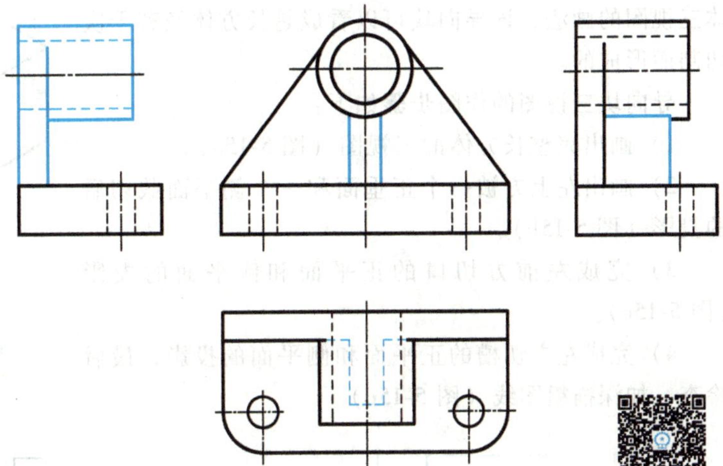

d) 画肋板

图 5-13　画轴承座三视图的步骤（续）

5. 检查、修改、清洁图面

底稿完成后，应按各基本形体逐个进行仔细检查，核对各组成部分的相对位置关系、投影关系是否正确，重点检查两形体衔接处（结合处）是否有多画或漏画图线及图线的虚实是否正确等情况，确认无误后擦去多余的线条，并把图面清洁干净。

6. 加深描粗图线

一般按照先圆后直、先细后粗、先水平再铅垂后斜线、从上至下、从左至右的顺序加深描粗图线。

7. 检查校对

对图稿进行全面检查、校对，然后清洁图面，最后填写标题栏。

二、切割式组合体三视图的画法

绘制切割式组合体的三视图时，常以形体分析法为主、线面分析法为辅。线面分析法画图实质上就是针对切割部分应用线、面的投影特性作出其投影的方法。

切割式组合体的作图方法与叠加式组合体类似，仍然是按照形体分析法的思路进行形体分析。首先应分析未切割基本体的形状，并应用线、面的投影特性逐个分析各切割部分的情况及所切割部分的相对位置；然后绘制切割式组合体的三视图，即先绘制出未切割基本体的三视图，之后在该基本体视图的基础上应用线、面投影特性（线面分析法）逐一画出各切割部分的投影，最后进行综合整理得出切割式组合体的三视图。

切割式组合体的作图步骤：

1）画出完整基本体的投影。

2）逐个画出各被切部分的投影。作每个切口的投影时，应先从反映形体特征轮廓且具有积聚性投影的视图开始，再按投影关系画出其他视图（注意分析截平面的空间位置、截断面的形状及投影特征）。

如图 5-14 所示，以导向块为例，讲解切割式组合体三视图的画法，该导向块可以看成是长方体经若干次切割而形成的。

导向块三视图的作图步骤如下：

1）画出完整长方体的三视图（图 5-15a）。

2）画出左上方被一个正垂面和一个侧平面截切后的投影（图 5-15b）。

3）完成左前方切口的正平面和侧平面的投影（图 5-15c）。

4）完成左方切槽的正平面和侧平面的投影，最后检查，加深描粗图线（图 5-15d）。

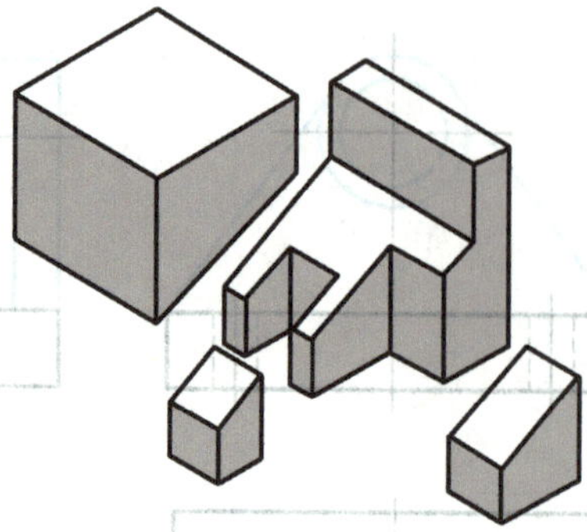

图 5-14 导向块的切割过程

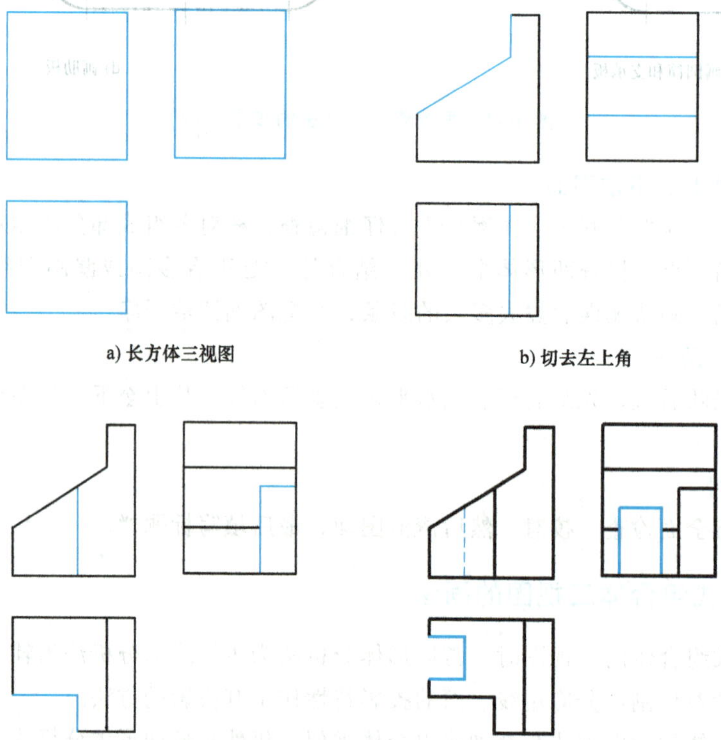

a) 长方体三视图　b) 切去左上角　c) 切去左前角　d) 切去左中槽，加深描粗

图 5-15 导向块三视图的作图步骤

例 5-1 绘制图 5-16a 所示组合体的三视图。

图 5-16a 所示的组合体可看作由长方体切去形体 *Ⅰ*、*Ⅱ*、*Ⅲ* 而形成，其作图过程如图 5-16b~f 所示。

画切割体三视图时应注意以下几点：

1）画出完整长方体的三视图，如图 5-16b 所示。

2）作每个切口投影时，应先从反映形体特征轮廓且具有积聚性投影的视图开始，再按

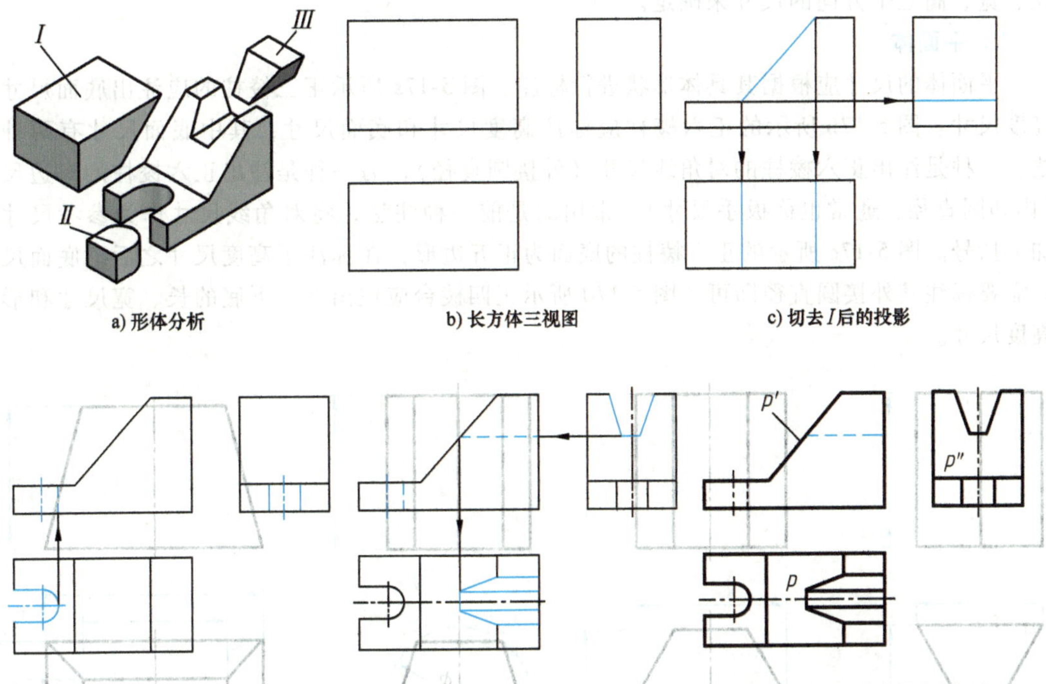

a) 形体分析　b) 长方体三视图　c) 切去Ⅰ后的投影

d) 切去Ⅱ后的投影　e) 切去Ⅲ后的投影　f) 综合整理，检查并完成视图

图 5-16　绘制切割式组合体的三视图

投影关系画出其他视图。第一次切割（图 5-16c）时，先画切口的主视图，再画出俯、左视图中对应的图线；第二次切割（图 5-16d）时，先而圆槽的俯视图，再画出主、左视图中对应的图线；第三次切割（图 5-16e）时，先画梯形槽的左视图，再画出主、俯视图中对应的图线。

3）注意切口截面投影的类似性，如图 5-16f 所示的梯形槽与斜面 P 相交而形成的截面，其水平投影 p 与侧面投影 p''应为类似形。

知识点 3　组合体的尺寸标注

视图只能表达物体的形状，要表达它的真实大小，还需要在视图上标出其尺寸，所标注的尺寸应正确、完整、清晰且合理。

（1）正确　是指所标注的尺寸数值正确，注法符合国家标准中尺寸注法的规定。

（2）完整　是指尺寸必须齐全，不允许出现遗漏或重复标注尺寸的情况。如果遗漏尺寸，则将使机件无法加工；如果出现重复尺寸，若尺寸互相矛盾，则同样使零件无法加工，即使尺寸互相不矛盾，也将使尺寸标注混乱，不利于看图和工件精度的保证。

（3）清晰　是指尺寸的布置应整齐清晰，便于看图。

（4）合理　是指所注尺寸既能保证设计要求，又使加工、测量、装配方便。

一、基本体的尺寸标注

要掌握组合体的尺寸标注，就必须了解和熟悉基本体的尺寸标注。基本体的大小通常由长、宽、高三个方向的尺寸来确定。

1. 平面体

平面体的尺寸应根据其具体形状进行标注。图 5-17a 所示正三棱柱的应注出底面尺寸和高度尺寸。图 5-17b 所示的正六棱柱应标注高度尺寸和底面尺寸，其中底面尺寸有两种注法，一种是注出正六棱柱的对角线尺寸（外接圆直径），另一种是注出正六棱柱的对边尺寸（内切圆直径，通常也称扳手尺寸），常用的是前一种注法，将对角线尺寸作为参考尺寸并加上括号。图 5-17c 所示的正五棱柱的底面为正五边形，在标注了高度尺寸之后，底面尺寸只需要标注其外接圆直径即可。图 5-17d 所示正四棱台应注出上、下底的长、宽尺寸和形体高度尺寸。

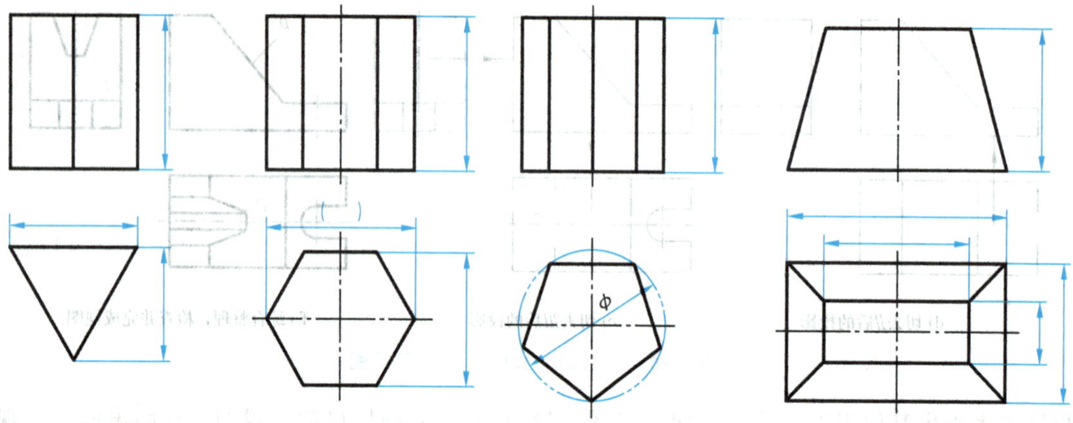

a) 正三棱柱　b) 正六棱柱　c) 正五棱柱　d) 正四棱台

图 5-17　平面体的尺寸标注示例

2. 曲面体

如图 5-18a、b 所示，圆柱（或圆锥）应注出底圆直径和高度尺寸，圆台还要注出顶圆直径。标注直径尺寸时应在数字前加注“ϕ”。值得注意的是，当完整标注了圆柱（或圆锥）、圆球的尺寸之后，只需要一个视图就能确定其形状和大小，其他视图通常省略不画。图 5-18c 所示的圆球只用一个视图加尺寸标注表示即可，圆球的直径数字前应加注“$S\phi$”。

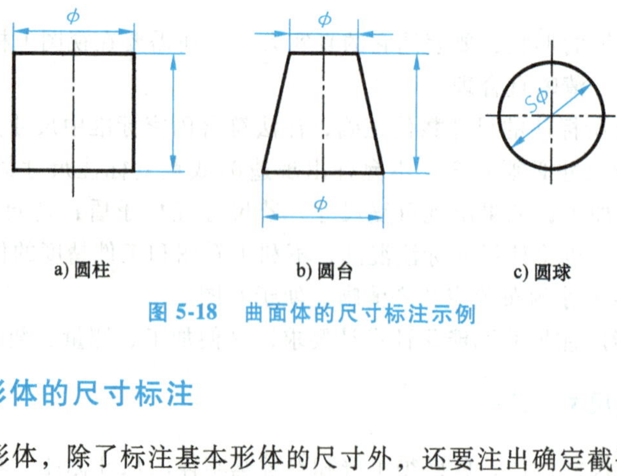

a) 圆柱　b) 圆台　c) 圆球

图 5-18　曲面体的尺寸标注示例

二、带切口形体的尺寸标注

对于带切口的形体，除了标注基本形体的尺寸外，还要注出确定截平面位置的尺寸。由于形体与截平面的相对位置确定后，切口交线已完全确定，因此不应在交线上标注尺寸。如图 5-19 所示，打“×”的为多余的尺寸。

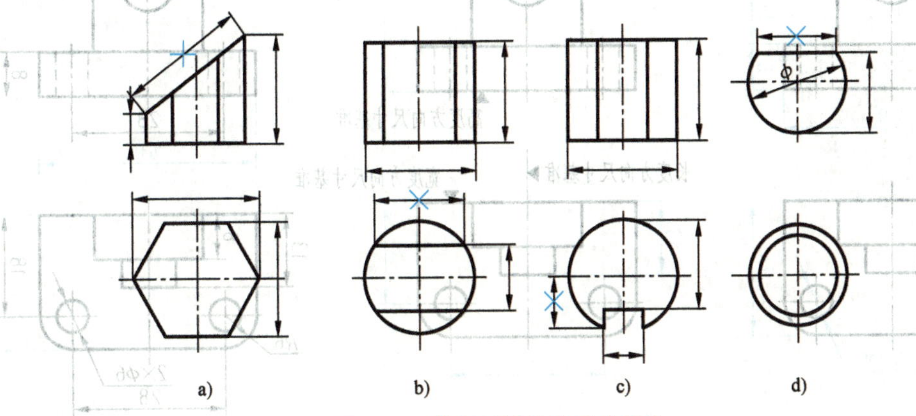

图 5-19　带切口形体的尺寸标注

三、相贯体的尺寸标注

对于由两个回转体相贯而成的形体，除了标注基本形体的尺寸外，还要确定注出两个回转体相互位置关系的尺寸。由于两回转体的相对位置确定后，相贯线已完全确定，因此不应在相贯线上标注尺寸，如图 5-20 所示。

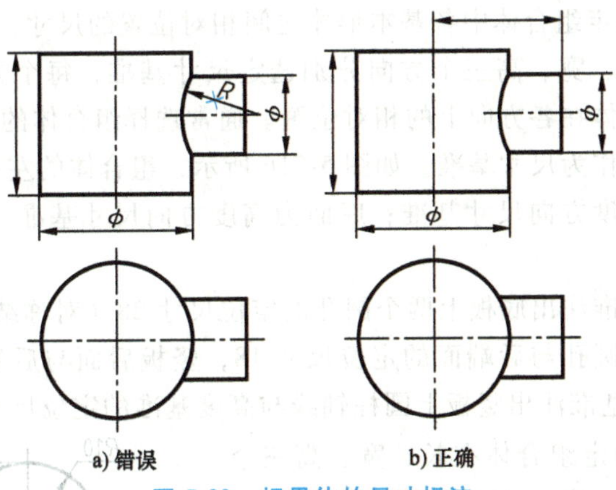

图 5-20　相贯体的尺寸标注

四、组合体的尺寸标注

如图 5-21 所示，以该组合体为例，说明组合体尺寸标注的基本方法。

1. 标注三类尺寸

要使尺寸标注完整，做到既不遗漏也不重复，通常需要标注三类尺寸。标注组合体的尺寸时，应先按形体分析的方法注出各基本形体的大小尺寸，再确定它们之间的相对位置尺寸，最后根据组合体的结构特点注出总体尺寸。

（1）定形尺寸　确定组合体中各基本形体形状大小的尺寸，如图 5-21a 所示。

底板：长、宽、高尺寸（40、24、8），底板上圆角和圆孔尺寸（$R6$、$2\times\phi6$）。

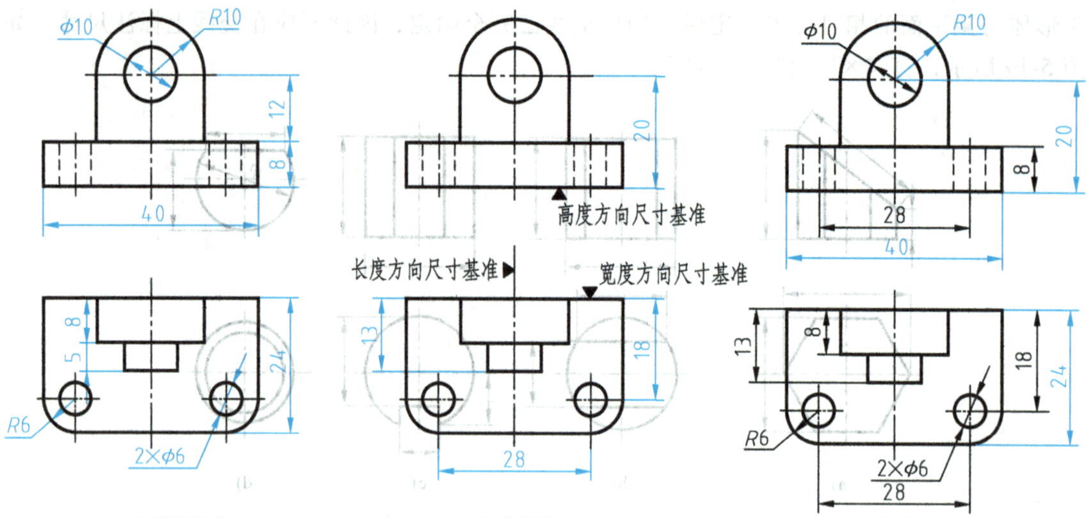

a) 定形尺寸　　b) 定位尺寸　　c) 总体尺寸

图 5-21　组合体尺寸标注示例

必须注意，相同的圆孔 $\phi6$ 要注写数量，如 $2\times\phi6$，但相同的圆角 $R6$ 不注数量，两者都不必重复标注。

竖板：长、宽、高尺寸（$R10$、8、12+$R10$）。

圆柱凸台：直径和厚度（$\phi10$、5）。

（2）定位尺寸　确定组合体中各基本形体之间相对位置的尺寸，如图 5-21b 所示。标注定位尺寸时，必须在长、宽、高三个方向分别选定尺寸基准，每个方向至少有一个尺寸基准，以便确定各基本形体在各方向上的相对位置。通常选择组合体的对称平面、回转轴线以及较大的底面或端面等作为尺寸基准。如图 5-21b 所示，组合体的左右对称平面为长度方向尺寸基准；后端面为宽度方向尺寸基准；底面为高度方向尺寸基准（图中用符号“▼”表示基准位置）。

由长度方向尺寸基准注出底板上两个圆孔的定位尺寸 28（对称结构注全长）；由宽度方向尺寸基准注出底板上圆孔与后端面的定位尺寸 18，竖板后面与后端面重合，其定位尺寸为 0；由高度方向尺寸基准注出竖板上圆柱轴线与高度基准的定位尺寸 20。

（3）总体尺寸　确定组合体在长、宽、高三个方向的总长、总宽和总高的尺寸（40、24、20+$R10$）。总体尺寸若与定形尺寸重合，则无须重复标注。如图 5-21c 所示，该组合体的总长和总宽尺寸即底板的长 40 和宽 24，因此不再重复标注，总高尺寸 30 应从高度方向尺寸基准注出，但由于总高尺寸的上极限位置处是 $R10$ 的圆弧，根据规定，当组合体的一端（或两端）为回转体时，通常这端不以轮廓线为界标注其总体尺寸。图 5-22 所示拱形结构的总高尺寸由定位尺寸 20 和定形尺寸 $R10$ 间接确定，不能直接标注出总高尺寸。

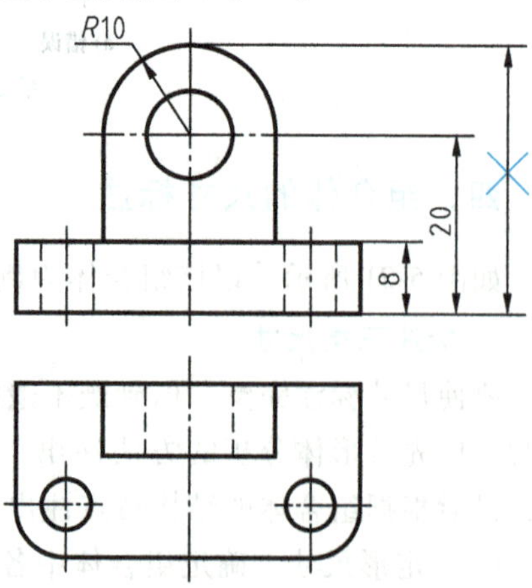

图 5-22　不注总高尺寸

有时为了满足加工要求，既要标注总体尺寸，又要标注定形尺寸，如图 5-21c 所示底板上的两个圆角，长度方向要注出两孔轴线间的定位尺寸 28 和圆角的定形尺寸 $R6$，宽度方向要注出孔轴线距宽度方向基准（组合体后面）的定位尺寸 18 和圆角的定形尺寸 $R6$，还要标注总长、总宽的尺寸 40 和 24。

2. 尺寸清晰

为了便于看图，标注尺寸应排列恰当、整齐、清晰。因此，标注尺寸时要注意以下几点：

（1）突出特征　将定形尺寸标注在形体特征明显的视图上，定位尺寸标注在位置特征明显的视图上。如图 5-23a 所示，将左前方缺口的尺寸及其定位尺寸标注在反映其形状和位置特征的俯视图上，上方两个缺角的尺寸标注在反映其形状特征和位置特征的左视图上，L 形的厚度尺寸标注在主视图上。

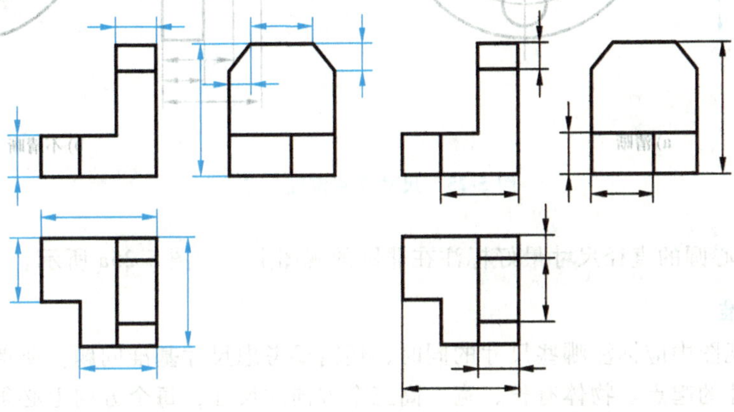

a) 清晰　　b) 不清晰

图 5-23　尺寸布置清晰（一）

（2）相对集中　同一形体的尺寸应尽量集中标注，且应尽可能将定形尺寸和定位尺寸放置在同一个视图上。如图 5-24 所示为开槽的圆柱体的尺寸注法，圆柱体的定形尺寸、方槽的定形尺寸及方槽的定位尺寸都放置在主视图上。

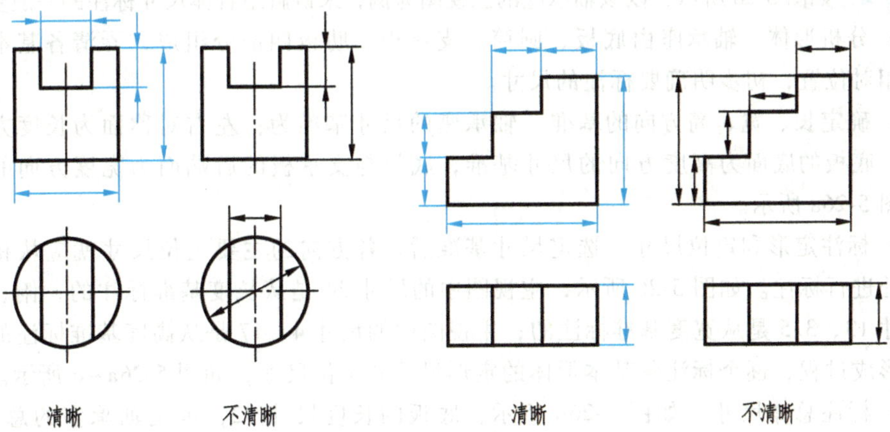

清晰　不清晰　a)　清晰　不清晰　b)

图 5-24　尺寸布置清晰（二）

（3）布局清晰 尺寸排列要整齐、清楚。尺寸尽量标注在两个相关视图之间和视图的外面，如图 5-24b 所示。

（4）排列整齐 同一方向的几个连续尺寸的箭头应对齐，不能错开，如图 5-24b 所示；对于并联尺寸，应根据尺寸的大小，按照大尺寸在外、小尺寸在内的顺序依次排列，尽量避免尺寸线与尺寸线、尺寸界线、轮廓线相交，如图 5-25 所示。

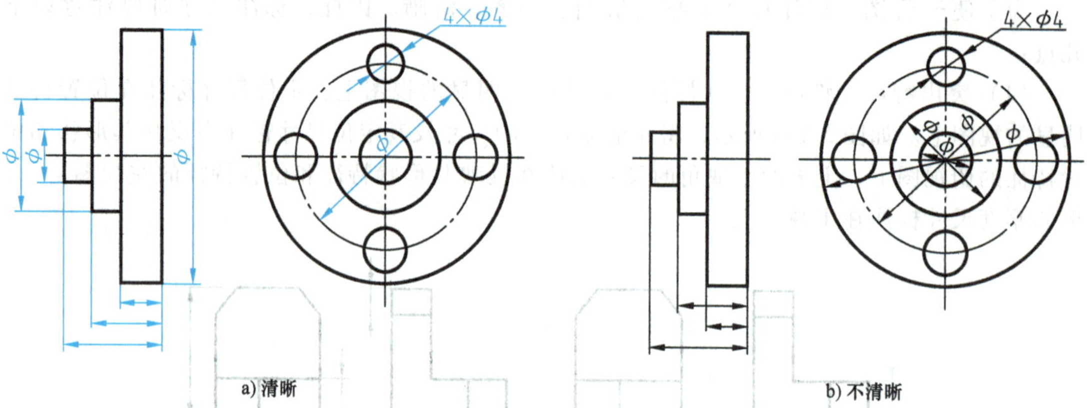

图 5-25 尺寸布置清晰（三）

注意：同心圆的直径尺寸最好标注在非圆的视图上，如图 5-25a 所示。

3. 尺寸基准

在明确了视图中应标注哪些尺寸的同时，还需要考虑尺寸基准问题。所谓尺寸基准，是指标注定位尺寸的起点。物体有长、宽、高三个方向的尺寸，每个方向上必须要有一个主要基准，有时还有一个或几个辅助基准。通常选择组合体的对称中心平面、底面、重要端面以及回转体的轴线等作为尺寸基准。

如图 5-26b 所示，左右对称面为长度方向的尺寸基准，标注出定位尺寸 24；底板的底面为高度方向上的尺寸基准，标注出尺寸 4、17；底板后端面作为宽度方向的基准，标注出尺寸 13。

例 5-2 如图 5-26 所示，以该轴承座的三视图为例，来讲解组合体尺寸标注的一般步骤。

（1）分析形体 轴承座由底板、圆筒、支承板、肋板四部分组成，弄清各基本形体的形状及相对位置，初步明确要标注的尺寸。

（2）确定长、宽、高方向的基准 轴承座的尺寸基准为：左右对称面为长度方向的尺寸基准，底板的底面为高度方向的尺寸基准，底板与支承板的后端面为宽度方向的尺寸基准，如图 5-26a 所示。

（3）标注定形和定位尺寸 选定尺寸基准后，各方向的主要定位尺寸就应从相应的尺寸基准处进行标注。如图 5-26 所示，主视图中的尺寸 24 是从长度基准标注的；俯、左视图中的尺寸 13、3.5 是从宽度基准标注的；主视图中的尺寸 4、17 是从高度基准标注的。按组合体的形成过程，逐个标注各基本形体的定形尺寸和定位尺寸，如图 5-26a～d 所示。

（4）标注总体尺寸 如图 5-26d 所示，底板的长度尺寸 32，也是轴承座的总长尺寸，底板的总宽尺寸 18，也是轴承座的总宽尺寸，轴承座的总高尺寸由圆筒的轴线高 17 再加上圆筒的半径决定（即 17+6=23）。在这种情况下，总高是不直接标出来的，即当组合体的一

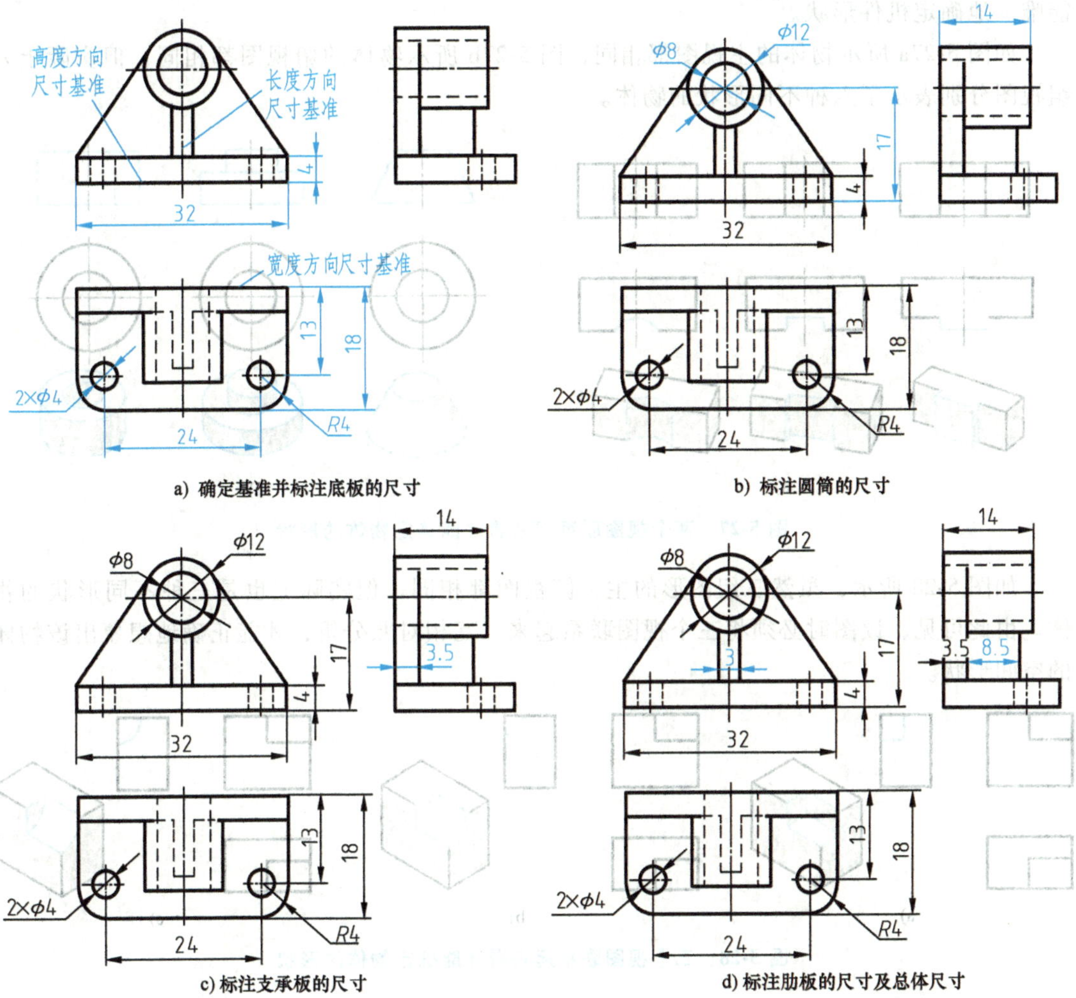

a) 确定基准并标注底板的尺寸　b) 标注圆筒的尺寸　c) 标注支承板的尺寸　d) 标注肋板的尺寸及总体尺寸

图 5-26　标注轴承座的尺寸

端或两端为回转体时，由于注出了定形或定位尺寸，一般不以轮廓线为界直接标注其总体尺寸，往往标注出中心距或中心高即可。

知识点 4　识读组合体视图

一、识读组合体视图的方法

画图是将空间形体用正投影法表示在二维平面上；读图则是根据已经画出的视图，通过投影分析想象出物体的空间结构形状，是从二维图形建立三维形体的过程。画图和读图是相辅相成的，读图是画图的逆过程。为了正确而迅速地读懂组合体的视图，必须掌握读图的基本要领和基本方法。

1. 读图的基本要领

（1）将几个视图联系起来识读　在机械图样中，机件的形状一般是通过几个视图来表达的，每个视图只能反映机件一个方向的形状，因此，仅通过识读一个或者两个视图往往不能唯一地确定机件形状。

如图 5-27a 所示物体的主视图都相同，图 5-27b 所示物体的俯视图都相同，但实际上六组视图分别表示了六种不同形状的物体。

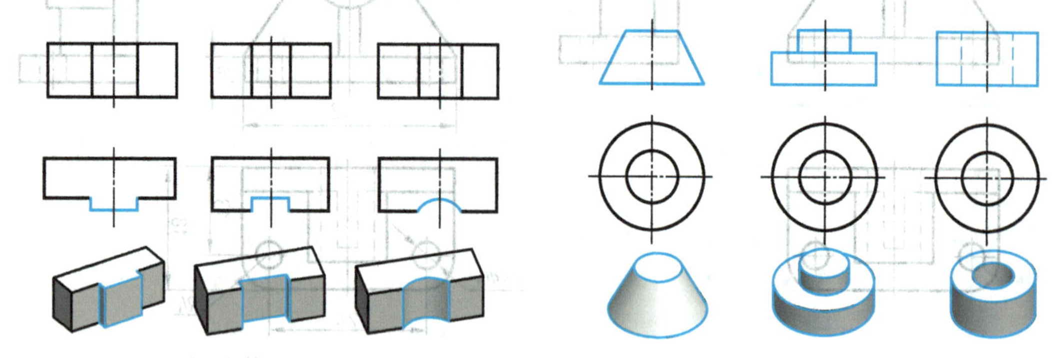

a)　　b)

图 5-27　两个视图联系起来看才能确定物体的形状

如图 5-28 所示，虽然三组图形的主、俯视图都相同，但实际上也是三种不同形状的物体。由此可见，读图时必须将三个视图联系起来，互相对照分析，才能正确地想象出该物体的空间形状。

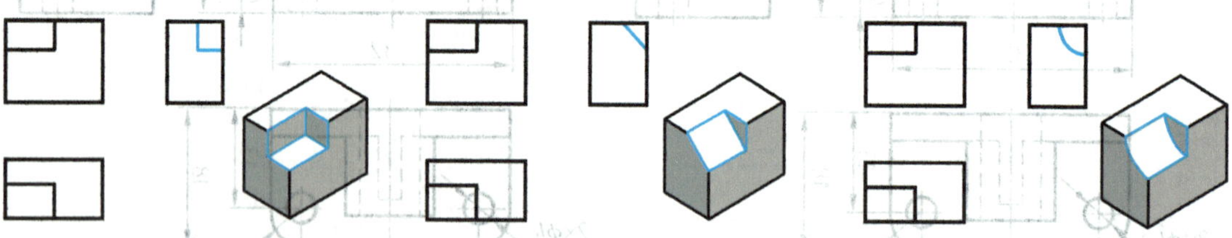

a)　　b)　　c)

图 5-28　三个视图联系起来看才能确定物体的形状

（2）从反映形体特征的视图入手

1）能清楚表达物体形状特征的视图称为形状特征视图。一般主视图能较多反映组合体的整体形状特征，因此读图时常从主视图入手，但组合体各部分的形体特征不一定都集中在主视图上。如图 5-29 所示的支架由三个形体叠加而成，主视图反映竖板的形状和底板、肋板的相对位置，底板和肋板的形状分别在俯、左视图上反映。因此，读图时必须找出能反映各个形体形状特征的视图，再配合其他视图对照分析，就能快速、准确地想象出该组合体的空间形状。

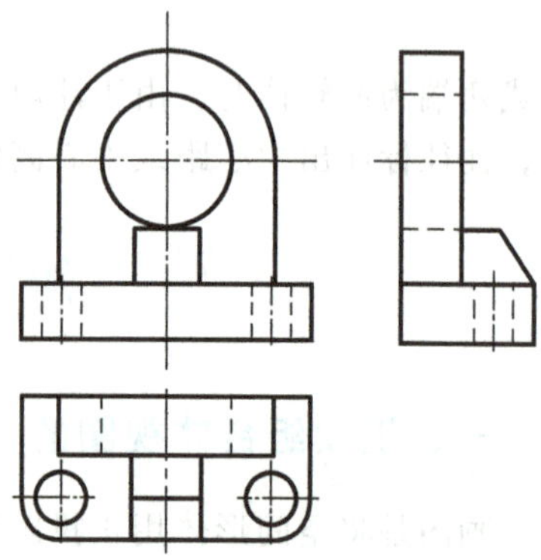

图 5-29　分析反映形体特征的视图

2）能清楚表达构成组合体的各基本形体之间相互位置关系的视图称为位置特征视图。如图 5-30 所示，这两个物体主视图中线框 *I* 内小线框 *II*、*III* 的形状特征很明显，但相对位置不清楚。若线框内有小线框，则表示物体上不同位置的两个表面。对照俯视图可看出，圆形和矩形线框中一个是孔，另一个凸台，但是不能确定哪个形体是孔，哪个形体是凸台，只有对照主、左视图识读才能确定。

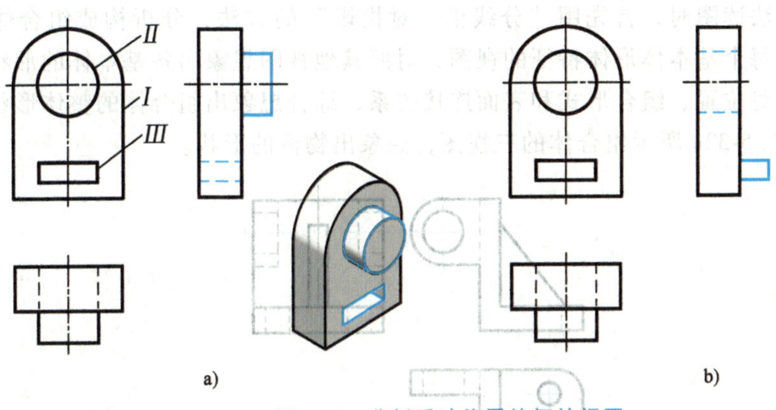

图 5-30 分析反映位置特征的视图

(3) 理解视图中线框和图线的含义

1) 视图中的一个封闭线框，通常都是物体上一个表面（平面或曲面）的投影。如图 5-31 所示，主视图中有四个封闭线框，对照俯视图可知，线框 a'、b'、c'分别是正六棱柱前面三个侧面的投影，线框 d'则是圆柱前半圆柱面的投影。

2) 相邻两线框则表示物体上位置不同的两个表面，如图 5-31a 所示，主视图中的 b'线框与左面的 c'线框以及右面的 a'线框是相邻线框，表示前后位置不同的三个表面，对照俯视图可知，侧面 B 在侧面 A 和 C 之前。

3) 大线框中含有小线框表示在大形体上凸出或凹下一个小形体。如图 5-31a 所示，俯视图正六边形大线框中含有圆形的小线框，即正六棱柱与圆柱的投影。对照主视图可知，圆柱在正六棱柱的上方。

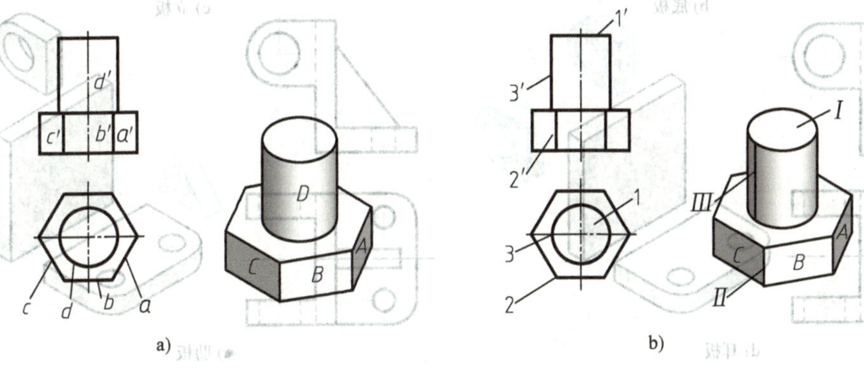

图 5-31 视图中线框和图线的含义

4) 视图中的图线可能是立体表面有积聚性的投影，也可能是两平面交线的投影，还可能是曲面转向轮廓线的投影。如图 5-31b 所示，主视图中的 1′是圆柱顶面有积聚性的投影，2′是 C 面与 B 面交线的投影，3′是圆柱面转向轮廓线的投影。

2. 读图的基本方法

读图的基本方法与画图一样，也是运用形体分析法。对于形状比较复杂的组合体，在运用形体分析法的同时，常常还会用到线面分析法来帮助想象和读懂那些不易看明白的局部形状。

运用形体分析法读图时，首先用“分线框、对投影”的方法，分析构成组合体的各基本形体，找出反映每个基本体形体特征的视图，对照其他视图想象出各基本体的形状，再分析各基本体间的相对位置、组合形式和表面连接关系，综合想象出组合体的整体形状。

例 5-3 读懂图 5-32a 所示组合体的三视图，想象出物体的形状。

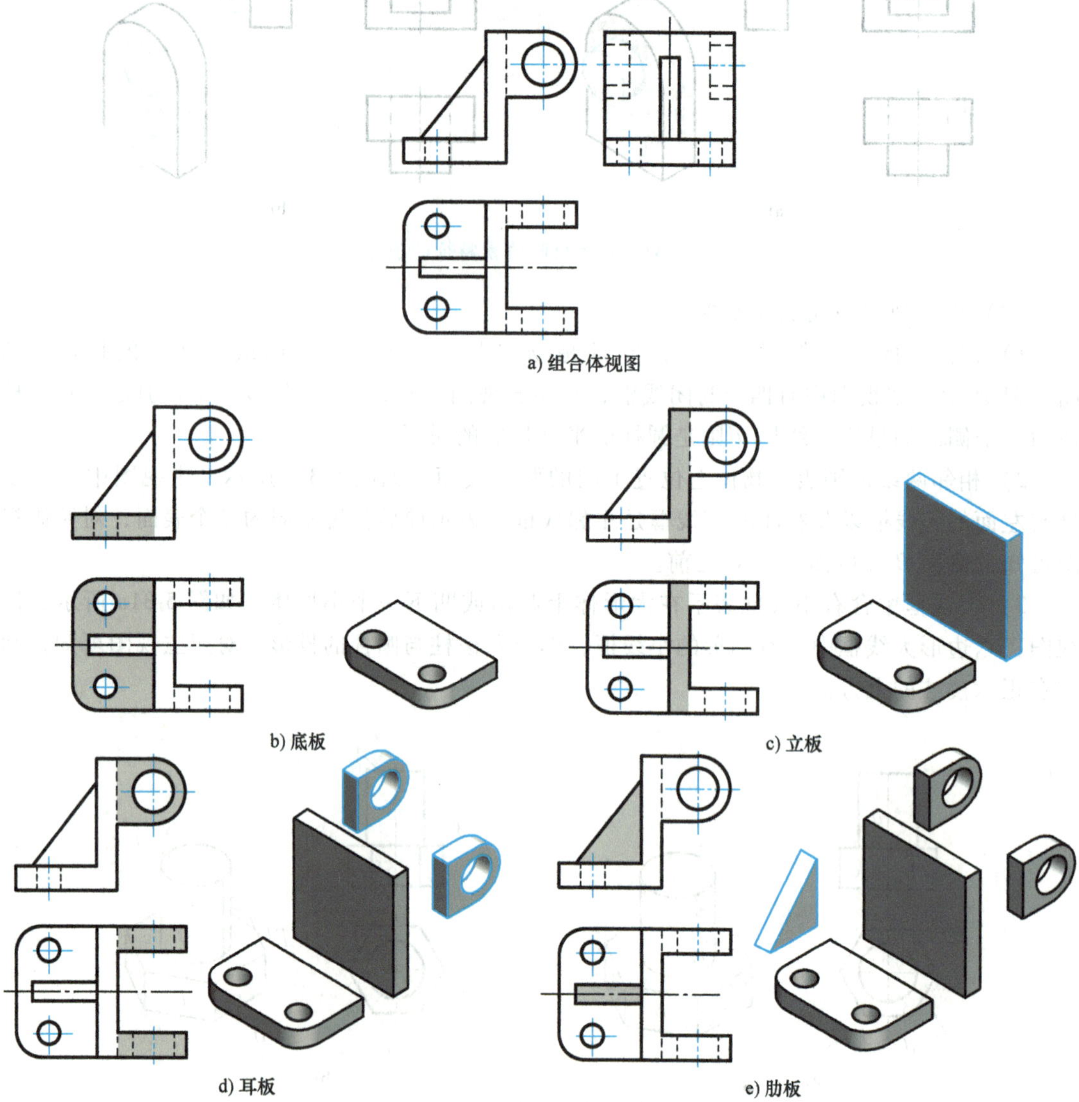

a) 组合体视图　b) 底板　c) 立板　d) 耳板　e) 肋板

图 5-32 读图过程的形体分析

读图步骤：

（1）分析视图抓特征　从反映形体特征明显的视图入手，对照主、俯、左视图，分析构成组合体各形体的结构形状。俯视图显示了圆角和圆孔，联系主视图的矩形线框，就能确定其形状；左视图中的矩形线框必须联系俯视图才能看清其厚度；而主视图中的三角形线框应联系俯视图才能知道其放置的位置。

（2）分析形体对投影　经过对构成组合体四个部分形状特征的初步分析，再按投影关系，分别对照各形体在三视图中的投影，想象它们的形状，分析对照过程如图 5-32b～e 所示。

（3）综合起来想整体　在读懂组合体各部分形体的基础上，进一步分析各部分形体间的相对位置和表面连接关系。该组合体的底部是一个带圆角和两个圆孔的方形板，右边为一块长方体的立板，立板的前后和底面分别与底板的前后和底面平齐，立板右上角有两个耳板，耳板的上面与立板的上面平齐，两耳板的前后面分别与立板的前后面平齐，左边有一个三角形的肋板，肋板在前后方向上位于底板的中间，上下方向位于底板的上面，肋板的右面与立板的左面贴在一起。通过综合想象，构思出组合体的整体结构形状，如图 5-33 所示。

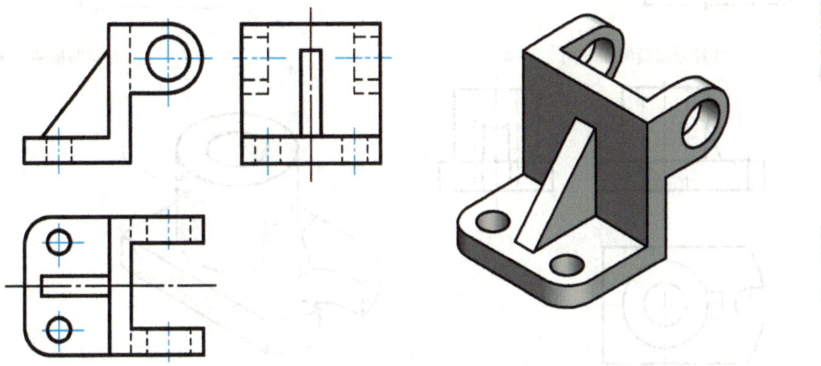

图 5-33　想象出物体的形状

3. 已知两视图补画第三视图

已知物体的两个视图求作第三视图是一种读图和画图相结合的有效训练方法。首先根据物体的已知视图想象物体形状，然后在读懂两视图的基础上，利用投影对应关系逐步补画出第三视图。在读图的过程中，还可以边想象边徒手画轴测草图，及时记录构思的过程，帮助读懂视图。

如图 5-34a 所示，给出了主视图和俯视图，补画左视图时，分析主视图和俯视图，可以按线框将组合体划分为三部分：底板、圆筒和肋板，底板、圆筒的形状特征在俯视图，肋板的形状特征在主视图。然后利用投影关系，找到各线框在另一个视图中与之对应的投影，从而分析各部分的形状以及它们之间的相对位置，逐个补画各形体的左视图，最后综合想象组合体的整体形状。想象和补画左视图的过程如图 5-34b～f 所示。

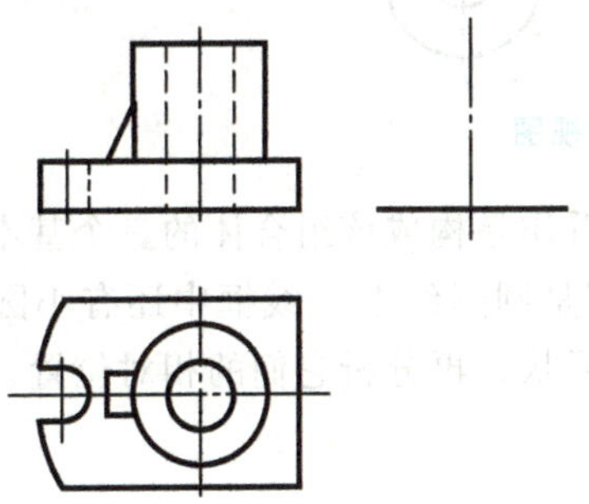

a) 题图

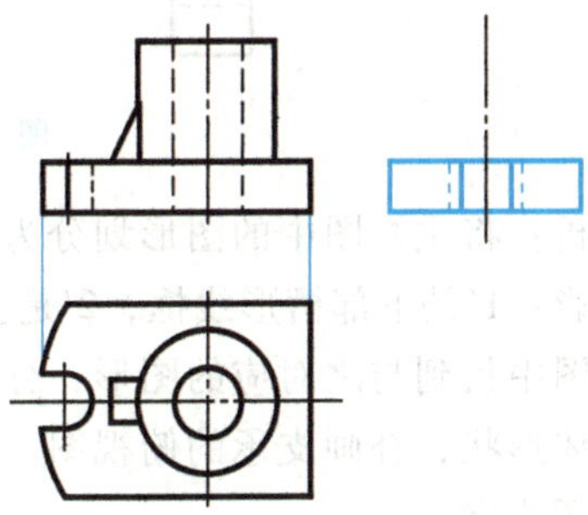

b) 补画底板的左视图

图 5-34　运用形体分析法读图

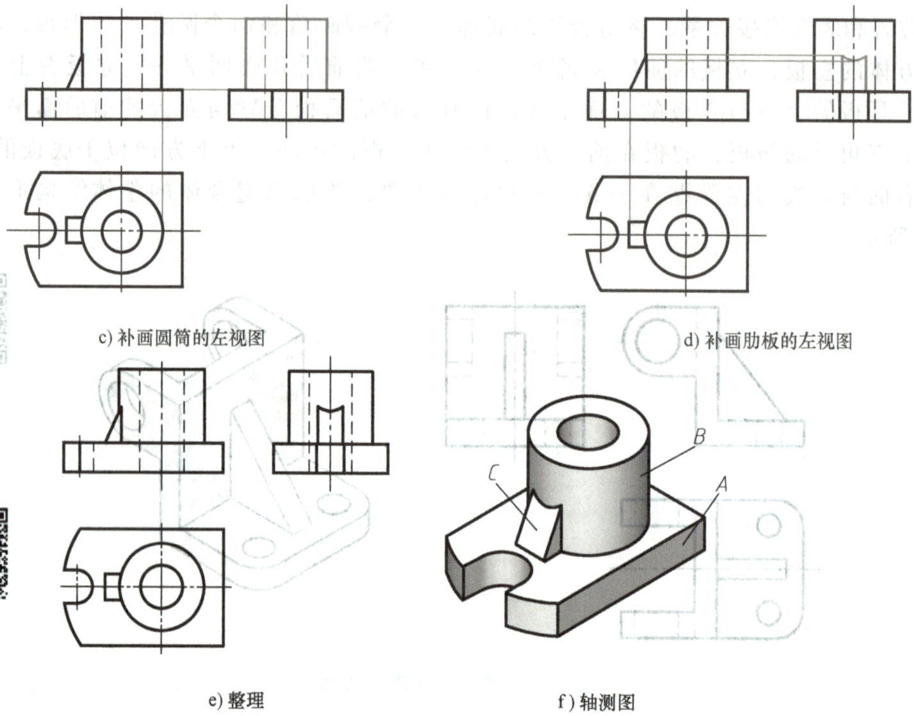

图 5-34 运用形体分析法读图（续）

例 5-4 已知支承的主、左视图，想象出它的形状，补画其俯视图（图 5-35）。

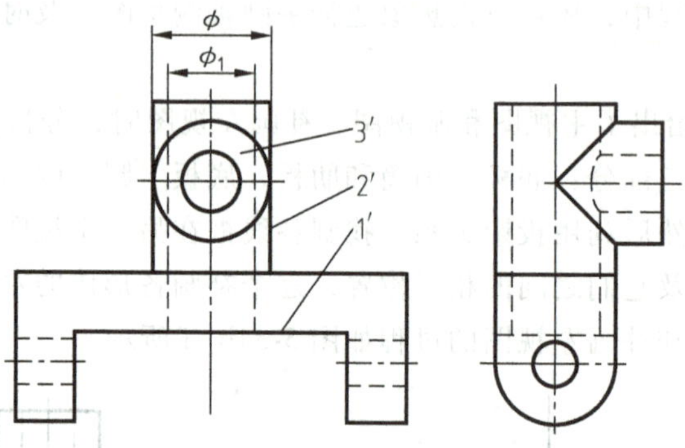

图 5-35 支承的主、左视图

分析：将主视图中的图形划分为三个封闭线框，看作是构成该组合体的三个基本形体的正面投影：1′是下部槽形线框，2′是上部矩形线框，3′是圆形线框（线框中还有小圆线框）。在左视图中找到与之对应的图形，分别想象出它们的形状，再分析它们的相对位置，从而想象出整体形状，补画支承的俯视图。

作图步骤：

1）在主视图上分离出矩形线框 1′，由主、左视图对照分析，可想象出它是一块⊓形底板，左右两侧有带圆孔且下端为半圆形的耳板，画出底板的俯视图如图 5-36a 所示。

2）在主视图上分离出上部的矩形线框 2′。因为对照图 5-35 中的左视图可知，注有直径 ϕ_1 和 ϕ 的形体是轴线垂直于水平面的圆柱体，中间有向下穿通底板的圆筒，圆筒与底板的前后端面相切，补画圆筒的俯视图，如图 5-36b 所示。

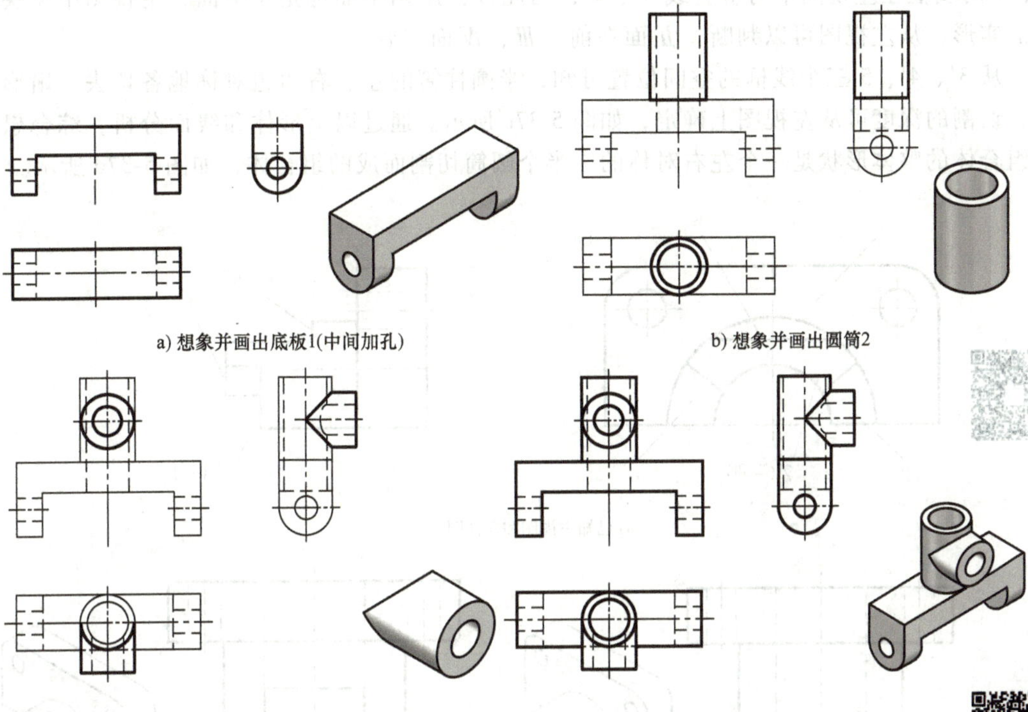

a) 想象并画出底板1(中间加孔)　b) 想象并画出圆筒2

c) 想象并画出水平圆筒　d) 想象形状并整理

图 5-36　想象支承的形状并补画俯视图

3）在主视图中分离出圆形线框 3′，对照左视图可知这也是一个中间有圆孔且轴线垂直于正面的圆筒，其外形直径与垂直于水平面的圆筒的直径相同，而孔的直径比铅垂圆孔的直径小，它们的轴线垂直相交，且都平行于侧面，画出水平圆筒的俯视图，如图 5-36c 所示。

4）根据底板和两个圆筒的形状以及它们的相对位置，可以想象出支承的整体形状，如图 5-36d 所示，并按轴测图校核补画的俯视图是否正确。

例 5-5　已知组合体的主、左视图（图 5-37a），补画其俯视图。

分析：根据主、左视图的外轮廓可以初步判断出这是一个综合型的组合体，该组合体由两部分组成，前半部分是一个半圆柱被切割后形成的，后半部分是一个带圆角、圆孔的长方体。可以采用形体分析法，结合线面分析法，从整体到局部进行思考，想象出它的形状，然后补画其俯视图。

（1）形体分析　如图 5-37a 所示，由组合体主视图的外形轮廓对照左视图的外形轮廓及其中的虚线，可以想象出该组合体是由一个被切割的半个圆筒和一个切了两个圆孔的长方体组合而成的。

后半部分的长方体 *I* 不难想象出形状，它和一个圆筒组成了如图 5-37b 所示的形体。

主视图上部一条水平线对应左视图中的水平线，结合半圆筒在主视图和左视图中的水平线分析可知半圆筒的上部被水平面切去了一块。需要进一步分析的是主视图中的两条斜线。

（2）线面分析　如图 5-37a 所示，主视图中有三个相邻线框，2′线框在左视图“高平齐”的投影范围内，对应线 2″，因此 2′线框是组合体上一个正平面的投影，主视图能够反映其实形；3′、4′在“高平齐”的对应范围内，没有对应的类似形，主视图上左右对称的 3′、4′两线框在左视图中对应直线 3″、4″，因此 *Ⅲ*、*Ⅳ* 两平面也是正平面，主视图中反映它们的实形。从左视图可以判断，*Ⅱ* 面在前，*Ⅲ*、*Ⅳ* 面在后。

从 3′、4′、5′三个线框的空间位置可知，半圆柱筒的左、右两边对称地各切去一扇形平板，切割的深度可从左视图上确定，如图 5-37c 所示。通过以上形体和线面分析，综合想象出组合体的整体形状是一个左右对称的由半个圆筒切割而成的组合体，如图 5-37d 所示。

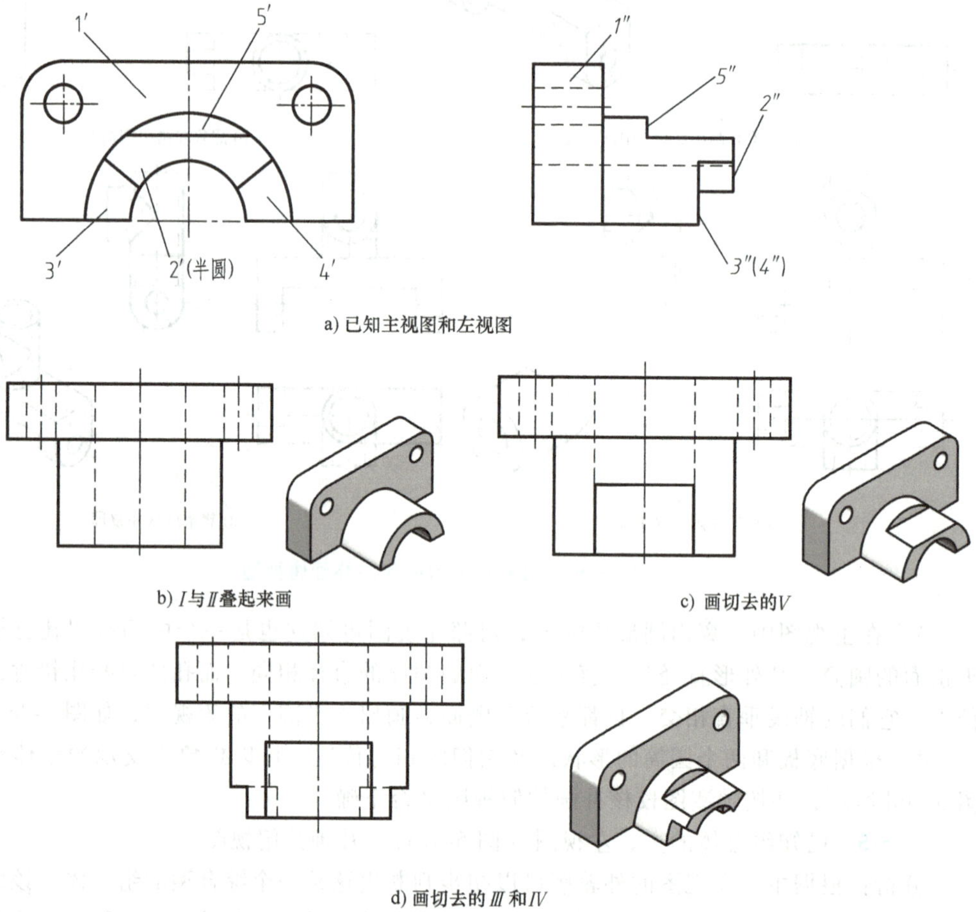

a) 已知主视图和左视图

b) *Ⅰ*与*Ⅱ*叠起来画

c) 画切去的*V*

d) 画切去的*Ⅲ*和*Ⅳ*

图 5-37　补画组合体俯视图

（3）补画俯视图　根据组合体的整体和局部形状补画其俯视图。首先画出后面的长方体，切去两孔，再画出半圆筒未截切前的轮廓（矩形和两条虚线），再画被水平面切去一块后在俯视图中的图线（两条平行轴线的正垂线），最后按照“长对正、宽相等”的规律补画和修改半圆筒在切去左、右两个扇形块后俯视图中的图线，如图 5-37d 所示。

（4）检查验证　根据补画出俯视图的三视图想象出的组合体整体形状的轴测图（图 5-37d），并检查验证其是否正确。由于半圆筒切去两个扇形块，因此俯视图前面两个角以及圆孔前面的两段虚线是不存在的，如图 5-37d 所示。圆柱上端（切出 *V* 面部分）为圆柱切口，其水平投影与侧面投影满足圆柱切口投影规律，正平面Ⅲ、Ⅳ（左右对称）的水平投影与侧面投影也是类似形。经检查验证，画出的俯视图是正确的。

二、线面分析法读图

当视图不易被分解为几个形体时，可以采用形体分析法和线面分析法相结合的方法来分析。

线面分析法读图多用于以切割方式为主形成的组合体视图，其读图方法是：先根据给定视图想象出未切割组合体的基本体形状；再将视图分解为几个线框，并以线框为基础，应用线面分析法逐个分析各线框的投影，即根据线、面的投影特性去判断线、面的空间位置，从而想象出物体每一部分的切割情况；最后根据各切割部分的切割情况及相对位置关系，综合归纳、整理并想象出切割式组合体的整体结构。线面分析法读图常用于分析视图中较难读懂的线框，它是形体分析法的补充。

例 5-6 如图 5-38a 所示，根据左视图和俯视图，想象物体的形状，并补画其主视图。

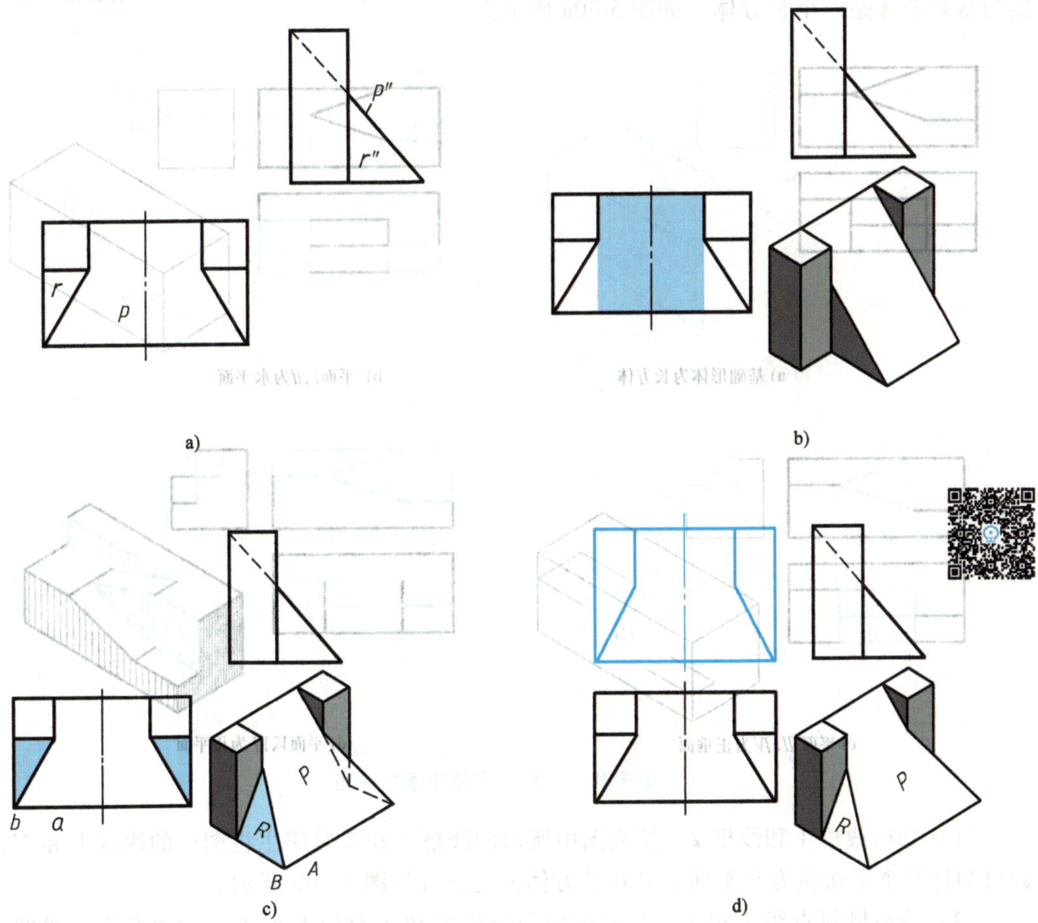

图 5-38 分析视图并补画主视图

（1）形体分析 结合俯视图观察左视图，左视图由一个三角形和一个矩形组成，俯视图的外轮廓是一个矩形。初步确定该组合体为两个长方体中间夹一个三棱柱，如图 5-38b 所示。此时，左视图正确，而俯视图有误。

（2）逐个线框分析　俯视图上的线框 p 对应左视图上的斜线 p''，应为侧垂面；俯视图上的左右小三角形 r，只能和左视图上的三角形 r''对应，应为两个小斜面，如图 5-38c 所示。此时，左视图正确，而俯视图仍有误。

（3）继续分析　进一步分析已知条件，平面三角形 R 上有一条正垂线，因此三角形 R 所在平面应为正垂面。如果能将 A 点移动到 B 点，而其他结构不动，则左视图和俯视图的投影均正确，此时立体图如图 5-38d 所示。

（4）补画主视图　根据立体图及其他两个视图即可画出主视图，如图 5-38d 所示。

例 5-7　如图 5-39 所示，已知某物体的主视图和俯视图，想象该物体的形状，并补画其左视图。

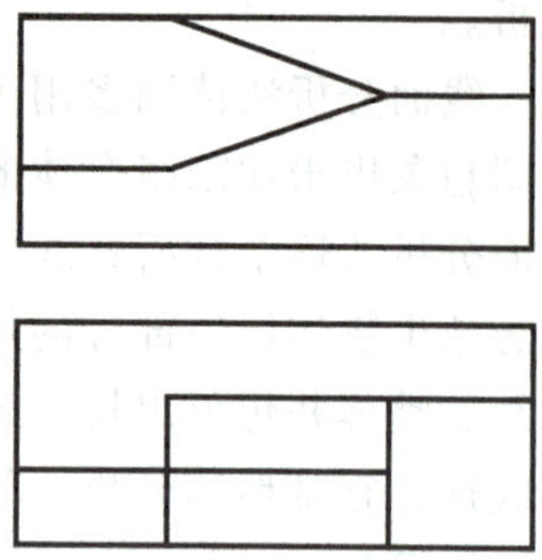

图 5-39　补画左视图

分析：根据形体分析法，由主视图和俯视图可以看出，该例的基础形体是一个长方体，如图 5-40a 所示。

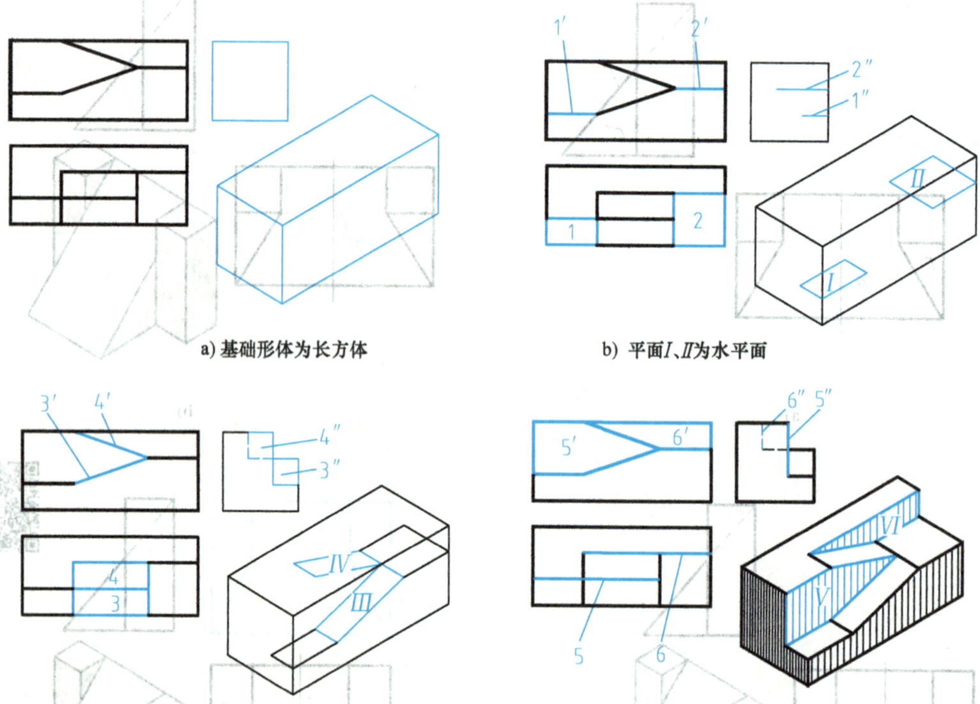

a) 基础形体为长方体　b) 平面Ⅰ、Ⅱ为水平面　c) 平面Ⅲ、Ⅳ为正垂面　d) 平面Ⅴ、Ⅵ为正平面

图 5-40　分析视图并补画左视图

（1）分析线框 1 和线框 2　俯视图中所示的线框 1 和 2 对应主视图中的线段 1′和 2′，由此可知这两个平面应为水平面，其在长方体上的位置如图 5-40b 所示。

（2）分析倾斜直线 3′和 4′　主视图中的斜线 3′和 4′对应俯视图中的两个矩形线框 3 和 4，由此可知这两个平面应为正垂面，其侧面投影为类似形，如图 5-40c 所示。

（3）分析线框 5′和 6′　主视图中的线框 5′和 6′对应俯视图中的线段 5 和 6，由此可知这两个平面应为正平面，其在长方体上的位置如图 5-40d 所示。

（4）综合想象并补画左视图　综上分析可知，该物体的形状是一个被六个平面切割的长方体，也是楼梯的一个简化模型。得知其立体形状后，根据分析过程逐步画出其左视图，如图 5-40d 所示。

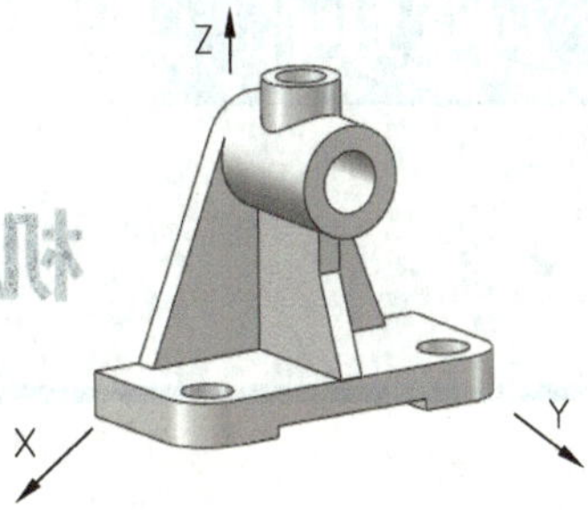

图 5-41　轴承座

任务实施

根据本模块所学知识，完成以下学习任务。

任务 5-1　仔细观察图 5-41 所示轴承座的立体图，回答下列问题，并绘制其三视图。

1. 该轴承座的组合方式是什么？如何选择它的主视图投射方向？

2. 请对轴承座进行形体分析。

3. 根据以上分析绘制出轴承的三视图。

任务 5-2　仔细观察图 5-42 所示扳手的立体图，回答下列问题，并绘制其三视图。

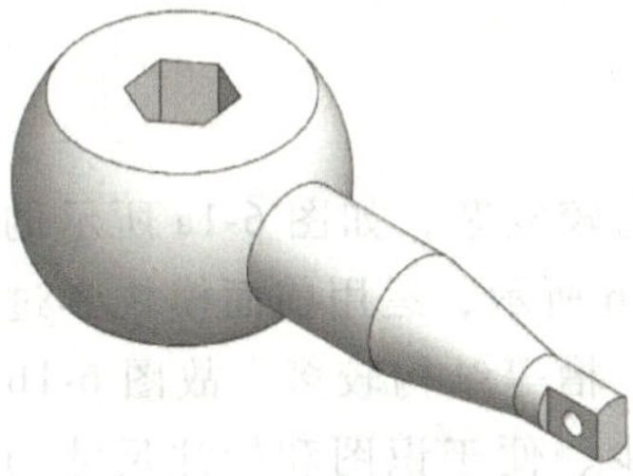
图 5-42　扳手

1. 该扳手的组合方式是什么？根据扳手的形状特点，如何确定该零件的表达？

2. 请对扳手的零件进行形体分析。

3. 根据以上分析绘制的扳手的三视图。

模块6

机件的基本表示法

本模块知识点

1. 掌握典型机件的视图画法与标注方法。
2. 掌握典型机件的剖视图画法与标注方法。
3. 掌握典型机件的断面图画法与标注方法。
4. 熟悉典型机件的其他表达方法。
5. 熟悉轴测图的画法。
6. 熟悉第三角表示法。

素养提升

善于学习，取长补短。

任务引入

工程实际中的多数机件结构较复杂，如图 6-1a 所示的支架。该支架外部结构比较复杂，内部结构有空腔。如图 6-1b 所示，运用前面模块学过的三视图已无法完全清晰表达该机件的结构；因支架内部孔、槽等结构较多，故图 6-1b 中的细虚线多，不利于看图和标注尺寸。因此，根据图形最少、便于识图和标注尺寸的绘图基本要求，怎样将支架的整体和局部的内外结构完整、清晰地表达出来呢？通过对本模块的学习，这些问题都将迎刃而解。

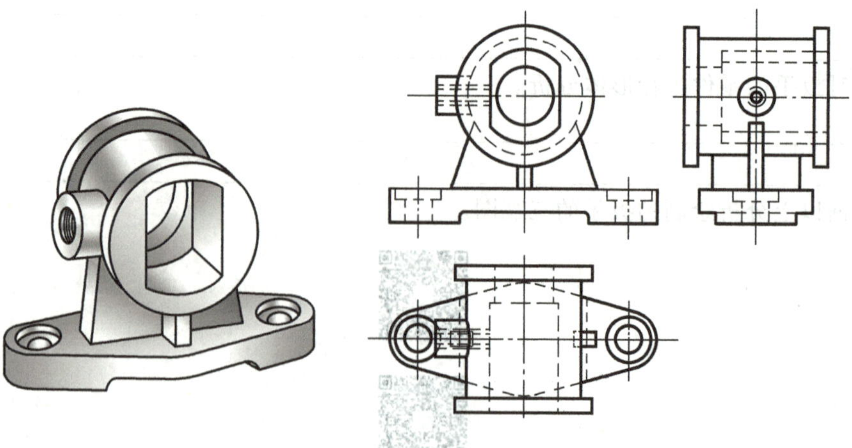

a) 立体图

b) 三视图

图 6-1　支架

知识点1 视 图

一、基本视图

机件向基本投影面进行正投影所得到的图形称为视图，视图主要用来表达机件的可见部分。

对于外部形状比较复杂的机件，仅用三视图往往不能清楚地表达它们各个方向的形状。为此，国家标准规定在原有三个投影面的基础上，再增设三个投影面，组成一个六面体，该六面体的六个面称为基本投影面，机件向六个基本投影面投射所得的六个视图，称为基本视图，如图6-2a所示。

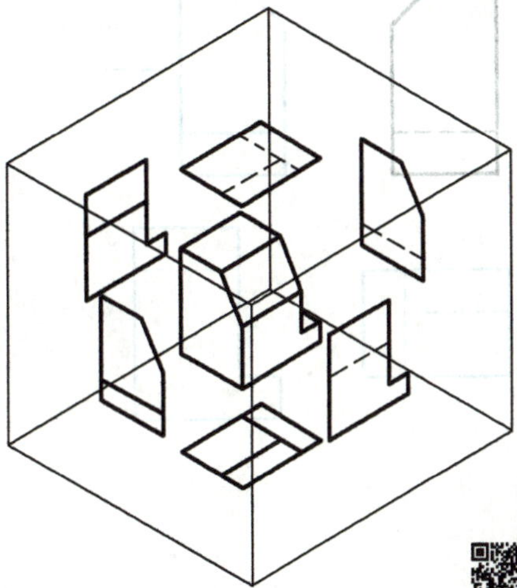

a) 基本投影面及基本视图

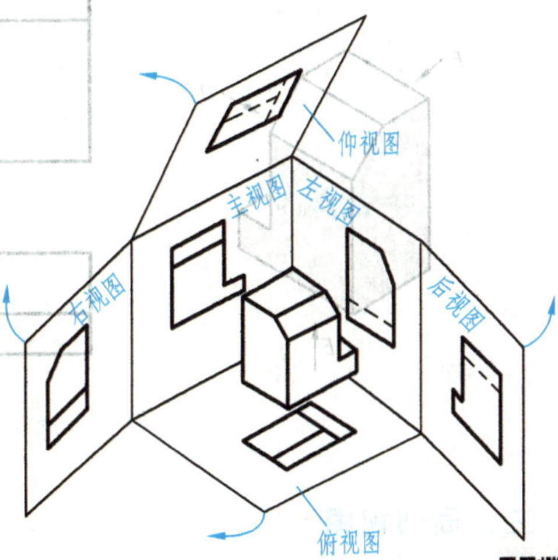

b) 展开过程

图6-2 基本视图的形成及展开过程

基本视图的名称及投射方向、配置除了在模块2介绍的主视图、俯视图和左视图外，还有新增的后视图（即从后向前投影）、仰视图（即从下向上投影）和右视图（即从右向左投影）。六个基本视图的展开过程如图6-2b所示，展开后，原有三视图位置不变，右视图在主视图的正左方，仰视图在主视图的正上方，后视图在左视图的正右方，如图6-3所示。

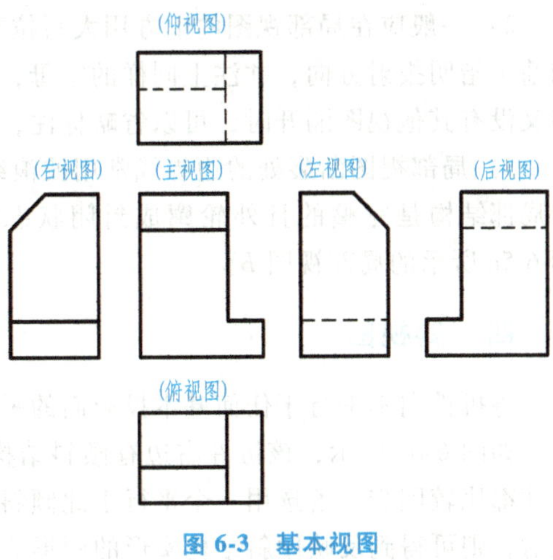

图6-3 基本视图

基本视图之间仍然遵循“三等”关系，即主、俯、仰、后视图中的长度相等，主、左、右、后视图中的高度相等，俯、左、右、仰视图中的宽度相等。在方位关系上，以主视图为基准，除后视图外，各视图远离主视图的一侧均表示机件的前面，靠近主视图的一侧均表示机件的后面；而后视图图形的左端表示机件的右端，图形右端则表示机件的左端。在实际绘图时，应根据机件的复杂程度选用必要的基本视图。考虑到读图方便，在完整、清晰地表达出机件各部分的形状、结构的前提下，视图数量应尽可能少。视图一般只画机件的可见部分，必要时才会画出其不可见部分。

二、向视图

在实际画图时，由于考虑到各视图在图纸中的合理布局问题，若不能按图 6-3 所示配置视图或各视图不画在同一张图纸上时，则必须进行标注，一般应在其上标注大写拉丁字母，并在相应的视图附近用带有相同字母的箭头指明投射方向，此种可以自由配置的视图称为向视图，如图 6-4 所示。

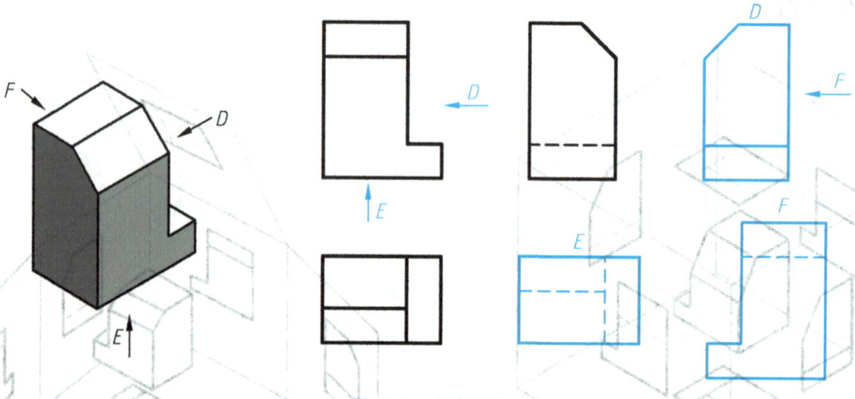

图 6-4 向视图

三、局部视图

将机件的某一部分向基本投射面投射所得到的视图称为局部视图。当机件在某个投射方向上仅有部分形状需要表达而不必画出整个基本视图时，可以采用局部视图。

局部视图的画法与标注规定如下：

1）局部视图可以按基本视图的配置形式配置，也可以按向视图的配置形式配置。

2）一般应在局部视图的上方用大写拉丁字母标出视图的名称“×”，在相应的视图附近用箭头指明投射方向，并注上同样的字母，如图 6-5 所示。当局部视图按投影关系配置，中间又没有其他视图隔开时，可以省略标注，如图 6-5 所示的局部视图 *A*。

3）局部视图断裂处的边界线常用波浪线表示，如图 6-5b 所示的局部视图 *A*。当所表示的局部结构是完整的且外轮廓成封闭状态时，表示断裂边界的波浪线可以省略不画，如图 6-5c 所示的局部视图 *B*。

四、斜视图

将机件向不平行于任何基本投影面的平面投射所得的视图称为斜视图。

如图 6-6a 所示，该机件右边有倾斜结构，其在基本视图上不反映实形，使画图和标注尺寸都比较困难。若选用一个平行于此倾斜部分的平面作为辅助投影面，将其向辅助投影面投射，则可得到反映倾斜结构实形的图形。

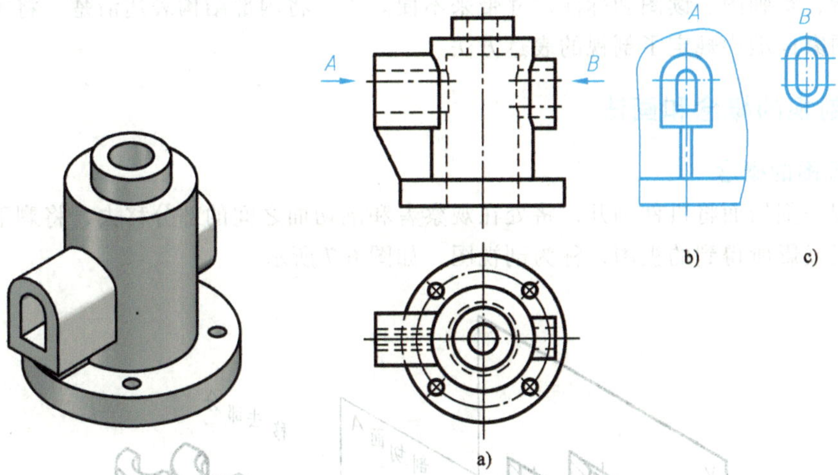

图 6-5 局部视图的表示

斜视图的画法与标注规定如下：

1）必须在斜视图的上方用大写拉丁字母标出视图的名称“×”，在相应的视图附近用箭头垂直指向倾斜表面以表示投射方向，并注上同样的字母“×”，如图 6-6b 所示。

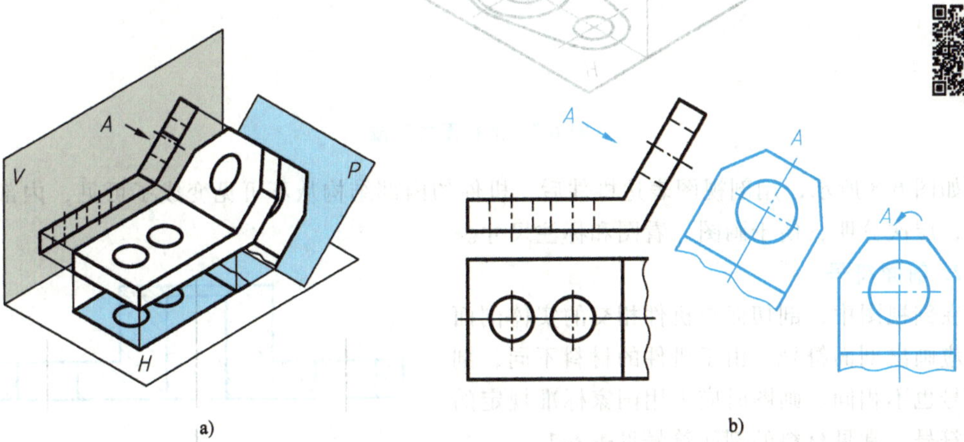

图 6-6 斜视图

2）斜视图一般按投影关系配置，必要时也可以配置在其他位置。

3）在不致引起误解时允许将斜视图的倾斜图形旋转配置，但必须增加标注旋转符号，如图 6-6b 所示。标注中旋转符号的箭头指明旋转方向，表示视图名称的大写字母应靠近箭头端。

4）画出倾斜结构的斜视图后，为简化作图，通常用波浪线将其他视图中已表达清楚的部分断开不画，如图 6-6b 所示。

知识点 2 剖 视 图

当机件内部结构较复杂时，视图上势必出现许多细虚线，它们与其他图线重叠交错，使图形不清晰，给画图、读图和标注尺寸带来不便。为了将内部结构表达清楚，将不可见转换为可见，国家标准中规定了剖视的表达方法。

一、剖视的概念和画法

1. 剖视图的概念

假想用一剖切面将机件剖开，将处在观察者和剖切面之间的部分移去，将剩下的部分向投影面作正投影所得到的视图，称为剖视图，如图 6-7 所示。

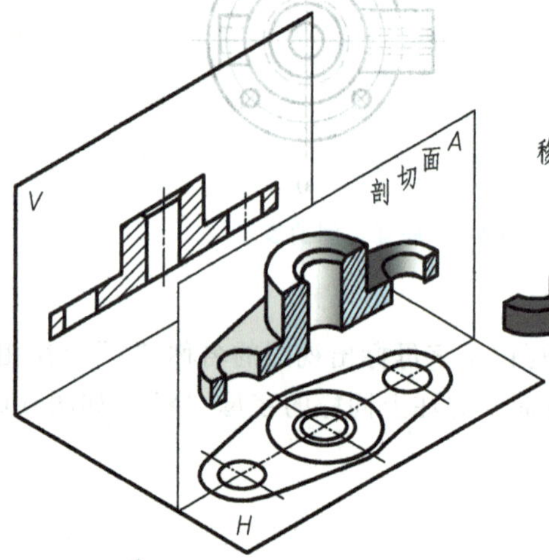

图 6-7　剖视图的形成

如图 6-8 所示，用剖视图表达机件后，机件的内部结构从不可见变成了可见，内部结构清晰，层次分明，便于画图、看图和标注尺寸。

2. 剖面符号

在剖视图中，剖切面与机件相交的实体剖面区域应画出剖面符号。由于机件的材料不同，剖面符号也不相同。画图时应采用国家标准规定的剖面符号，常见材料的剖面符号见表 6-1。

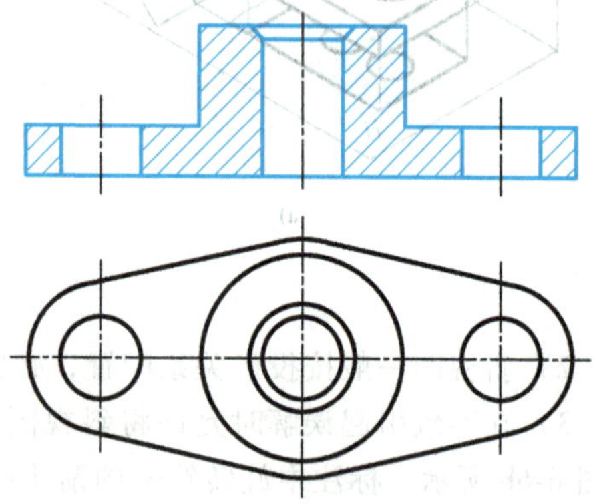

图 6-8　剖视图的画法

3. 画剖视图应注意的几个问题

1）一般都选择特殊位置平面作为剖切面，例如通过机件的对称面、轴线或中心线等的平面，使被剖切的实体投影反映实形，有利于画图和标注尺寸。

2）剖切是一种假想过程，没剖切的其他视图仍应完整画出。

3）在剖切面与机件接触的部分，应绘制剖面符号。同一金属零件的零件图中，剖面线应画成间隔相等、方向相同而且与水平方向成 45°夹角的平行线。当图形中的主要轮廓线与水平方向成 45°角时，该图形的剖面线应画成与水平方向成 30°或 60°夹角的平行线，其倾斜方向仍与其他图形的剖面线方向一致，如图 6-9 所示。

表 6-1　常见材料的剖面符号

材料类别	图例	材料类别	图例
金属材料（已有规定剖面符号者除外）	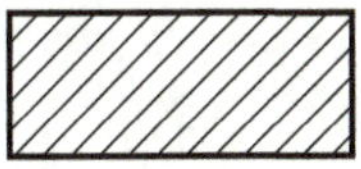	木质胶合板（不分层数）	
线圈绕组元件	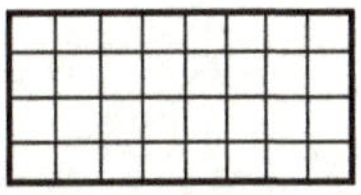	基础周围的泥土	
转子、电枢、变压器和电抗器等的叠钢片	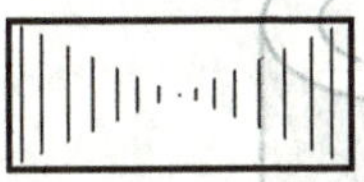	混凝土	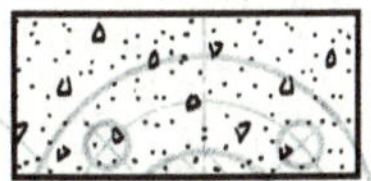
非金属材料（已有规定剖面符号者除外）		钢筋混凝土	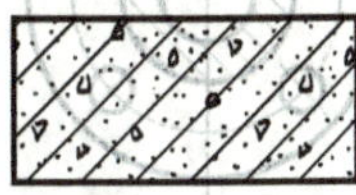
型砂、填砂、粉末冶金、砂轮、陶瓷刀片、硬质合金刀片等	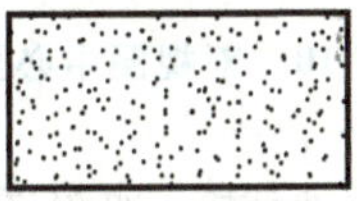	砖	
玻璃及观察用的其他透明材料	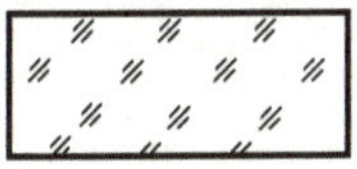	格网（筛网、过滤网等）	
木材　纵断面		液体	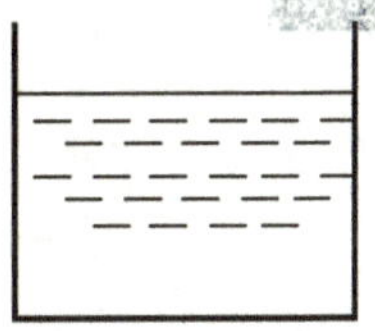
木材　横断面			

注：1. 剖面符号仅表示材料的类型，材料的名称和代号另行注明。
2. 叠钢片的剖面线方向应与束装中叠钢片的方向一致。
3. 液面用细实线绘制。

4）剖切面后面的所有可见部分应全部画出。

5）注意细虚线的取舍。在剖视图上已经表达清楚的内部结构若在其他视图上的投影为细虚线，则其细虚线应省略不画；但没有表达清楚的结构，则应画出必要的细虚线，如图 6-10 所示。

4. 画剖视图的方法和步骤

如图 6-11a 所示，下面将以该机件为例，说明画剖视图的方法和步骤。

（1）确定剖切位置　如图 6-11a、b 所示，选择机件的前后对称平面作为剖切平面，这样被剖切到实体的投影能够反映实形。

（2）画剖视图　先画出剖切平面与机件实体接触部分的投影，即剖面区域的轮廓线，如图 6-11c 所示，然后画出处于剖切平面之后（即没切到）的机件可见部分的投影，本例中为台阶面的投影，如图 6-11d 所示。

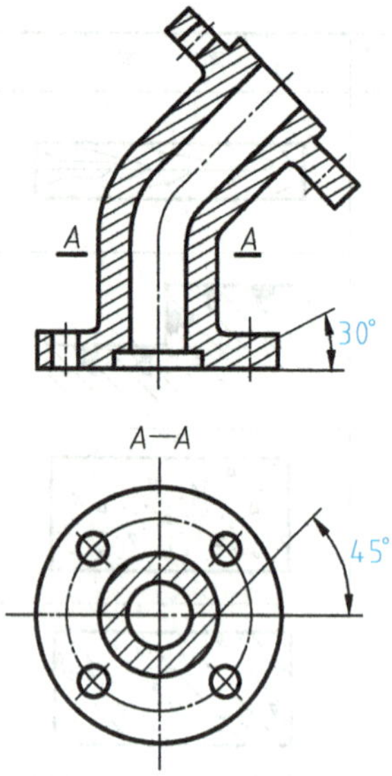

图 6-9　剖面线的角度

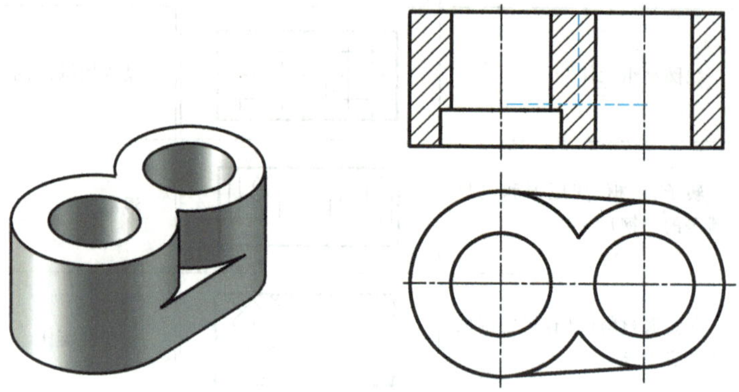

图 6-10　剖视图中必要的细虚线示例

（3）在剖面区域绘制剖切符号　绘制剖面线，标注，加深图线，完成全图，如图 6-11e 所示。

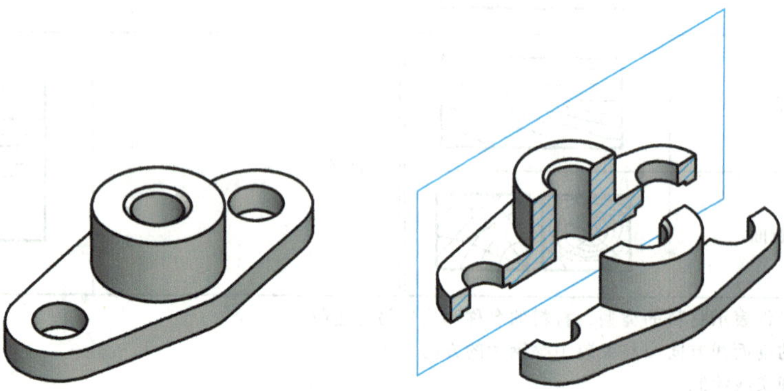

a) 机件立体图及剖切面位置

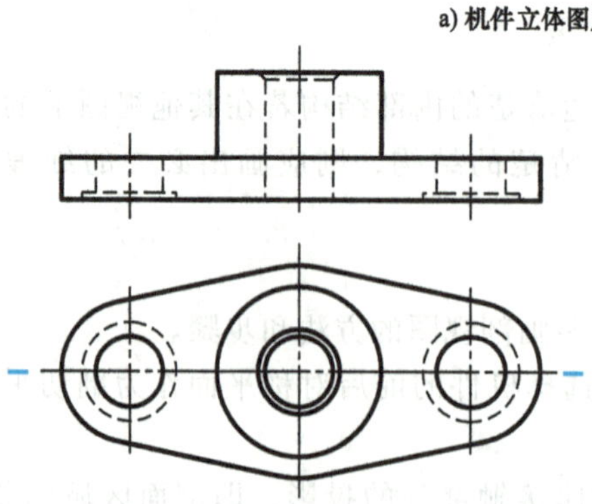

b) 视图表达分析

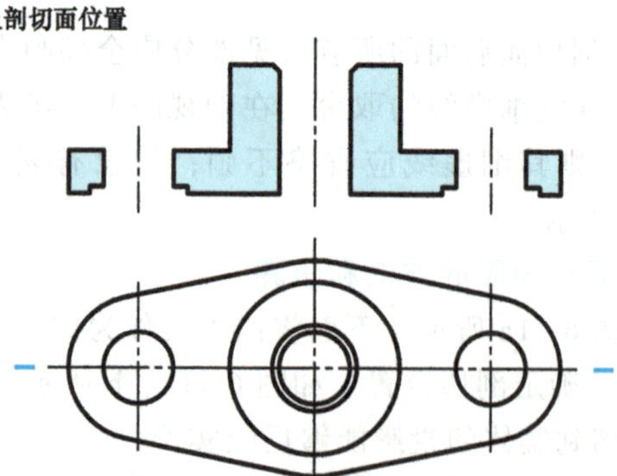

c) 绘制俯视图(不含细虚线)和主视图接触部分

图 6-11　画剖视图的方法和步骤

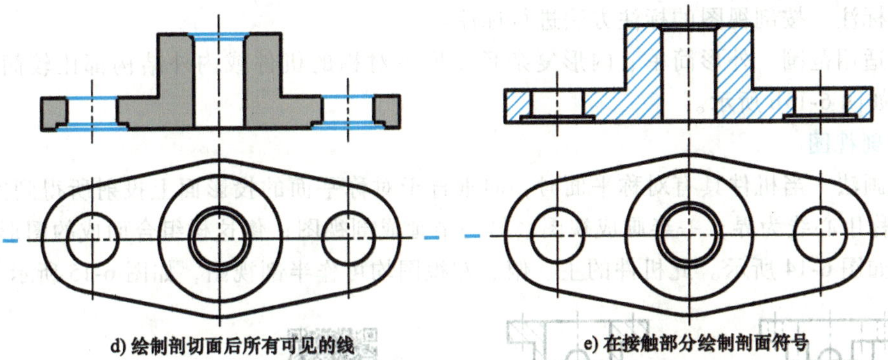

图 6-11 画剖视图的方法和步骤（续）

二、剖视图的标注

绘制剖视图时，一般应在剖视图的上方用大写拉丁字母标出视图的名称“×—×”，在相应的视图上用剖切符号或剖切线（细点画线）表示剖切位置，用箭头表示投射方向，并注上同样的字母，如图 6-12 所示。

下述情况中可以省略标注：

1）当剖视图按投影关系配置，中间没有其他图形隔开时，可以省略箭头。

2）当单一剖切平面通过机件的对称平面或基本对称的平面，且剖视图按投影关系配置，中间又没有其他图形隔开时，可以省略标注（包括位置、箭头和字母）。

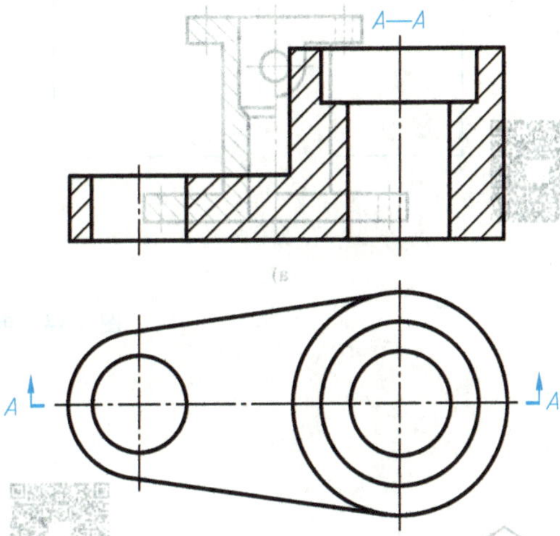

图 6-12 剖视图的标注

三、剖视图的种类

根据剖切范围大小可以将剖视图分为三大类：全剖视图、半剖视图和局部剖视图。

1. 全剖视图

（1）画法 用剖切面完全地剖开机件所得的剖视图称为全剖视图，如图 6-13a 所示。

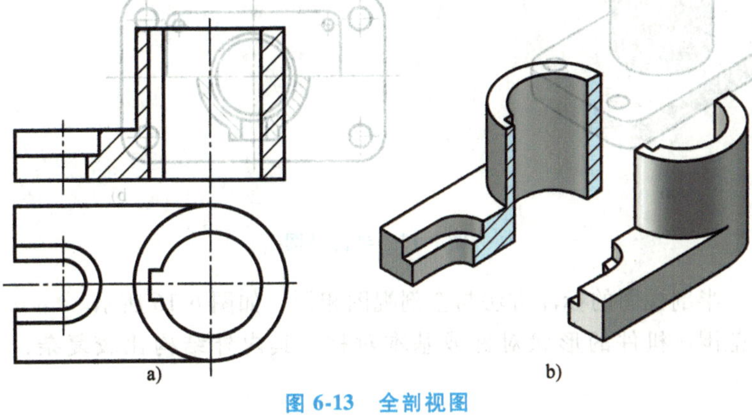

图 6-13 全剖视图

（2）标注　按剖视图的标注方法进行标注。

（3）适用范围　外形简单、内形复杂且图形不对称的机件或内外结构都比较简单的对称机件，如图 6-13b 所示。

2. 半剖视图

（1）画法　当机件具有对称平面时，向垂直于对称平面的投影面上投射所得到的图形，允许以对称中心线为界，一半画成视图，另一半画成剖视图，像这样组合而成的图形称为半剖视图，如图 6-14 所示。此机件的主、俯、左视图均可作半剖视图，如图 6-15 所示。

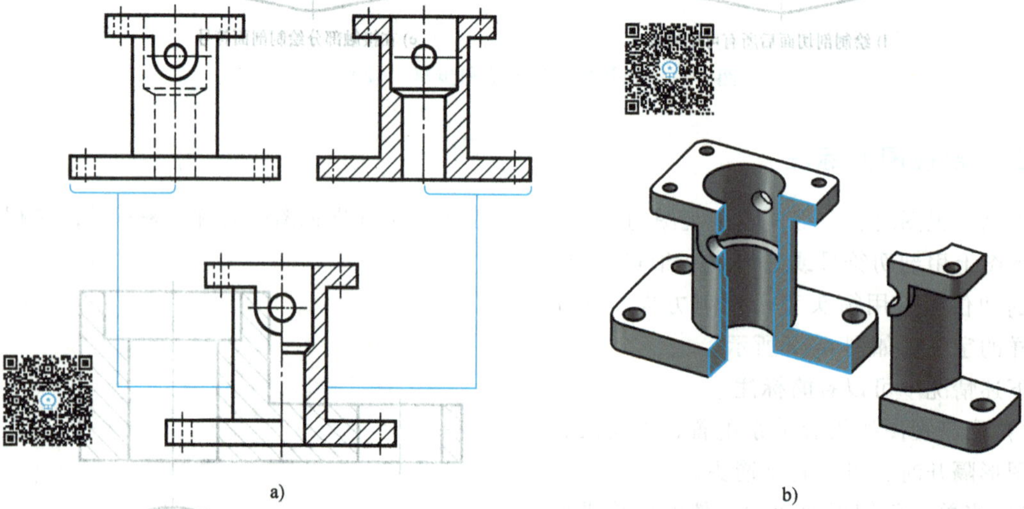

图 6-14　半剖视图的形成

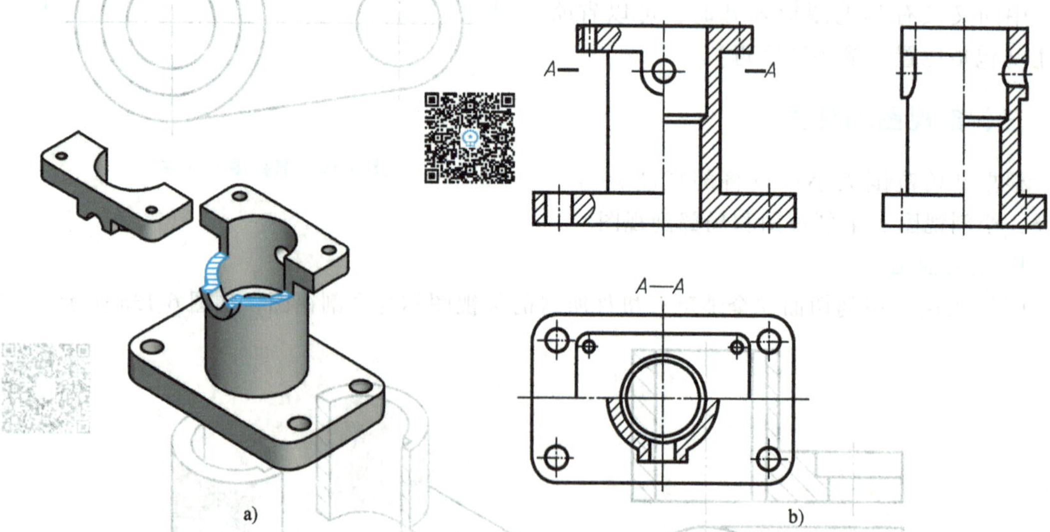

图 6-15　半剖视图

（2）标注　半剖视图的标注方法与全剖视图相同，如图 6-16 所示。

（3）适用范围　机件的形状对称或基本对称，其内外结构比较复杂，但需要同时表达时。

(4) 绘制半剖视图应注意的问题

1) 视图与剖视图的分界线只能是对称中心线，即用细点画线画出分界线，如图 6-16 所示。

2) 机件的内部形状在半剖视图中已表达清楚时，在另一半视图中则不必再画出对应的细虚线，但孔或槽等结构应画出中心线的位置。

3) 对称机件的轮廓线与对称中心线的投影重合时，不宜画成半剖视图，如图 6-17 所示（一般应采用局部剖视图）。

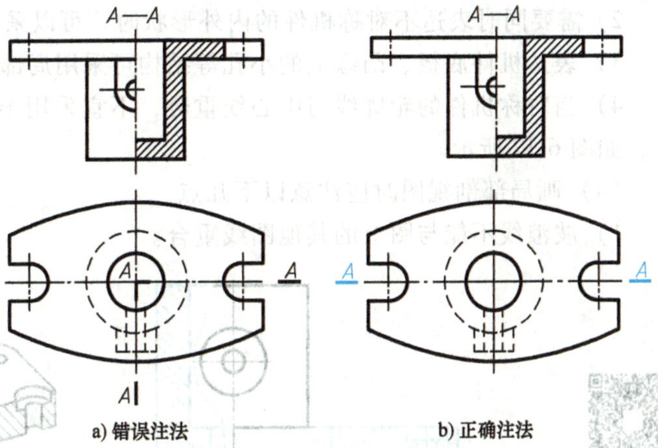

图 6-16 半剖视图的标注

图 6-17 对称机件不宜画成半剖视图的情形

3. 局部剖视图

(1) 画法 用剖切平面局部地剖开机件所得的剖视图称为局部剖视图。如图 6-18 所示，主视图中上、下底板的孔即为局部剖视图。

(2) 标注 当单一剖切平面的剖切位置明显时，局部剖视图的标注可以省略。

(3) 适用范围 局部剖视图是一种较灵活的表达方法，适用范围较广。

1) 实心轴上有孔、槽时，应采用局部剖视图，如图 6-19 所示。

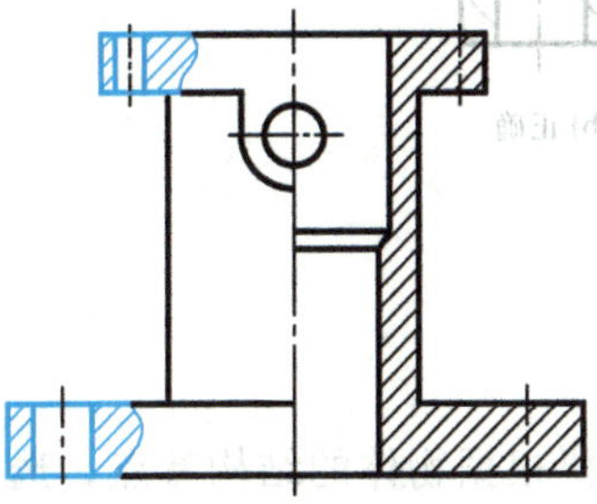

图 6-18 局部剖视图（一）

图 6-19 局部剖视图（二）

2）需要同时表达不对称机件的内外形状时，可以采用局部剖视图，如图 6-20 所示。

3）表达机件底板、凸缘上的小孔等结构可采用局部剖视图，如图 6-18 所示。

4）当对称机件的轮廓线与中心线重合，不宜采用半剖视图表达时，可以采用局部剖视图，如图 6-17 所示。

（4）画局部剖视图时应注意以下几点

1）波浪线不能与图上的其他图线重合。

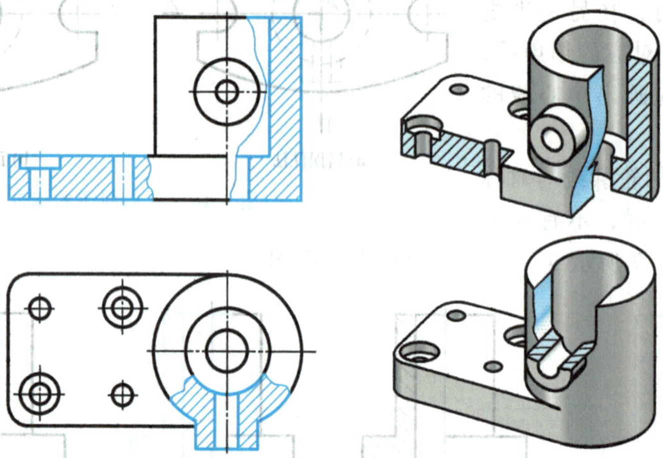

图 6-20　局部剖视图（三）

2）波浪线不能穿空而过，也不能超出视图的轮廓线，如图 6-21 所示。

3）在一个视图中，局部剖视图的数量不宜过多，以免使图形过于破碎。

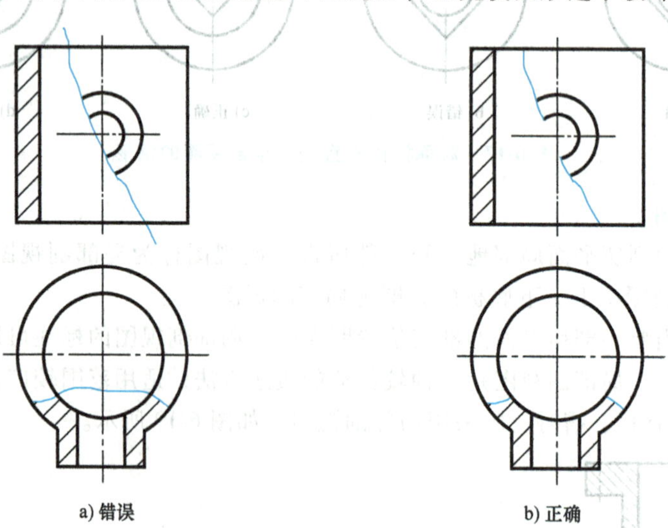

图 6-21　局部剖视图中波浪线的画法

四、剖切面种类

由于物体的结构形状千差万别，因此在作剖切处理时，需要根据物体的结构特点，选择不同形式的剖切面，以便使物体的形状得到充分表达。根据国家标准规定，常用的剖切面有以下几种形式。

1. 单一剖切面

仅用一个剖切面剖开机件，称为单一剖切面，简称单一剖。

（1）平行于基本投影面的单一剖　这是最常见的一种剖切形式，如图 6-13 所示。

（2）不平行于基本投影面的单一剖（斜剖）当机件上有倾斜的内部结构时，可以用一个与倾斜部分的主要平面平行且垂直于某一基本投影面的单一剖切面剖切，再投射到与剖切平面平行的投影面上，即可得到倾斜部分内部结构的实形。

采用这种剖切方式得到的剖视图，可以按投影关系配置在与剖切符号相对应的位置，也可以将剖视图平移至图纸内的适当位置。在不致引起误解的情况下，还允许将图形转正，并标注旋转符号，标注形式应为“×—×⌒”，如图 6-22 所示。

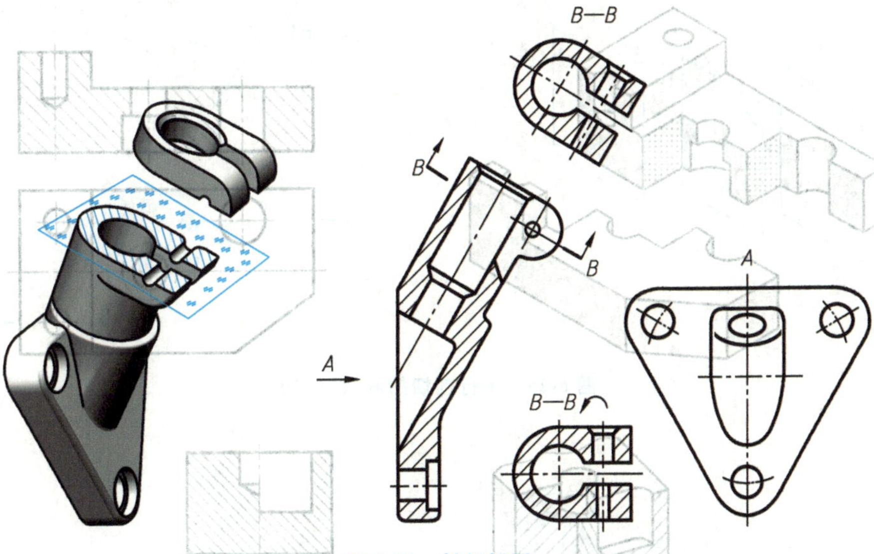

图 6-22　斜剖视图

2. 几个互相平行的剖切平面

当机件上具有几种不同的结构要素（如孔、槽），而它们的轴线或中心平面互相平行时，可以用几个平行的剖切面剖切机件，如图 6-23 所示。

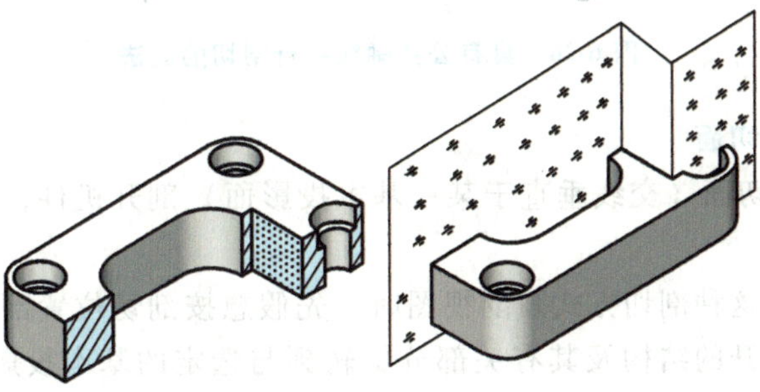

图 6-23　用几个平行的剖切面剖切机件

适用范围：当机件上的孔、槽及空腔等内部结构不在同一平面内且相互平行时。

采用这种剖切面画平行剖剖视图时应注意以下几点：

1）各剖切平面的转折处必须画出转折符号，应画成直角、对齐，且应画在空白处，如图 6-24 所示。

2）画剖视图时不允许画出剖切平面转折处的分界线，如图 6-25 所示。

3）剖切平面转折处不应与视图中的轮廓线重合，剖切符号应尽量避免与轮廓线相交。

4）剖视图中不应出现不完整的要素。只有当不同的孔、槽在剖视图中具有公共的对称中心线时，才允许剖切平面在孔、槽的中心线或轴线处转折，剖切方式为以中心线为界，各剖一半，如图 6-26 所示。

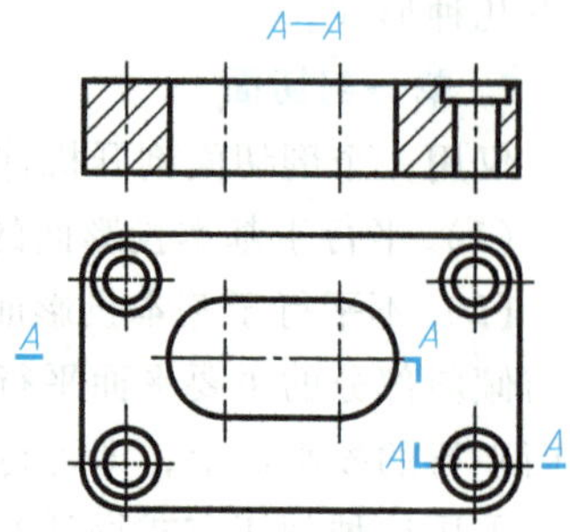

图 6-24　平行剖切的画法（一）

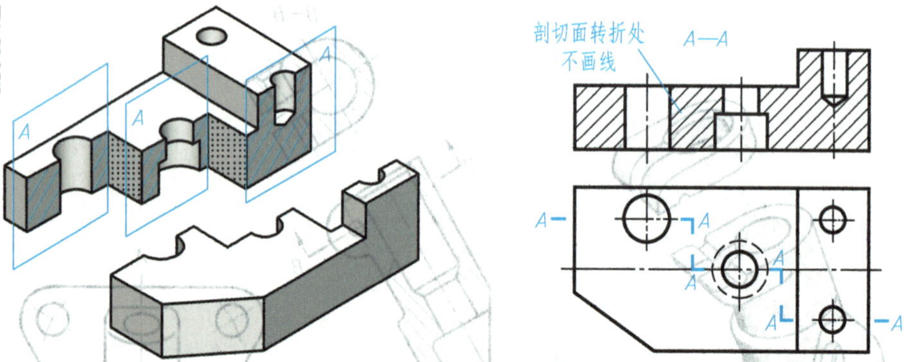

图 6-25　平行剖切的画法（二）

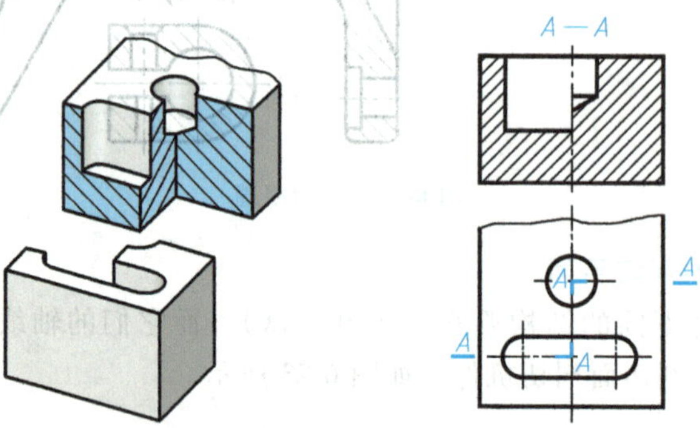

图 6-26　具有公共轴线平行剖切的画法

3. 几个相交的剖切面

用几个相交的剖切面（交线垂直于某一基本投影面）剖开机件，以表达具有回转轴机件的内部形状。

采用这种剖切方式画剖视图时，先假想按剖切位置剖开机件，然后将被剖切平面剖开的结构及其有关部分旋转到与选定的基本投影面平行再进行投射。为了使剖切到的倾斜结构能在基本投影面上反映实形，应以相交剖切面的交线作为轴线，将被剖切面剖开的倾斜结构及有关部分旋转到与选定的基本投影面平行后再进行投射，如图 6-27 所示。

这种剖视图的标注：必须用带大写拉丁字母的剖切符号表示出剖切平面的起、讫和转折

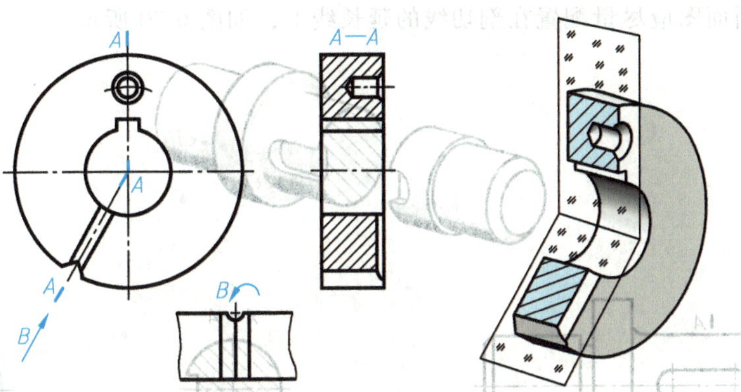

图 6-27 相交剖切的画法（一）

位置，并在起、讫处画出箭头表示投射方向，并注出视图名称“×—×”（“×”为大写拉丁字母），如图 6-27 所示。

适用范围：当机件的内部结构形状用一个剖切平面剖切不能表达完全，且机件具有回转轴时。

采用这种方式画剖视图时应注意：

1）这种方法适用于表达具有回转轴的机件，剖切平面的交线应与机件的回转轴线重合。

2）位于剖切平面之后的其他结构，一般仍按原来位置画出，如图 6-28 所示。

3）“剖”开机件后，应先“旋转”后投射，如图 6-28 所示。

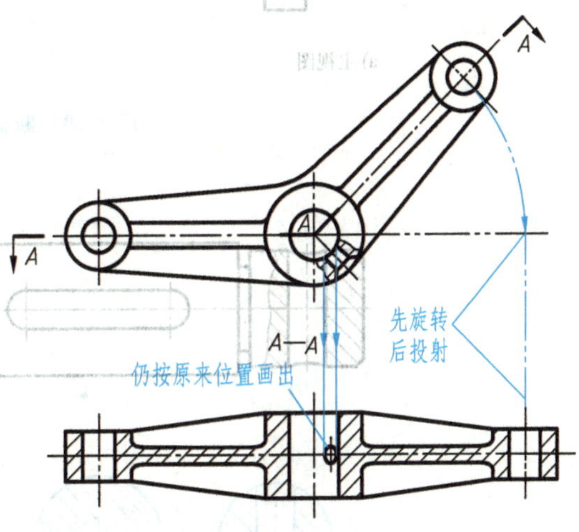

图 6-28 相交剖切的画法（二）

知识点3 断 面 图

假设用剖切面将物体的某处切断，仅画出该剖切面与物体接触部分（剖面区域）的图形称为断面图，断面图简称断面，如图 6-29a、b 所示。

断面图可以分为移出断面图和重合断面图两种。

剖视图与断面图的区别是断面图只画出机件被剖切后的断面形状，如图 6-29b 所示，而剖视图除了画出断面形状外，还必须画出机件上位于剖切面后面的可见轮廓，如图 6-29c 所示。

一、断面图的画法

1. 移出断面图

移出断面图画在视图之外，其轮廓线用粗实线绘制，常配置在剖切线的延长线上，也可以配置在其他适当的位置，如图 6-30 所示。

1）移出断面图应尽量配置在剖切线的延长线上，如图 6-30 所示。

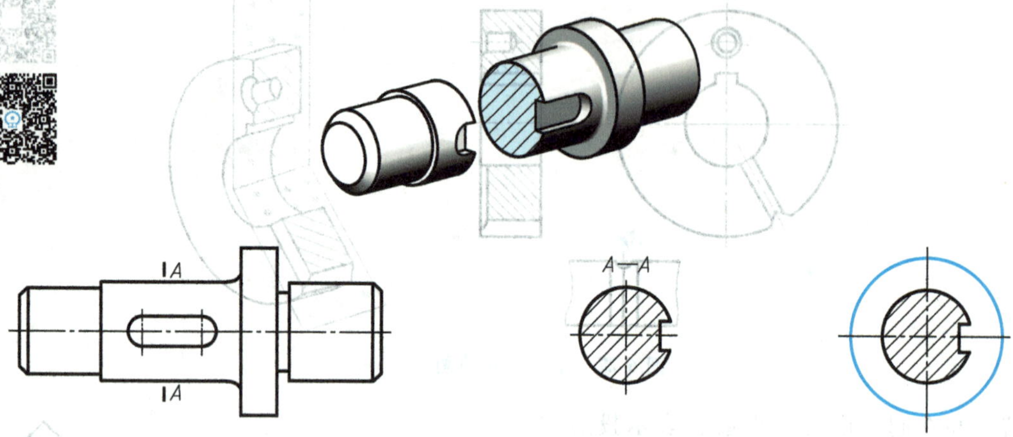

a) 主视图　　b) 左视图(断面图)　　c) 左视图(剖视图)

图 6-29　断面图的形成

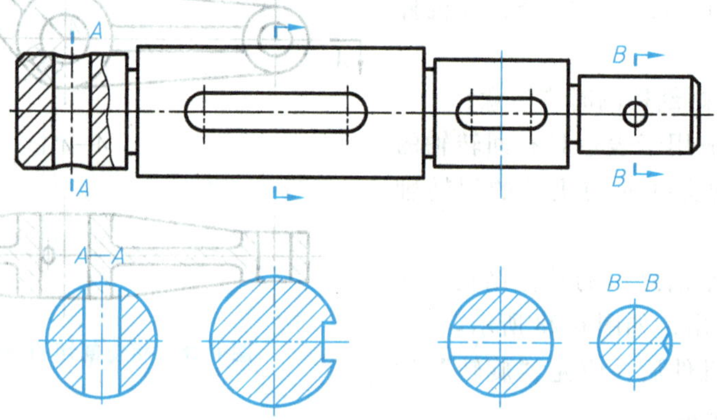

图 6-30　移出断面图的画法

2）当断面为对称图形时可以将断面图画在视图的中断处，如图 6-31 所示。

3）必要时可以将断面图配置在其他适当位置。在不致引起误解的情况下，允许将图形进行旋转，但必须标注旋转符号，如图 6-32 所示。

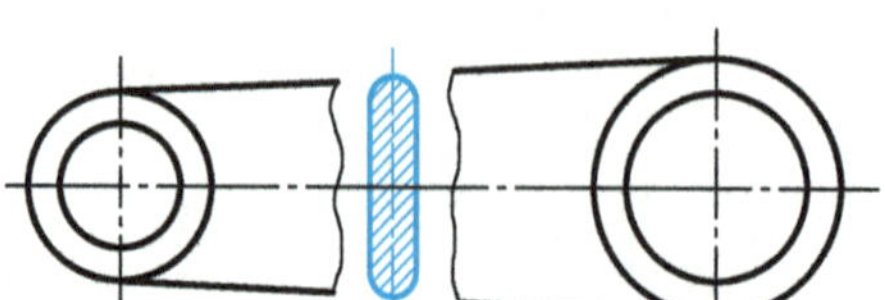

图 6-31　对称的移出断面图画法

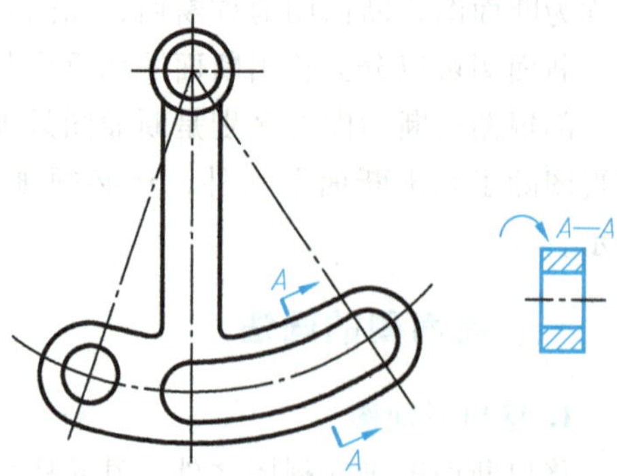

图 6-32　倾斜部分的移出断面图画法

4）绘制移出断面图时应注意：

① 当剖切面通过圆孔、圆锥凹坑等回转结构的轴线时，这些结构均应按剖视图绘制，如图 6-33 所示。

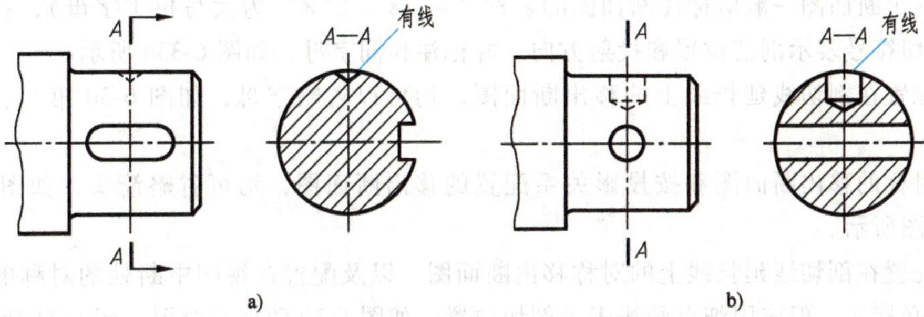

图 6-33 带有圆孔或凹坑的移出断面图的画法

② 当剖切面通过非圆孔，会导致出现完全分离的两个断面时，这些结构也应按剖视图绘制，如图 6-32 所示。

③ 对由两个或多个相交的剖切面剖切得到的移出断面，其中间一般应断开。其中，剖切面应分别垂直于轮廓线，且断面图中间用波浪线断开，如图 6-34 所示。

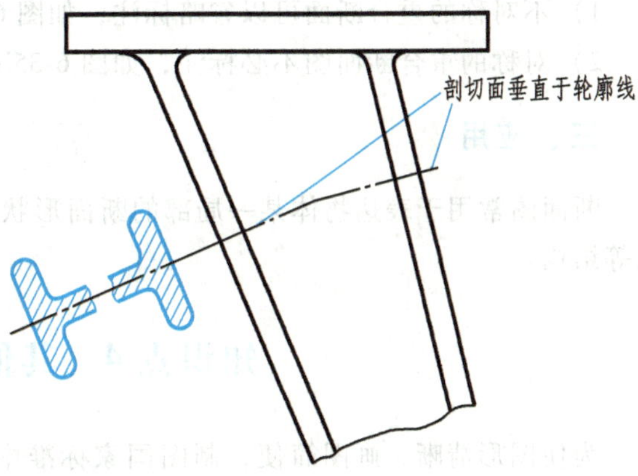

图 6-34 相交平面剖切得到的断面应断开绘制

2. 重合断面图

重合断面图画在视图之内，其轮廓线用细实线绘制。当视图中的轮廓线与断面图的图线重合时，视图中的轮廓线不应断开，仍应连续画出，如图 6-35 所示。

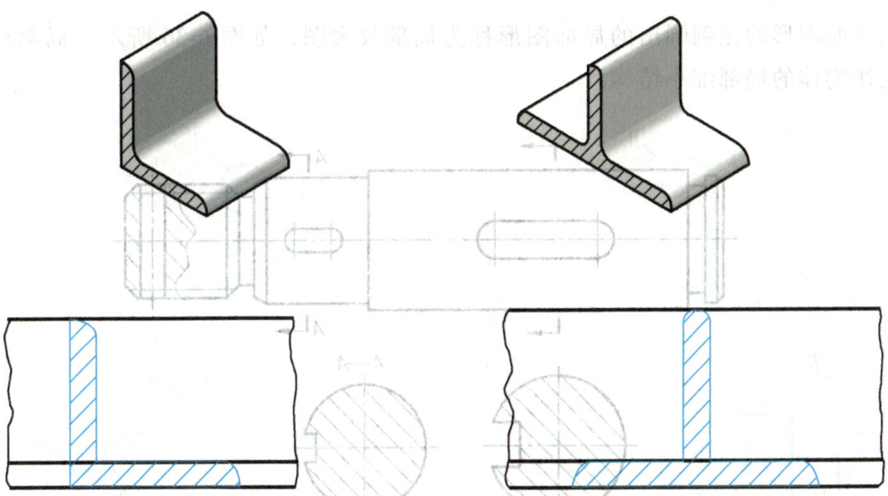

a) 不对称重合断面　　b) 对称重合断面

图 6-35 重合断面的画法

二、断面图的标注方法

1. 移出断面图的标注方法

1）移出断面图一般应标注断面图的名称“×—×”（“×”为大写拉丁字母），在相应视图上用剖切符号表示剖切位置和投射方向，并标注相同字母，如图 6-33a 所示。

2）配置在剖切线延长线上的移出断面图，均可以省略字母，如图 6-30 第二、三个图所示。

3）对称的移出断面图和按投影关系配置的移出断面图，均可省略箭头，如图 6-30 第一、三个图所示。

4）配置在剖切线延长线上的对称移出断面图，以及配置在视图中断处的对称的移出断面图均不必标注，但应用细点画线表示剖切位置，如图 6-30 的第三个图、图 6-31 所示。

2. 重合断面图的标注方法

1）不对称的重合断面可以省略标注，如图 6-35a 所示。

2）对称的重合断面图不必标注，如图 6-35b 所示。

三、应用

断面图常用于表达物体某一局部的断面形状，例如机件上的肋板、轮辐或轴上的键槽、孔等结构。

知识点 4　其他表达方法

为使图形清晰，画图简便，制图国家标准中规定了局部放大图和简化画法，供绘图时选用。

一、局部放大图

用大于原图形的比例画出的局部图形称为局部放大图，如图 6-36 所示。局部放大图主要用于表达物体的局部细小结构。

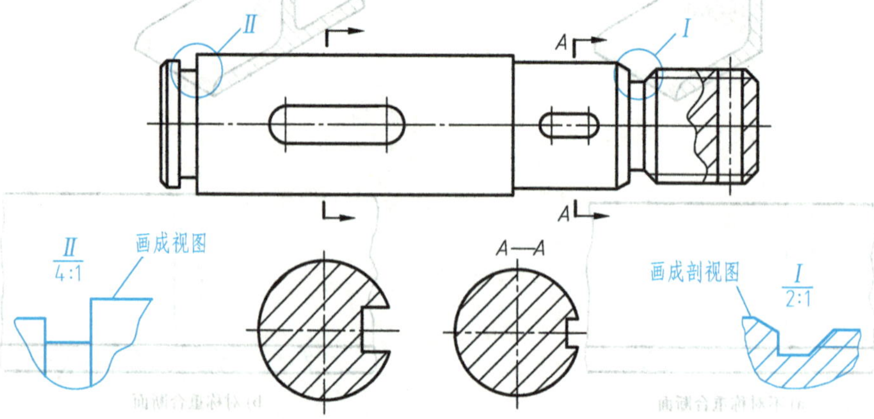

图 6-36　局部放大图的画法和标注

当机件上的细小结构在视图上表达不清楚，或不便于标注尺寸和技术要求时，可以采用局部放大图。

画局部放大图时应注意以下几点：

1）局部放大图根据需要可以画成视图、剖视图或断面图，它与被放大部分的表达方式无关。为看图方便，局部放大图应尽量放在被放大部位的附近，如图 6-36 所示。

2）局部放大图的标注方式为将被放大部位用细实线圈出，在指引线上用罗马数字编号。当同一机件有几个被放大的部位时，应用罗马数字依次标明被放大的部位，并在局部放大图的上方用分数形式标注相应的罗马数字和采用的比例，如图 6-36 所示。当零件上仅有一处被放大的部分时，则不必用罗马数字编号，只需在局部放大图的上方标明所采用的比例即可。

3）同一机件上不同部位的局部放大图，当图形相同或对称时，只需画出一个，且应编相同编号，如图 6-37 所示。

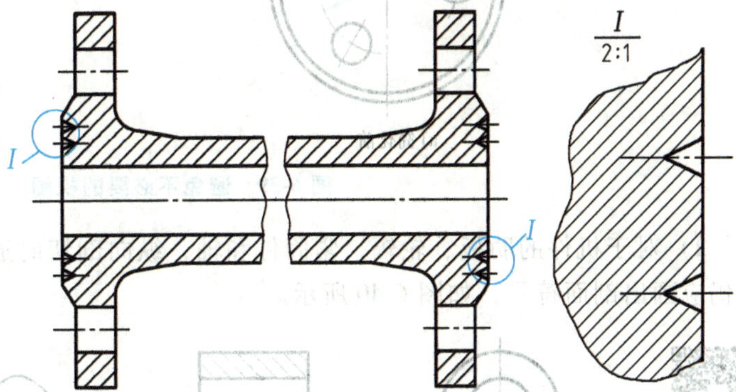

图 6-37　相同或对称结构局部放大图的画法和标注

4）局部放大图的比例只是放大图与机件的比例，与原视图的比例无关。因此，标注局部放大部分的图形尺寸时，仍按机件实际尺寸标注，如图 6-38 所示。

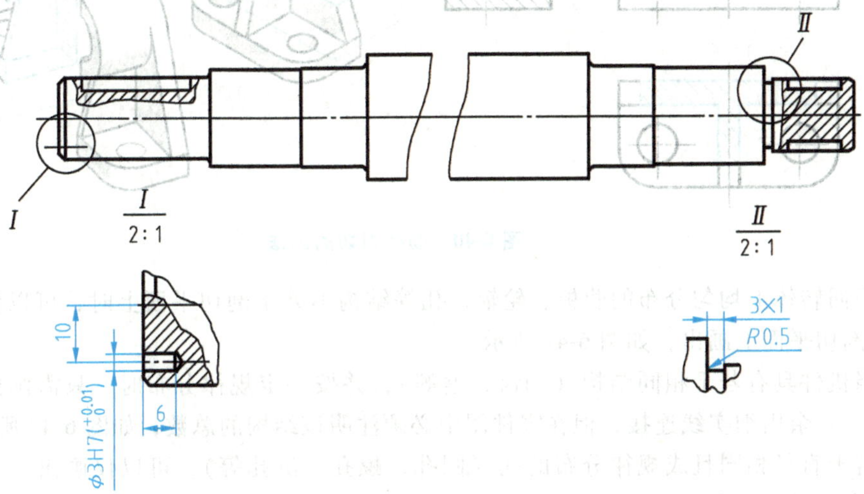

图 6-38　局部放大图的尺寸标注

二、简化画法

在不致引起误解或产生歧义的前提下，为了制图简便，国家标准《技术制图》和《机械制图》还规定了一些简化画法，简化画法包括规定画法、省略画法和示意画法等。

1）应避免不必要的视图和剖视图，如图 6-39 所示。

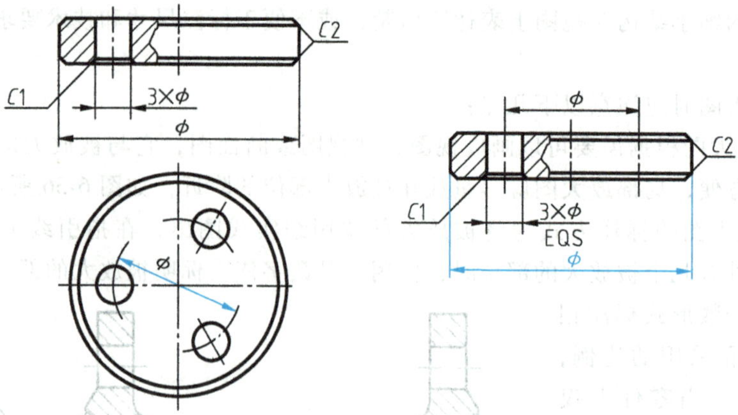

a) 简化前　　b) 简化后

图 6-39　避免不必要的视图

2）对于机件的肋板、轮辐、紧固件和轴，纵向剖切时通常不画剖面符号，但横向剖切时仍应画出剖面符号，如图 6-40 所示。

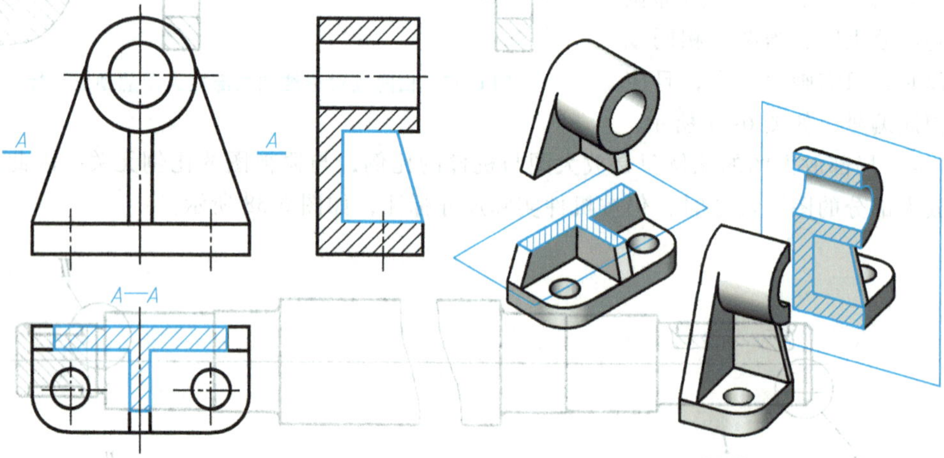

图 6-40　肋板剖切的画法

3）当回转体上均匀分布的肋板、轮辐、孔等结构不处于剖切平面上时，可以将这些结构旋转到剖切平面上画出，如图 6-41 所示。

4）当机件具有若干相同结构（如齿、槽等），并按一定规律分布时，只需画出几个完整的结构，其余用细实线连接，但在零件图中必须注明该结构的总数，如图 6-42 所示。

5）若干直径相同且成规律分布的孔（圆孔、螺孔、沉孔等），可以仅画出一个或少量几个，其余只需用细点画线或“+”表示其中心位置，但在零件图中应注明孔的总数，如图 6-43 所示。

6）零件上对称结构的局部视图，可以按图 6-44 绘制。

7）在不致引起误解时，对称的机件可以只画一半或四分之一，并在对称中心线的两端画出两条与其垂直的平行细实线，如图 6-45 所示。

8）当回转体零件上的平面在图形中不能充分表达时，可以用两条相交的细实线表示这些平面，如图 6-46 所示。

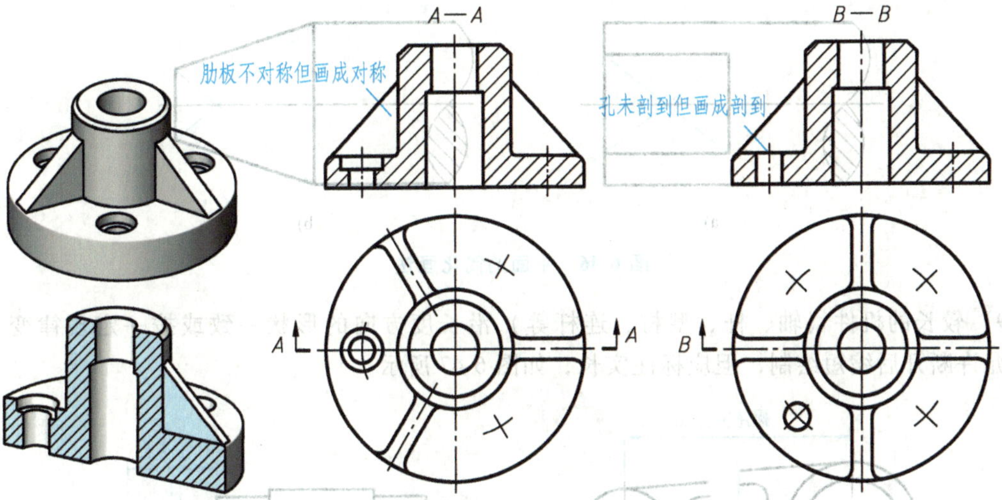

图 6-41　均匀分布的肋板及孔的画法

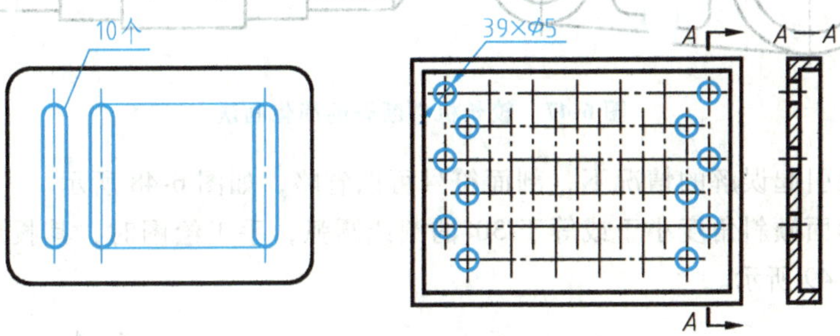

图 6-42　相同结构规律分布的画法

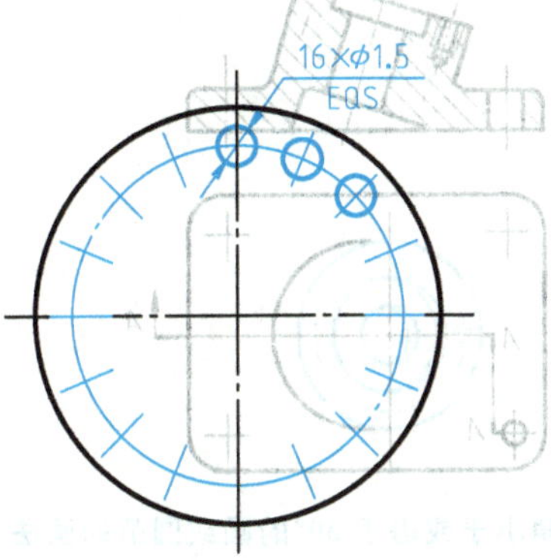

图 6-43　圆上规律分布孔的画法

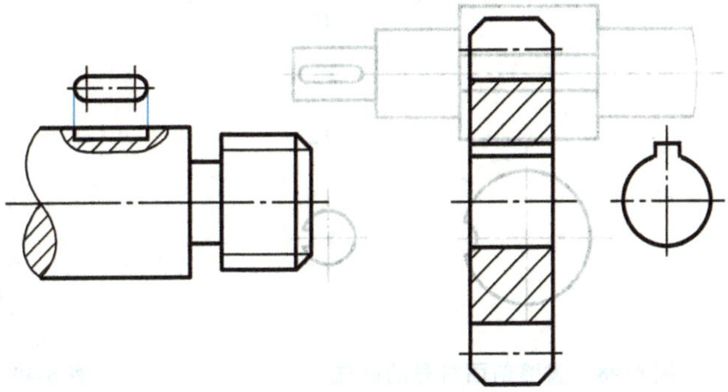

图 6-44　对称结构局部视图的简化画法

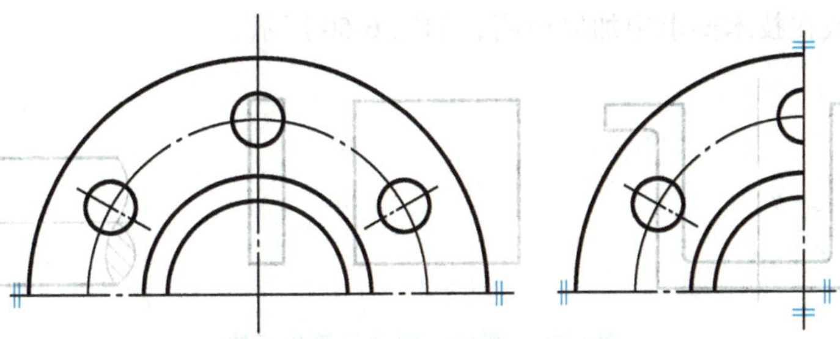

图 6-45　对称机件的简化画法

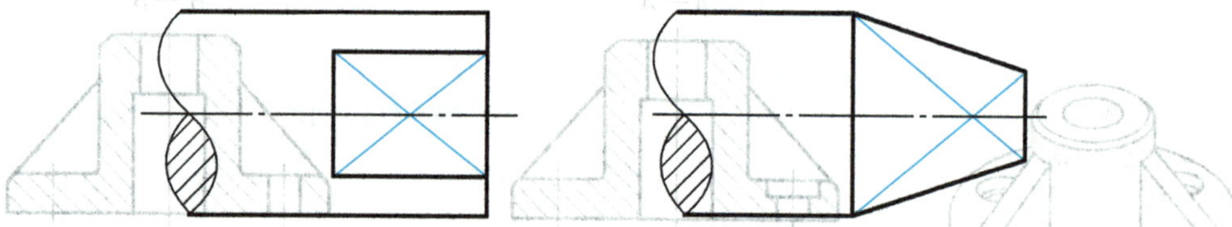

a)　　　　　　　　b)

图 6-46　平面的简化画法

9）较长的机件（轴、杆、型材、连杆等）沿长度方向的形状一致或按一定规律变化时，允许断开后缩短绘制，但应标注实长，如图 6-47 所示。

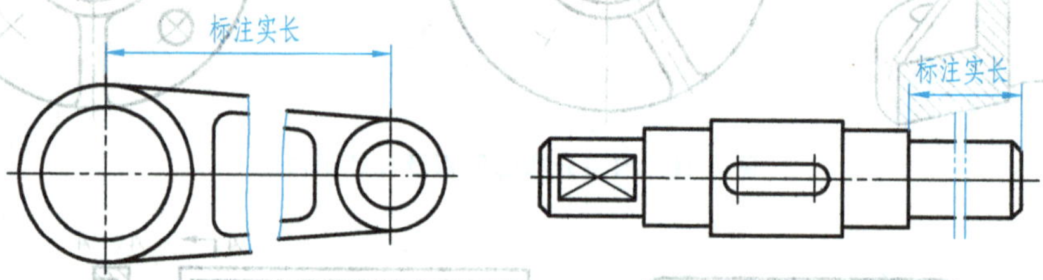

图 6-47　较长机件断开的简化画法

10）在不致引起误解的情况下，剖面符号可以省略，如图 6-48 所示。

11）与投影面倾斜角度小于或等于 30°的圆或圆弧，手工绘图时，其投影可以用圆或圆弧代替，如图 6-49 所示。

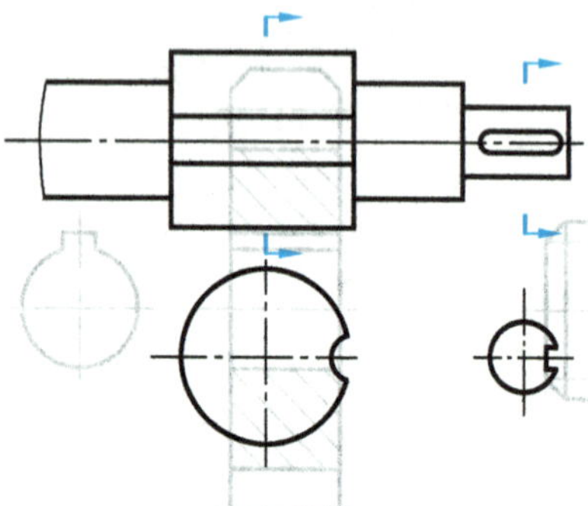

图 6-48　省略剖面符号的画法

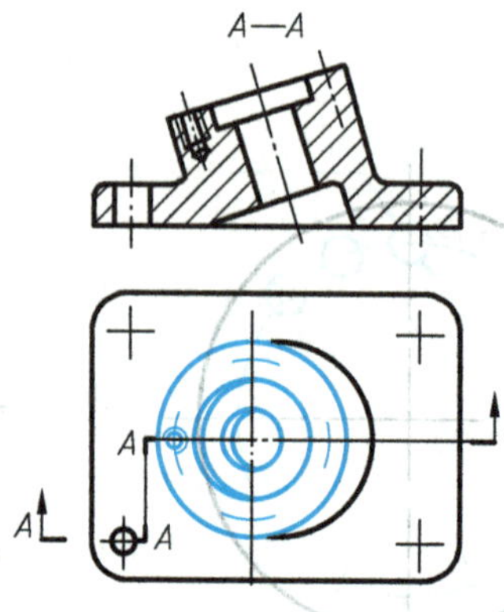

图 6-49　倾角小于或等于 30°的圆或圆弧的画法

12）除确实需要表示的某些圆角、倒角外，其他圆角、倒角在零件图中均可不画，但必须注明尺寸，或在技术要求中加以说明，如图 6-50 所示。

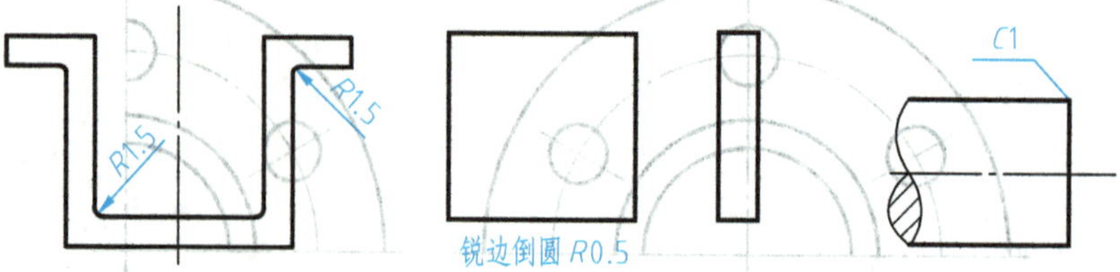

图 6-50　圆角、倒角的简化画法

知识点 5 轴 测 图

用正投影法绘制的三视图能确切地表达物体的形状，且具有较好的度量性，但其缺乏立体感，只有具备一定读图能力的人才能看懂。因此，工程上常用轴测图作为辅助图样，以直观地表达物体的空间形状。

一、轴测图的形成

视图是按照正投影法绘制的，每个视图只能反映其二维空间的大小，缺乏立体感。轴测图是用平行投影法绘制的单面投影图，简称轴测图。

将空间物体连同确定其位置的直角坐标系，沿不平行于任一坐标平面的方向，用平行投影法投射在某一选定的单一投影面上所得到的具有立体感的图形，称为轴测投影图，简称轴测图，如图 6-51 所示。

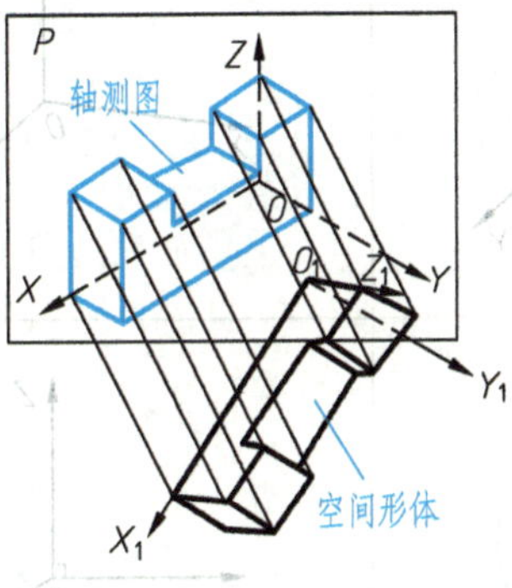

a) 正等轴测图

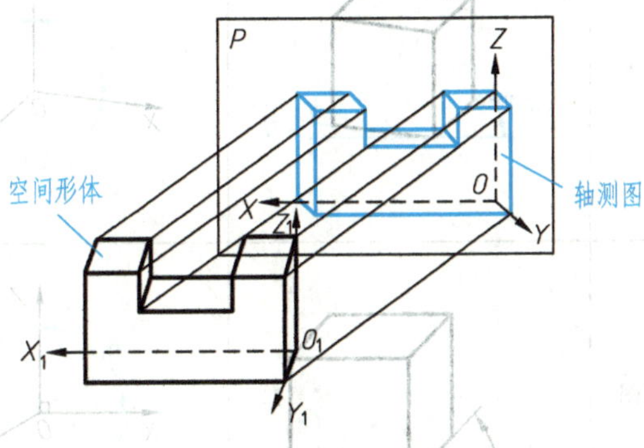

b) 斜二等轴测图

图 6-51 轴测图的形成

1. 轴间角与轴向伸缩系数

在轴测投影中，将选定的投影面 P 称为轴测投影面；将空间直角坐标轴 O_1X_1、O_1Y_1、O_1Z_1 在轴测投影面上的投影 OX、OY、OZ 称为轴测轴；将轴测图中两轴测轴之间的夹角 $\angle XOY$、$\angle YOZ$、$\angle XOZ$ 称为轴间角；将轴测轴上的单位长度与相应投影轴上的单位长度的比值称为轴向伸缩系数。OX、OY、OZ 的轴向伸缩系数分别用 p、q、r 表示。

注意：轴间角与轴向伸缩系数是绘制轴测图的两个主要参数。

2. 轴测图的种类

根据投射方向与轴测投影面是否垂直，轴测图可以分为正轴测图和斜轴测图两类。

（1）正轴测图　物体三个方向上的平面及其三条坐标轴均与投影面倾斜且投射线与投影面垂直时所得到的视图，如图 6-51a 所示。

（2）斜轴测图　物体的某一平面及其两条坐标轴与投影面平行且投射线与投影面倾斜时所得到的视图，如图 6-51b 所示。

轴测图的轴测轴中，三个轴向伸缩系数都相等的称为等测，其中两个相等的称为二测。从理论上讲，轴测图可以有无数种，但从作图简便等因素考虑，一般采用正等轴测图、正二等轴测图和斜二等轴测图这三种，其中常见的是正等轴测图（简称正等测）和斜二等轴测图（简称斜二测）。轴间角和轴向伸缩系数按表 6-2 的规定绘制和标注。

表 6-2 轴间角和轴向伸缩系数

类型	立方体图形	轴间角	轴向伸缩系数（括号内为简化的轴向伸缩系数）
正等轴测图	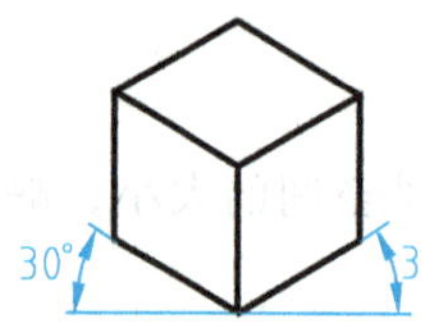	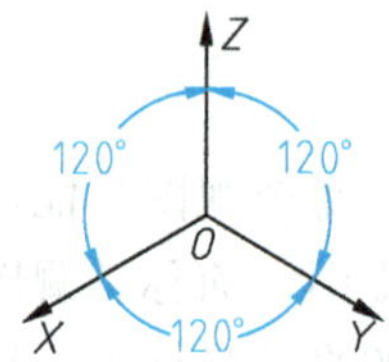	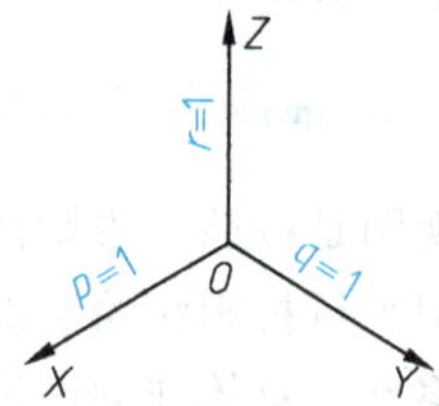
正二等轴测图	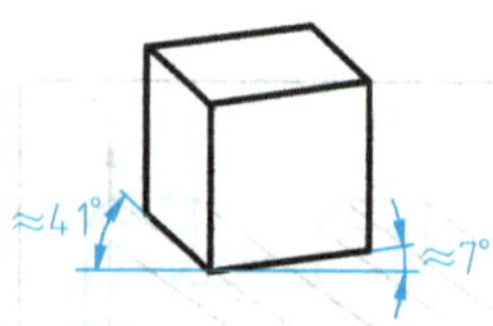	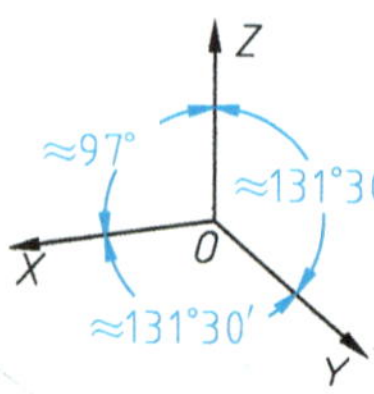	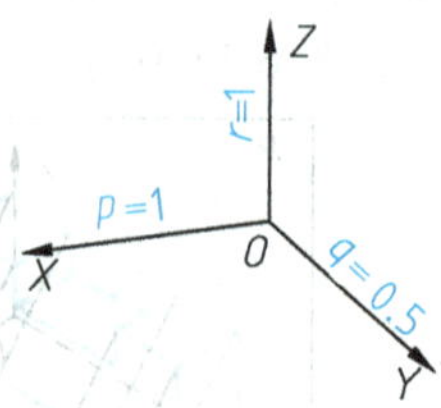
斜二等轴测图	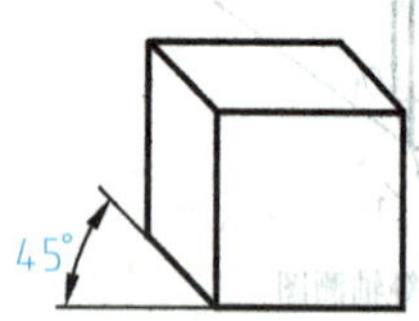	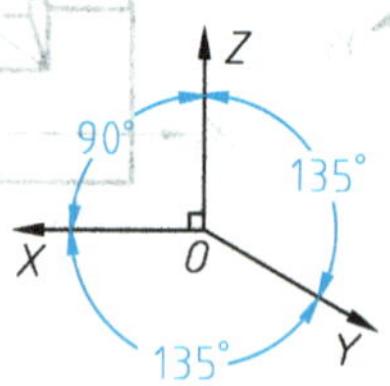	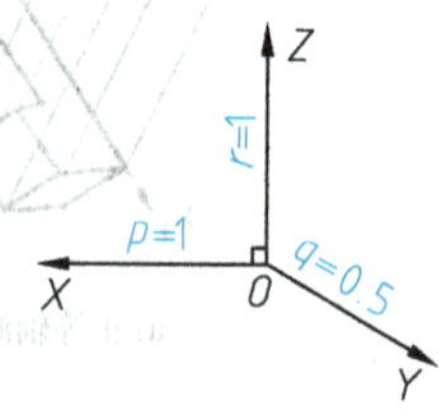

二、正等轴测图

正等轴测图的轴测轴、轴间角和轴向伸缩系数如图 6-52 所示。正等轴测图中的三个轴间角相等，均为 120°。其中，*OX* 轴表示长度，*OY* 轴表示宽度，*OZ* 轴表示高度，且规定 *OZ* 轴画成铅垂线。三个轴的轴向伸缩系数相等，即 $p=q=r=1$，如图 6-52b 所示。

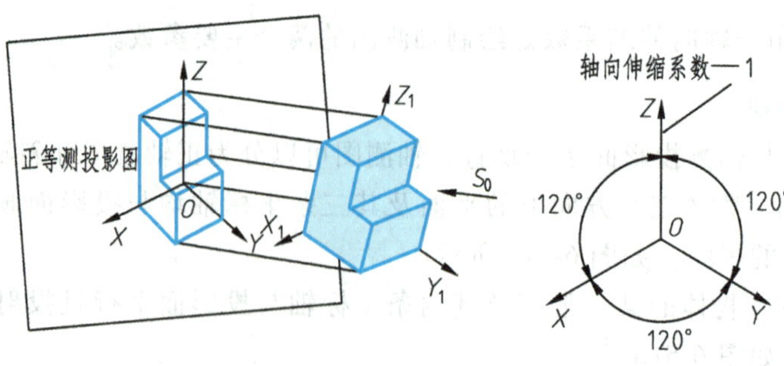

a) b)

图 6-52 正等轴测图

1. 长方体的正等轴测图

分析：根据长方体的特点，选择其中一个角的顶点作为空间直角坐标系原点，并以过该角顶点的三条棱线为坐标轴。先画出轴测轴，然后用各顶点的坐标分别定出长方体八个顶点的轴测投影，依次连接各顶点即可。

作图步骤：

1）在正投影图上定出原点和坐标轴的位置。选定长方体右侧后下方的顶点为原点，经过原点的三条棱线为 O_1X_1、O_1Y_1、O_1Z_1 轴，如图 6-53a 所示。

2）画出轴测轴 OX、OY、OZ。

3）在 OX 轴上量取长方体的长度 a，在 OY 轴上量取长方体的宽度 b，画出长方体底面的轴测投影，如图 6-53b 所示。

4）过底面各顶点向上作 OZ 的平行线，在各线上量取长方体的高度 h，得到顶面上各点并依次连接，画出长方体顶面的轴测投影，如图 6-53c 所示。

5）擦去多余的图线并描深，即可得到长方体的正等轴测图，如图 6-53d 所示。

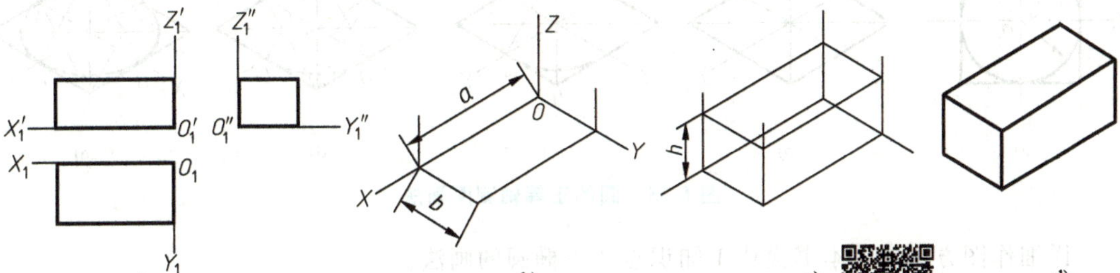

a)　　b)　　c)　　d)

图 6-53　长方体的正等轴测图画法

2. 正六棱柱的正等轴测图

分析：由于正六棱柱前后、左右对称，为了减少不必要的作图线，因此选择顶面的中心作为直角坐标系原点，选择棱柱的中心线作为 OZ 轴，选择顶面的两条对称中心线作为 OX、OY 轴。然后用各顶点的坐标分别定出正六棱柱各个顶点的轴测投影，依次连接各顶点即可。

作图方法与步骤：

1）选定直角坐标系，以正六棱柱顶面的中心为原点（坐标系原点可以任意指定，但应注意对于不同位置原点，顶面和底面各顶点的坐标不同），如图 6-54a 所示。

2）画出轴测轴 OX、OY 和 OZ，如图 6-54b 所示。

3）在 OX 轴上量取 OM、ON，使 $OM=O_1m_1$、$ON=O_1n_1$，在 OY 轴上以尺寸 b 来确定 A、B、C、D 各点，依次连接六点即得顶面正六边形的轴测投影，如图 6-54b 所示。

4）过顶面正六边形上各点向下作 OZ 的平行线，在各线上量取高度 h，得到底面上各点并依次连接，画出底面正六边形的轴测投影，如图 6-54c 所示。

5）擦去多余的图线并描深，即可得到正六棱柱的正等轴测图，如图 6-54d 所示。

3. 圆的正等轴测图

用四心法作圆的正等轴测图，四心法画椭圆就是用四段圆弧代替椭圆。下面以平行于 H 面（即 XOY 坐标面）的圆为例，说明圆的正等轴测图的画法（图 6-55）。

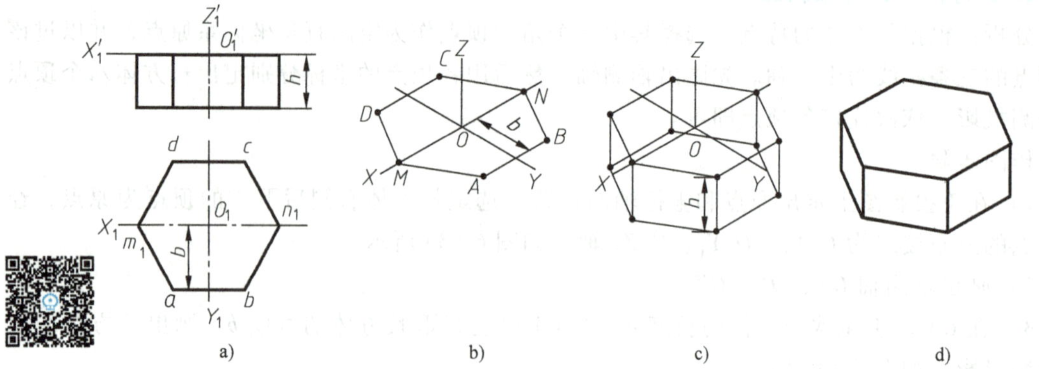

图 6-54 正六棱柱的正等轴测图画法

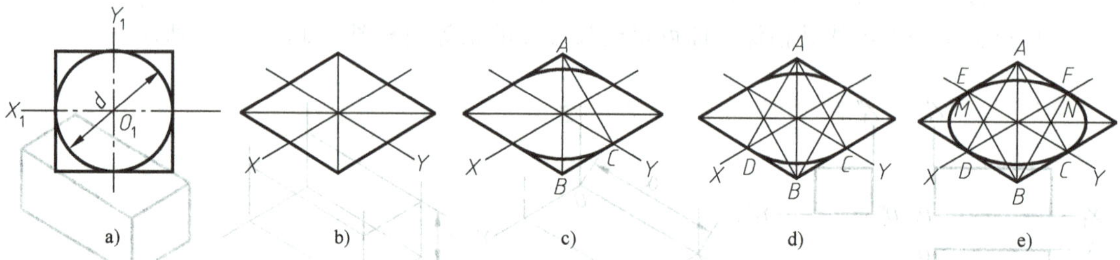

图 6-55 圆的正等轴测图画法

详细作图方法参见本书模块 1 知识点 4 中椭圆的画法。

4. 圆柱和圆台的正等轴测图

如图 6-56 所示，先分别作出圆柱或圆台中顶面和底面的椭圆，再作其公切线即可。

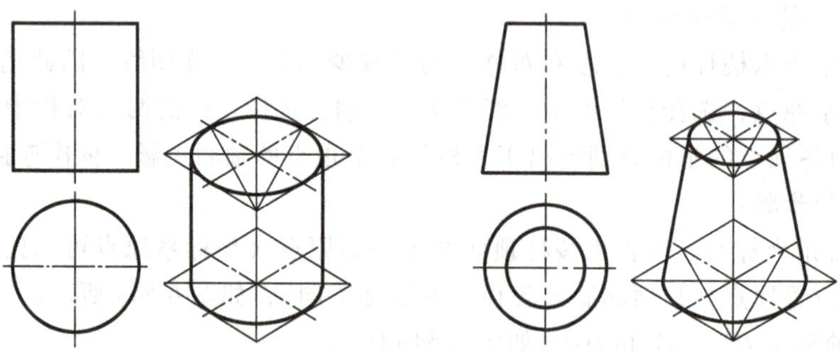

图 6-56 圆柱和圆台的正等轴测图画法

5. 圆角的正等轴测图

分析：如图 6-57a 所示，对于带有圆角（1/4 圆柱面）结构的正等轴测图，可以通过作各切点垂直线的方式来绘制矩形板的正等轴测图。

作图步骤：

1）画轴测轴和矩形板的正等轴测图，接着在顶面上截得圆角的四个切点 1、2、3 和 4，如图 6-57b 所示。

2）分别过各切点作其所在棱边的垂线，其交点分别为 O_1，O_2，如图 6-57c 所示。然后

以 O_1 点为圆心，以 $O_1 1$ 为半径画弧，连接切点 1、2，接着以 O_2 点为圆心，以 $O_2 3$ 为半径画弧，连接切点 3、4，即可得到顶面的圆角，如图 6-57d 所示。

3）将圆心 O_1、O_2 以及切点 1、2、3 和 4 沿竖直方向向下平移 h（即板的高度），可以得到底面两圆弧的圆心和切点，按照相同的方法画出底面圆角的正等轴测图，如图 6-57e 所示。

4）擦去多余线条并描深，即可得到带有圆角结构的正等轴测图，如图 6-57f 所示。

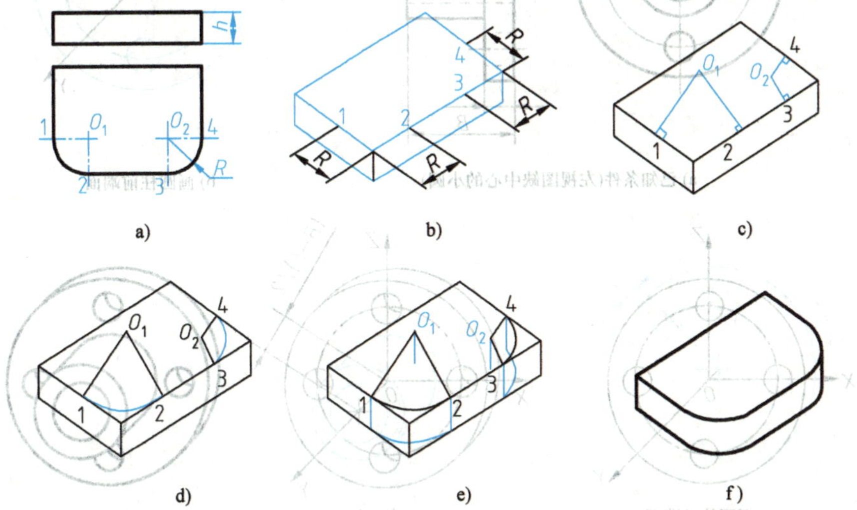

图 6-57 带有圆角结构的正等轴测图画法

三、斜二等轴测图的画法

当空间物体上的坐标平面 $X_1O_1Z_1$ 平行于轴测投影面 P（P 面//V 面），且将 O_1Z_1 轴置于铅垂位置时，用斜投影法将物体连同其坐标系一起向 P 面投射，所得到的轴测图称为斜二等轴测图，如图 6-58a 所示。斜二等轴测图的轴间角和轴向伸缩系数如图 6-58b 所示。

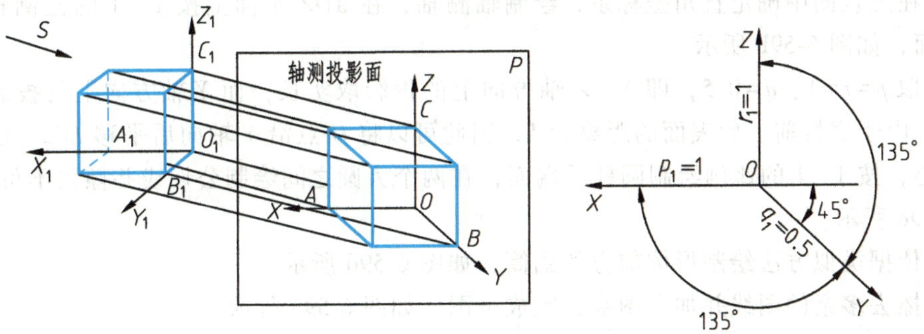

图 6-58 斜二等轴测图

在斜二等轴测图中，由于物体上的坐标平面 $X_1O_1Z_1$ 与轴测投影面平行，因此物体上平行于 $X_1O_1Z_1$ 坐标平面的直线和图形在轴测投影面上均反映实长和实形，常用于绘制有较多圆或圆弧的物体。

例 6-1 如图 6-59a 所示，画出该形体的斜二等轴测图。

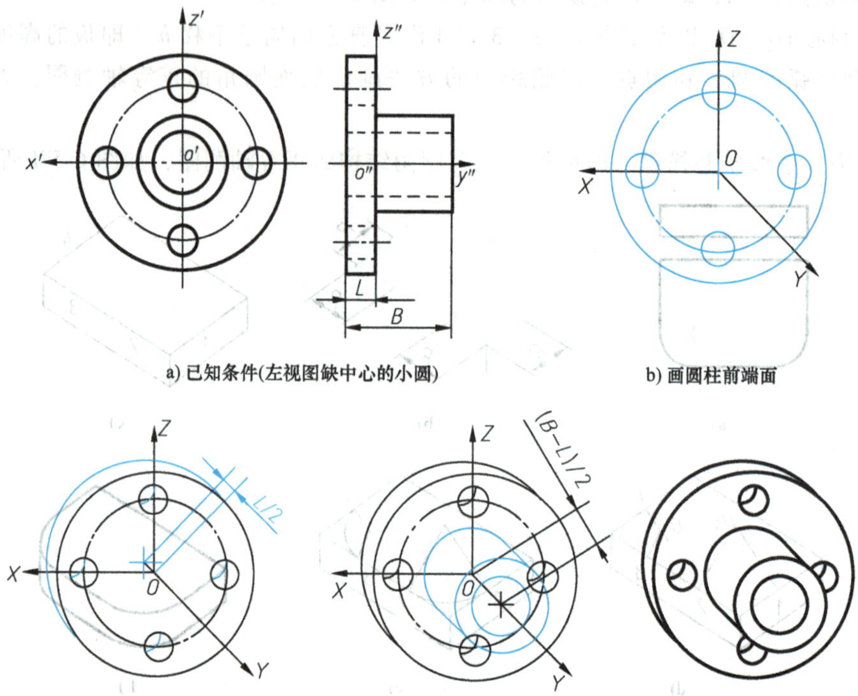

a) 已知条件(左视图缺中心的小圆)　b) 画圆柱前端面　c) 画圆柱后端面　d) 画圆筒　e) 擦去多余图线并加深

图 6-59 画形体的斜二等轴测图

分析：该形体由一个含有四个通孔的圆柱和一个圆筒叠加而成。作图时，可以根据形体的形成过程逐一画出各个形体。为作图方便，可以将坐标原点设在底板前端面的中心处。

作图步骤：

1）在三视图中确定直角坐标系，绘制轴测轴，在 XOZ 平面上按 1∶1 的比例画出底板的前端面，如图 6-59b 所示。

2）取 $p=r=1$、$q=0.5$，即 X、Z 轴方向上的投影取实长，而 Y 轴方向上的投影取实长的一半。由于底板前、后表面的距离为 L，因此可以将 O 点沿 Y 轴向后平移 $L/2$。然后以该点为中心，按 1∶1 的比例绘制圆柱后端面，在两个大圆之间绘制公切线并擦去不可见部分，如图 6-59c 所示。

3）依据类似方法绘制形体前方的圆筒，如图 6-59d 所示。

4）擦去多余的图线并加深图线，完成全图，如图 6-59e 所示。

知识点 6　第三角画法简介

目前，国际上使用的投影制有两种，即第一角投影法（又称“第一角画法”）和第三角投影法（又称“第三角画法”）。ISO 标准规定：在表达机件结构时，第一角投影法和第三角投影法具有同等效力。

一、基本概念

在三面投影体系（图 6-60）中，将物体放在第三分角内，使投影面处于观察者和物体之间，像这样用正投影法得到的投影称为第三角投影。即将投影面放在观察者与物体之间，即人→面→物的相对关系，假定投影面为透明的平面，如图 6-61a 所示。则在 *V*、*H*、*W* 三个投影面上投射所得的三个视图，分别称为主视图、俯视图和右视图。实际上，图形名称没变，只是投影所处的位置与第一角画法不一样，如图 6-61b 所示。

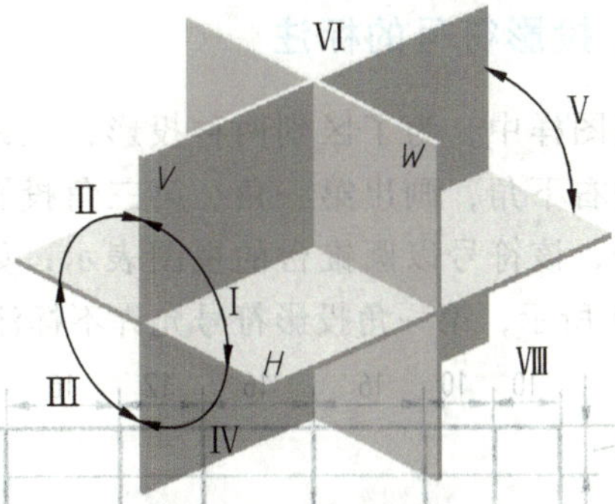

图 6-60 三面投影体系

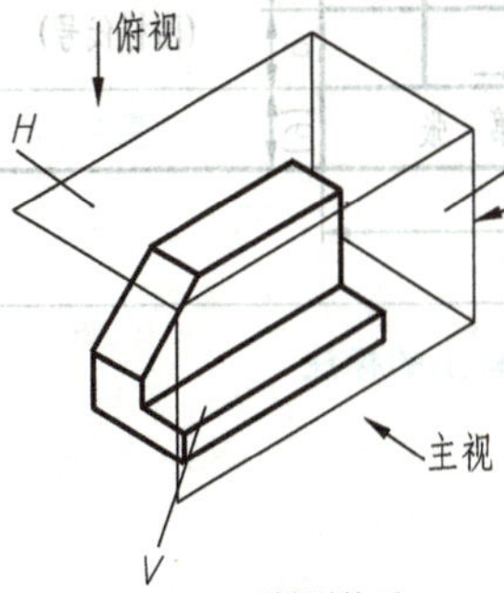

a) 三面投影体系

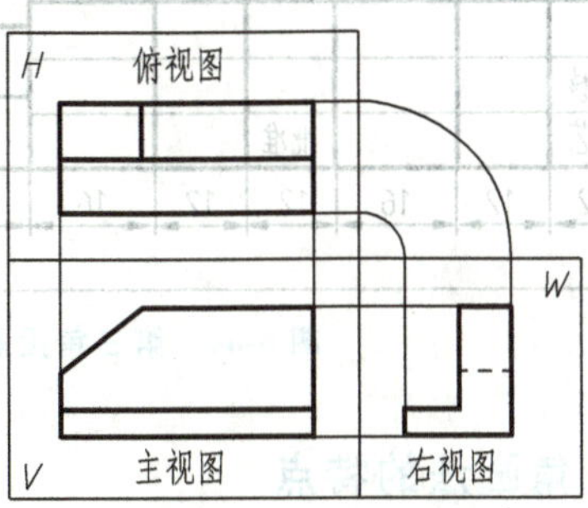

b) 展开图

图 6-61 第三角投影的三视图

二、视图的形成及其对应关系

基本视图之间仍然遵循“三等”关系，即“长对正，高平齐，宽相等”。在方位关系上，以主视图为基准，除后视图外，各视图靠近主视图的一侧均表示机件的前面，远离主视图的一侧均表示机件的后面；后视图图形的左端表示机件的右端，图形的右端表示机件的左端，如图 6-62 所示。

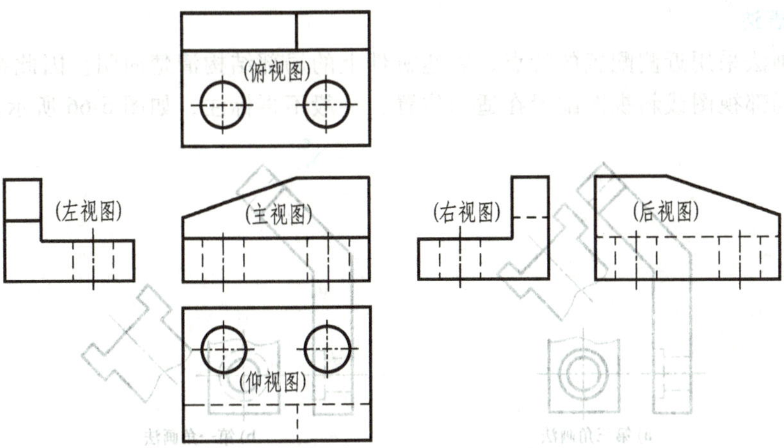

图 6-62 六个基本视图展开

三、投影符号的标注

工程图样中，为了区别两种投影，允许在图样标题栏的右下角，画出第一角、第三角投影的特征识别符号，该符号以圆锥台的视图表示，如图 6-63 和图 6-64 所示，第一角投影符号允许不标注。

a) 第一角投影符号　　b) 第三角投影符号

图 6-63　投影符号

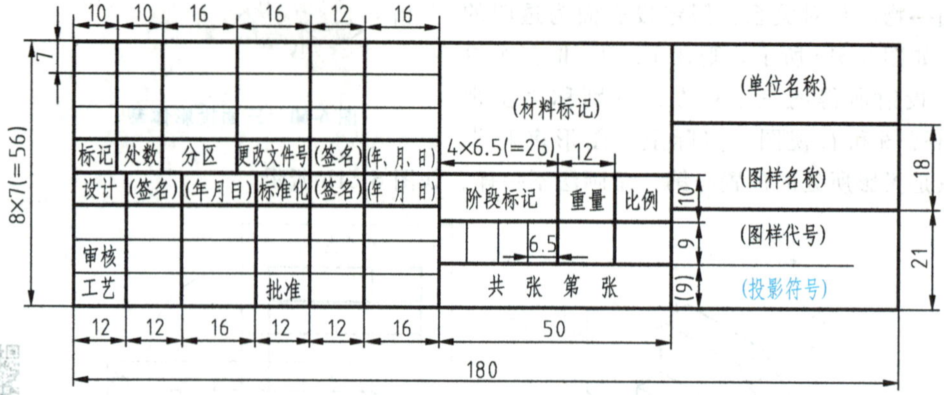

图 6-64　第三角投影符号在图样上的标注

四、第三角画法的特点

1. 便于读图

第三角画法是将投影面置于观察者与机件之间进行投射，在六面视图中，方便识读，如图 6-65 所示。

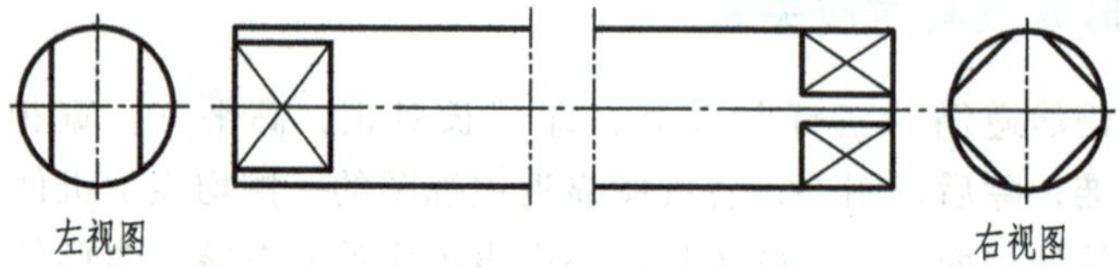

图 6-65　第三角画法视图位置配置

2. 便于表达

第三角画法采用近侧配置的特点，表达机件上的局部结构清楚简明。因此在第三角画法中，只要将局部视图或斜视图配置在适当位置，一般不再标注，如图 6-66 所示。

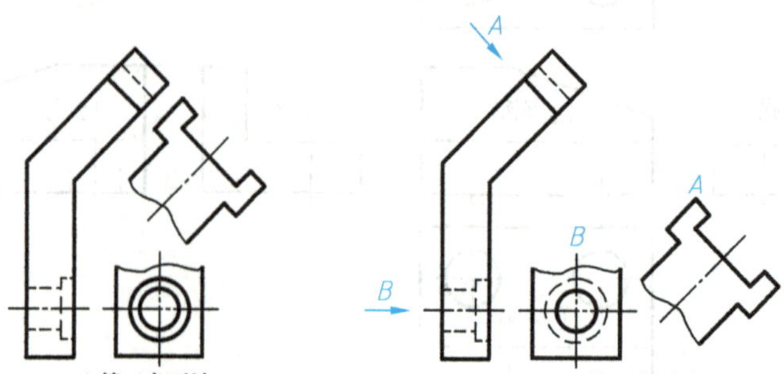

a) 第三角画法　　b) 第一角画法

图 6-66　第三角画法视图标注

任务实施

根据本模块所学知识，完成以下学习任务。

任务 6-1　形体分析。扫码观看支架立体图动画演示视频，根据本模块图 6-1a 所示的支架立体图，回答以下问题。

支架由______________________组成。

任务 6-2　图形选择。通过本模块学习，回答以下问题。

1. 视图主要用来表达机件的____________；剖视图主要表达机件的____________。

2. 基本视图展开后的规定位置是：右视图在主视图的_________，仰视图在主视图的_________，后视图在左视图的_________。

3. 向视图是______________视图。

4. 将机件的某一部分向基本投影面投影所得到的视图称为_________。

5. 半剖视图中，视图与剖视图的分界线用（　　）表示。

A. 粗实线　　B. 细虚线

C. 细点画线　　D. 细实线

6. 断面图常用于表达机件某一局部的______________。

7. 移出断面图画在视图之外，轮廓线用（　　）绘制。

A. 粗实线　　B. 细虚线

C. 细点画线　　D. 细实线

8. 重合断面图画在视图之内，轮廓线用（　　）绘制。

A. 粗实线　　B. 细虚线

C. 细点画线　　D. 细实线

9. 局部放大图中应用（　　）圈出被放大的部位，在指引线上用（　　）数字编号。

A. 细实线，阿拉伯　　B. 细实线，罗马

C. 粗实线，阿拉伯　　D. 粗实线，罗马

任务 6-3　表达方案。根据图 6-1a 所示的支架立体图，结合任务 6-1 和任务 6-2，简述支架的图形表达方案。

____

____

____

____

____

任务 6-4　图形绘制。根据图 6-1 所示支架三视图绘制的线形尺寸，选择 2∶1 的比例，使用剖视图、向视图等在下面图框中绘制支架表达图，不标注尺寸。若空间不够，可附纸页。

			比例		
			数量		
设计			材料		共　张第　张
审核					
批准					

模块7

机件的特殊表示法

本模块知识点

1. 了解螺纹的形成和种类，掌握单个螺纹及螺纹连接的画法、标记和标注方法。
2. 掌握常用螺纹紧固件的种类、标记及连接画法。
3. 掌握直齿圆柱齿轮和直齿锥齿轮各部分名称、参数及尺寸关系，能够绘制其零件图。
4. 掌握键、销的标记及键连接和销连接的规定画法，掌握查阅键槽尺寸的方法。
5. 熟悉常用滚动轴承的类型、代号及其规定画法和简化画法。
6. 了解圆柱螺旋压缩弹簧各部分名称、尺寸关系及规定画法。

素养提升

熟知规范，专业的人做专业的事。

任务引入

在机械设备和仪器仪表的装配过程中，经常会用到螺栓、螺母、螺钉、键、销和滚动轴承等零件，由于这些零件应用广、用量大，因此国家标准对这些零件的结构和尺寸做了统一规定，并称这些零件为标准件。此外，国家标准还对一些零件的部分尺寸和参数实行了标准化，并称这些零件为常用件，如齿轮、弹簧等。

如图 7-1 所示的联轴器装配图中，需要装配哪些标准件和常用件？这些标准件和常用件

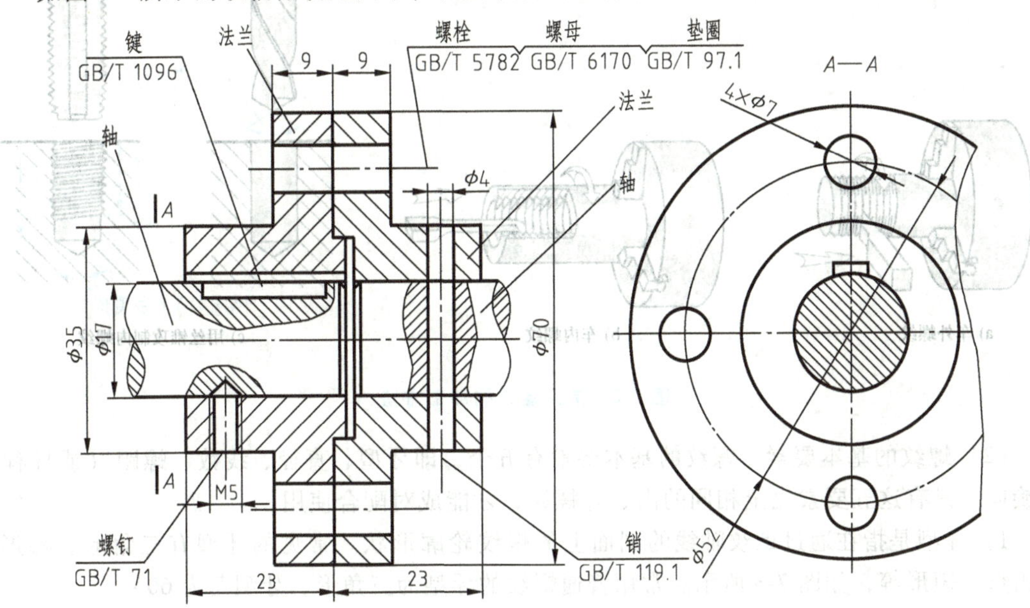

图 7-1 联轴器装配图

在图中应该如何表达？

知识点 1　螺纹及螺纹紧固件表示法

一、螺纹

在圆柱或圆锥表面上，具有相同牙型、沿螺旋线连续凸起的牙体，称为螺纹。螺纹是螺栓、螺钉、螺母等零件上的主要结构，是机器设备中零件之间连接的重要方式之一，它起到了连接和传递动力的作用，用于功耗要求不很严格的传动场合。螺纹有外螺纹和内螺纹两种，一般成对使用。在圆柱或圆锥外表面上形成的螺纹称为外螺纹，如图 7-2a 所示；在其内孔表面上形成的螺纹称为内螺纹，如图 7-2b 所示。

1. 螺纹的基础知识

（1）螺纹的加工方法　当一动点绕圆柱轴线做等速回转运动、同时沿其轴向做等速直线运动时，该动点的轨迹称为螺旋线。一个平面图形（如三角形、梯形等）沿着圆柱或圆锥表面上的螺旋线运动时所形成的具有规定形状的连续凸起和沟槽称为螺纹。螺纹的加工方法有很多，一般利用机床（如车床、自动滚丝机等）进行机械加工，也可以使用工具（如板牙、丝锥等）进行手工加工，如图 7-2a、b 所示即为在车床上车削外螺纹和内螺纹。若要对直径较小的孔加工螺纹，须先用顶角约为 120°的钻头钻底孔，然后用丝锥攻制内螺纹，如图 7-2c 所示。

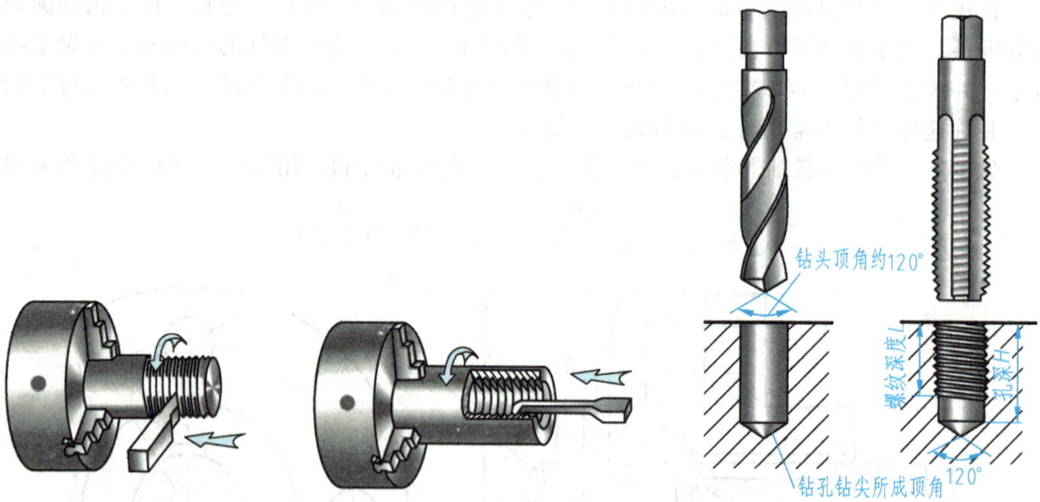

a) 车外螺纹　　b) 车内螺纹　　c) 用丝锥攻制内螺纹

图 7-2　常见螺纹的加工方法

（2）螺纹的基本要素　螺纹的基本要素有五个，即牙型、直径、线数、螺距（或导程）和旋向。只有这五要素完全相同的内、外螺纹，才能成对配合使用。

1）牙型是指在通过螺纹轴线的剖面上的螺纹轮廓形状。常见的牙型有三角形、梯形、锯齿形、矩形等，如图 7-3 所示。常用普通螺纹的牙型为三角形，牙型角为 60°。

2）螺纹的直径有大径、小径和中径之分，如图 7-4 所示。

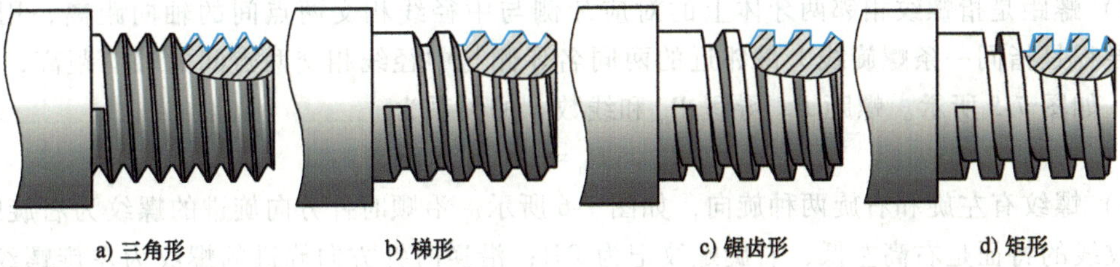

图 7-3 螺纹的牙型

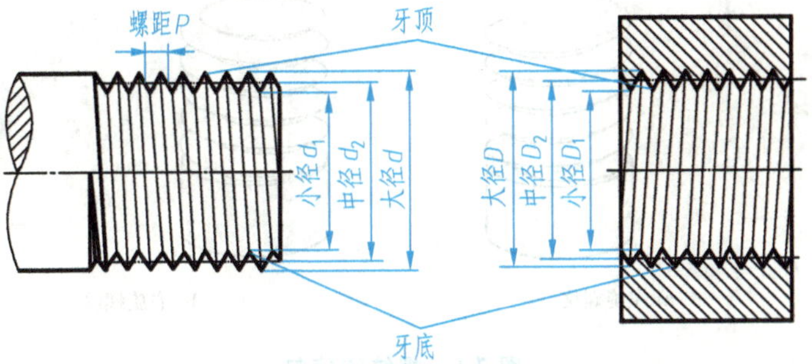

图 7-4 螺纹各部分名称

大径是指与外螺纹牙顶或内螺纹牙底相切的假想圆柱或圆锥的直径，内、外螺纹的大径分别用 D 和 d 表示。除管螺纹外，通常所说的公称直径均指螺纹大径。

小径是指与外螺纹牙底或内螺纹牙顶相切的假想圆柱或圆锥的直径，内、外螺纹的小径分别用 D_1 和 d_1 表示。

中径假想有一圆柱面或圆锥面，且该圆柱面或圆锥面的素线在通过牙型上的沟槽和凸起处宽度相等，则该假想圆柱面或圆锥面的直径称为中径。内、外螺纹的中径分别用 D_2 和 d_2 表示。

3）线数是指形成螺纹的螺旋线的条数，用 n 表示。沿一条螺旋线所形成的螺纹称为单线螺纹，沿两条或两条以上螺旋线所形成的螺纹称为多线螺纹，如图 7-5 所示。单线螺纹常用于连接，例如，固定吊扇的螺钉、煤气瓶的接头和机械设备里零件间的固定连接等；而多线螺纹多用于传递动力和运动，例如，抬高汽车车轮的千斤顶、夹紧工件进行钳工加工的台虎钳和加工螺纹的车床丝杠等。

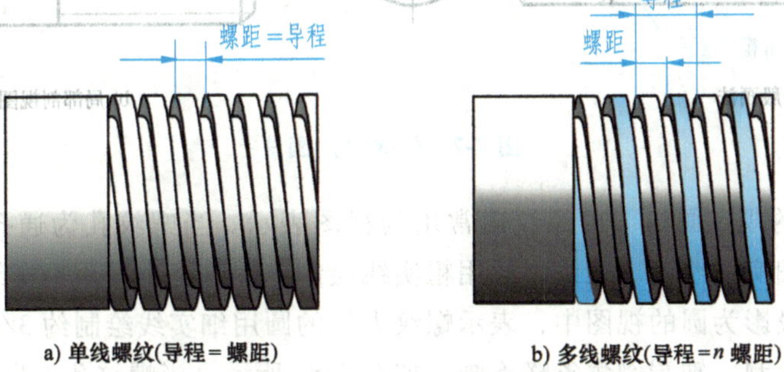

图 7-5 螺纹的线数、螺距和导程

4）螺距是指螺纹相邻两牙体上的对应牙侧与中径线相交两点间的轴向距离，用 P 表示；导程是指同一条螺旋线上最邻近的两同名牙侧与中径线相交两点间的轴向距离，用 P_h 表示，如图 7-5 所示。螺距 P、导程 P_h 和线数 n 的关系为

$$P_h = nP$$

5）螺纹有左旋和右旋两种旋向，如图 7-6 所示。沿顺时针方向旋进的螺纹为右旋螺纹，其螺纹线的特征是右高左低，右旋螺纹记为 RH；沿逆时针方向旋进的螺纹为左旋螺纹，其螺纹线的特征是左高右低，左旋螺纹记为 LH。工程上常用右旋螺纹。

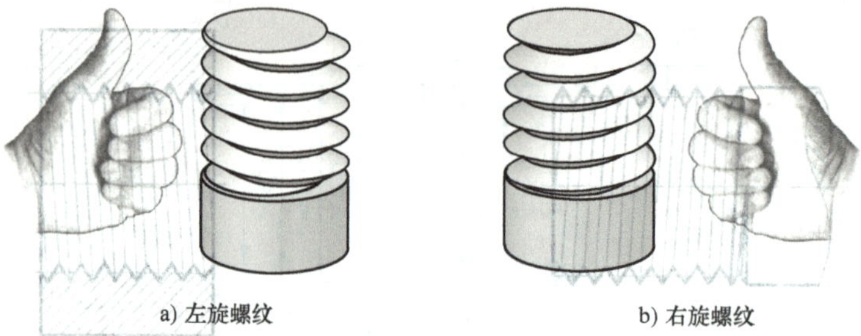

a) 左旋螺纹　　b) 右旋螺纹

图 7-6　螺纹的旋向

2. 螺纹的规定画法

由于螺纹的真实投影比较复杂，为了简化作图，《机械制图　螺纹及螺纹紧固件表示法》（GB/T 4459.1—1995）对螺纹规定了统一画法，即不论螺纹的牙型如何，其画法均相同。

(1) 外螺纹的规定画法　如图 7-7a 所示，在投影为非圆的视图中，螺纹大径用粗实线绘制，螺纹小径用细实线绘制（取小径 $d_1 = 0.85d$），并画入倒角内。螺纹终止线用粗实线表示，螺尾部分一般不必画出，但当需要表示螺尾时，可以用与轴线成 30°角的细实线表示。在投影为圆的视图中，表示螺纹大径的圆用粗实线绘制，表示螺纹小径的圆用细实线绘制约 3/4 圈，轴端倒角省略不画。螺纹局部剖视图的画法如图 7-7b 所示。

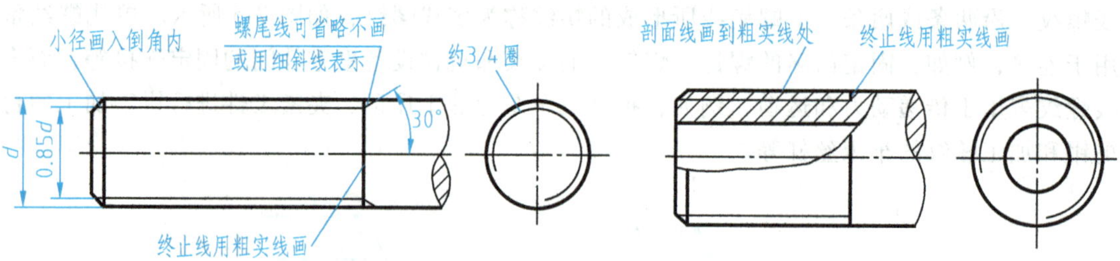

a) 一般画法　　b) 局部剖视图画法

图 7-7　外螺纹的画法

(2) 内螺纹的规定画法　内螺纹通常用剖视图表示。当螺纹孔为通孔时，在非圆视图中，螺纹大径用细实线绘制，螺纹小径用粗实线绘制，螺纹终止线用粗实线绘制，剖面线画到粗实线处；在投影为圆的视图中，表示螺纹大径的圆用细实线绘制约 3/4 圈，表示螺纹小径的圆用粗实线绘制，轴端倒角省略不画，如图 7-8a 所示。当螺纹孔为盲孔（非通孔）时，应将钻孔深度和螺孔深度分别画出，且终止线到孔末端的距离按大径的 0.5 倍绘制，钻孔时

在末端形成的锥角按 120°绘制，如图 7-8b 所示。当内螺纹为不可见时，螺纹的所有图线均用细虚线绘制，如图 7-8c 所示。

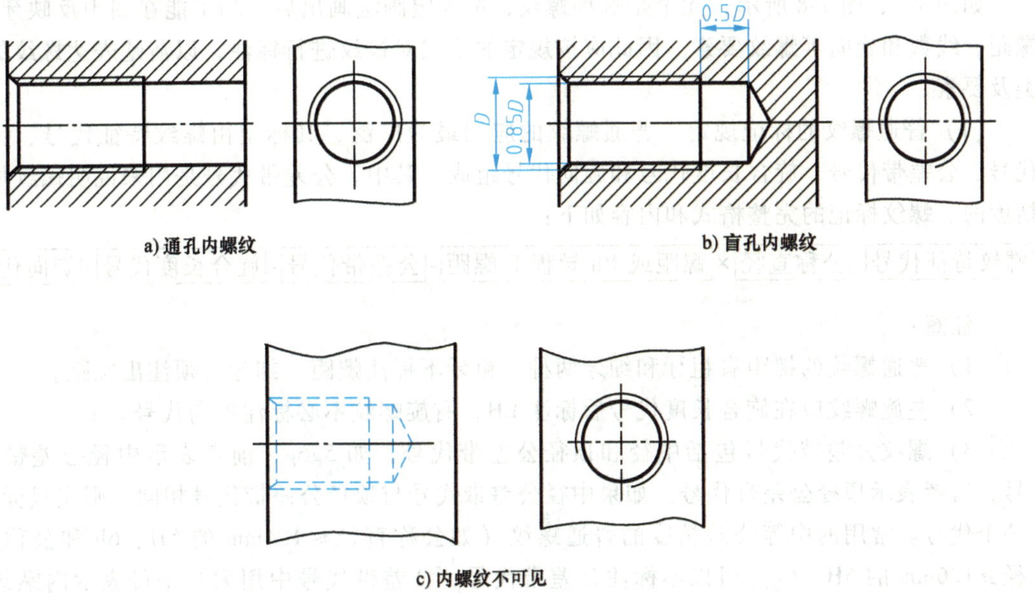

a) 通孔内螺纹　b) 盲孔内螺纹

c) 内螺纹不可见

图 7-8　内螺纹的画法

（3）内、外螺纹的旋合画法　内、外螺纹旋合时通常采用剖视图。其中，内、外螺纹的旋合部分按外螺纹的规定画法绘制，其余不重合部分按各自的规定画法绘制，如图 7-9 所示。

注意：

1）在剖切平面通过螺纹轴线的剖视图中，实心螺杆按不剖绘制。

2）表示内、外螺纹大径的细实线和粗实线，以及表示内、外螺纹小径的粗实线和细实线均应分别对齐。

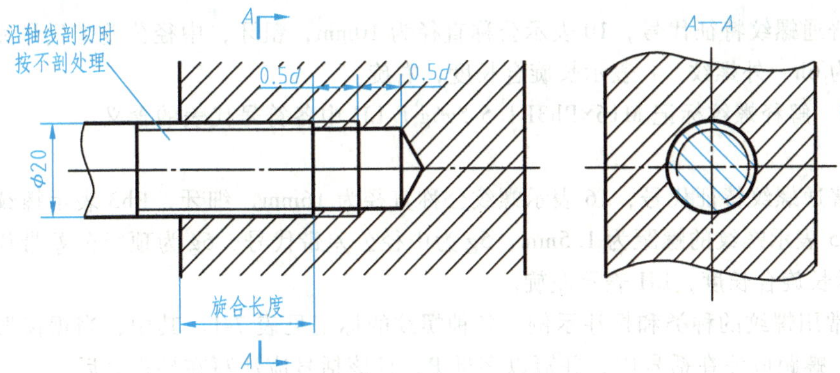

图 7-9　内、外螺纹的旋合画法

3. 螺纹的种类及标注

螺纹按用途不同，可分为连接螺纹和传动螺纹两种。连接螺纹是起连接作用的螺纹，常见的有粗牙普通螺纹、细牙普通螺纹和管螺纹三种。其中，管螺纹又分为 55°密封管螺纹和 55°非密封管螺纹。传动螺纹是用于传递动力和运动的螺纹，常见的有梯形螺纹、矩形螺纹和锯齿形螺纹。

如图 7-7、图 7-8 所示，无论是哪种螺纹，按规定画法画出后，均不能在图中反映牙型、螺距、线数和旋向等螺纹要素。因此应按规定的格式对螺纹进行标注，以清楚表达螺纹的种类及要素。

（1）普通螺纹的标记规定　普通螺纹的应用最为广泛，其标记由螺纹特征代号、尺寸代号、公差带代号、旋合长度代号和旋向代号组成。其中，公差带代号是用来说明螺纹加工精度的。螺纹标记的完整格式和内容如下：

[螺纹特征代号] [公称直径]×[螺距或 Ph 导程 P 螺距]-[公差带代号]-[旋合长度代号]-[旋向代号]

注意：

1）普通螺纹的螺距有粗牙和细牙两种，粗牙不标注螺距，细牙必须注出螺距。

2）左旋螺纹应在旋合长度代号后标注 LH，右旋螺纹不必标注旋向代号。

3）螺纹公差带代号包括中径和顶径公差带代号，如 5g6g，前者表示中径公差带代号，后者表示顶径公差带代号。如果中径公差带代号与顶径公差带代号相同，则应只标注一个代号。常用的中等公差精度的普通螺纹（如公称直径≤1.4mm 的 5H、6h 和公称直径≥1.6mm 的 6H、6g）可以不标注公差带代号。公差带代号中用大写字母表示内螺纹，用小写字母表示外螺纹。有关公差带的内容，将在模块 8 中叙述。

4）普通螺纹的旋合长度规定为短（S）、中（N）、长（L）三组，其中，中等旋合长度（N）不必标注。

例 7-1　解释螺纹标记 M20×1.5-5g6g-S-LH 中各符号代表的含义。

解释：

M 为普通螺纹特征代号，20 表示公称直径为 20mm，细牙，1.5 表示螺纹的螺距为 1.5mm，5g 为中径公差带代号，6g 为顶径公差带代号，外螺纹，S 表示短旋合长度，LH 表示左旋。

例 7-2　解释螺纹标记 M10-6h-L 中各符号代表的含义。

解释：

M 为普通螺纹特征代号，10 表示公称直径为 10mm，粗牙，中径公差带代号和顶径公差带代号均为 6h，外螺纹，L 表示长旋合长度，右旋。

例 7-3　解释螺纹标记 M16×Ph3P1.5-5g6g-L-LH 中各符号代表的含义。

解释：

M 为普通螺纹特征代号，16 表示螺纹公称直径为 16mm，细牙，Ph3 表示螺纹的导程为 3mm，P1.5 表示螺纹的螺距为 1.5mm，5g 为中径公差带代号，6g 为顶径公差带代号，外螺纹，L 表示长旋合长度，LH 表示左旋。

（2）常用螺纹的种类和标注示例　各种螺纹的标记见表 7-1。其中，当锯齿形螺纹为多线螺纹时，螺距应注在括号内，并冠以字母 P，且该括号应注写在导程之后。

二、常用螺纹紧固件

螺纹紧固件是指利用内、外螺纹的旋合作用来连接和紧固一些零、部件的零件。螺纹紧固件的种类很多，常用的有螺栓、螺钉、双头螺柱、螺母和垫圈等，如图 7-10 所示。

表 7-1 常用螺纹的种类和标注示例

螺纹种类		特征代号		标记示例	说明	用途
连接螺纹	普通螺纹	M	粗牙	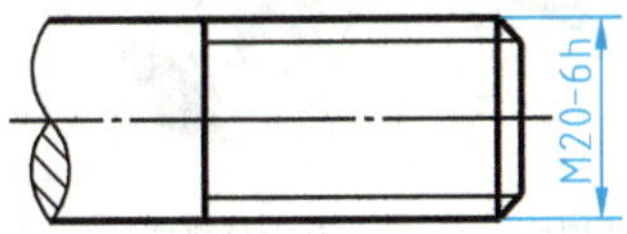	粗牙普通外螺纹，公称直径为 20 mm，螺纹中径、顶径公差带代号均为 6h，中等旋合长度，右旋	主要用于紧固连接，其牙型角为 60°，按螺距分为粗牙和细牙两种。粗牙螺纹的直径和螺距的比例适中、强度好；细牙螺纹用于薄壁零件、轴向尺寸受限制的场合或微调机构
			细牙	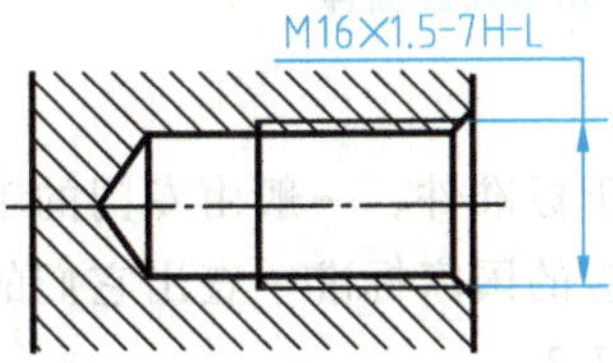	细牙普通内螺纹，公称直径为 16 mm，螺距为 1.5mm，螺纹中径、顶径公差带代号均为 7H，长旋合长度，右旋	
	管螺纹	G	55°非密封管螺纹	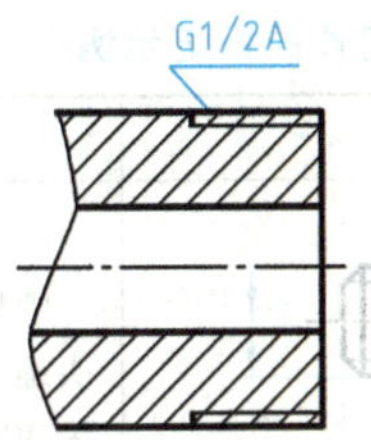 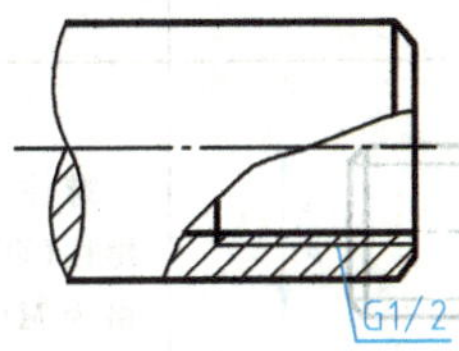	55°非密封管螺纹外螺纹有 A、B 两种公差等级，公差等级代号标注在尺寸代号之后，例如 G1/2A 中，G 表示 55°非密封管螺纹，1/2 为尺寸代号，右旋	管螺纹主要用来进行管道的连接和密封，使其内外螺纹紧密配合，有直管螺纹和锥管螺纹两种，多用于液压系统、气动系统、润滑附件和仪表等管道连接中。常用管螺纹标注时要从螺纹的大径引出
		Rp Rc R_1 R_2	55°密封管螺纹	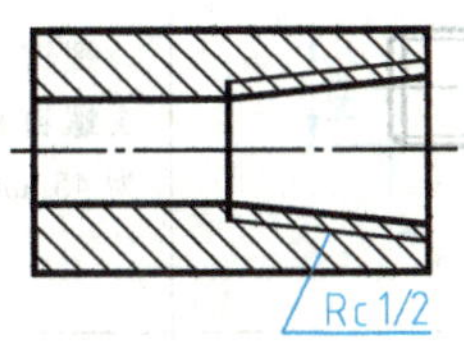	55°密封管螺纹圆柱内、外螺纹只有一种公差等级，可省略不标 圆柱内螺纹代号为 Rp，圆锥内螺纹代号为 Rc，R_1 和 R_2 分别表示与圆柱内螺纹和圆锥内螺纹配合的圆锥外螺纹的代号。例如 Rc1/2 中，Rc 表示 55°密封圆锥内螺纹，1/2 为尺寸代号，右旋	
传动螺纹	梯形螺纹	Tr		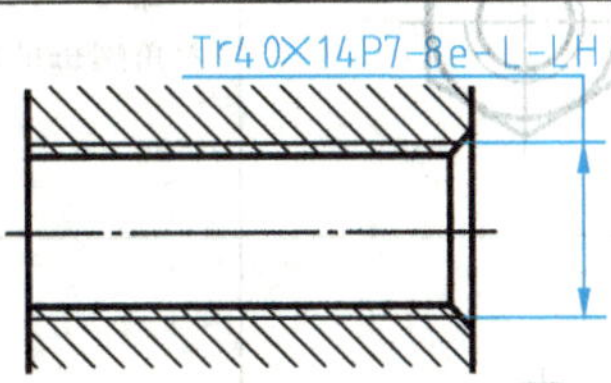	Tr40×14P7-8e-L-LH 为公称直径为 40mm（查表可知螺纹大径为 41mm），导程为 14mm，螺距为 7mm，中径公差带代号为 8e，长旋合长度的双线左旋梯形螺纹	梯形螺纹是最常用的传动螺纹，用来传递双向动力（如机床的丝杠），传动螺纹没有顶径公差带代号
	锯齿形螺纹	B		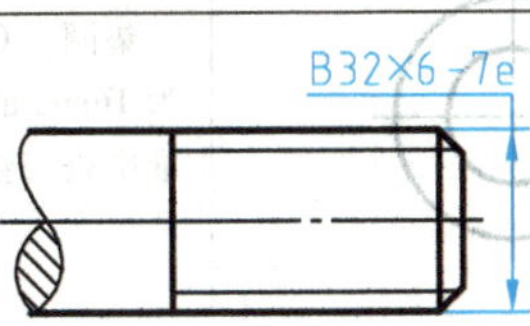	锯齿形螺纹，公称直径为 32mm（即螺纹大径），单线螺纹，螺距为 6mm，中径公差带代号为 7e，中等旋合长度，右旋	锯齿形螺纹只适用于承受单向的轴向载荷（如千斤顶中的螺杆），传动螺纹没有顶径公差带代号

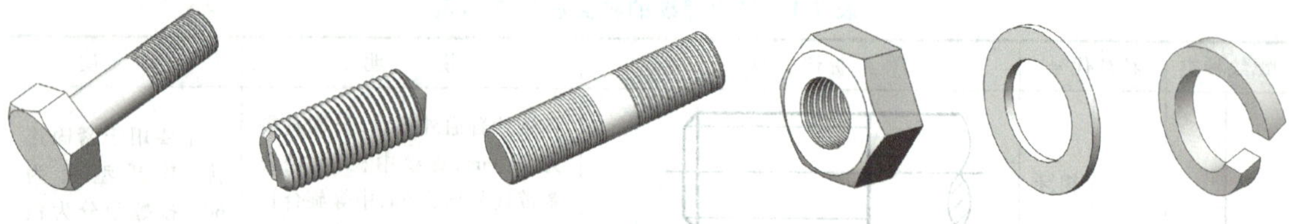

a) 六角头螺栓　b) 开槽锥端紧定螺钉　c) 双头螺柱　d) 六角螺母　e) 平垫圈　f) 弹簧垫圈

图 7-10　常用螺纹紧固件

1. 螺纹紧固件的规定标记

螺纹紧固件的结构和尺寸已标准化，属于标准件，一般由专门的工厂生产。各种标准件都有规定标记，使用时，可根据其标记从相应的国家标准中查出它们的结构型式、尺寸及技术要求等。常见螺纹紧固件的标记示例见表 7-2。

表 7-2　常见螺纹紧固件的标记示例

种类及标准号	图例及尺寸	标 记 示 例
六角头螺栓 GB/T 5782—2016	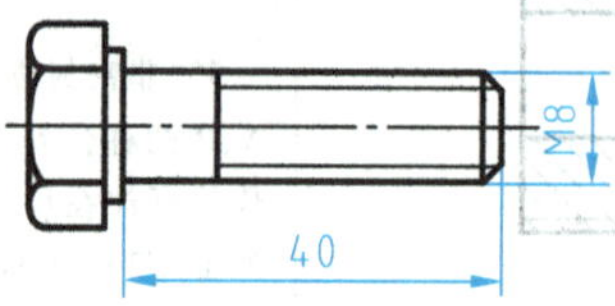	螺栓　GB/T 5782　M8×40 表示六角头螺栓的螺纹规格为 M8，公称长度为 40mm
双头螺柱 GB/T 897，898，899，900—1988	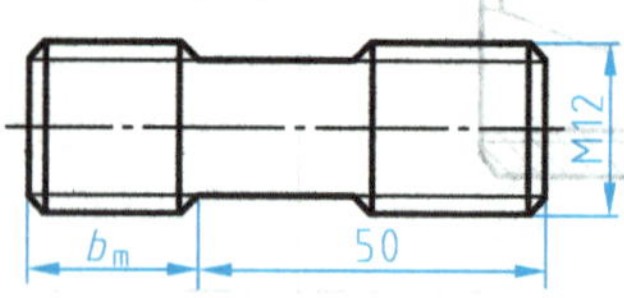	螺柱　GB/T 898　M12×50 表示双头螺柱（两端均为粗牙普通螺纹）的螺纹规格为 M12，公称长度为 50mm
开槽沉头螺钉 GB/T 68—2016	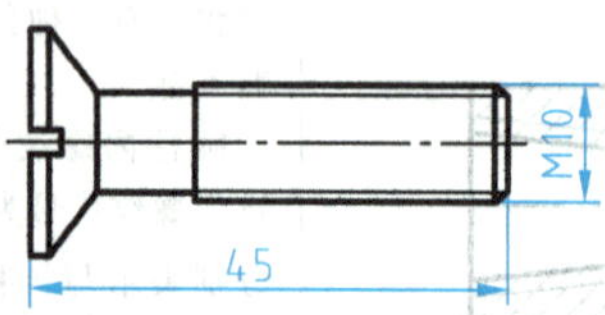	螺钉　GB/T 68　M10×45 表示开槽沉头螺钉的螺纹规格为 M10，公称长度为 45mm
1 型六角螺母 GB/T 6170—2015	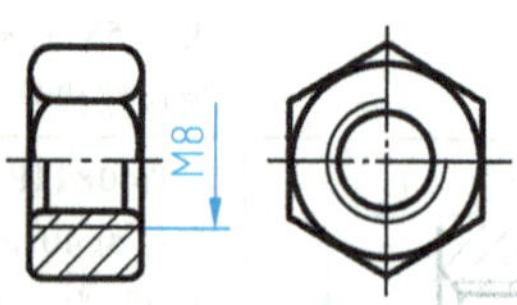	螺母　GB/T 6170　M8 表示 A 级 1 型六角螺母的螺纹规格为 M8
平垫圈 GB/T 97.1—2002	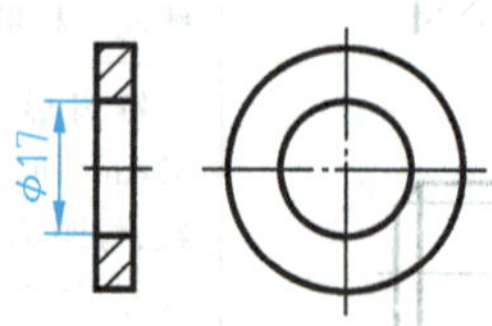	垫圈　GB/T 97.1　16 表示公称规格为 16mm 的标准 A 级平垫圈（可以从标准中查得垫圈孔径为 ϕ17mm）

（续）

种类及标准号	图例及尺寸	标记示例
标准型弹簧垫圈 GB/T 93—1987	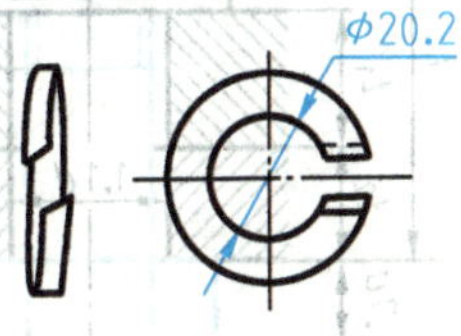	垫圈　GB/T 93　20 表示公称规格为20mm 的标准弹簧垫圈（可以从标准中查得垫圈孔径为 ϕ20.2mm）

2. 螺纹紧固件连接的画法

螺纹紧固件常见的连接形式有螺栓连接、双头螺柱连接和螺钉连接三种。无论采用哪种连接，其画法都应遵守下列规定：

1）两零件的接触表面只画一条线，不接触的相邻两表面，不论其间隙大小均需画成两条线（小间隙可夸大画出）。

2）相邻两零件的剖面线方向相反，或者方向相同但间距不同。同一零件的剖面线在所有视图中应等间距同方向。

3）当剖切平面通过螺纹紧固件的轴线时，螺纹紧固件均按不剖绘制。

4）各紧固件可以采用简化画法，即螺栓、螺母，以及螺钉头部结构均可简化；螺纹紧固件上的倒角和退刀槽等工艺结构也可以省略不画。

（1）螺栓连接　螺栓用于连接两个较薄且都能钻出通孔的零件，多用于受力较大且需要经常拆卸的场合。螺栓连接中的螺纹紧固件有螺栓、螺母和垫圈。连接时，应先将螺栓的杆身穿过两个零件的通孔，然后套上垫圈，最后拧紧螺母。其装配示意图如图 7-11 所示。

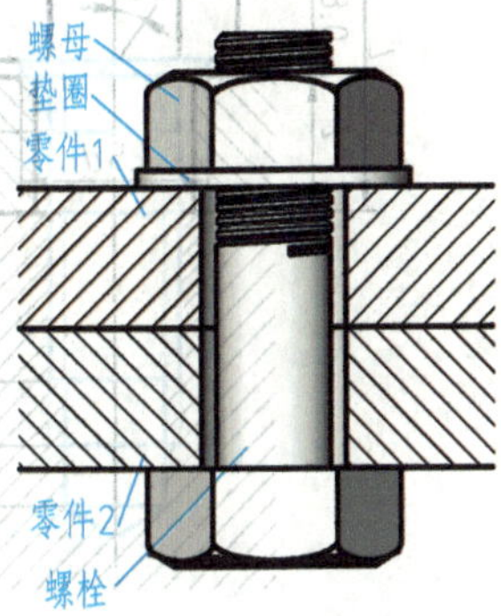

图 7-11　螺栓连接装配示意图

绘制螺栓连接时，提倡采用比例法绘制各紧固件，即以螺栓上螺纹的公称直径（大径 d）为基准，其余各部分的尺寸均按其与公称直径的比例关系来绘制，倒角省略不画，如图 7-12 所示。其中，螺栓的长度 L 应按照 $L=t_1+t_2+0.15d+0.8d+0.3d$ 计算，计算出 L 值后，应从相应的螺栓标准（参见表 C-3）所规定的长度系列中选择最接近标准的长度值。

注意：

1）被连接零件的孔径（$\approx 1.1d$）必须大于螺栓大径，否则在组装时螺栓无法装进通孔。

2）螺栓的螺纹终止线必须画到垫圈之下（应在被连接两零件接触面的上方），否则螺母可能拧不紧。

（2）双头螺柱连接　双头螺柱的两端都加工有螺纹，其中一端和被连接零件旋合（旋入端），另一端和螺母旋合（紧固端）。双头螺柱常用于一个较厚且不宜加工通孔的零件和另一个较薄且可加工出通孔的零件的连接，多用于受力较大、需要经常拆卸的场合。

双头螺柱连接与螺栓连接相同，通常采用比例法绘制，其连接图的画法如图 7-13 所示。在绘制螺柱连接时，应注意以下几点：

1）因为双头螺柱旋入端的螺纹全部旋入螺孔内，所以旋入端的螺纹终止线应与两被连接件的接触面平齐，以表示旋入端已拧紧。

2）为了确保旋入端能全部旋入螺孔内，零件上的螺孔深度应大于旋入端长度。画图时，螺孔的螺纹深度可以按（$b_m+0.5d$）画出；钻底孔时，其深度应略大于螺孔的螺纹深度。孔底应画出钻头留下的 120°圆锥孔。

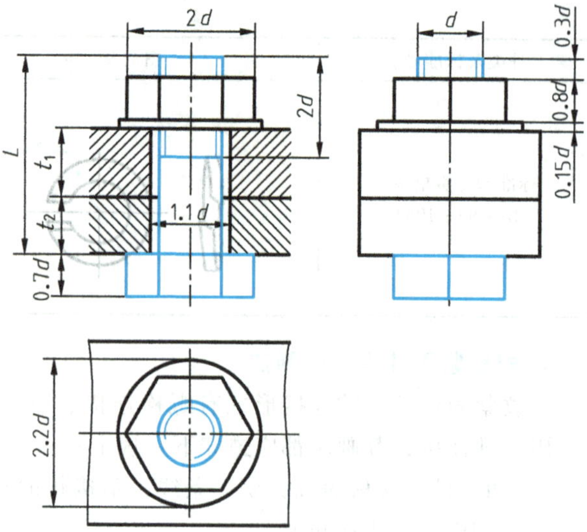

图 7-12 螺栓连接的画法

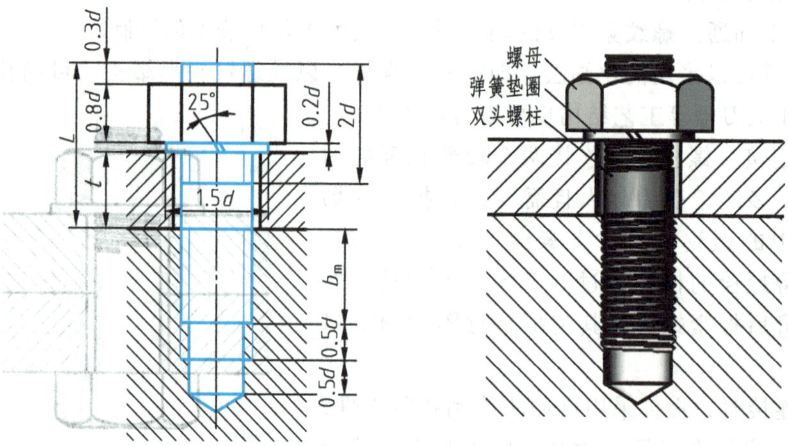

a) 使用弹簧垫圈连接

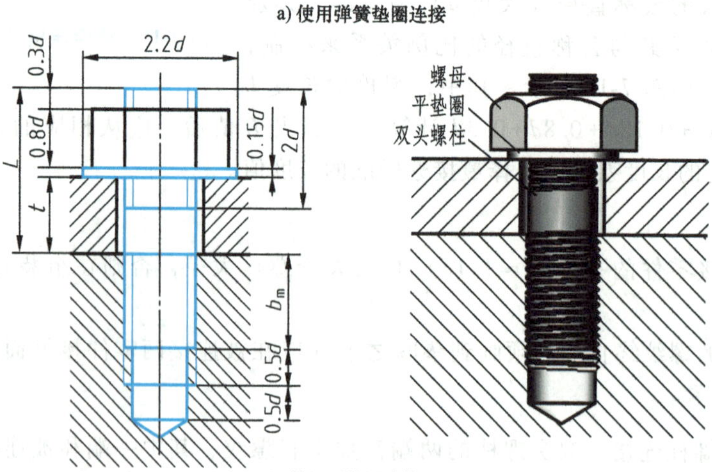

b) 使用平垫圈连接

图 7-13 双头螺柱连接的画法

注意：弹簧垫圈靠弹性及斜口摩擦防止紧固件松动，绘图时按图 7-13a 绘制；平垫圈相对弹簧垫圈的锁紧功能较差些，绘图时按图 7-13b 绘制。

（3）螺钉连接　螺钉的种类较多，按其使用场合和连接原理可以分为连接螺钉和紧定螺钉两种。

1）连接螺钉用于连接一个较薄、一个较厚的两零件，常用于受力不大、不经常拆卸的场合。装配时，将螺钉直接穿过被连接零件上的通孔（光孔），拧入机件上的螺纹孔中，靠螺钉头部压紧被连接零件。

连接螺钉的种类较多，如图 7-14 所示为开槽圆柱头螺钉连接和开槽沉头螺钉连接的比例画法。其中，螺钉的总长度先按总长度（L）= 通孔零件的厚度（t）+螺钉旋入长度（b_m）计算，然后从相应的螺钉标准所规定的长度系列中选择最接近标准的长度值。

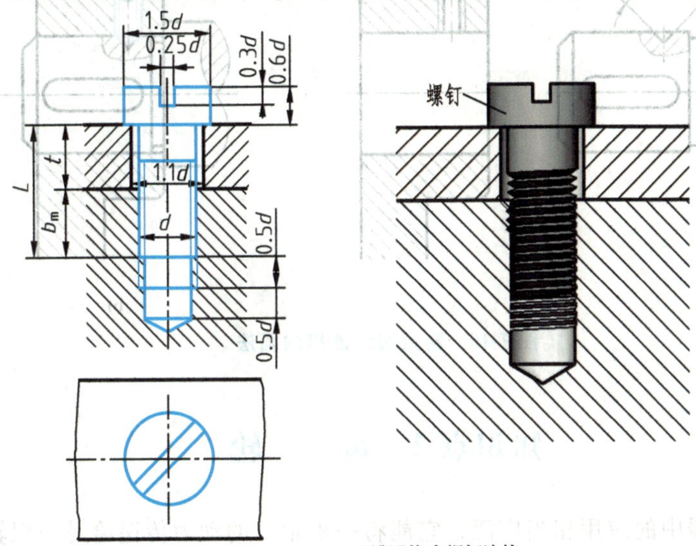

a) 开槽圆柱头螺钉连接

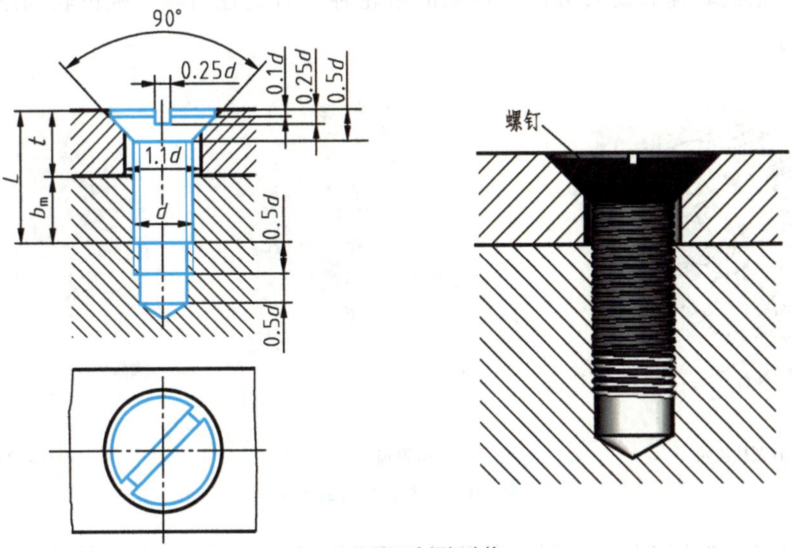

b) 开槽沉头螺钉连接

图 7-14　螺钉连接的画法

注意：画螺钉连接图时，螺钉的螺纹终止线必须超过被连接件的接合面。不论螺钉旋合到什么位置，螺钉头部开槽的规定画法为，在投影为非圆的视图中，其槽口应正对观察者；在投影为圆的视图上，开槽应按45°位置简化，如图7-14所示。

2）紧定螺钉常用于固定受力不大、不需要经常拆卸的两零件，以防止其发生位移或脱落。如图7-15a所示，为防止孔、轴零件发生轴向位移，常在孔类零件上沿径向钻通孔，并在轴上钻与紧定螺钉的头部相配的孔或坑，从而使螺钉的顶头陷入轴中。紧定螺钉连接的画法如图7-15b所示，其尺寸可以根据钻孔的深度在紧定螺钉标准所规定的长度系列中选取。

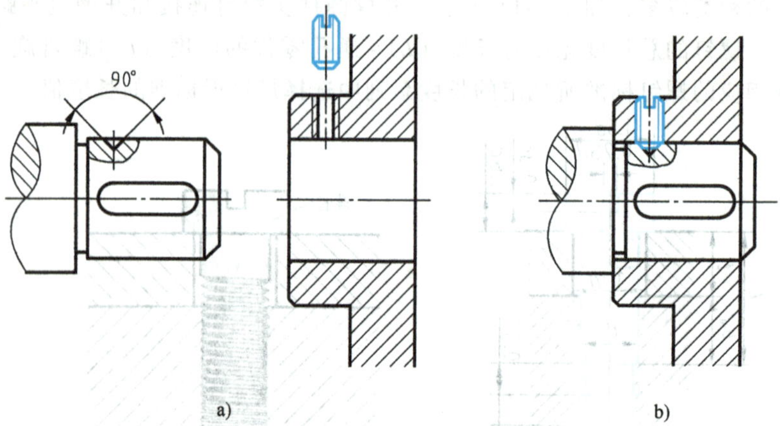

图7-15 紧定螺钉连接的画法

知识点2 齿 轮

齿轮传动在机器中的应用相当广泛，它能将一根轴上的动力传递给另一根轴，并能根据要求改变另一轴的转速和旋转方向。常见的齿轮种类有圆柱齿轮、锥齿轮和蜗轮蜗杆，如图7-16所示。

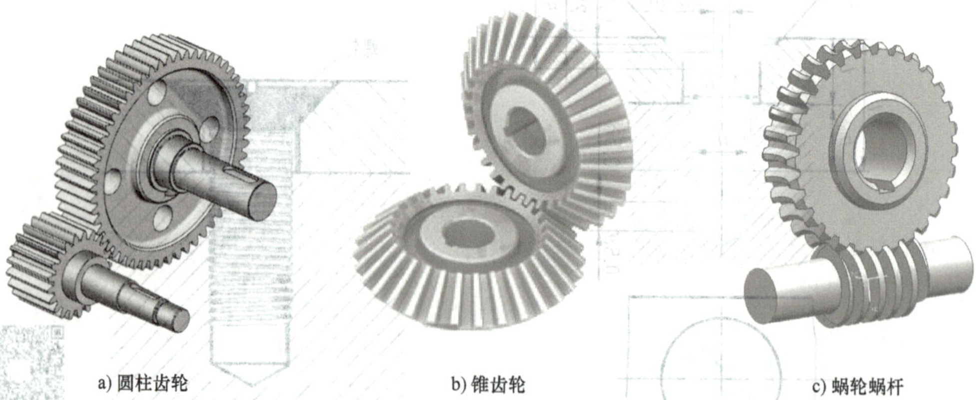

图7-16 常见的齿轮种类

其中，圆柱齿轮用于两平行轴间的传动，锥齿轮用于两相交轴间的传动，蜗轮蜗杆用于两交叉轴间的传动。

一、圆柱齿轮

圆柱齿轮按轮齿方向不同，可以分为直齿圆柱齿轮、斜齿圆柱齿轮和人字齿圆柱齿轮等，其中，最常用的是直齿圆柱齿轮，如图 7-17 所示。

1. 直齿圆柱齿轮各部分名称及参数

直齿圆柱齿轮各部分的名称及参数如图 7-18 所示。

图 7-17 直齿圆柱齿轮

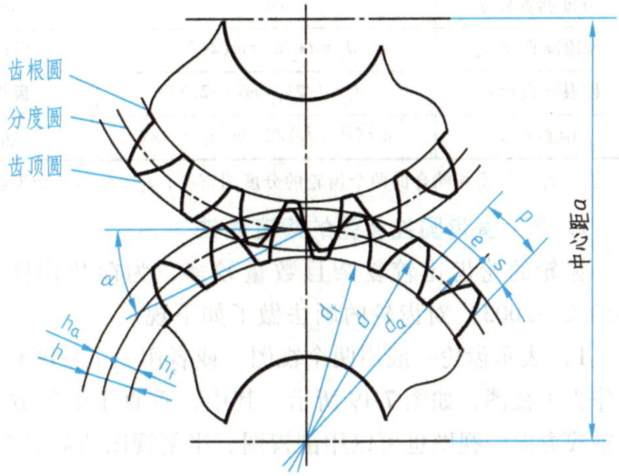

图 7-18 直齿圆柱齿轮各部分的名称及参数

1）齿数（z）是指一个齿轮上的轮齿总数。

2）齿顶圆直径（d_a）是指通过齿轮各齿顶的圆柱面直径。

3）齿根圆直径（d_f）是指通过齿轮各齿根的圆柱面直径。

4）分度圆直径（d）是指分度圆的直径。分度圆是一个约定的假想圆，在该圆上，齿厚 s 等于槽宽 e（s 和 e 均指弧长）。分度圆是设计、制造齿轮时计算各部分尺寸的基准圆。

5）齿高（h）是指齿顶圆和齿根圆之间的径向距离。分度圆将轮齿分成两部分，分度圆和齿顶圆之间的径向距离称为齿顶高，用 h_a 表示；分度圆和齿根圆之间的径向距离称为齿根高，用 h_f 表示。齿高为齿顶高和齿根高之和，即 $h=h_a+h_f$。

6）齿距（p）是指分度圆上相邻两齿廓对应点之间的弧长。齿距=齿厚+槽宽（即 $p=s+e$）。

7）中心距（a）是指两齿轮轴线之间的距离。

8）模数（m）是表示轮齿大小的一个参数。由于分度圆周长 $pz=\pi d$，则 $d=(p/\pi)z$。定义 $m=p/\pi$，单位为 mm，根据 $d=mz$ 可知，当齿数一定时，m 越大，分度圆直径越大，承载能力越强。为了便于制造和测量，模数的值已经标准化。我国国家标准规定的标准模数值见表 7-3。

表 7-3 标准模数值（摘自 GB/T 1357—2008） （单位：mm）

模数系列	标准模数 m
第一系列	1,1.25,1.5,2,2.5,3,4,5,6,8,10,12,16,20,25,32,40,50
第二系列	1.125,1.375,1.75,2.25,2.75,3.5,4.5,5.5,(6.5),7,9,11,14,18,22,28,36,45

注：选用时，应优先选用第一系列，尽量不要选用括号内的模数。

9）压力角（α）是指分度圆上齿轮轮廓曲线的法线（接触点作用力方向）与分度圆切线所夹的锐角 α。我国国标规定标准齿轮的压力角为20°。

齿轮的齿数 z 和模数 m 确定后，就可以按公式计算出齿轮各部分的尺寸，直齿圆柱齿轮各部分的尺寸计算公式见表7-4。

表 7-4 直齿圆柱齿轮各部分的尺寸计算公式

名称	计算公式	名称	计算公式
分度圆直径 d	$d=mz$	齿距 p	$p=\pi m$
齿顶圆直径 d_a	$d_a=d+2h_a=m(z+2)$	齿顶高 h_a	$h_a=m$
齿根圆直径 d_f	$d_f=d-2h_f=m(z-2.5)$	齿根高 h_f	$h_f=1.25m$
中心距 a	$a=(d_1+d_2)/2=m(z_1+z_2)/2$	齿高 h	$h=h_a+h_f=2.25m$

注：d_1、d_2 是相啮合的两个齿轮的分度圆直径；z_1、z_2 是两个齿轮的齿数。

2. 单个直齿圆柱齿轮的规定画法

齿轮的轮齿比较复杂且数量较多，为简化作图，《机械制图　齿轮表示法》（GB/T 4459.2—2003）对齿轮的画法做了如下规定：

1）表示齿轮一般用两个视图，或者用一个视图和一个局部视图，以平行于齿轮轴线的视图作为主视图，如图7-19所示。其中，垂直于轴线方向的视图可以选用外形视图表达，平行于轴线方向的视图也可以用剖视图、半剖视图或局部剖视图来表达，如图7-19～图7-21所示。

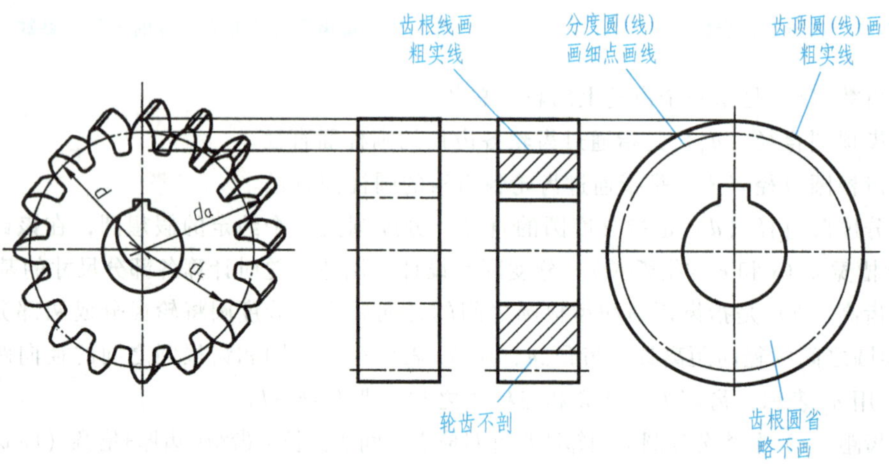

图 7-19 单个圆柱齿轮的画法

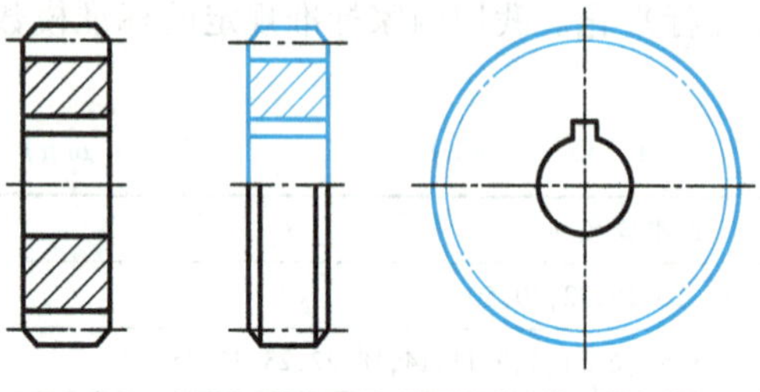

图 7-20 轮齿倒角的圆柱齿轮的画法

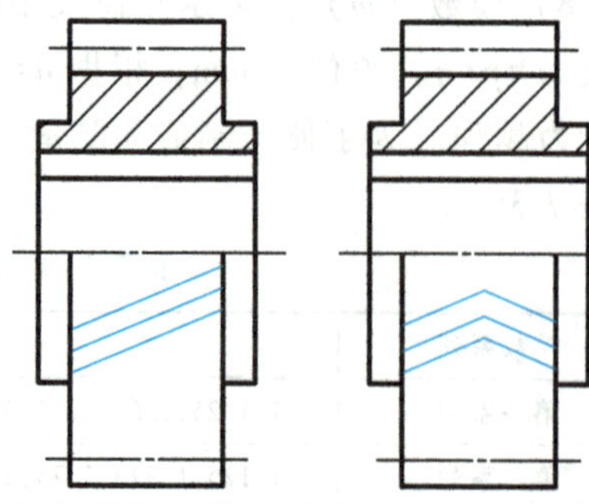

图 7-21 斜齿轮或人字齿轮的画法

2）齿顶圆和齿顶线用粗实线绘制，分度圆和分度线用细点画线绘制。

3）齿根圆和齿根线用细实线绘制，也可省略不画，但在剖视图中，齿根线用粗实线绘制，如图 7-19、图 7-20 所示。

4）在剖视图中，当剖切平面通过齿轮的轴线时，轮齿一律按不剖绘制，如图 7-19～图 7-21 所示。

5）当轮齿有倒角时，在投影为圆的视图中，倒角圆省略不画，如图 7-20 所示。

6）当齿轮为斜齿轮或人字齿轮时，可以用三条与齿线方向一致的细实线表示齿轮的特征，如图 7-21 所示。

3. 两直齿圆柱齿轮啮合的规定画法

两直齿圆柱齿轮啮合时，除啮合区外，其余部分的结构均按单个直齿圆柱齿轮的画法绘制，绘图时应注意以下几点：

1）画两直齿圆柱齿轮啮合时，一般用两个视图表示，以平行于齿轮轴线的视图作为主视图，如图 7-22a 所示。

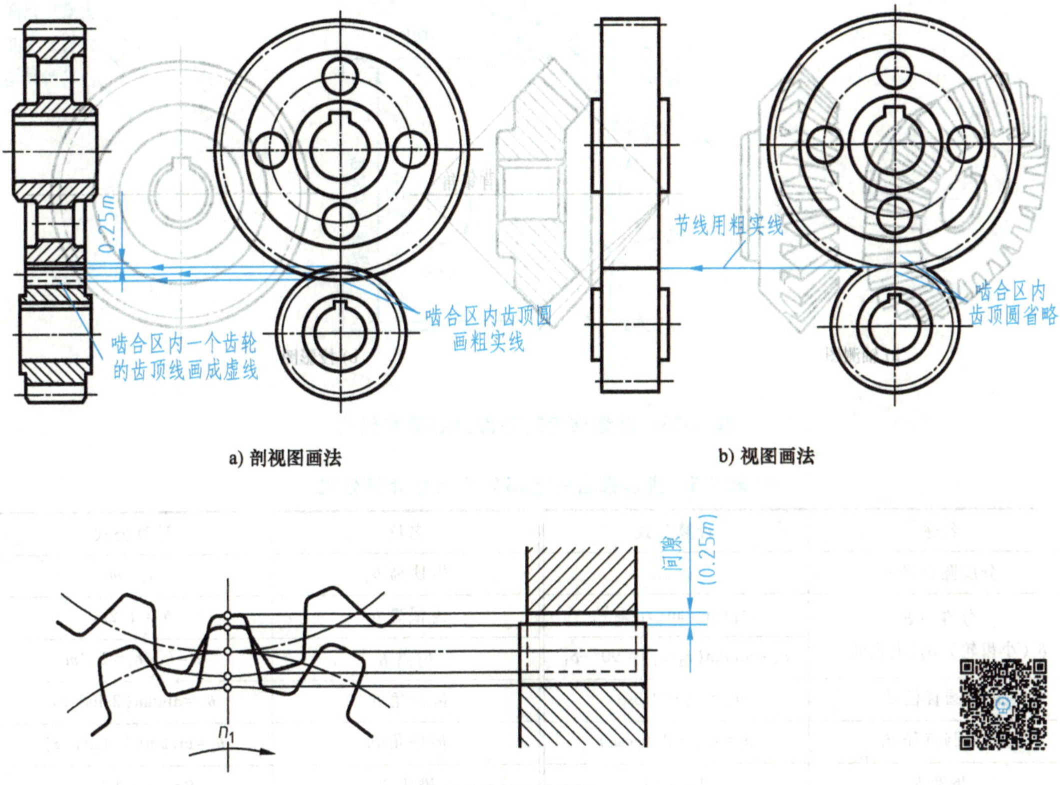

a) 剖视图画法　　b) 视图画法

c) 两齿轮厚度不相等

图 7-22　两直齿圆柱齿轮啮合时的画法

2）在垂直于圆柱齿轮轴线投影面的视图中，啮合区内的齿顶圆均用粗实线绘制，如图 7-22a 左视图所示，其省略画法如图 7-22b 左视图所示。

3）在平行于圆柱齿轮轴线投影面的视图中，啮合区的齿顶线不需画出，节线用粗实线绘制，其他处的节线用细点画线绘制，如图 7-22b 主视图所示。

4）在圆柱齿轮啮合的剖视图中，当剖切平面通过两啮合齿轮的轴线时，在啮合区内，将一个齿轮的轮齿用粗实线绘制，另一个齿轮轮齿被遮挡的部分用细虚线绘制，如图 7-22a 主视图所示，也可以省略不画。

5）在啮合区域内，一个齿轮的齿顶线与另一个齿轮的齿根线之间的间隙为 0.25m（m 为模数），如图 7-22c 所示。两个齿轮厚度不相等时，啮合区的画法如图 7-22c 所示。

二、直齿锥齿轮

直齿锥齿轮的轮齿是在圆锥面上加工而成的，因此轮齿沿圆锥素线方向一端大，另一端小，齿厚、槽宽、齿高及模数也随之变化。为了便于设计和制造，通常规定锥齿轮以大端的端面模数为标准模数，用它来计算和决定齿轮其他各部分的尺寸。

1. 直齿锥齿轮各部分名称及参数

直齿锥齿轮各部分名称和代号如图 7-23 所示，其各部分的尺寸计算公式见表 7-5。

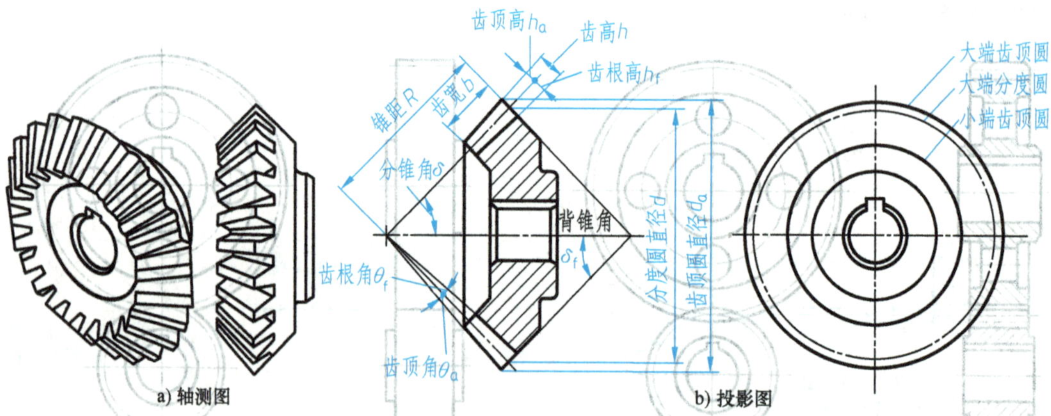

图 7-23 直齿锥齿轮各部分名称和代号

表 7-5 直齿锥齿轮各部分的尺寸计算公式

名称	计算公式	名称	计算公式
分度圆直径 d	$d=mz$	齿顶高 h_a	$h_a=m$
分锥角 δ δ_1(小齿轮),δ_2(大齿轮)	$\delta_1=\arctan(z_1/z_2)$	齿根高 h_f	$h_f=1.2m$
	$\delta_2=\arctan(z_2/z_1)=90°-\delta_1$	齿高 h	$h=h_a+h_f=2.2m$
齿顶圆直径 d_a	$d_a=m(z+2\cos\delta)$	齿顶角 θ_a	$\theta_a=\arctan(2\sin\delta/z)$
齿根圆直径 d_f	$d_f=m(z-2.4\cos\delta)$	齿根角 θ_f	$\theta_f=\arctan(2.4\sin\delta/z)$
齿宽 b	$b\leqslant R/3$	锥距 R	$R=mz/(2\sin\delta)$

2. 单个直齿锥齿轮的规定画法

单个直齿锥齿轮的画图步骤如图 7-24a、b 所示，在画图时要注意以下两点：

1）直齿锥齿轮的主视图一般用剖视图来表达，但轮齿按不剖处理，如图 7-24c 所示。

2）画直齿锥齿轮的左视图时，需用粗实线画出大端和小端的顶圆；用细点画线画出大端分度圆；无须画出大、小端的根圆和小端分度圆；齿轮轮齿部分以外的结构均按真实投影绘制。

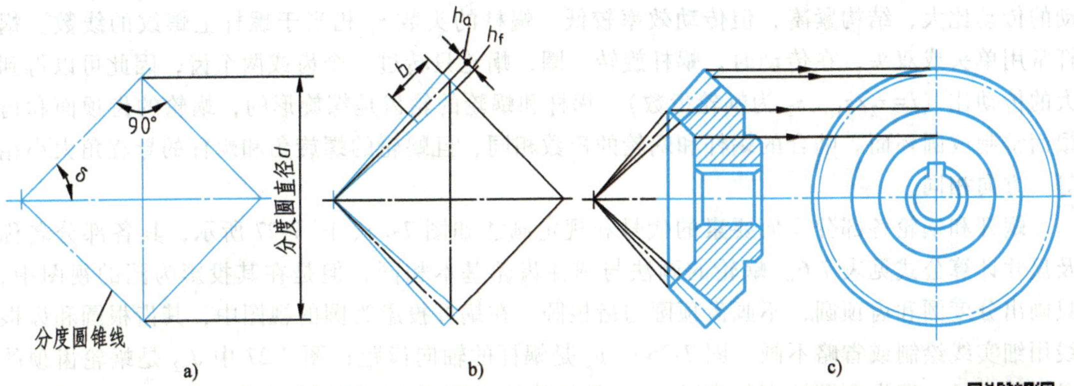

图 7-24 单个直齿锥齿轮的规定画法

3. 两直齿锥齿轮啮合的规定画法

直齿锥齿轮啮合时的画法与直齿圆柱齿轮啮合时的画法基本相同，一般采用主、左视图表示，且主视图画成剖视图。在啮合区内，应将一个齿轮的齿顶线画成粗实线，而将另一个齿轮的齿顶线画成细虚线或省略不画，在图 7-25d 所示的主视图中，一个齿轮的齿顶线为虚线。此外，两直齿锥齿轮啮合时，其分度线应相切，具体画法如图 7-25 所示。

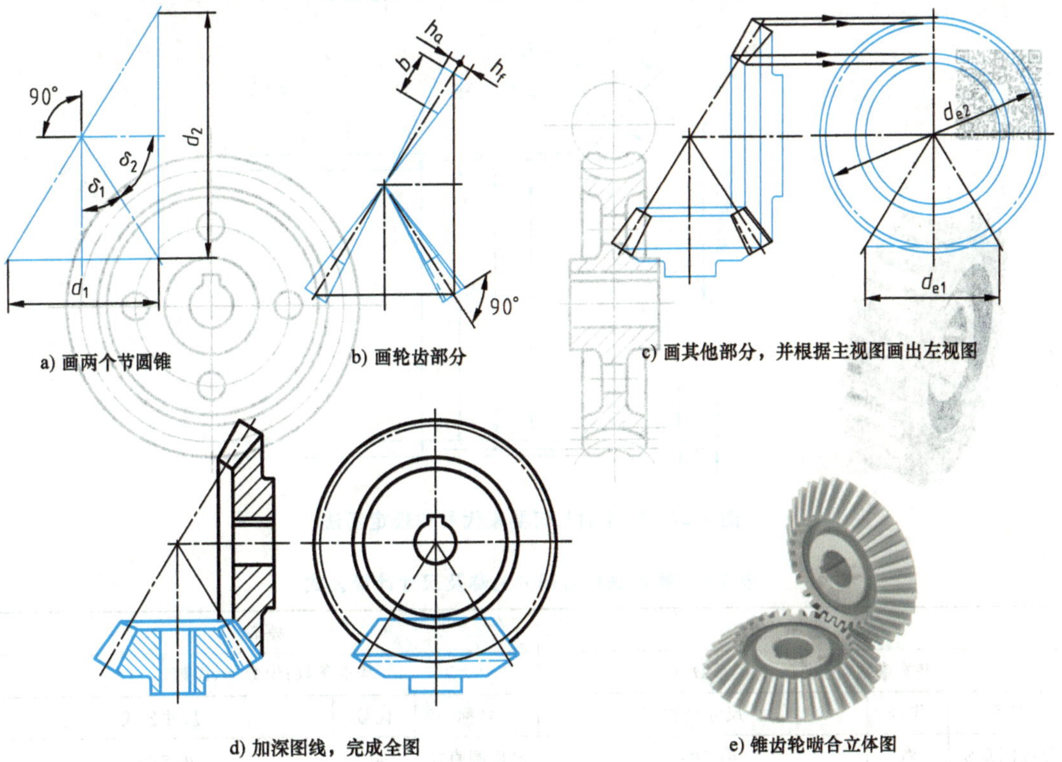

图 7-25 两直齿锥齿轮啮合的规定画法

三、蜗杆和蜗轮

蜗杆和蜗轮用于垂直交错两轴之间的传动，通常蜗杆是主动的，蜗轮是从动的。蜗杆传动的传动比大，结构紧凑，但传动效率较低。蜗杆的头数 z_1 相当于螺杆上螺纹的线数。蜗杆常用单头或双头，在传动时，蜗杆旋转一圈，蜗轮只转过一个齿或两个齿，因此可以得到大的传动比（$i=z_2/z_1$，z_2 为蜗轮齿数）。蜗杆和蜗轮的轮齿是螺旋形的，蜗轮的齿顶面和齿根面常制成圆环面。啮合的蜗杆和蜗轮的模数相同，且蜗轮的螺旋角和蜗杆的导程角大小相等、方向相同。

蜗杆和蜗轮各部分几何要素的代号和规定画法如图 7-26、图 7-27 所示，其各部分名称及尺寸计算公式见表 7-6。蜗轮的画法与圆柱齿轮基本相同，但是在其投影为圆的视图中，只画出分度圆和齿顶圆，不画齿顶圆与齿根圆。在蜗杆投影为圆的视图中，其齿根圆和齿根线用细实线绘制或省略不画。图 7-26 中 p_x 是蜗杆的轴向齿距；图 7-27 中 d_{e2} 是蜗轮齿顶的最外圆直径，即齿顶圆柱面的直径，d_{a2} 是蜗轮的齿顶圆环面喉圆的直径。

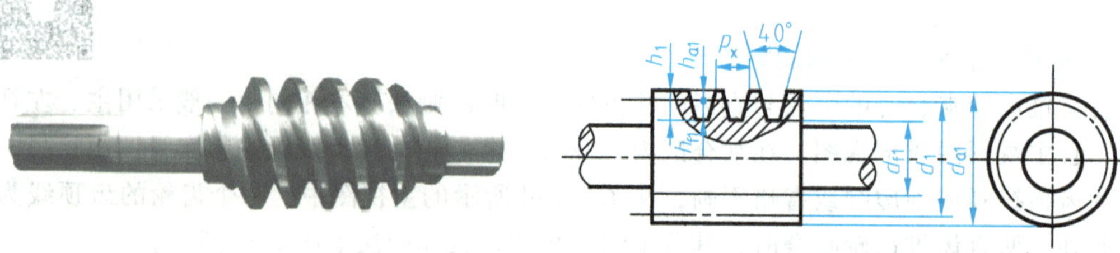

图 7-26 蜗杆的几何要素代号和规定画法

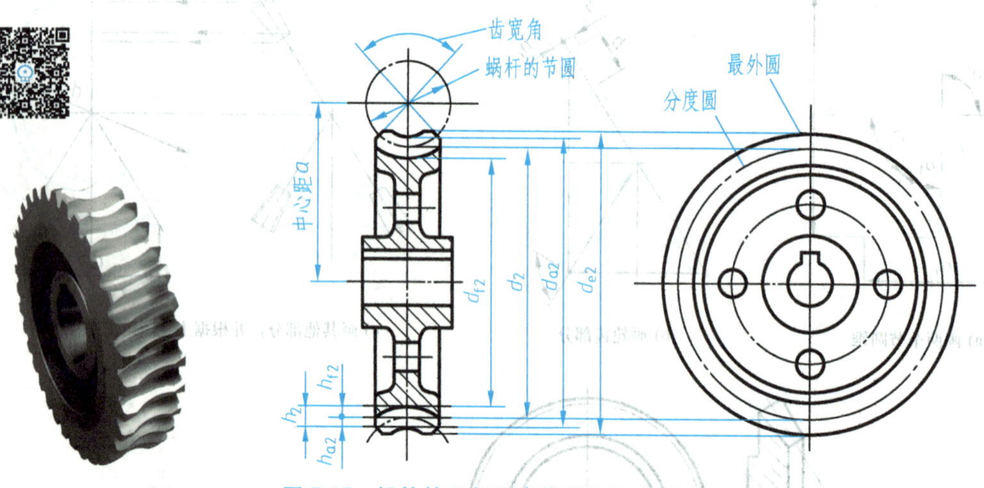

图 7-27 蜗轮的几何要素代号和规定画法

表 7-6 蜗轮蜗杆各部分名称及尺寸计算公式

蜗杆			蜗轮		
基本参数：模数 m、直径系数 q			基本参数：模数 m、齿数 z_2		
名称	代号	尺寸公式	名称	代号	尺寸公式
分度圆直径	d_1	$d_1=mz_1$	分度圆直径	d_2	$d_2=mz_2$
齿顶高	h_{a1}	$h_{a1}=m$	齿顶高	h_{a2}	$h_{a2}=m$
齿根高	h_{f1}	$h_{f1}=1.2m$	齿根高	h_{f2}	$h_{f2}=1.2m$
齿高	h_1	$h_1=h_{a1}+h_{f1}=2.2m$	齿高	h_2	$h_2=h_{a2}+h_{f2}=2.2m$
齿顶圆直径	d_{a1}	$d_{a1}=d_1+2h_{a1}=d_1+2m$	喉径	d_{a2}	$d_{a2}=d_2+2h_{a2}=(z_2+2)m$

（续）

蜗杆			蜗轮		
基本参数：模数 m、直径系数 q			基本参数：模数 m、齿数 z_2		
名称	代号	尺寸公式	名称	代号	尺寸公式
齿根圆直径	d_{f1}	$d_{f1}=d_1-2h_{f1}=d_1-2.4m$	齿根圆直径	d_{f2}	$d_{f2}=d_2-2h_{f2}=(z_2-2.4)m$
轴向齿距	p_x	$p_x=\pi m$	齿顶圆弧半径	R_{a2}	$R_{a2}=0.5d_1-m$
蜗杆导程	p_z	$p_z=z_1p_x$	齿根圆弧半径	R_{f2}	$R_{f2}=0.5d_{a1}+0.2m$
导程角	γ	$\tan\gamma=z_1/d_1$	最外圆直径	d_{e2}	当 $z_1=1$ 时，$d_{e2}\leqslant d_{a2}+2m$； 当 $z_1=2\sim3$ 时，$d_{e2}\leqslant d_{a2}+1.5m$
齿宽	b_1	当 $z_1=1\sim2$ 时，$b_1\geqslant(12+0.1z_2)m$ 当 $z_1=3\sim4$ 时，$b_1\geqslant(13+0.1z_2)m$	齿宽	b_2	当 $z_1\leqslant3$ 时，$b_2\geqslant0.75d_{a1}$； 当 $z_1=3$ 时，$b_2\geqslant0.67d_{a1}$
中心距	$a=(d_1+d_2)/2=m(d_1+z_2)/2$				

蜗杆和蜗轮的啮合画法如图 7-28 所示，其中，在主视图中，蜗轮被蜗杆遮住的部分不必画出；在左视图中，蜗轮的分度圆和蜗杆的分度线相切。

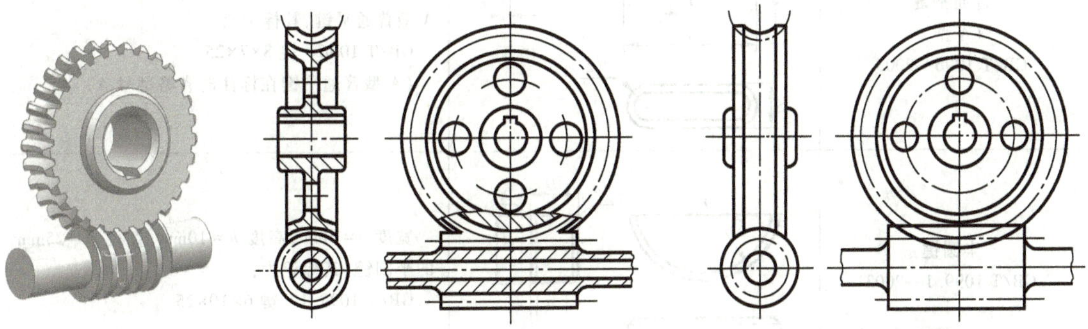

a) 啮合图　　b) 剖视图　　c) 外形视图

图 7-28　蜗杆和蜗轮的啮合画法

知识点 3　键连接和销连接

键和销都是标准件，键连接和销连接也是工程中常用的可拆连接。

一、键及键连接

在机器和设备中，通常用键来连接轴和轴上的零件（如齿轮、带轮等），使它们一起转动，即在轮孔和轴上分别加工键槽，用键将轮和轴连接起来进行转动，这种连接称为键连接，如图 7-29 所示。

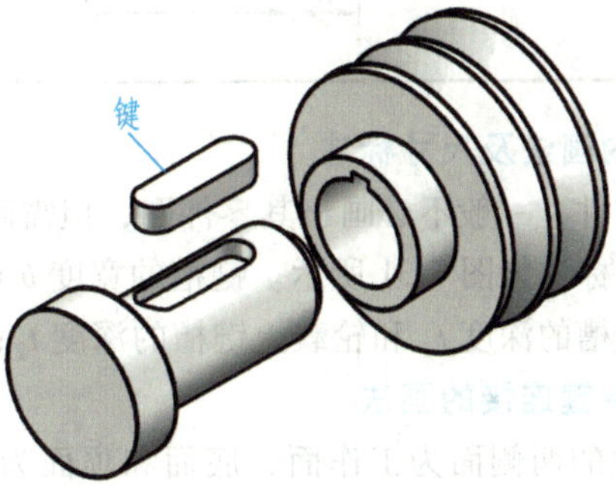

图 7-29　键连接

1. 键的种类及标记

键的种类很多，常见的有普通平键、

半圆键和钩头型楔键等，如图 7-30 所示。其中，普通平键应用最广，它分为 A 型、B 型和 C 型三种。

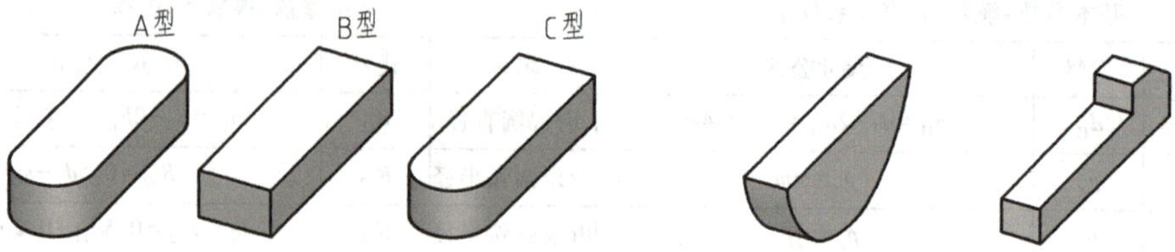

a) 普通平键　　b) 半圆键　　c) 钩头型楔键

图 7-30　常见的几种键

键的标记由国家标准代号、标准件的名称、型号和规格尺寸四部分组成。键的形式及其标记示例见表 7-7。

表 7-7　键的形式及其标记示例

名称及标准编号	图例	标记示例
普通平键 （A 型） GB/T 1096—2003	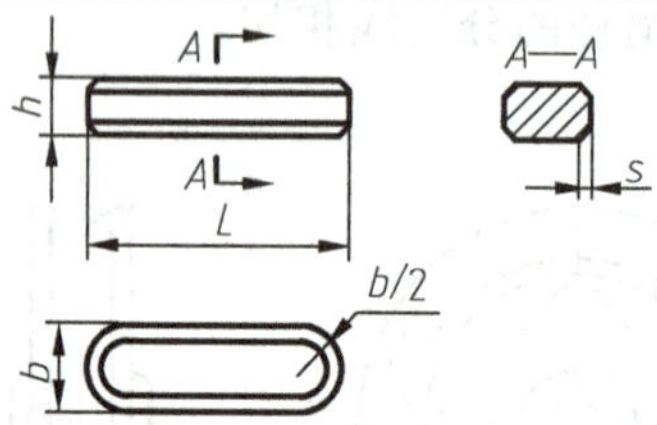	宽度 $b=8$mm，高度 $h=7$mm，长度 $L=25$mm 的 A 型普通平键，其标记为： GB/T 1096　键 8×7×25 （A 型普通平键在标注时省略型号 A）
半圆键 GB/T 1099.1—2003	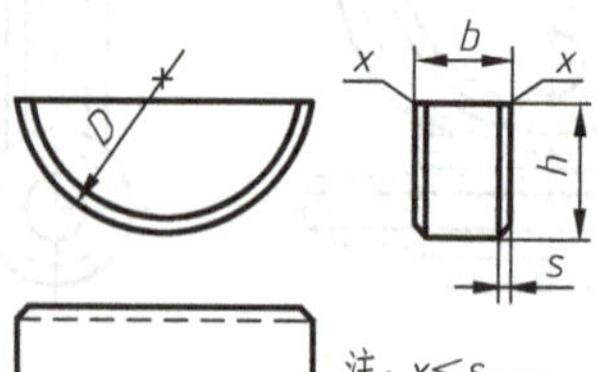 注：$x \leqslant s_{max}$	宽度 $b=6$mm，高度 $h=10$mm，直径 $D=25$mm 的半圆键，其标记为： GB/T 1099.1　键 6×10×25
钩头型楔键 GB/T 1565—2003	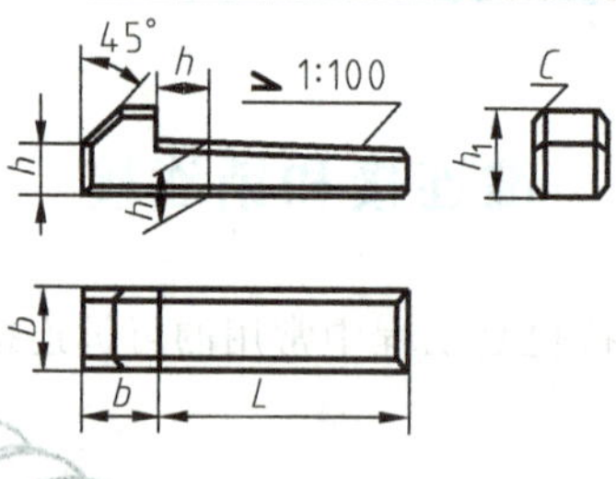	宽度 $b=18$mm，高度 $h=11$mm，长度 $L=100$mm 的钩头型楔键，其标记为： GB/T 1565　键 18×100

2. 键槽的画法及尺寸标注

键是标准件，一般不必画出其零件图，但需画出零件上与键相配合的键槽。普通平键键槽的画法和尺寸标注如图 7-31 所示。键槽的宽度 b 可以根据轴的直径 d 查表 B-4，从该表中还可以查得轴上键槽的深度 t_1 和轮毂上键槽的深度 t_2；键的长度 L 应比轮毂长度小 5~10mm。

3. 普通平键连接的画法

普通平键的两侧面为工作面，底面和顶面为非工作面。在绘制装配图时，键的两侧面和底面分别与轴上的键槽接触，因此画成一条线，平键的顶面与键槽的底面之间是有间隙的，

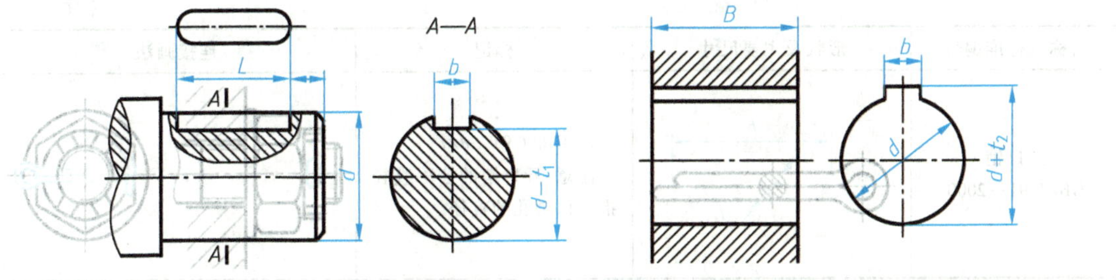

a) 轴　　　　b) 轮毂

图 7-31　普通平键键槽的画法和尺寸标注

必须画成两条线，如图 7-32 所示。

在键连接装配图中，当剖切平面通过轴的轴线和键的对称面时，轴和键按不剖绘制；为了表示键在轴上的装配关系，在轴上采用了局部剖视图，如图 7-32 所示。

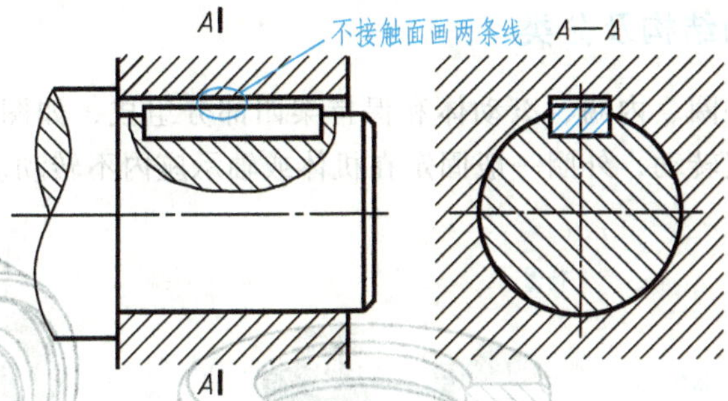

图 7-32　普通平键连接的画法

二、销及销连接

销也是常用的标准件，在机器中主要用于零件间的连接、定位或防松。常见的销有圆柱销、圆锥销和开口销三种。开口销经常与开槽螺母配合使用，可以起到防松脱的作用。当剖切平面通过销的轴线时，销作不剖处理。销的种类、标记及画法见表 7-8。

表 7-8　销的种类、标记及画法

名称及标准编号	形状及主要尺寸	标记	连接画法
圆柱销 GB/T 119.1—2000		销 GB/T 119.1　*d*×*l*	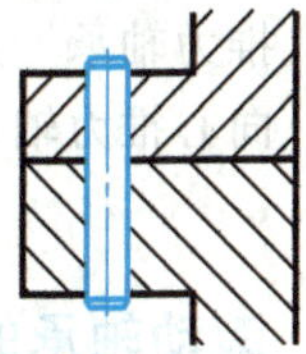
圆锥销 GB/T 117—2000	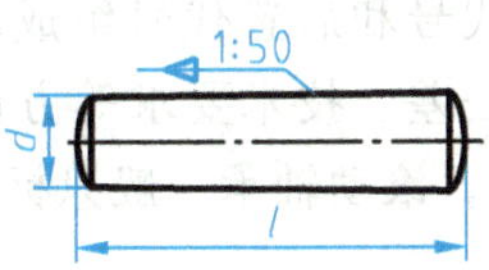	销 GB/T 117　*d*×*l* 注意：圆锥销的公称直径是指它的小端直径	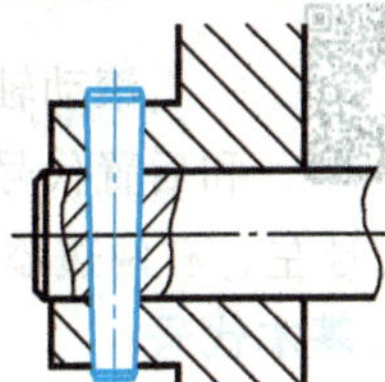

（续）

名称及标准编号	形状及主要尺寸	标记	连接画法
开口销 GB/T 91—2000	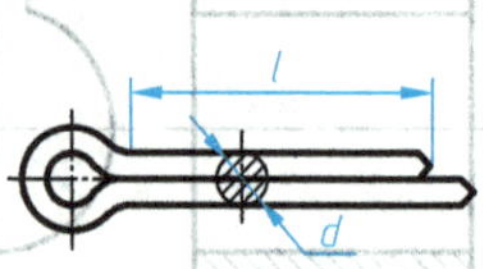	销 GB/T 91 $d \times l$ 注意：开口销的公称直径指开口销孔的直径	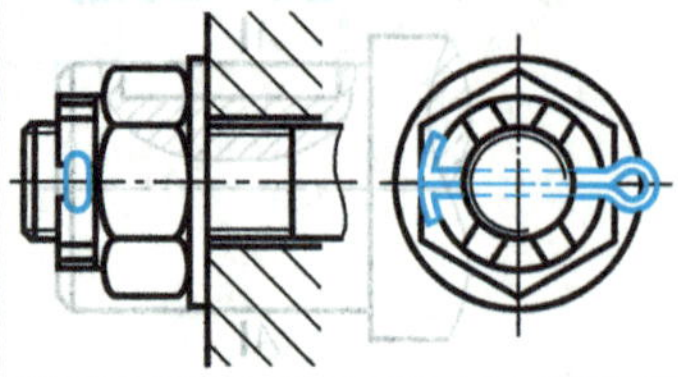

知识点4 滚动轴承

滚动轴承是用来支承轴的标准件，具有结构紧凑、摩擦力小等优点，因此在机械生产中被广泛应用。滚动轴承的规格形式多样，但都已经标准化，需要用到时可以查阅相关标准。

一、滚动轴承的结构及分类

滚动轴承一般由外圈、内圈、滚动体和保持架四部分组成，如图 7-33 所示。内圈与轴相配合，通常与轴一起转动；外圈一般固定在机体或轴承座内不转动。

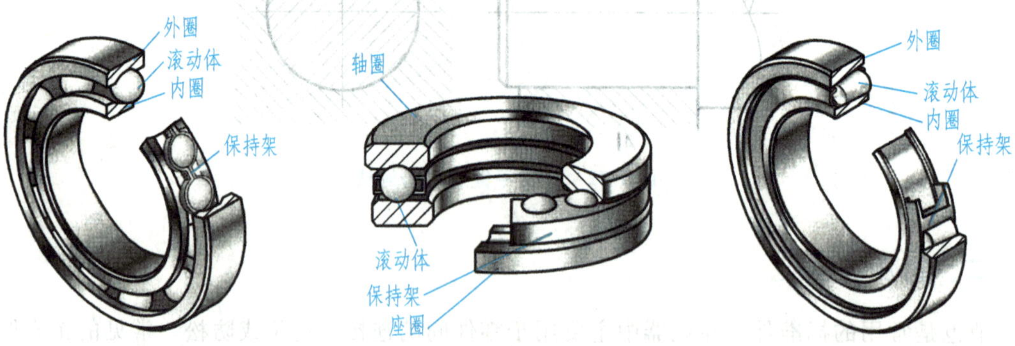

图 7-33 滚动轴承

滚动轴承的分类方法很多，若按其承受载荷的方向不同，则可分为以下三类。

（1）向心轴承 主要承受径向载荷，例如深沟球轴承，如图 7-33a 所示。

（2）推力轴承 只能承受轴向载荷，例如推力球轴承，如图 7-33b 所示。

（3）向心推力轴承 可以同时承受径向和轴向载荷，例如圆锥滚子轴承，如图 7-33c 所示。

二、滚动轴承的代号

滚动轴承的代号由前置代号、基本代号和后置代号组成。其中，前置代号和后置代号是轴承在结构形状、尺寸、公差、技术要求等方面有所改变时，在基本代号左、右两边添加的补充代号。若无特殊要求，滚动轴承一般只标记基本代号。

1. 基本代号

基本代号表示滚动轴承的基本类型、结构和尺寸，是滚动轴承代号的基础。基本代号由轴承类型代号、尺寸系列代号和内径代号三部分构成，其组成顺序为：

类型代号 尺寸系列代号 内径代号

（1）类型代号　用阿拉伯数字或大写拉丁字母表示，见表 7-9。

表 7-9　轴承类型代号

代号	轴承类型	代号	轴承类型
0	双列角接触球轴承	7	角接触球轴承
1	调心球轴承	8	推力圆柱滚子轴承
2	（推力）调心滚子轴承	N	圆柱滚子轴承
3	圆锥滚子轴承①	U	外球面球轴承
4	双列深沟球轴承	QJ	四点接触球轴承
5	推力球轴承	C	长弧面滚子轴承
6	深沟球轴承		

注：在代号后或前加字母或数字表示该类轴承中的不同结构。

① 符合 GB/T 273.1 的圆弧滚子轴承代号按 GB/T 273.1 中附录 A 的规定。

（2）尺寸系列代号　由轴承宽（高）度系列代号和直径系列代号组成，用两位数字表示。尺寸系列代号主要用于区分内径相同而宽度和外径不同的轴承。例如，“02”中 0 是宽（高）度系列代号，2 是直径系列代号。宽度系列为 0 时，通常可以省略不写，但是圆锥滚子轴承和调心滚子轴承不能省略。

（3）内径代号　表示轴承的公称内径，用两位数字表示，具体如下：

1）代号为 00、01、02、03 时，分别表示轴承内径 d=10mm、12mm、15mm、17mm。

2）代号为 04~96（22、28、32 除外）时，代号数字乘以 5 即为轴承内径。

3）轴承公称内径为 1~9mm，大于或等于 500mm 以及 22mm、28mm、32mm 时，内径代号用公称内径毫米数直接表示，且应与尺寸系列代号之间用“/”隔开。

2. 滚动轴承代号标记示例

（1）轴承基本代号 6208

6 2 08

内径代号：d = 40mm

尺寸系列代号(02)：宽度系列代号 0 省略，直径系列代号为 2

类型代号：深沟球轴承

（2）轴承基本代号 62/22

6 2/ 22

内径代号：d = 22mm

尺寸系列代号(02)：宽度系列代号 0 省略，直径系列代号为 2

类型代号：深沟球轴承

（3）轴承基本代号 30312

3 03 12

内径代号：d = 60mm

尺寸系列代号(03)：宽度系列代号 0 不可省略，直径系列代号为 3

类型代号：圆锥滚子轴承

三、滚动轴承的画法

国家标准对滚动轴承的画法做了统一规定，有规定画法和简化画法两种（表 7-10）。其中，简化画法又分为特征画法和通用画法，但在同一张图样中只允许采用一种画法。

表 7-10 滚动轴承的规定画法和简化画法（摘自 GB/T 4459.7—2017）

名称	结构形式	规定画法	简化画法		特征
			特征画法	通用画法	
		均指滚动轴承在所属装配图中的剖视图的画法			
深沟球轴承		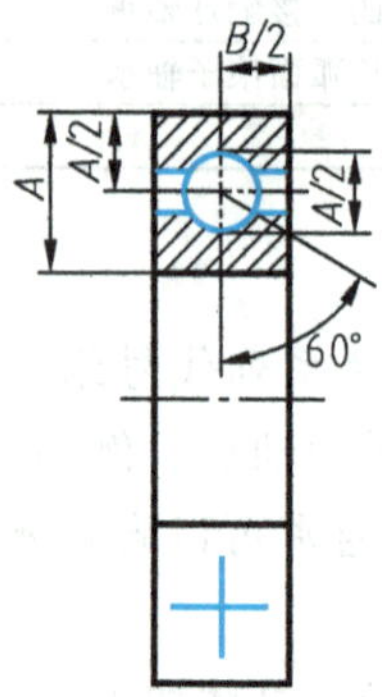	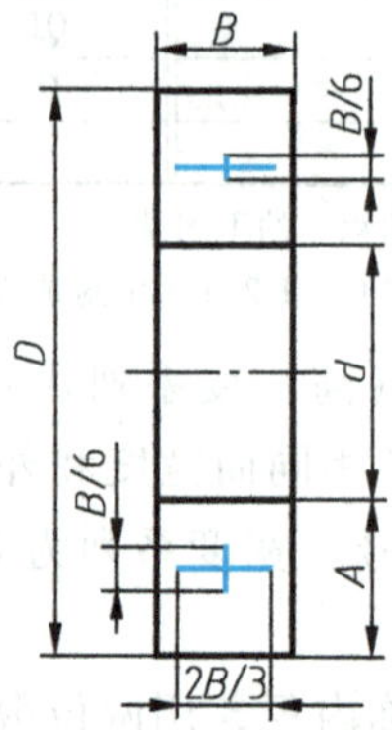		主要承受径向载荷
圆锥滚子轴承		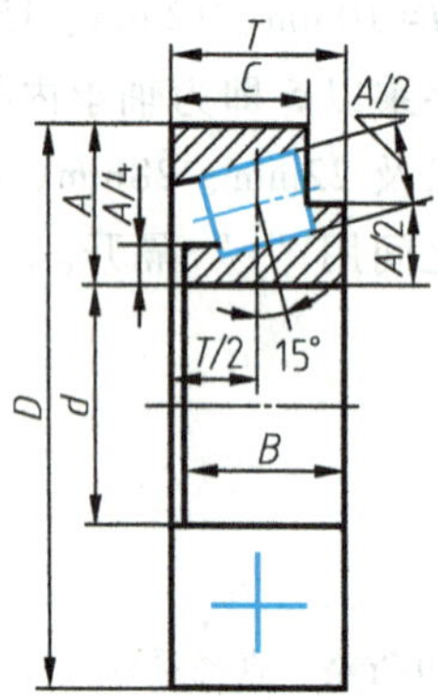	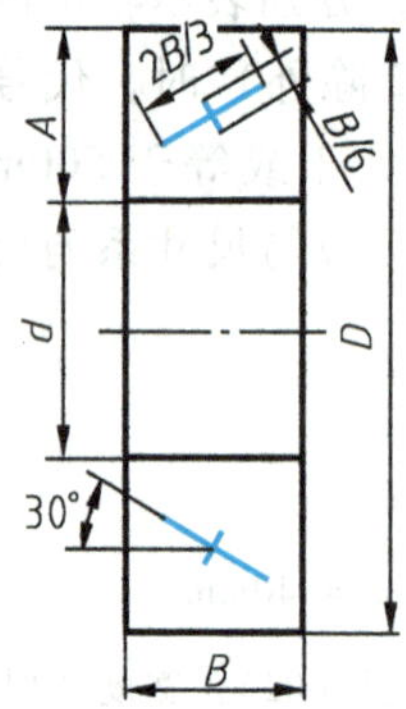	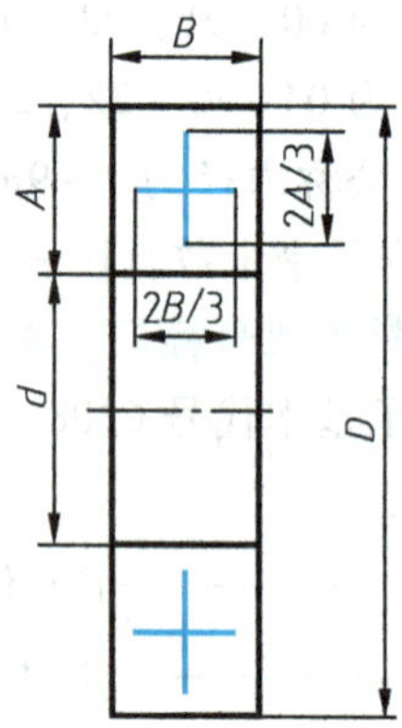	可以同时承受径向和轴向载荷
推力球轴承		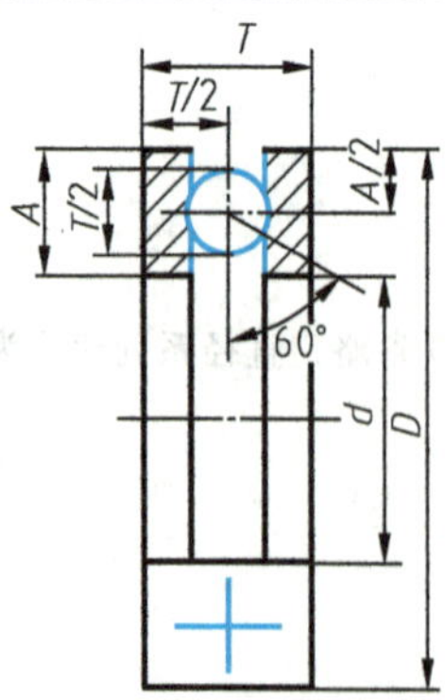	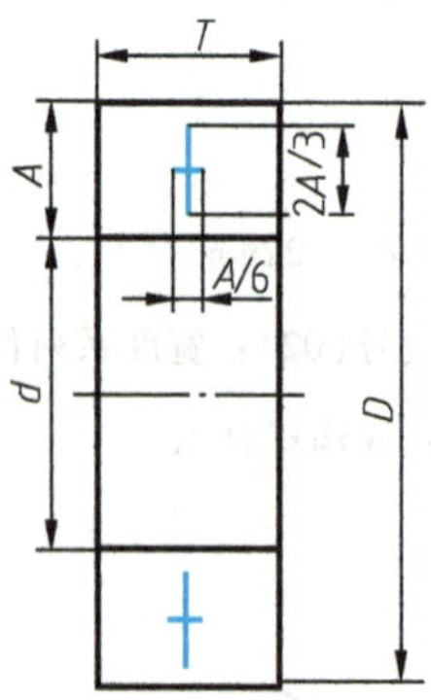		主要承受单向载荷

注：1. 规定画法用于轴承的产品图样、产品样本、产品标准和产品使用说明书中。

2. 当需要较形象地表达滚动轴承的结构特征时采用特征画法。

3. 当不需要确切地表示滚动轴承的外形轮廓、承载特征和结构特征时采用通用画法。

知识点 5 弹　　簧

弹簧是一种用于减振、夹紧、自动复位和储存能量的零件。弹簧的种类很多，常见的有压缩弹簧、拉伸弹簧和扭转弹簧，如图 7-34 所示。本知识点仅介绍机械中最常用的圆柱螺旋压缩弹簧的画法。

a) 压缩弹簧　　b) 拉伸弹簧　　c) 扭转弹簧

图 7-34　常见螺旋弹簧

一、圆柱螺旋压缩弹簧各部分名称和尺寸关系

如图 7-35 所示为圆柱螺旋压缩弹簧的画法，其各部分的名称、代号和尺寸关系如下：

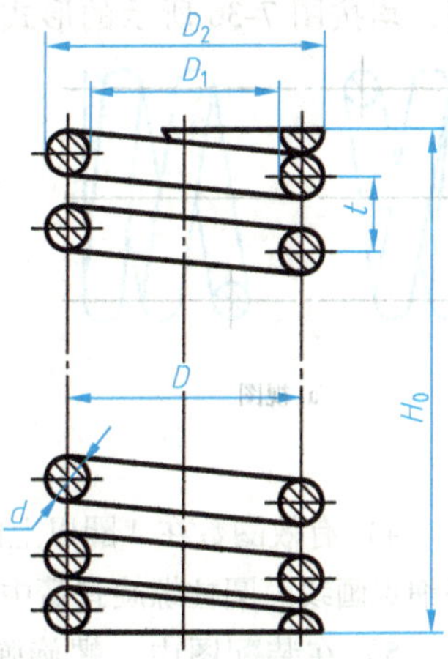

图 7-35　圆柱螺旋压缩弹簧的画法

1. 线径 d

线径又称弹簧丝直径，是指用于缠绕弹簧的钢丝直径。

2. 弹簧直径

（1）弹簧中径 D　螺旋弹簧圈的弹簧内径与弹簧外径的平均值，用于弹簧的设计计算，即规格直径，$D=(D_1+D_2)/2$；

（2）弹簧内径 D_1　螺旋弹簧圈的内侧直径，$D_1=D-d$；

（3）弹簧外径 D_2　螺旋弹簧圈的外侧直径，$D_2=D+d$。

3. 弹簧节距 t

弹簧在自由状态时，两相邻有效圈截面中心线之间的轴向距离。一般 $t=D_2/3\sim D_2/2$。

4. 支承圈数 n_2

螺旋压缩弹簧中不起弹性作用的端圈，称为支承圈。

为了保证弹簧压缩时受力均匀、工作平稳，制造时需将弹簧两端并紧且磨平，这部分并紧、磨平的圈数称为支承圈数。支承圈数有 1.5 圈、2 圈和 2.5 圈三种，2.5 圈较为常用，即两端各并紧 1.25 圈，其中包括磨平 0.75 圈。

5. 有效圈数 n

除两端非有效圈外的总的圈数，称为有效圈数（即具有相等节距的圈数）。

6. 总圈数 n_1

压缩弹簧簧圈的总数，包括两端的非有效圈，称为总圈数。等于支承圈数和有效圈数之和，即 $n_1=n_2+n$。

7. 弹簧的自由长度（高度）H_0

弹簧在无负荷状态下的总长度，即 $H_0=t+(n_2-0.5)d$；当 $n_2=1.5$ 时，$H_0=nt+d$；当 $n_2=2$ 时，$H_0=nt+1.5d$；当 $n_2=2.5$ 时，$H_0=nt+2d$。

8. 展开长度 L

弹簧材料展开成直线时的总长度，即 $L\approx n_1\sqrt{(\pi D_2)^2+t^2}\approx\pi Dn_1$

9. 旋向

螺旋弹簧分左旋和右旋两种，其中右旋弹簧最为常见。

二、圆柱螺旋压缩弹簧的规定画法

《机械制图　弹簧表示法》（GB/T 4459.4—2003）对圆柱螺旋压缩弹簧的画法做了以下规定。

1）圆柱螺旋弹簧在平行于螺旋弹簧轴线的投影面上的视图或剖视图中，其各圈的轮廓应画成直线，如图 7-36 所示。

2）螺旋弹簧均可画成右旋，对必须保证的旋向要求应在“技术要求”中注明。

3）要求螺旋压缩弹簧两端并紧且磨平时，不论支承圈的圈数多少和末端贴紧情况如何，均按图 7-36 所示的形式绘制，必要时也可按支承圈的实际结构绘制。

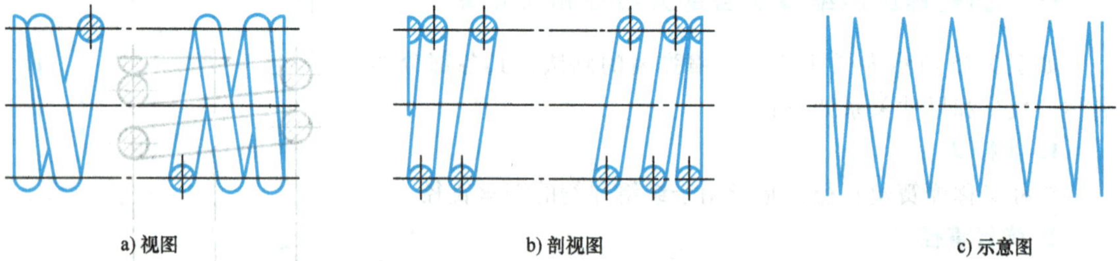

图 7-36　圆柱螺旋弹簧的画法

4）有效圈数在 4 圈以上的螺旋弹簧，中间部分可以省略不画，只画通过簧丝剖面中心的两条细点画线。圆柱螺旋弹簧中间部分省略后，允许适当缩短图形的长度，如图 7-36a、b 所示。

5）在装配图中，螺旋弹簧被剖切时，可按图 7-37 所示的三种方法绘制。其中，当线径

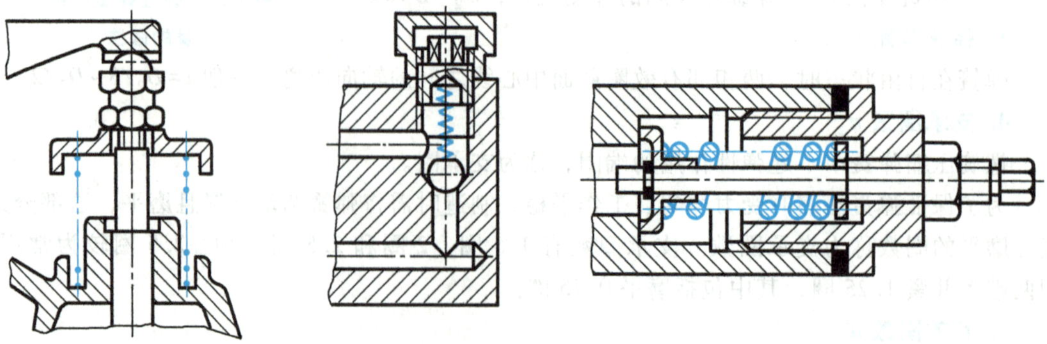

图 7-37　装配图中弹簧的画法

在图形上等于或小于 2mm 时，断面可以用涂黑表示，如图 7-37a 所示，也可以采用示意画法，如图 7-37b 所示。

6）在装配图中，被弹簧挡住的结构一般不画出，但其可见部分应从弹簧的外轮廓或从弹簧丝剖面的中心线画起，如图 7-37c 所示。

三、圆柱螺旋压缩弹簧的作图步骤

例 7-4 某弹簧的簧丝线径 $d=5\text{mm}$，弹簧外径 $D_2=43\text{mm}$，节距 $t=10\text{mm}$，有效圈数 $n=8$，支承圈数 $n_2=2.5$，试画出弹簧的剖视图。

解：

（1）计算

总圈数 $n_1=n_2+n=8+2.5=10.5$

自由长（高）度 $H_0=nt+2d=8\times10\text{mm}+2\times5\text{mm}=90\text{mm}$

弹簧中径 $D=D_2-d=43\text{mm}-5\text{mm}=38\text{mm}$

展开长度 $L\approx\pi Dn_1=3.14\times38\times10.5\text{mm}\approx1253\text{mm}$

（2）画图

1）根据弹簧中径 D 和自由长（高）度 H_0 作矩形 $ABEC$，如图 7-38a 所示。

2）画出支承圈部分弹簧簧丝的剖面，如图 7-38b 所示。

3）画出有效圈部分弹簧簧丝的剖面，如图 7-38c 所示。在 AB 线上根据节距 t 画出圆 2 和圆 3，从 1、2 和 3、4 的中点作垂线与 CD 线相交，画出圆 5 和圆 6。

4）按右旋方向作相应圆的公切线并画出剖面线，如图 7-38d 所示。

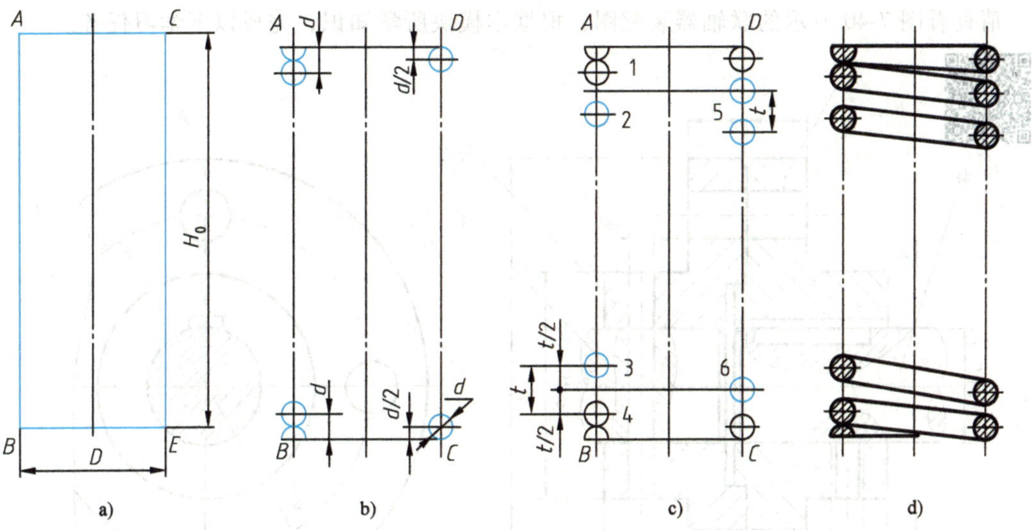

图 7-38 圆柱螺旋压缩弹簧的画图步骤

如图 7-39 所示所示为弹簧的工作图。当需要表达弹簧负荷与长（高）度之间的变化关系时，必须用图解表示。主视图上方的力学性能曲线画成直线。其中，F_1 为弹簧的预加负荷，F_2 为弹簧的最大负荷，F_3 为弹簧的允许极限负荷。

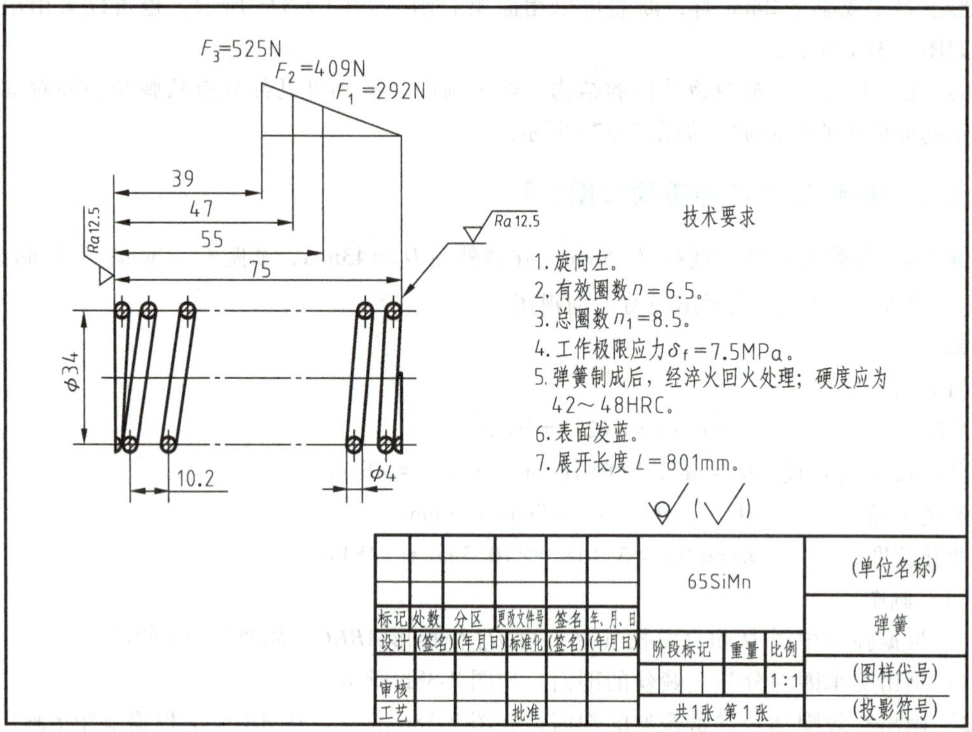

图 7-39 弹簧的工作图

任务实施

180

请查看图 7-40 所示的联轴器装配图，根据本模块所学知识，完成以下学习任务。

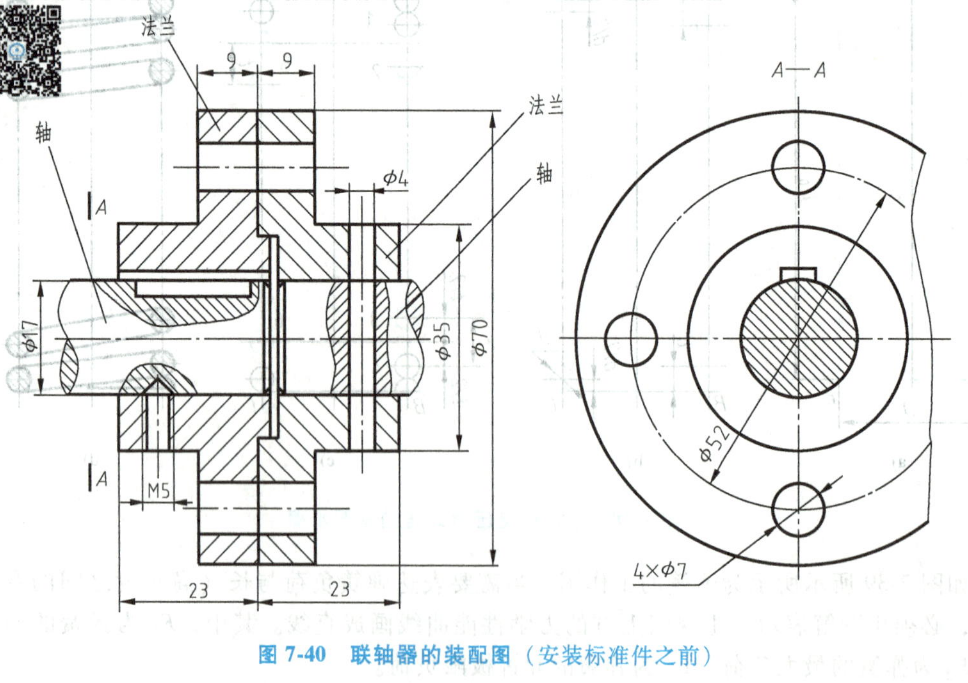

图 7-40 联轴器的装配图（安装标准件之前）

任务 7-1　根据本模块学习内容，思考该联轴器采用了哪些标准件进行连接？

任务 7-2　认真读图 7-40 所示联轴器装配图，查表确定标准件的规格，完成以下问题。

1. 请查表确定螺栓的规格是（　　）。

A. 螺栓 GB/T 5782　M6×25　　B. 螺栓 GB/T 5782　M7×30

C. 螺栓 GB/T 5782　M6×30　　D. 螺栓 GB/T 5782　M7×25

2. 请查表确定键的规格是（　　）。

A. GB/T 1096　键 5×5×20　　B. GB/T 1096　键 5×6×20

C. GB/T 1096　键 6×5×20　　D. 螺栓 GB/T 1096　键 6×6×20

3. 请查表确定圆柱销的规格是（　　）。

A. 销 GB/T 119.1　4×30　　B. 销 GB/T 119.1　4×35

C. 销 GB/T 119.1　3×35　　D. 销 GB/T 119.1　3×30

4. 请查表确定紧定螺钉的规格是（　　）

A. 螺钉 GB/T 71　M5×8　　B. 螺钉 GB/T 71　M5×10

C. 螺钉 GB/T 71　M4×8　　D. 螺钉 GB/T 71　M5×12

任务 7-3　请认真完成在装配图上的连接画法；若空间不够，可附纸页。

任务 7-4　请在指引线上对标准件进行简化标注。

模块8

机械图样的绘制与识读　零件图

本模块知识点

1. 熟悉零件图的内容、视图选择及尺寸注法。
2. 掌握零件图中技术要求的标注与识读方法。
3. 了解加工工艺对零件结构的要求。
4. 掌握典型零件图的识读方法。
5. 熟悉典型零件工作图的绘制方法。

素养提升

培养严谨细致、精益求精的工匠精神。

任务引入

任何机器或部件都是由若干零件按照一定关系装配而成的，因此零件是组成机器或部件的基本单位。在机器或部件中，除标准件（如螺栓、螺母等）外，其余零件一般需画出零件图。

表示零件结构、大小及技术要求的图样，称为零件图，它是制造和检验零件的主要依据。

如图 8-1 所示的支座零件，应怎样完整地表达出其形状结构及尺寸大小？零件图上应该注写哪些技术要求？通过本模块的学习，以上问题将一一得到解答。

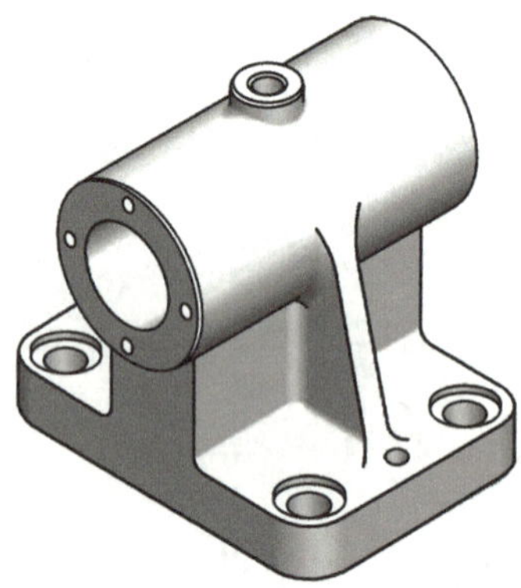

图 8-1　支座

知识点 1　零件图的内容

一张完整的零件图一般应包括一组图形、全部尺寸、技术要求和标题栏四部分内容，如图 8-2 所示。

1. 一组图形

用一组恰当的图形（如局部视图、剖视图、断面图及其他规定画法等）将零件各组成部分的内外形状和位置关系正确、完整、清晰地表达出来。如图 8-2 所示，用一个基本视图表达左端盖的外形，用 *A—A* 全剖视图表达左端盖的内部形状。

2. 全部尺寸

零件图上应正确、完整、清晰、合理地标注零件在制造和检验时所需要的全部尺寸，以确定其结构大小。

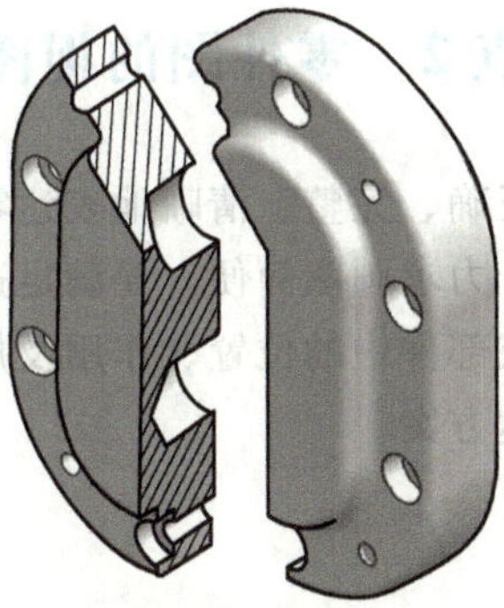

a) 左端盖立体图

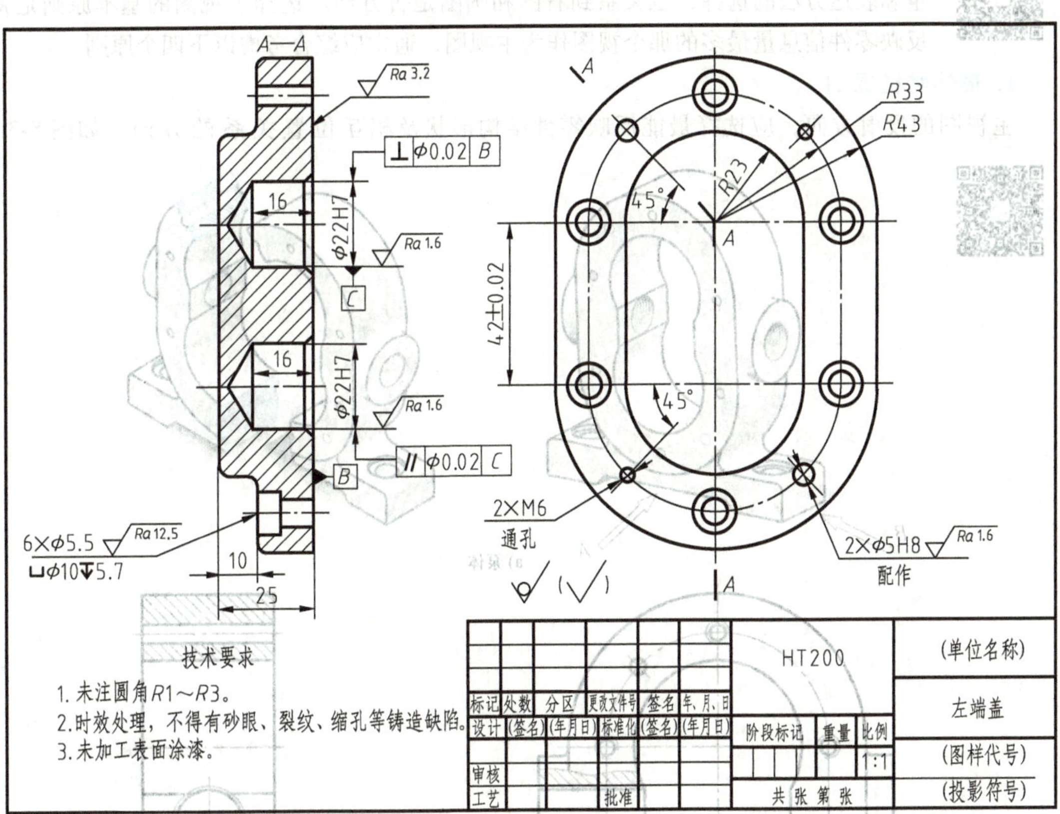

b) 左端盖零件图

图 8-2 左端盖

3. 技术要求

零件图上应用规定的符号、代号、标记和文字说明等简明地给出零件在制造和检验时所应达到的各项技术指标与要求，如尺寸公差、几何公差、表面结构和热处理等。

4. 标题栏

标题栏通常配置在图框的右下角，填写的内容主要有零件的名称、材料、数量、比例、图样代号、日期以及设计者、审核者的姓名等。

知识点2 零件图的视图选择

零件图的视图选择原则是能正确、完整、清晰地表达零件的结构形状以及各结构之间的相对位置，在便于看图的前提下，力求画图简便。要满足这些要求，首先要对零件的形状特点进行分析，并了解零件在机器或部件中的位置、作用及加工方法，然后选择主视图和其他视图，以确定一个较为合理的表达方案。

一、主视图的选择

主视图是一组图形的核心，主视图选择得恰当与否将直接影响到其他视图的数量和表达方法的选择，也关系到看图和画图是否方便。选择主视图的基本原则是将反映零件信息量最多的那个视图作为主视图，通常应综合考虑以下四个原则。

1. 形体特征原则

主视图的投射方向，应选择最能反映零件结构形状及相互位置关系的方向。如图 8-3a

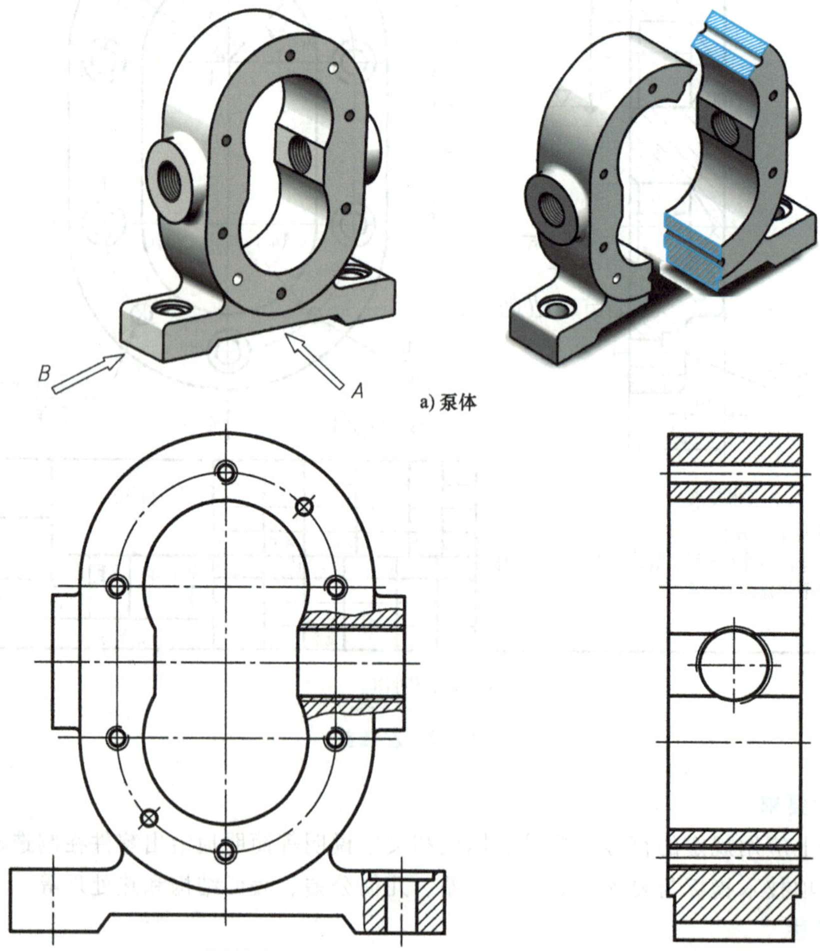

a) 泵体

b) *A*投射方向

c) *B*投射方向

图 8-3 形体特征原则

所示，两个投射方向所得到泵体零件的视图相比，*A* 投射方向所反映的信息量更大，形体特征更明显。因此，应以 *A* 投射方向得到的视图作为主视图绘制出如图 8-3b 所示的泵体零件图。

2. 加工位置原则

主视图的方位应尽量与零件主要的加工位置保持一致，这样在加工时可以直接进行图物对照，既便于看图和测量尺寸，又可以减少差错。图 8-4 所示为轴在加工时的位置，由此可知，由 *A* 投射方向所得到的主视图既体现了它的加工位置，又能表达其形状特征。

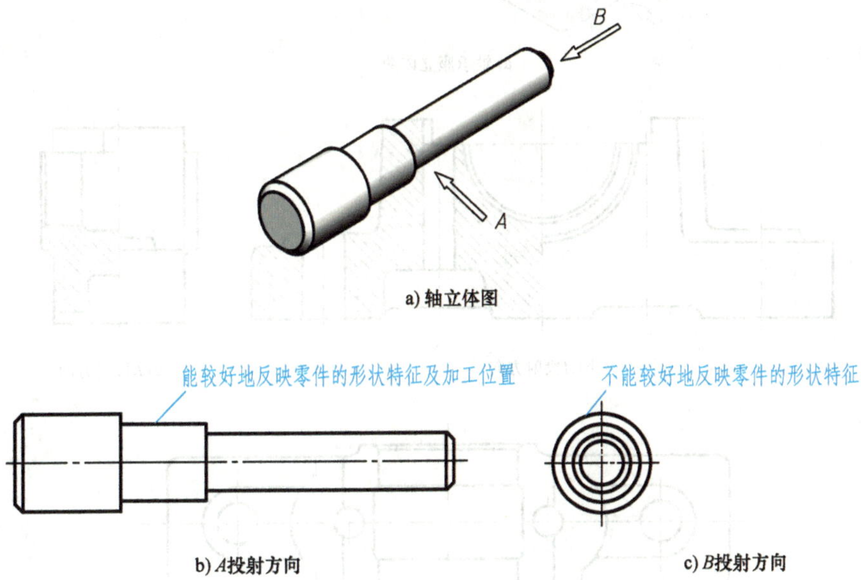

图 8-4　加工位置原则

3. 工作位置原则

工作位置是指零件在机器或部件中所处的位置。主视图的选择，应尽量与零件的工作位置一致，以便了解零件在机器中的工作情况。如图 8-5a 所示为轴承座立体图，轴承座的主视图（图 8-5b）就是按工作位置（*A* 向）绘制的。而 *B* 向、*C* 向则未按工作位置绘制，表达方案欠妥。

4. 自然摆放稳定原则

若零件的工作位置不固定，或加工位置多变，则可以按其自然摆放平稳的位置绘制主视图。

综上所述，零件主视图的选择，应根据具体情况进行分析，从有利于看图出发，在满足形体特征原则的前提下，充分考虑零件的工作位置和加工位置。

二、其他视图的选择

主视图确定后，应运用形体分析法对零件的各个组成部分逐一分析，主视图未表达清楚的部分可以通过选择其他视图进行完善和补充。在选择其他视图时，一般应遵循以下原则：

1）根据零件的复杂程度及其内、外结构特点，综合考虑所需要的其他视图，使每个所选视图都具有独立存在的意义和明确的表达重点，尽量避免不必要的细节重复。视图数量的多少与零件的复杂程度有关，应尽量采用较少的视图，使表达方案简洁、合理，以便绘图和读图。

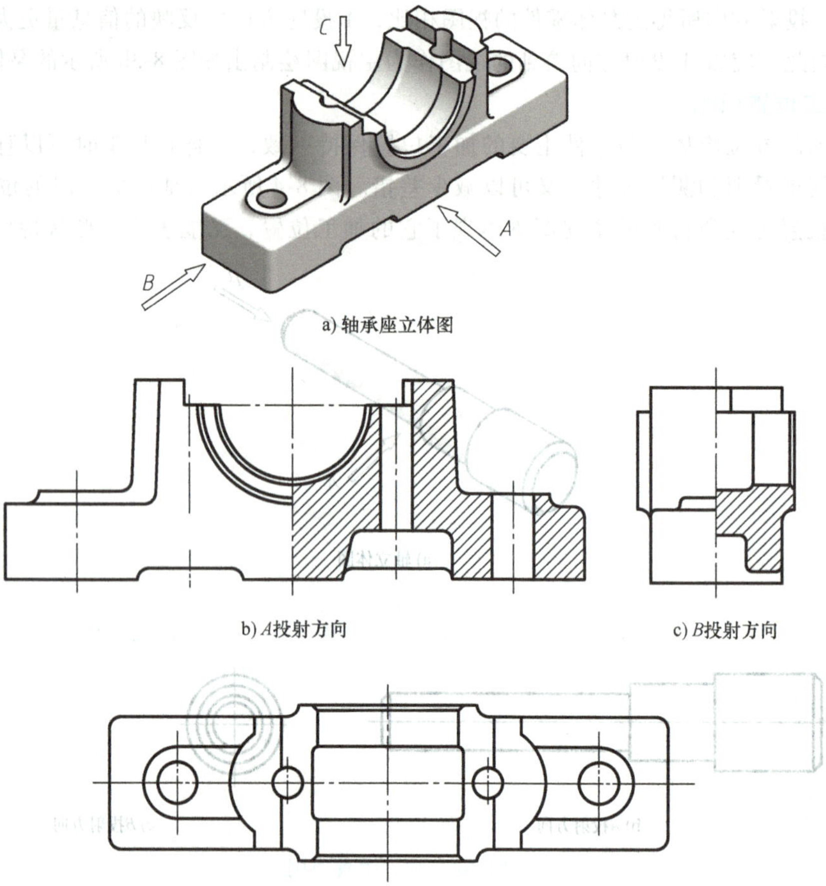

a) 轴承座立体图

b) A投射方向

c) B投射方向

d) C投射方向

图 8-5 工作位置原则

2）优先采用基本视图，当有需要表达的内部结构时，应尽量在基本视图上作剖视，并尽可能按投影关系配置各视图。

如图 8-6 所示，支座由圆筒、底板、连接板和支承板四部分组成，主视图表达该支座的

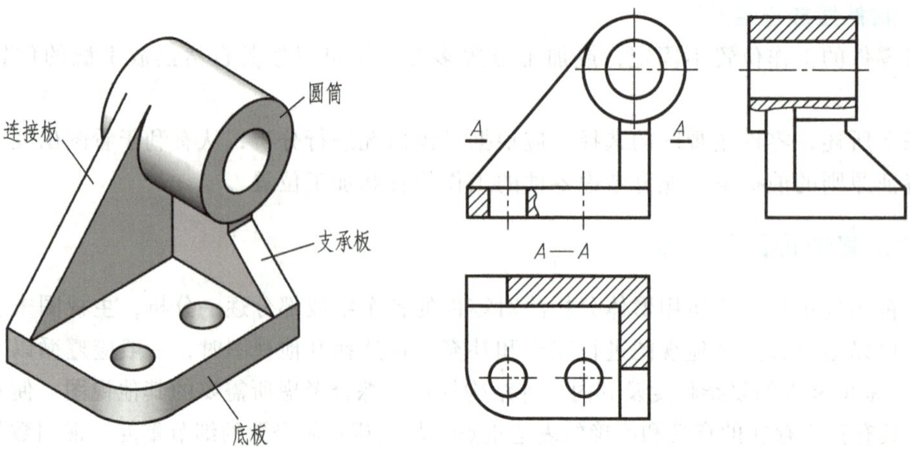

图 8-6 支座

形体特征，同时又体现了它的工作位置；支承板和连接板的形状以及各组成部分间的相对位置用左视图表达；底板的形状、支承板和连接板的宽度采用全剖视图 *A*—*A* 表达。

知识点3　典型零件的表达分析

零件的结构形状虽然千差万别，但根据它们在机器或部件中的作用，通过比较归纳，可以大体将其分为轴（套）类、轮盘类、叉架类和箱壳类这四类零件。通过分析各类零件的表达方法，从中找出不同零件的形状规律，以便读、画同类零件图时参考。

一、轴（套）类零件

（1）结构特点分析　图 8-7 所示为齿轮泵装配图中的主动齿轮轴。轴（套）类零件的主体大多由位于同一轴线上数段不同的回转体组成，其轴向尺寸一般大于径向尺寸。这类零件上常有轮齿、退刀槽、销孔、螺纹、越程槽、中心孔、油槽、倒角和圆角等结构。

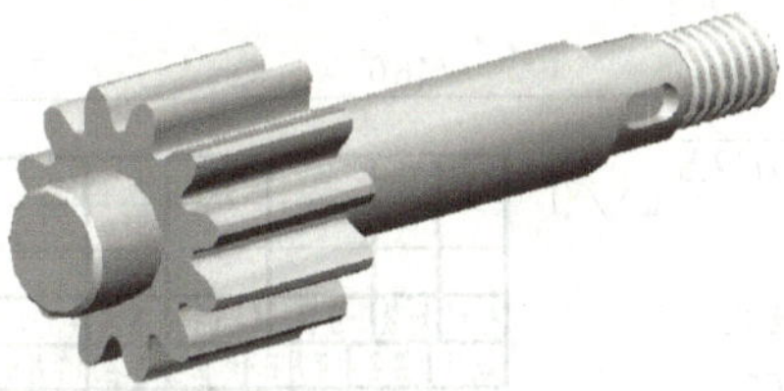

图 8-7　主动齿轮轴立体图

（2）表达方案分析　为了便于加工时看图，轴类零件的主视图应按加工位置选择，通常将轴线水平放置，将非圆视图水平摆放作为主视图，符合车削和磨削的加工位置，并用局部视图、局部剖视图、断面图或局部放大图等作为补充。对于形状简单而轴向尺寸较长的部分常断开后缩短绘制。空心套类零件由于多存在内部结构，一般采用全剖、半剖或局部剖绘制。

如图 8-8 所示，主动齿轮轴的零件图采用了三个图形来表达。主视图采用了局部剖，反映了阶梯轴的各段形状及相对位置，同时也反映了轴上的轮齿、越程槽、键槽、退刀槽、螺纹等各种局部结构的形状及轴向位置；断面图表达了键槽的深度；局部放大图表达了越程槽结构。

二、轮盘类零件

（1）结构特点分析　轮盘类零件的主体一般由同轴但直径不同的回转体组成，其径向尺寸大于轴向尺寸，典型零件有齿轮、手轮、带轮、法兰盘和端盖等。轮盘类零件在机器中一般通过键、销和轴连接，主要传递转矩。轮盘类零件上常见的结构有凸台以及均匀分布的阶梯孔、螺孔、槽等，主要起支承、连接、轴向定位及密封作用，如图 8-9 所示。轮盘类零件的基本形状是扁平的盘状，这类零件的毛坯多为铸件，主要加工方法有车削、刨削或铣削。

（2）表达方案分析　将非圆视图水平摆放作为主视图（常剖开绘制），用左视图或右视图来表达轮盘上连接孔或轮辐、肋板等结构的数目和分布情况，用局部视图、局部剖视图、断面图、局部放大图等作为补充。如图 8-10 所示，采用两个图形来表达零件，全剖主视图反映轮盘的结构，左视图反映沉孔的分布情况。

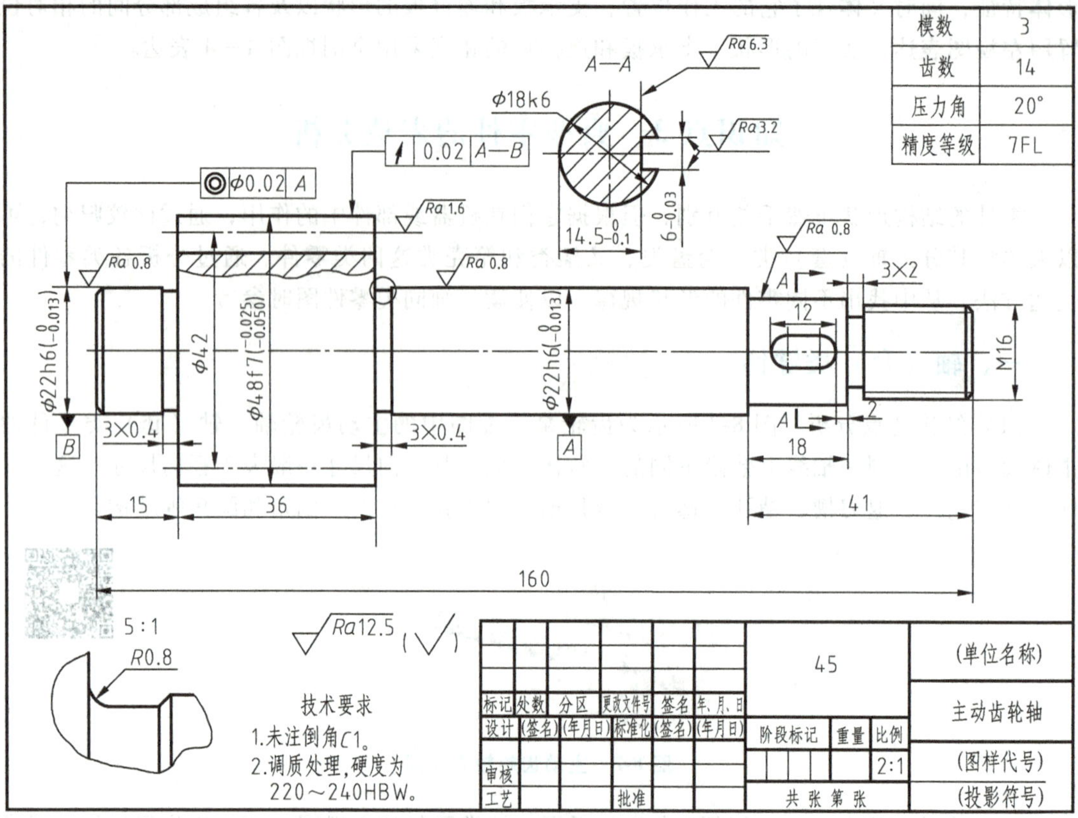

图 8-8 主动齿轮轴零件图

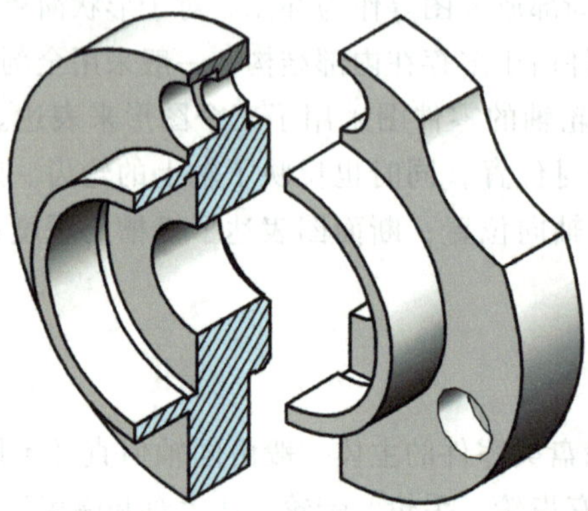

图 8-9 轮盘立体图

三、叉架类零件

（1）结构特点分析　叉架类零件多由铸造或模锻方式制成毛坯，再经机械加工而成，结构大都比较复杂，一般分为工作部分（与其他零件配合或连接的套筒、叉口和支承板等）和联系部分（高度方向尺寸较小的棱柱体），其上常有凸台、凹坑、销孔、螺纹孔、螺栓过孔和成型孔等结构。典型零件有各种拨叉、连杆、摇杆、支架和支座等。

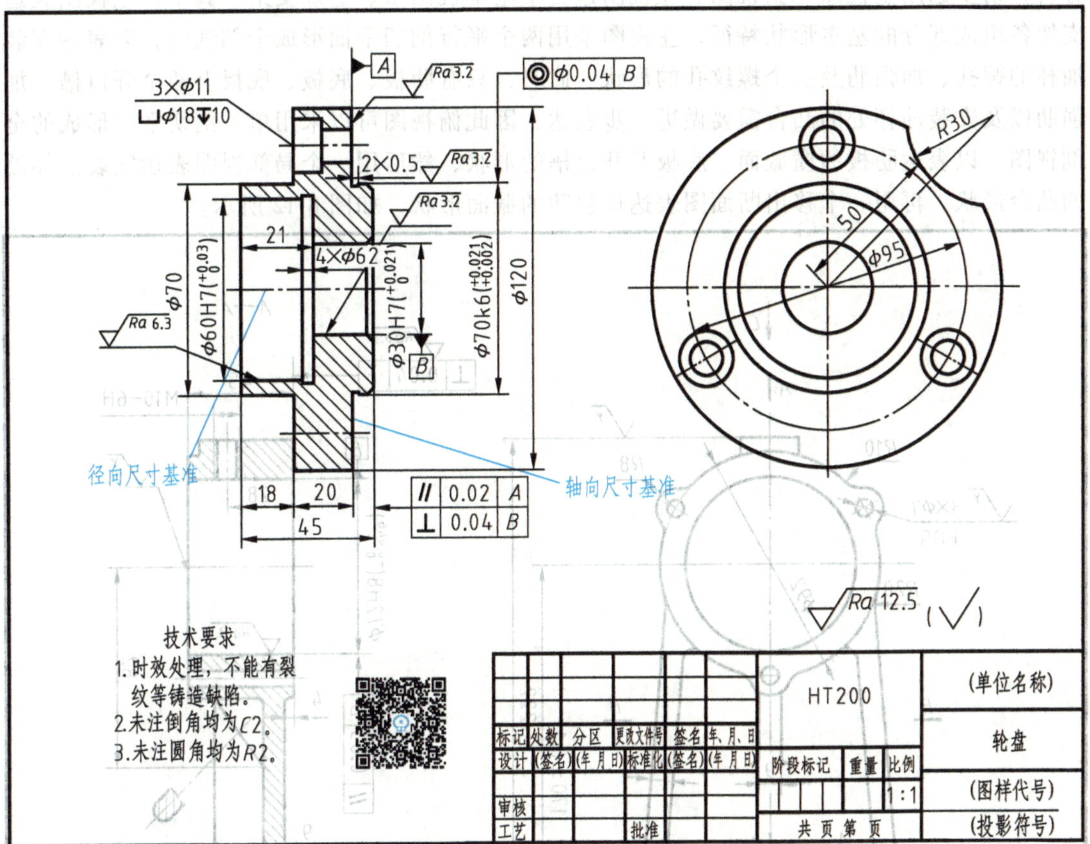

图 8-10 轮盘零件图

（2）表达方案分析 叉架类零件的加工位置难以分出主次，工作位置也不尽相同，因此选择主视图时应主要考虑零件的形状特征和工作位置。通过对图 8-11 所示支架立体图的 189

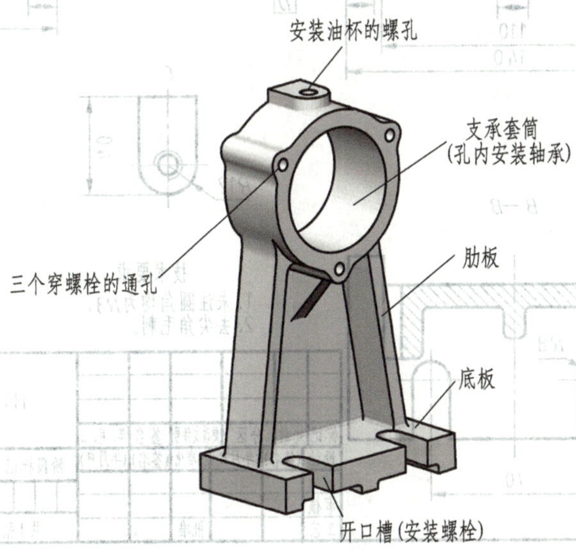

图 8-11 支架立体图

分析，初步选用主视图、俯视图、左视图这三个基本视图来表达该支架。其中，主视图表达支架各组成部分的基本形状特征，左视图采用两个平行剖切平面形成全剖视图，以表达安装油杯的螺孔、加强肋及三个螺纹孔的形状。此时，只有肋板、底板、底板上两个开口槽、加强肋以及安装油杯处的凸台需要做进一步表达，因此俯视图可以采用单一剖切平面形成的全剖视图，以表达肋板的横截面、底板及开口槽的形状，然后用一个局部视图表达安装油杯处的凸台形状，再用一个移出断面图表达加强肋的截面形状，如图 8-12 所示。

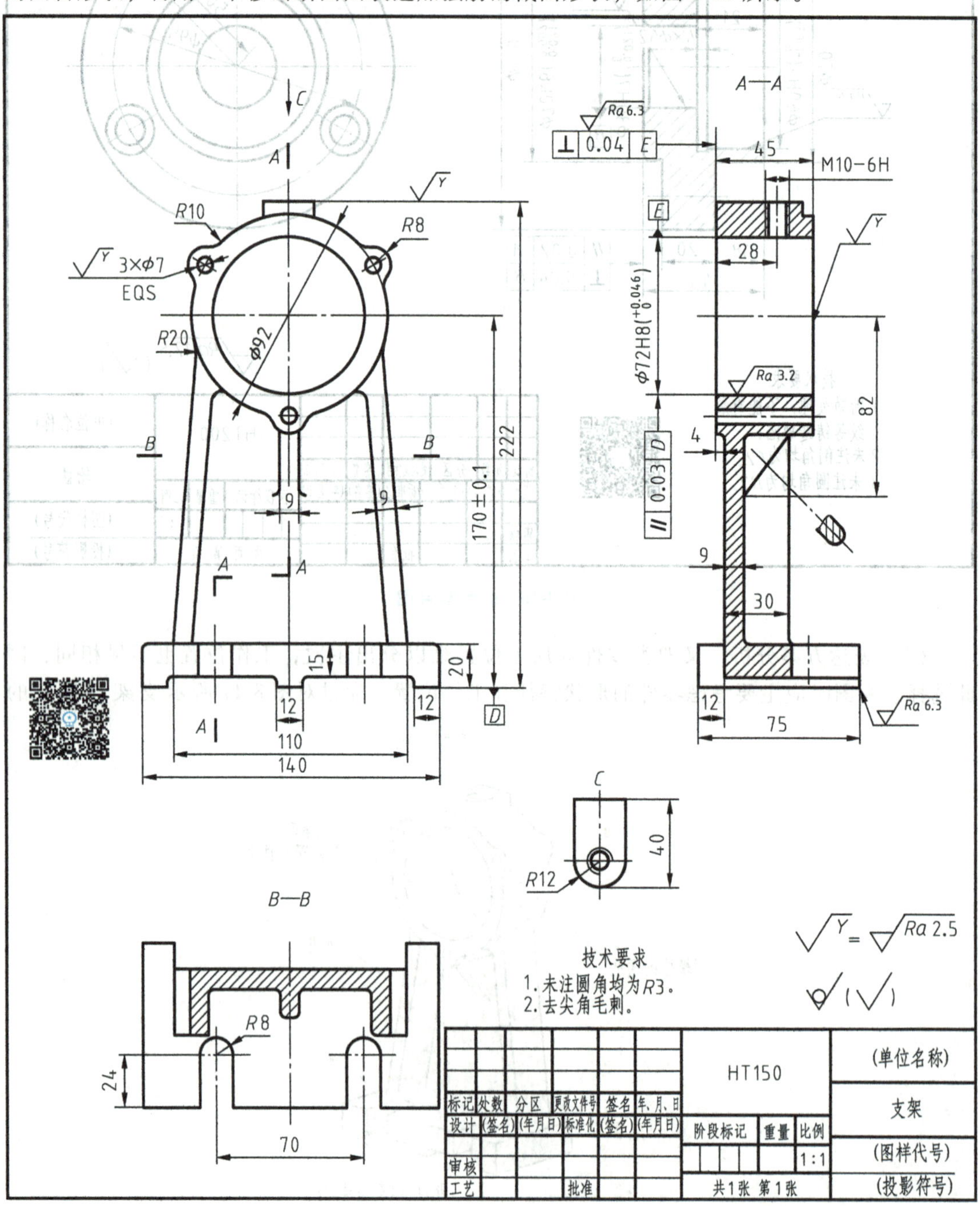

图 8-12 支架的零件图

四、箱壳类零件

（1）结构特点分析　箱壳类零件主要由容纳运动零件和贮存润滑液的内腔、厚薄较均匀的壁部（其上有支承和安装运动零件的孔及安装端盖的凸台或凹坑、螺孔等）、将箱体固定在机座上的安装底板及安装孔、加强肋、润滑油孔、油槽和放油螺孔等部分组成。箱壳类零件一般为铸件，如泵体、阀体和减速器箱体等。

（2）表达方案分析　箱壳类零件通常以最能反映其形状特征及结构间相对位置的一面作为主视图的投射方向，以自然摆放稳定原则或工作位置原则作为主视图的摆放位置。箱壳类零件一般需要两个或两个以上的基本视图才能将其主要结构形状表达清楚，常用局部视图、局部剖视图和局部放大图等来表达局部结构。

如图 8-13 所示，该减速器箱体体积比较大，利用形体分析法可知，其基础形体由底板、箱壁、T 字形肋板、水平方向的蜗杆轴孔和竖直方向的蜗轮轴孔组成。蜗轮轴孔在底板和箱壳之间，其轴线与蜗杆轴孔的轴线垂直且异面，T 字形肋板将底板、箱壳和蜗轮轴孔连接成一个整体。

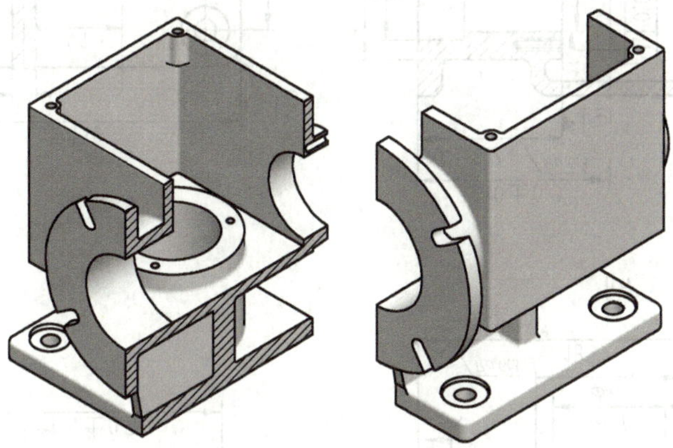

图 8-13　减速器箱体立体图

该减速器箱体的结构比较复杂，共用六个视图来表达，如图 8-14 所示。

对减速器箱体零件图中各视图的分析如下：

1）主视图选择了全剖视图，主要表达蜗杆轴孔、箱壁和肋板的形状和关系，且在左上方和右下方分别采用局部剖视图来表达螺纹孔和安装孔的形状及尺寸。

2）左视图采用全剖视图，主要表达蜗轮轴孔和箱壳的形状以及位置关系；俯视图主要表达箱壁和底板、蜗轮轴孔和蜗杆轴孔的形状和位置关系；*C*—*C* 剖视图表达了底板和肋板的断面形状。

3）分别采用 *D* 向和 *E* 向两个局部视图表达两个凸台的形状。

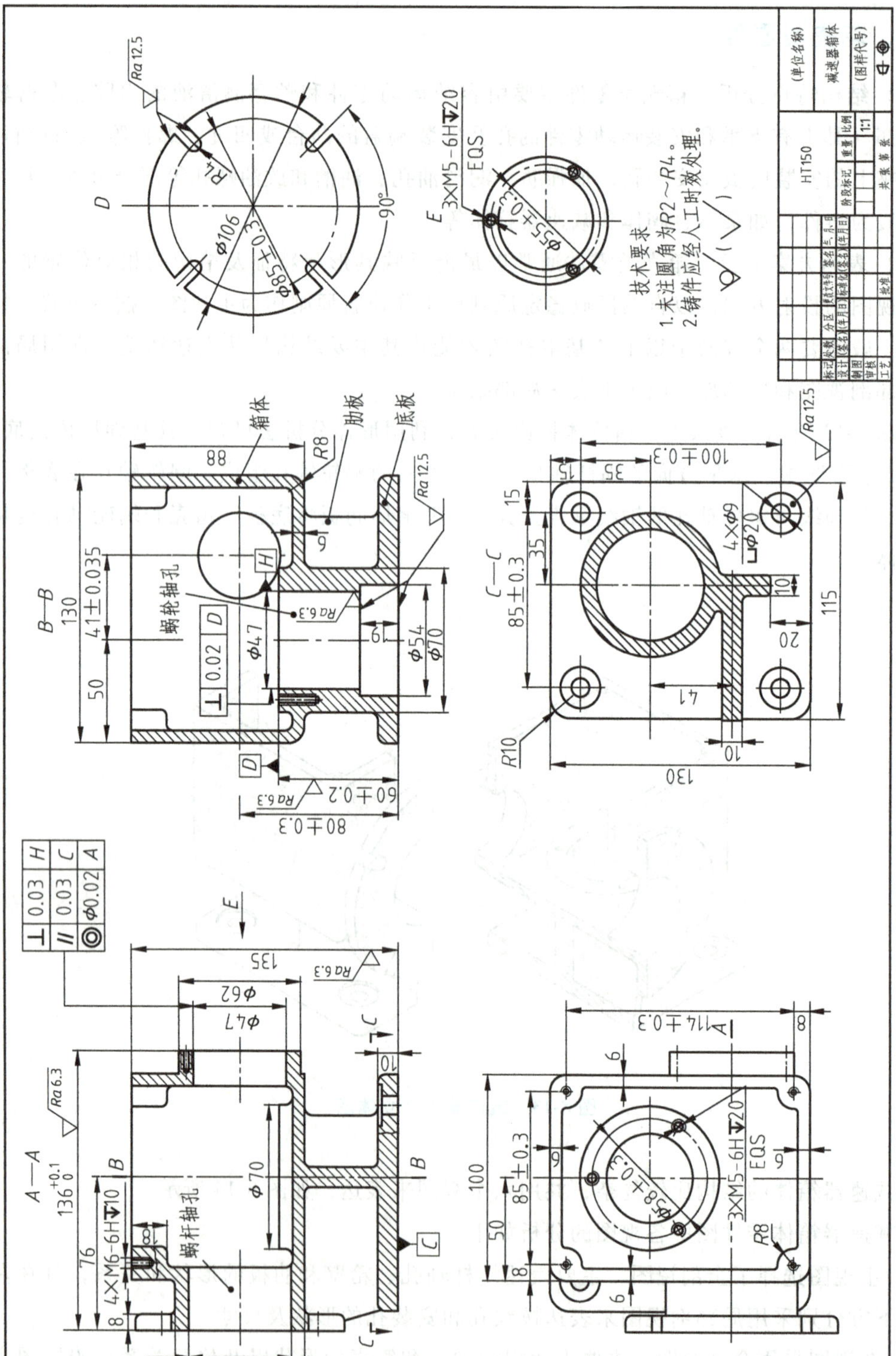

图 8-14 减速器箱体零件图

知识点 4　零件图的尺寸标注

零件图上的尺寸是加工和检验零件的重要依据，是零件图的重要内容之一，是图样中指令性最强的部分。在零件图上标注尺寸，必须做到正确、完整、清晰和合理。标注尺寸的合理性，就是要求图样上所标注的尺寸既符合零件的设计要求又符合工艺要求，便于加工和测量。

一、尺寸基准的种类

如图 8-15 所示，点、线、面均可作为基准。

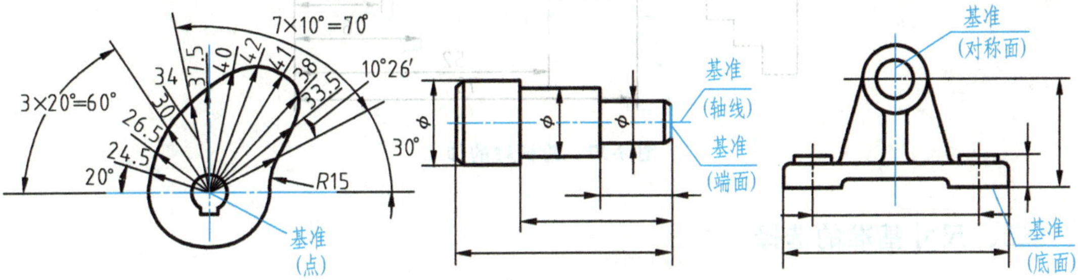

图 8-15　点、线、面均可作为基准

根据尺寸基准作用的不同，可以将其分为设计基准和工艺基准。

1. 设计基准

根据机器构造特点及对零件的设计要求而选择的基准称为设计基准。如图 8-16 所示，*C*、*D*、*B* 分别为轴承座长、宽、高三个方向的设计基准。

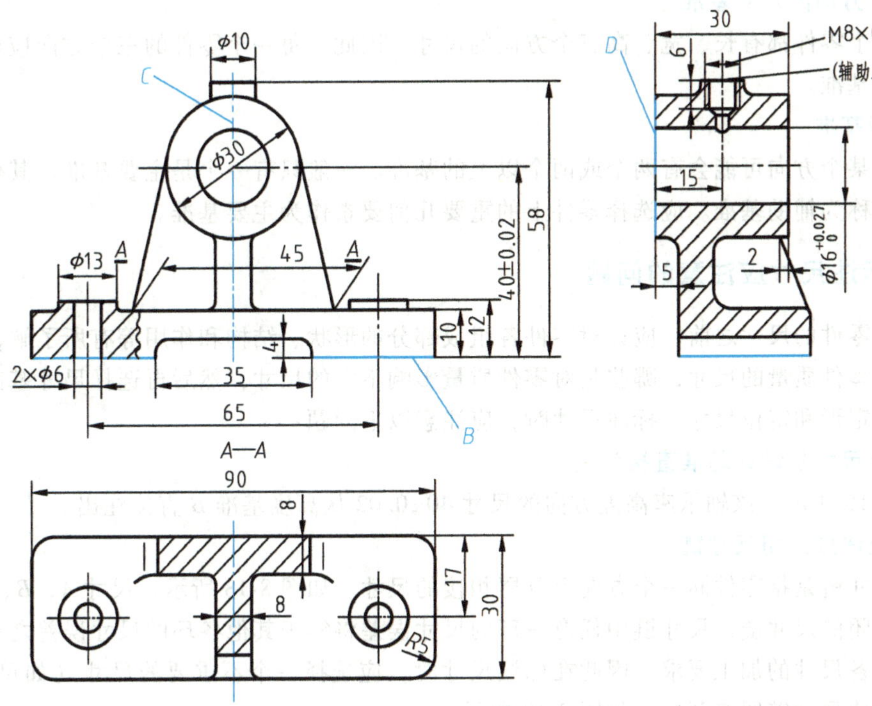

图 8-16　轴承座

2. 工艺基准

为便于零件的加工、测量而选定的一些基准称为工艺基准。如图 8-17 所示，*F* 为工艺基准。如图 8-16 所示，高度方向的基准 *B* 既满足设计要求又符合工艺要求，是典型的设计基准与工艺基准重合的例子。

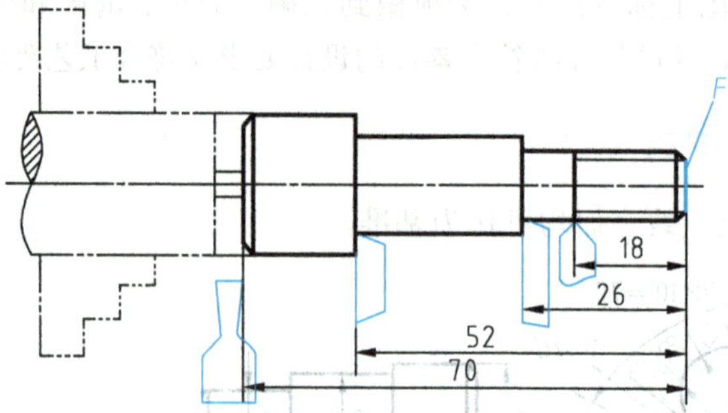

图 8-17 阶梯轴的加工

二、尺寸基准的选择

选择尺寸基准的目的有两个，一是为了确定零件在机器中的位置或零件上几何元素的位置，以符合设计要求；二是为了在制作零件时确定测量尺寸的起点位置，方便加工和测量，以符合工艺要求。

1. 选择原则

应尽量使设计基准与工艺基准重合，以减少尺寸误差并保证产品质量。

2. 三个方向的尺寸基准

任何一个零件都有长、宽、高三个方向的尺寸。因此，每一个零件的三个方向应至少各有一个尺寸基准。

3. 主辅基准

零件的某个方向可能会有两个或两个以上的基准。一般只有一个是主要基准，其他为次要基准，或称为辅助基准。应选择零件上的重要几何要素作为主要基准。

三、标注尺寸应注意的问题

在标注零件的尺寸之前，应先对零件各组成部分的形状、结构和作用等有所了解，分清哪些是影响零件质量的尺寸，哪些是对零件质量影响不大的尺寸，然后再选择尺寸基准，并标注必要的定形和定位尺寸。标注尺寸时，应注意以下问题：

1. 重要尺寸从设计基准直接注出

如图 8-16 所示，该轴承座高度方向的尺寸 40±0. 02 从高度基准 *B* 直接注出。

2. 避免注成封闭尺寸链

封闭尺寸链是指零件同一个方向上首尾相接的尺寸。如图 8-18 所示，尺寸 *A*、*B*、*C*、*D* 构成一个封闭的尺寸链，尺寸链中任意一环的尺寸误差将等于其他各环的尺寸误差之和，无法同时满足各尺寸的加工要求，因此在标注尺寸时，应选择一个不重要的尺寸（如尺寸 *C*）空出不注，使尺寸链留有开口，如图 8-19 所示。

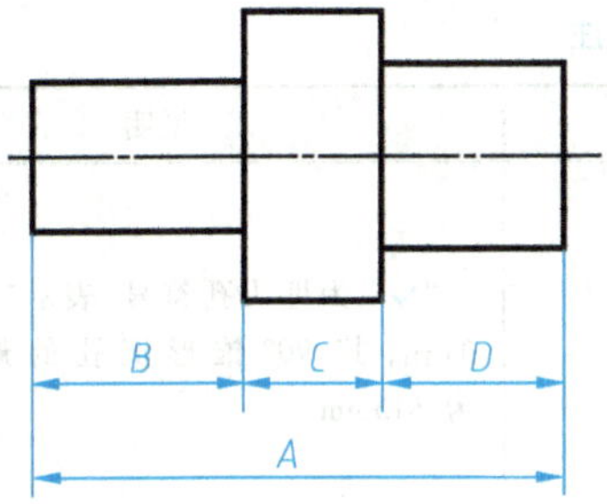

图 8-18 封闭尺寸链（错误）

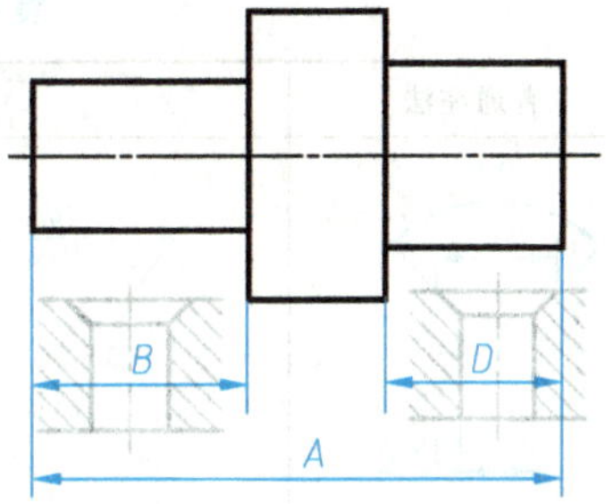

图 8-19 开口尺寸链（正确）

3. 考虑测量的方便

在零件图上标注尺寸时，不仅要考虑设计要求，还应使标注出的尺寸便于测量和检验。如图 8-20a 所示，尺寸 A 不便于测量，应按图 8-20b 所示标注尺寸。

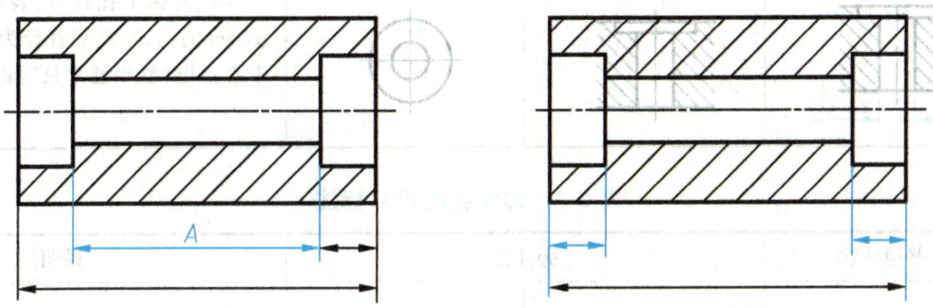

a) 不正确　　b) 正确

图 8-20 标注尺寸应便于测量

四、零件上常见孔的尺寸注法

光孔的尺寸标注见表 8-1，沉孔的尺寸标注见表 8-2，螺纹孔的尺寸标注见表 8-3。

表 8-1 光孔的尺寸标注

类型	普通注法	旁注法		说明
一般孔	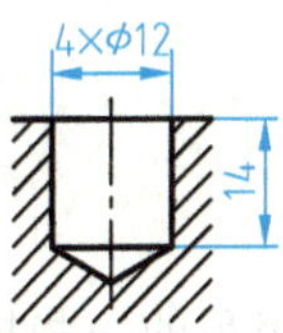	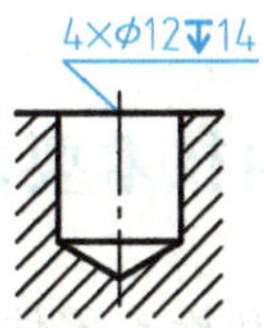	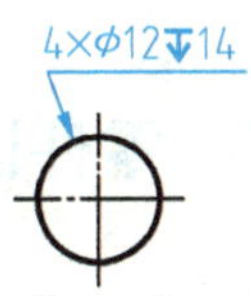	“↧”为深度符号，表示四个 ϕ12mm 的孔，孔深为 14mm
锥销孔	无普通注法	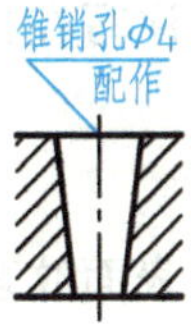	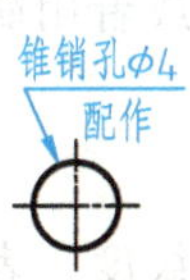	“配作”是指和另一零件的同位锥销孔一起加工；ϕ4 是与孔相配的圆锥销的公称直径（小端直径）

表 8-2 沉孔的尺寸标注

类型	普通注法	旁注法		说明
锥形沉孔	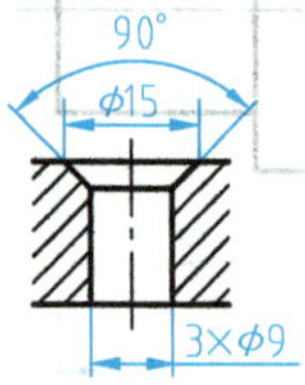	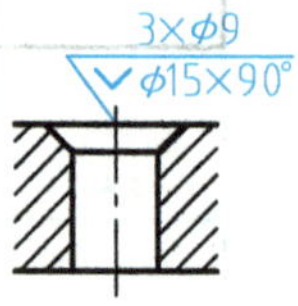	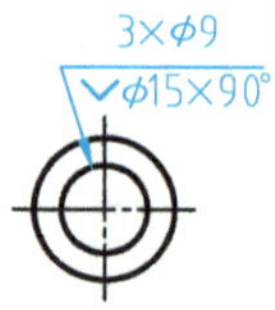	“⌵”为埋头孔符号，表示三个 φ9mm 的孔，其 90° 锥形沉孔的最大直径为 φ15mm
柱形沉孔	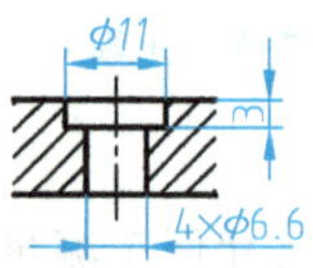	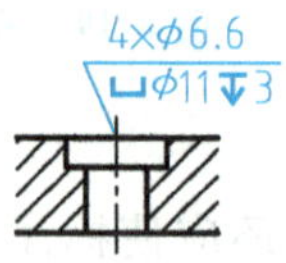	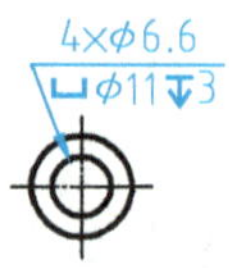	“⌴”为沉孔符号，表示四个直径为 φ6.6mm 的孔，柱形沉孔的直径为 φ11mm，深度为 3mm
锪平孔	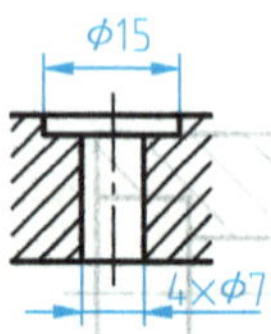	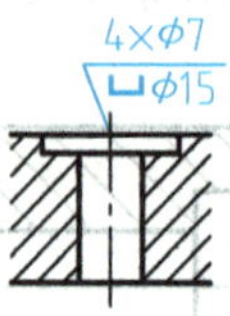		“⌴”为锪平孔符号，表示四个直径为 φ7mm 的孔，其锪平直径为 φ15mm，深度不必标出（锪平通常只需锪出平面即可）

表 8-3 螺纹孔的尺寸标注

类型	普通注法	旁注法		说明
通孔	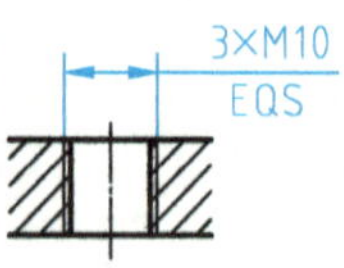	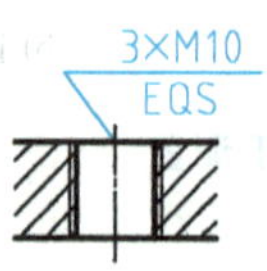	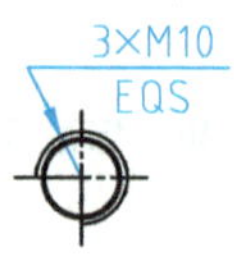	表示三个均匀分布的公称直径为 10mm 的螺纹孔，中径、顶径公差带代号均为 6H（省略不注）
不通孔	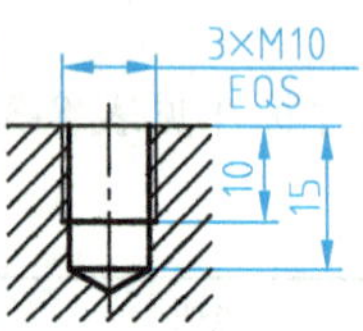	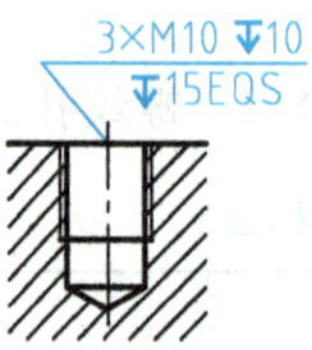	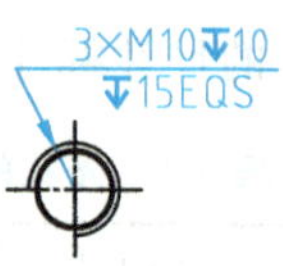	表示三个均匀分布的公称直径为 10mm 的螺纹孔，钻孔深度为 15mm，螺纹孔深度为 10mm，中径、顶径公差带代号均为 6H（省略不注）

知识点 5 零件图上的技术要求

零件图中除了视图和尺寸标注外，还应具备加工和检验零件时需满足的一些技术要求。零件图中的技术要求主要包括尺寸公差、几何公差、表面结构和热处理等。技术要求通常是用符号、代号或标记在图形上标注，或者用简明的文字注写在标题栏附近。

一、表面结构表示法

表面结构是表面粗糙度、表面波纹度、表面缺陷和表面纹理等的总称。表面结构的各项要求以及在图样上的表示法在 GB/T 131—2006《产品几何技术规范（GPS） 技术产品文件中表面结构的表示法》中均有规定。本节主要介绍常用的表面粗糙度表示法。

1. 基本概念及术语

（1）表面粗糙度　经过机械加工后的零件表面会留有许多高低不平的凸峰和凹谷，零件加工表面上具有较小间距的峰谷所组成的微观几何形状特性称为表面粗糙度。表面粗糙度与加工方法、切削刃形状和走刀量等因素有密切关系。

表面粗糙度是评定零件表面质量的一项重要技术指标，对于零件的配合、耐磨性、耐蚀性以及密封性等都有显著影响，是零件图中必不可少的一项技术要求。

零件表面粗糙度的选用既应满足零件表面的功用要求，又要考虑经济合理。一般情况下，凡是零件上有配合要求或有相对运动的表面，表面粗糙度参数值要小，且参数值越小表面质量越好，但加工成本也越高。因此，在满足使用要求的前提下，应尽量选用较大的参数值，以降低成本。

（2）表面波纹度　在机械加工过程中，由于机床、工件和刀具系统的振动，在工件表面所形成的间距比表面粗糙度大得多的表面不平度称为表面波纹度，如图 8-21 所示。零件表面的波纹度是影响零件使用寿命和引起振动的重要因素。

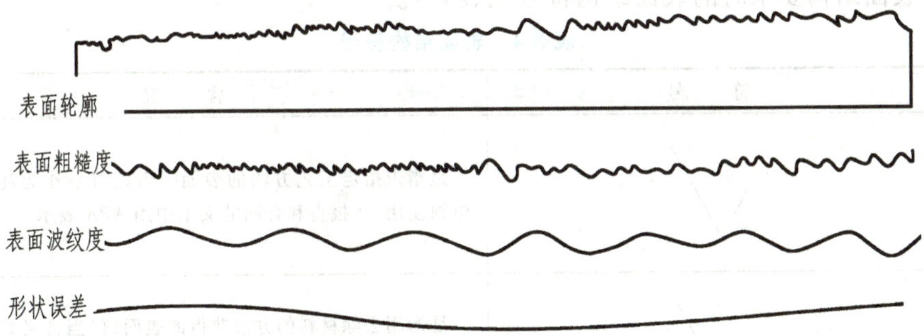

图 8-21　表面粗糙度、表面波纹度和形状误差的综合影响的表面轮廓

表面粗糙度、表面波纹度以及表面几何形状总是同时生成并存在于同一表面。

（3）评定表面结构常用的轮廓参数　对于零件表面结构的状况，可由三大类参数加以评定：

1）轮廓参数由 GB/T 3505—2009《产品几何技术规范（GPS）　表面结构 轮廓法 术语、定义及表面结构参数》定义。

2）图形参数由 GB/T 18618—2009《产品几何技术规范（GPS）　表面结构 轮廓法 图形参数》定义。

3）支承率曲线参数由 GB/T 18778. 2—2003《产品几何量技术规范（GPS）　表面结构 轮廓法 具有复合加工特征的表面 第 2 部分：用线性化的支承率曲线表征高度特性》和 GB/T 18778. 3—2006《产品几何技术规范（GPS）　表面结构 轮廓法 具有复合加工特征的表面 第 3 部分：用概率支承率曲线表征高度特性》定义。

其中轮廓参数是我国机械图样中目前最常用的评定参数。本节仅介绍评定粗糙度轮廓（*R* 轮廓）中的两个高度参数 *Ra* 和 *Rz*。

轮廓算术平均偏差 *Ra* 是指在一个取样长度 l_r 内纵坐标值 $Z(x)$ 绝对值的算术平均值（图 8-22），其近似值为

$$Ra = \frac{1}{n}\sum_{i=1}^{n}|z_i|$$

轮廓的最大高度 Rz 是指在同一取样长度 l 内，最大轮廓峰高和最大轮廓谷深之和的高度（图 8-22）。

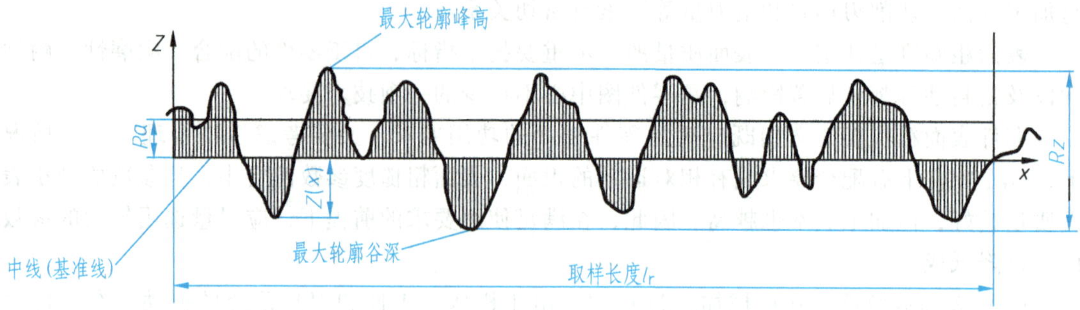

图 8-22　轮廓的算术平均偏差 Ra 和轮廓最大高度 Rz

2. 标注表面结构的图形符号

标注表面结构要求时的表面结构符号见表 8-4。

表 8-4　表面结构符号

符号名称	符　号	含　义
基本符号		是指未指定工艺方法的表面。当该符号作为注解时，可以单独使用，在报告和合同的文本中用 APA 表示
扩展符号		是指用去除材料的方法获得的表面，仅当含义是“被加工表面”时可以单独使用，在报告和合同的文本中用 MRR 表示
		是指不去除材料的表面，也可以用于表示保持原供应状况或上道工序形成的表面，不管这种状况是通过去除材料或不去除材料形成的，在报告和合同的文本中用 NMR 表示
完整符号	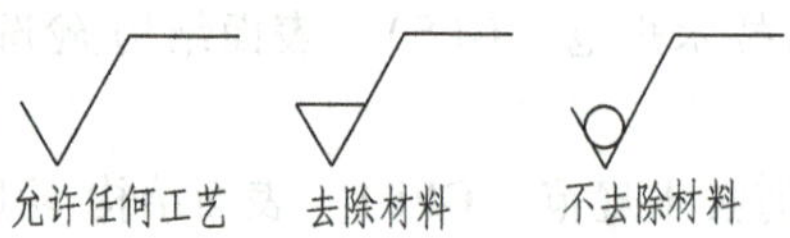	当需要标注表面结构特征的补充信息时，可以在上述三个符号的长边上加一横线，用于标注有关参数或说明
	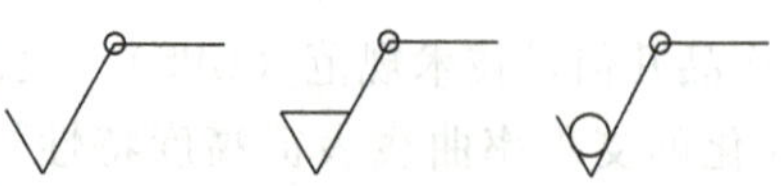	表示视图中封闭的轮廓线所表示的所有表面具有相同的表面粗糙度要求

超过极限值有两种含义：当给定上限值时，超过是指大于给定值；当给定下限值时，超过是指小于给定值。

如图 8-23 所示，当图样某个视图上构成封闭轮廓的各表面有相同的表面结构要求时，在完整图形符号上加一圆圈，标注在图样中工件的封闭轮廓线上，则图示的表面结构符号是指对图形中封闭轮廓的六个面的共同要求（不包括前后面）。

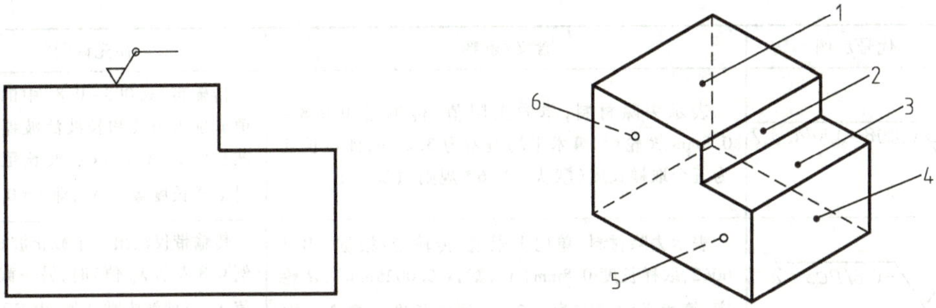

图 8-23　对周边各面有相同的表面结构要求的注法

3. 在图形符号中的注写位置

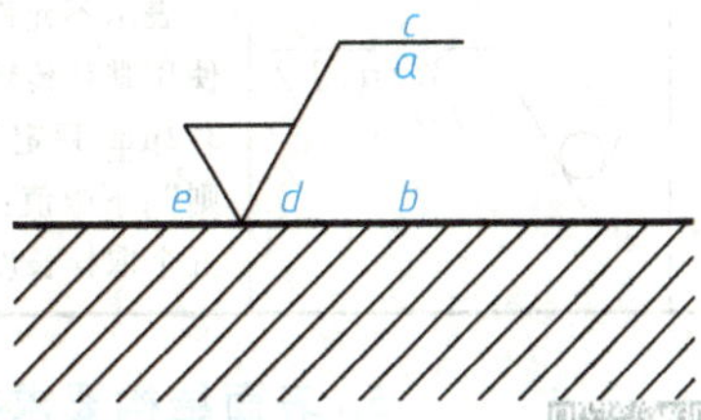

图 8-24　补充要求的注写

为了明确表面结构要求，除了标注表面结构参数和数值外，必要时还应标注补充要求，包括传输带、取样长度、表面纹理及方向、加工工艺和加工余量等。这些要求在图形符号中的注写位置如图 8-24 所示。

位置 *a*：注写第一个表面结构要求，如结构参数代号、极限值、取样长度或传输带等。其中，参数代号和极限值间应插入空格。

位置 *b*：注写第二个或多个表面结构要求。

位置 *c*：注写加工方法、表面处理、表面涂层或其他加工工艺要求等，如“车”“磨”等。

位置 *d*：注写所要求的表面纹理和纹理方向，如“=”“M”等。

位置 *e*：注写所要求的加工余量。

表面纹理是指完工零件表面上呈现的，与切削运动轨迹相应的图案，各种纹理方向的符号及其含义可以参阅 GB/T 131—2006《产品几何技术规范（GPS）技术产品文件中表面结构的表示法》。

4. 表面结构代号

表面结构符号中注写了具体参数代号及数值等要求后，即称为表面结构代号。表面结构代号示例见表 8-5。

表 8-5　表面结构代号示例

序号	代号示例	含义/解释	补充说明
1	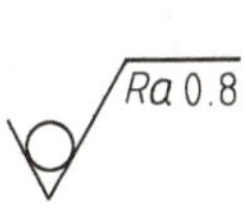 Ra 0.8	表示不允许去除材料，单向上限值，默认传输带，*R* 轮廓，算术平均偏差为 0.8μm，评定长度为五个取样长度（默认），“16%规则”（默认）	本例未标注传输带，应理解为默认传输带，此时取样长度可由 GB/T 10610 和 GB/T 6062 查取
2	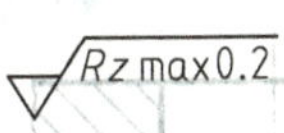 Rz max0.2	表示去除材料，单向上限值，默认传输带，*R* 轮廓，粗糙度最大高度的最大值为 0.2μm，评定长度为五个取样长度（默认），“最大规则”	示例 1～4 均为单向极限要求，且均为单向上限值，则均可不加注“U”，若为单向下限值，则应加注“L”

（续）

序号	代号示例	含义/解释	补充说明
3	0.008~0.8/Ra 3.2	表示去除材料，单向上限值，传输带 0.008~0.8mm，R 轮廓，算术平均偏差为 3.2μm，评定长度为五个取样长度（默认），“16%规则”（默认）	传输带“0.008~0.8”中的前后数值分别为短波和长波滤波器的截止波长（λ_s~λ_c），以示波长范围。此时取样长度等于 λ_c，即 L=0.8mm
4	-0.8/Ra3 3.2	表示去除材料，单向上限值，传输带：根据 GB/T 6062，取样长度 0.8mm（λ_s，默认 0.0025mm），R 轮廓，算术平均偏差为 3.2μm，评定长度包含 3 个取样长度，“16%规则”（默认）	传输带仅注出一个截止波长值（本例 0.8 表示 λ_c 值）时，另一截止波长值 λ_s 应理解为默认值，由 GB/T 6062 查知 λ_c=0.0025mm
5	U Ramax 3.2 L Ra 0.8	表示不允许去除材料，双向极限值，两极限值均使用默认传输带，R 轮廓，上限值：算术平均偏差为 3.2μm，评定长度为五个取样长度（默认），“最大规则”；下限值：算术平均偏差为 0.8μm，评定长度为五个取样长度（默认），“16%规则”（默认）	本例为双向极限要求，用“U”和“L”分别表示上限值和下限值。在不致引起歧义时，可以不加注“U”和“L”

5. 表面结构要求在图样中的注法

1）表面结构要求对每个表面一般只标注一次，并尽可能注在相应的尺寸及其公差的同一视图上。除非另有说明，一般所标注的表面结构要求就是对零件完工时表面的要求。

2）表面结构的注写和读取方向与尺寸的注写和读取方向一致。表面结构要求可以标注在轮廓线上，其符号应从材料外指向并接触表面（图 8-25）。必要时，表面结构也可以用带箭头或黑点的指引线引出标注（图 8-26）。

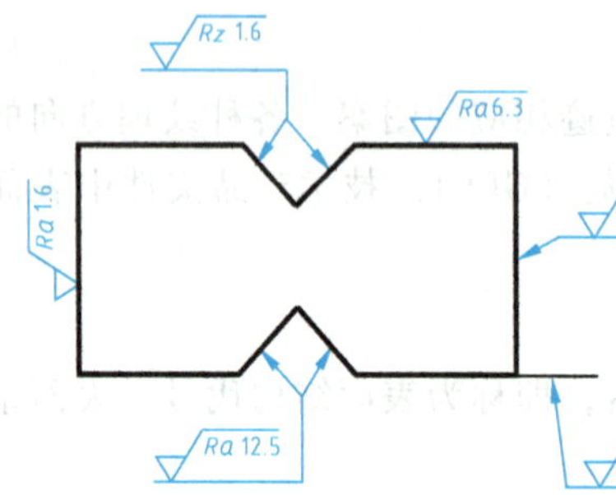

图 8-25　表面结构要求在轮廓上标注

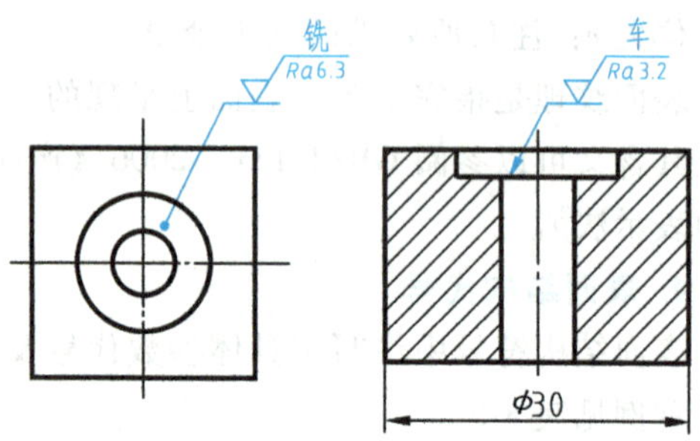

图 8-26　用引线引出标注表面结构要求

3）在不致引起误解时，表面结构要求可以标注在给定的尺寸线上（图 8-27）。

4）表面结构要求可以标注在几何公差框格的上方（图 8-28）。

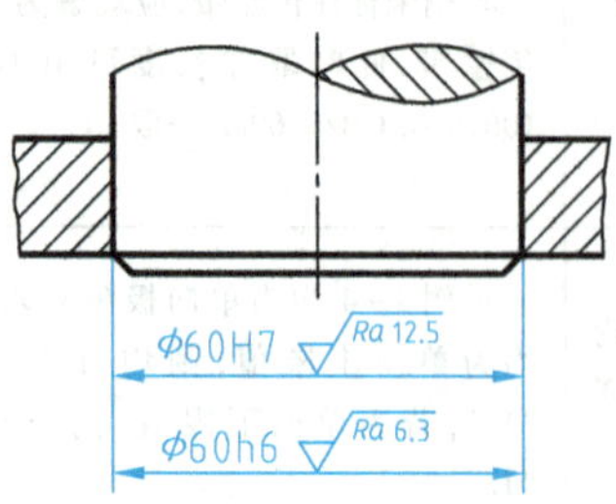

图 8-27　表面结构要求标注在尺寸线上

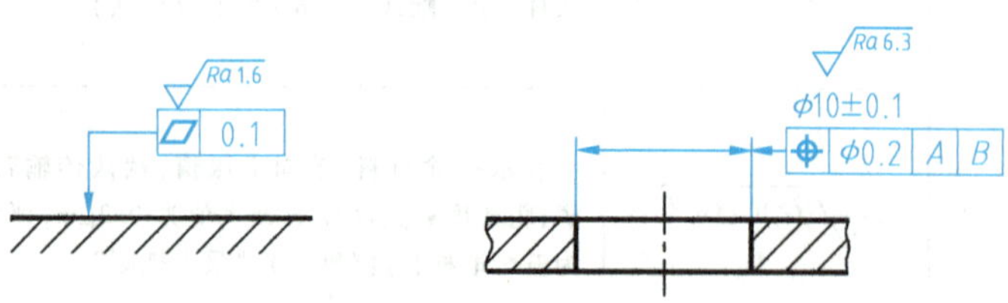

图 8-28　表面结构要求标注在几何公差框格的上方

5）圆柱和棱柱表面的表面结构要求只标注一次（图 8-29）。如果每个棱柱表面有不同的表面要求，则应分别标注（图 8-30）。

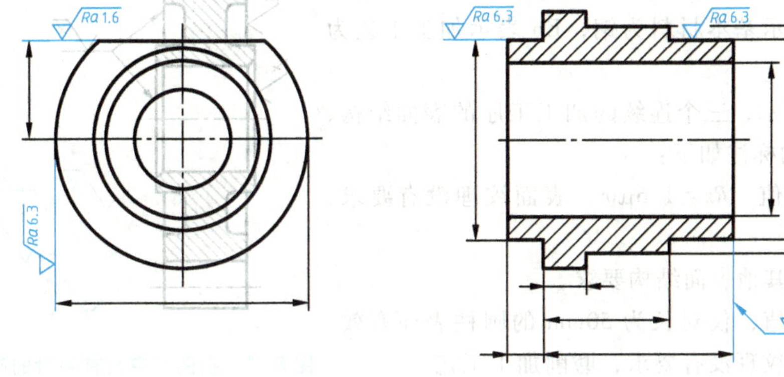

图 8-29　表面结构要求标注在圆柱特征的延长线上

6. 表面结构要求在图样中的简化注法

（1）有相同表面结构要求的简化注法　当在工件的多数（包括全部）表面有相同的表面结构要求时，则其表面结构要求可以统一标注在图样的标题栏附近。此时（除全部表面有相同要求的情况外），表面结构要求的符号后面应有：

1）在圆括号内给出无任何其他标注的基本符号，如图 8-31a 所示。

2）在圆括号内给出不同的表面结构要求，如图 8-31b 所示。

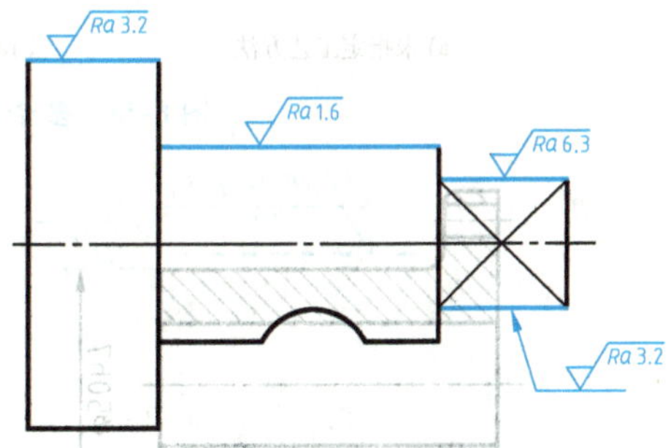

图 8-30　圆柱和棱柱的表面结构要求的注法

3）不同的表面结构要求应直接标注在图形中，如图 8-31 所示。

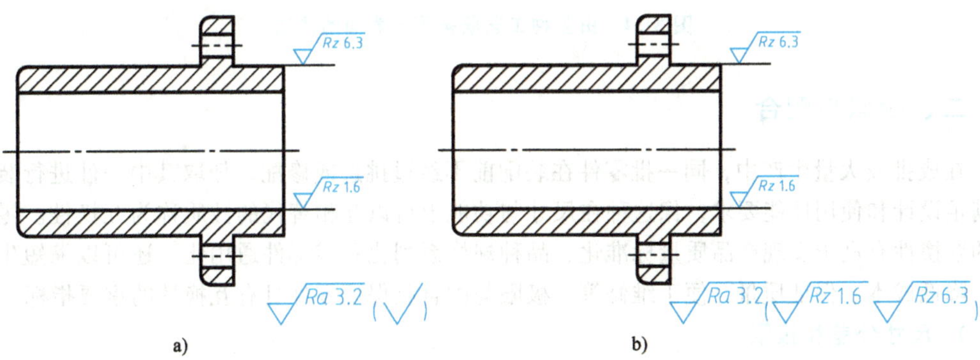

图 8-31　大多数表面有相同表面结构要求的简化注法

（2）多个表面有共同表面结构要求的标注方法　当多个表面具有相同的表面结构要求，或图纸的标注空间较小时，可以用带字母的完整符号，以等式的形式在图形或标题栏附近进行简化标注，如图 8-32 所示。也可以只用表面结构符号，以等式的形式在图形或标题栏附近进行简化标注，如图 8-33 所示。

（3）由两种或多种工艺获得的同一表面的注法　由几种不同的工艺方法获得的同一表面，当需要明确每种工艺方法的表面结构要求时，可以按图 8-34a 所示进行标注（图中 Fe 表示基本材料为钢，Ep 表示加工工艺为电镀）。

如图 8-34b 所示，三个连续的加工工序的表面结构、尺寸和表面处理的标注如下：

1）单向上限值，$Rz=1.6\mu m$，表面纹理没有要求，去除材料的工艺。

2）镀铬，无其他表面结构要求。

3）单向上限值，仅对长为 50mm 的圆柱表面有效，$Rz=6.3\mu m$，表面纹理没有要求，磨削加工工艺。

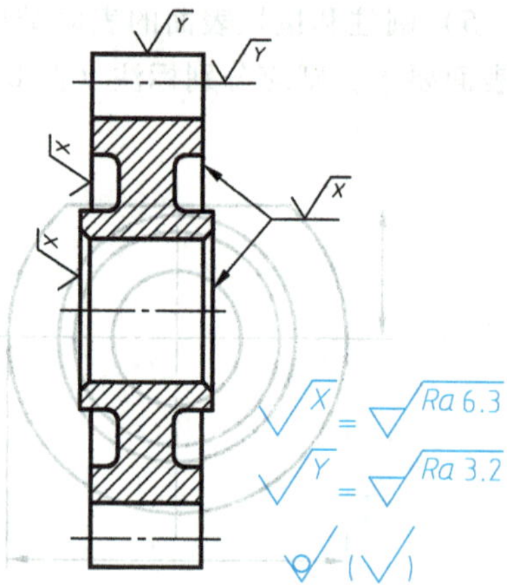

图 8-32　在图纸空间有限时的简化注法

a) 未指定工艺方法　b) 要求去除材料　c) 不去除材料

图 8-33　多个表面结构要求的简化注法

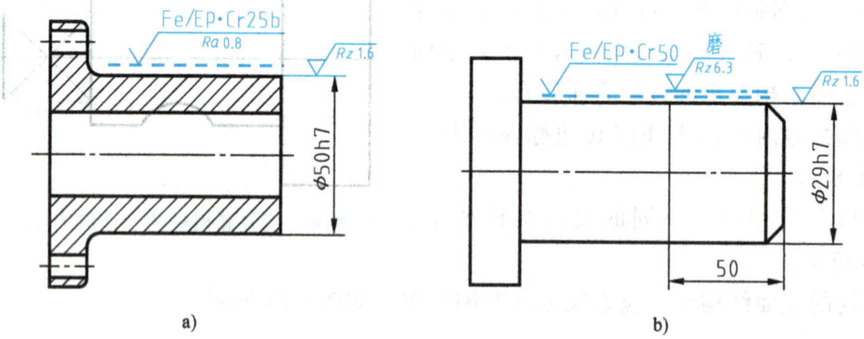

图 8-34　由多种工艺获得同一表面的注法

二、极限与配合

在成批或大量生产中，同一批零件在装配前不经过挑选或修配，任取其中一件进行装配都能满足设计和使用性能要求，像这种在尺寸与功能上可以互相替代的性质称为互换性。零件之间的互换性有利于实现产品质量标准化、品种规格系列化和零部件通用化，还可以缩短生产周期、降低成本、保证质量、便于维修等。极限与配合是保证零件具有互换性的重要指标。

1. 尺寸公差和极限

零件在制造过程中，由于加工或测量等因素的影响，加工完成后的实际尺寸总存在一定程度的误差。为保证零件的互换性，必须将零件的实际尺寸控制在允许变动的范围内。这个允许的尺寸变动量称为尺寸公差，简称公差；允许变动的两个极端界限称为极限尺寸。下面以图 8-35 为例，介绍极限与公差的基本术语。

（1）公称尺寸　由图样规范确定的理想形状要素的尺寸。如图 8-35 所示，孔、轴的公称尺寸为 $\phi 50mm$。

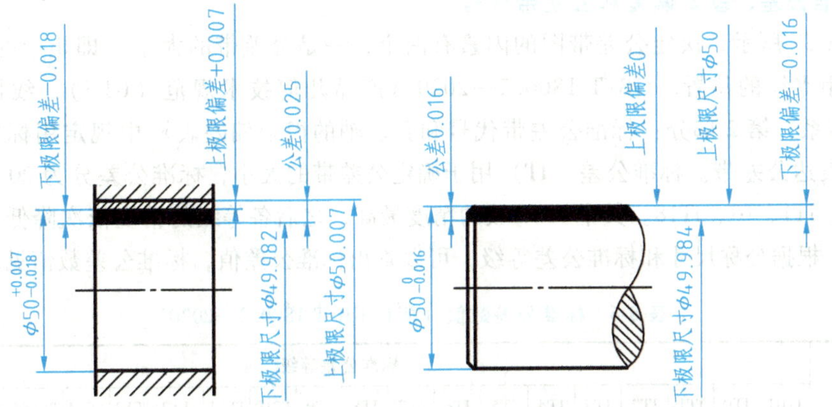

图 8-35　极限与公差的基本术语

（2）实际尺寸　是指零件加工之后，实际测量所得的尺寸。

（3）极限尺寸　是指允许零件实际尺寸变化的两个极限值，分为上极限尺寸和下极限尺寸，实际尺寸在这两个尺寸之间才算合格。

（4）极限偏差　是指零件的极限尺寸减去其公称尺寸后所得的代数差。极限偏差分为上极限偏差和下极限偏差。

上极限偏差=上极限尺寸-公称尺寸

下极限偏差=下极限尺寸-公称尺寸

上极限偏差和下极限偏差可以是正值、负值或零。GB/T 1800.2—2020《产品几何技术规范（GPS）线性尺寸公差 ISO 代号体系　第 2 部分：标准公差带代号和孔、轴的极限偏差表》规定，孔的上、下极限偏差代号分别用大写字母 ES、EI 表示；轴的上、下极限偏差代号分别用小写字母 es、ei 表示。如图 8-35 所示，孔的上极限偏差 $ES=+0.007$mm，轴的上极限偏差 $es=0$；孔的下极限偏差 $EI=-0.018$mm，轴的下极限偏差 $ei=-0.016$mm。

（5）尺寸公差　简称公差，是指允许尺寸的变动量，即尺寸公差=上极限尺寸-下极限尺寸=上极限偏差-下极限偏差。如图 8-35 所示，孔公差 $=ES-EI=+0.007\text{mm}-(-0.018)\text{mm}=0.025\text{mm}$；轴公差 $=es-ei=0-(-0.016)\text{mm}=0.016\text{mm}$。

由此可知，公差仅表示尺寸允许变动的范围，为正值。孔和轴的公差分别用 T_h 和 T_s 表示。尺寸相同时，公差越小，零件的精度越高，实际尺寸允许的变动量也越小；反之，公差越大，零件的精度越低，实际尺寸允许的变动量也越大。

（6）公差带　代表上极限偏差和下极限偏差或上极限尺寸和下极限尺寸的两条直线所限定的一个区域。为了方便分析公差，一般只画出放大的孔、轴公差带位置关系，这种表示公称尺寸、尺寸公差大小和位置关系的图形称为公差带图。在公差带图中，用 0 这条线表示公称尺寸，以该线为基准，上方为正、下方为负；用矩形的高表示尺寸的变化范围（即公差），矩形的上边代表上极限偏差，矩形的下边代表下极限偏差，矩形的长度无实际意义，如图 8-36 所示。

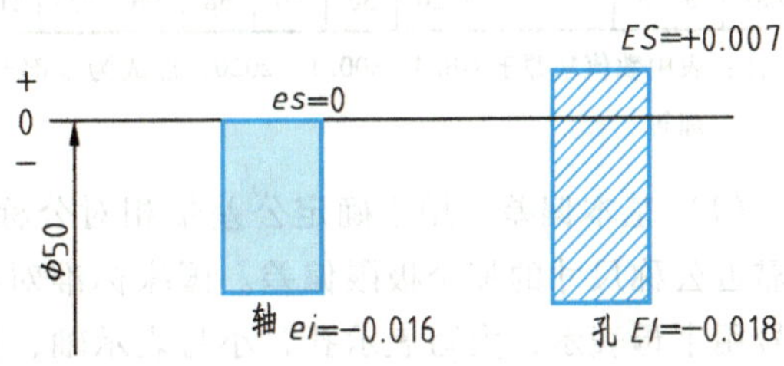

图 8-36　公差带图

2. 标准公差、基本偏差和公差带代号

如图 8-37 所示，决定公差带图的因素有两个，一是公差带的大小（即矩形的高度），二是公差带距零线的位置。GB/T 1800. 2—2020《产品几何技术规范（GPS） 线性尺寸公差ISO 代号体系 第 2 部分：标准公差带代号和孔、轴的极限偏差表》中规定用标准公差和基本偏差来表达公差带。标准公差（IT）用于确定公差带的大小，标准公差分为 20 个等级，即IT01、IT0、IT1、…、IT18。其中 IT01 级的精度最高，之后各等级的精度依次降低，IT18 级的精度最低。根据公称尺寸和标准公差等级，可以查出标准公差值，标准公差数值见表 8-6。

表 8-6 标准公差数值（摘自 GB/T 1800. 2—2020）

公称尺寸/mm		标准公差等级																			
		IT01	IT0	IT1	IT2	IT3	IT4	IT5	IT6	IT7	IT8	IT9	IT10	IT11	IT12	IT13	IT14	IT15	IT16	IT17	IT18
大于	至	标准公差值																			
		μm											mm								
—	3	0.3	0.5	0.8	1.2	2	3	4	6	10	14	25	40	60	0.1	0.14	0.25	0.4	0.6	1	1.4
3	6	0.4	0.6	1	1.5	2.5	4	5	8	12	18	30	48	75	0.12	0.18	0.3	0.48	0.75	1.2	1.8
6	10	0.4	0.6	1	1.5	2.5	4	6	9	15	22	36	58	90	0.15	0.22	0.36	0.58	0.9	1.5	2.2
10	18	0.5	0.8	1.2	3	3	5	8	11	18	27	43	70	110	0.18	0.27	0.43	0.7	1.1	1.8	2.7
18	30	0.6	1	1.5	2.5	4	6	9	13	21	33	52	84	130	0.21	0.33	0.52	0.84	1.3	2.1	3.3
30	50	0.6	1	1.5	2.5	4	7	11	16	25	39	62	100	160	0.25	0.39	0.62	1	1.6	2.5	3.9
50	80	0.8	1.2	2	3	5	8	13	19	30	46	74	120	190	0.3	0.46	0.74	1.2	1.9	3	4.6
80	120	1	1.5	2.5	4	6	10	15	22	35	54	87	140	220	0.35	0.54	0.87	1.4	2.2	3.5	5.4
120	180	1.2	2	3.5	5	8	12	18	25	40	63	100	160	250	0.4	0.63	1	1.6	2.5	4	6.3
180	250	2	3	4.5	7	10	14	20	29	46	72	115	185	290	0.46	0.72	1.15	1.85	2.9	4.6	7.2
250	315	2.5	4	6	8	12	16	23	32	52	81	130	210	320	0.52	0.81	1.3	2.1	3.2	5.2	8.1
315	400	3	5	7	9	13	18	25	36	57	89	140	230	360	0.57	0.89	1.4	2.3	3.6	5.7	8.9
400	500	4	6	8	10	15	20	27	40	63	97	155	250	400	0.63	0.97	1.55	2.5	4	6.3	9.7
500	630			9	11	16	22	32	44	70	110	175	280	440	0.7	1.1	1.75	2.8	4.4	7	11
630	800			10	13	18	25	36	50	80	125	200	320	500	0.8	1.25	2	3.2	5	8	12.5
800	1000			11	15	21	28	40	56	90	140	230	360	560	0.9	1.4	2.3	3.6	5.6	9	14
1000	1250			13	18	24	33	47	66	105	165	260	420	660	1.05	1.65	2.6	4.2	6.6	10.5	16.5
1250	1600			15	21	29	39	55	78	125	195	310	500	780	1.25	1.95	3.1	5	7.8	12.5	19.5
1600	2000			18	25	35	46	65	92	150	230	370	600	920	1.5	2.3	3.7	6	9.2	15	23
2000	2500			22	30	41	55	78	110	175	280	440	700	1100	1.75	2.8	4.4	7	11	17.5	28
2500	3150			26	36	50	68	96	135	210	330	540	860	1350	2.1	3.3	5.4	8.6	13.5	21	33

注：表中数值来源于 GB/T 1800. 1—2020，已成为本部分的内容，有利于对极限偏差数值表及图 1、图 2 的应用和理解。

（1）基本偏差 用于确定公差带相对公称尺寸位置的上极限偏差或下极限偏差，一般指靠近公称尺寸的那个极限偏差。国家标准对孔、轴各规定了 28 个基本偏差，其基本偏差代号用字母表示，大写表示孔，小写表示轴，如图 8-37 所示。H 的基本偏差是下极限偏差，$EI=0$；h 的基本偏差是上极限偏差，$es=0$。

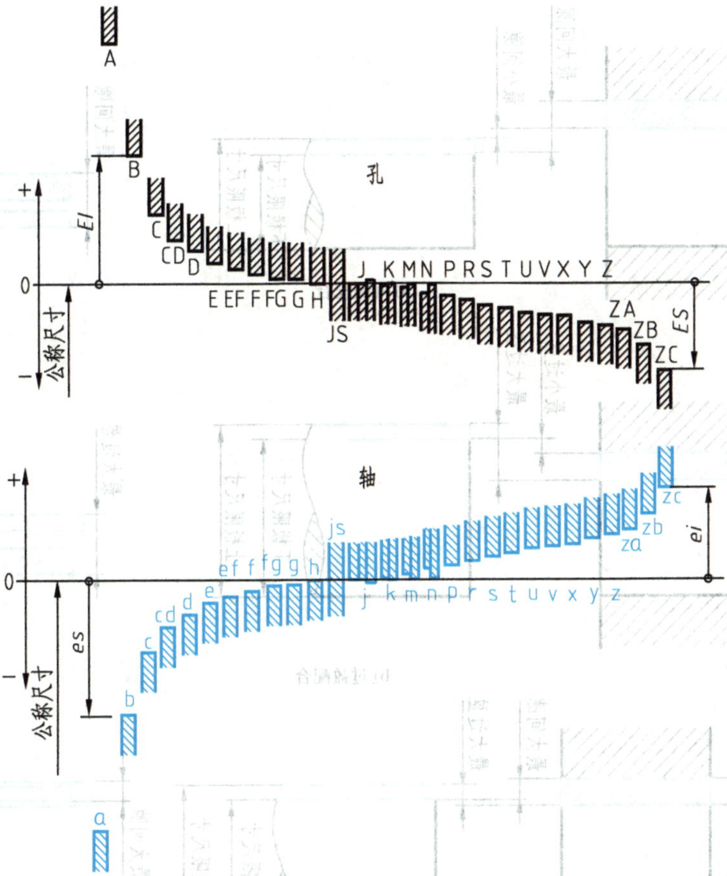

图 8-37　基本偏差系列

（2）公差带代号　公差带代号由基本偏差代号和公差等级组成，孔、轴的具体上、下极限偏差值可以查表 A-2 和表 A-1。例如，ϕ60H7 中，60 是公称尺寸，H 是基本偏差代号，大写表示孔，7 表示公差等级为 IT7，由表 A-2 可知其上极限偏差为+0.030mm，下极限偏差为 0。

3. 配合

公称尺寸相同的一批相互结合的孔和轴的公差带之间的关系称为配合。按照孔和轴公差带间的相对位置关系，配合可以分为间隙配合、过盈配合和过渡配合三种类型。

（1）间隙配合　是指孔与轴装在一起时具有间隙（包括最小间隙等于零）的配合。此时，孔的公差带在轴的公差带之上，如图 8-38a 所示。间隙配合主要用于孔、轴间需要产生相对运动的活动连接。

（2）过盈配合　是指孔与轴装在一起时具有过盈（包括最小过盈等于零）的配合。此时，孔的公差带在轴的公差带之下，如图 8-38b 所示。过盈配合主要用于孔、轴间不允许产生相对运动的紧固连接。

（3）过渡配合　是指孔与轴装在一起时可能存在间隙，也可能存在过盈的配合。此时，孔的公差带与轴的公差带有重叠部分，如图 8-38c 所示。过渡配合主要用于孔、轴间的定位连接。

例如，已知 ϕ60H7 的孔和 ϕ60k6 的轴配合，查表可得出极限偏差，利用公差带图可判断其配合关系。

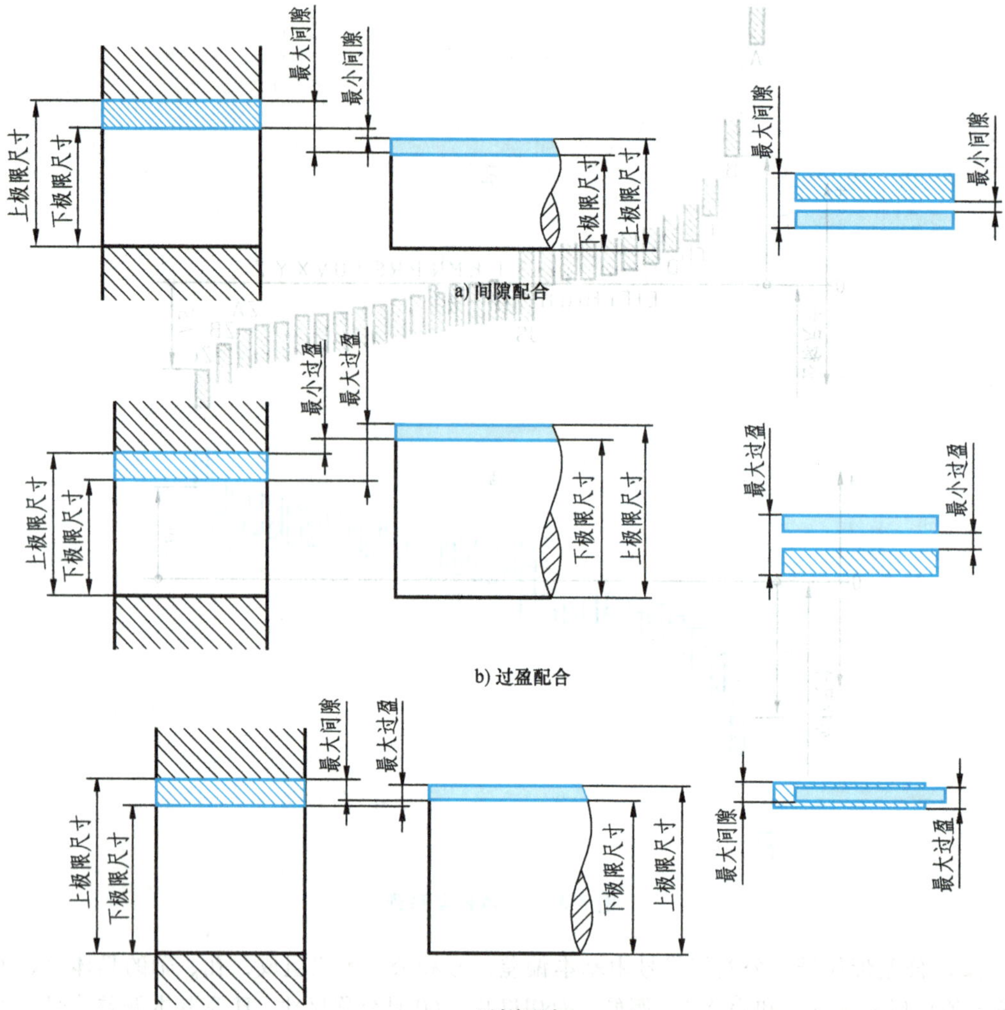

图 8-38 三种配合制度

查表 C-5 可知，$\phi60$ 属于公称尺寸“>50～65”行，由该行向右看，从基本偏差代号“H”列向下看，再从等级栏中找到 7 级精度列向下看，汇交处的数值为 $^{+30}_{0}\mu m$，即上极限偏差 $ES=+0.030mm$，下极限偏差 $EI=0$；采用同样的方法，由表 C-4 中可查出轴 $\phi60k6$ 的上极限偏差 $es=+0.021mm$，下极限偏差 $ei=+0.002mm$。如图 8-39 所示，公差带的宽度可以取任意大小，因为孔的公差带和轴的公差带有部分相互交叠，所以配合关系为过渡配合。

4. 配合制度及其选择

孔和轴公差带形成配合的一种制度称为配合制度。根据生产实际需要，国家标准规定了两种配合制度。

（1）基孔制配合　是指基本偏差为 0 的孔的公差带，与不同基本偏差的轴的公差带形成不同松紧程度配合的一种制度。基孔制配合的孔称为基准孔，其基本偏差代号为“H”，下极限偏差为零，即它的下极限尺寸等于公称尺寸，如图 8-40 所示。

（2）基轴制配合　是指基本偏差为 0 的轴的公差带，与不同基本偏差的孔的公差带形成不同松紧程度配合的一种制度。基轴制配合的轴称为基准轴，其基本偏差代号为“h”，上极限偏差为零，即它的上极限尺寸等于公称尺寸，如图 8-41 所示。

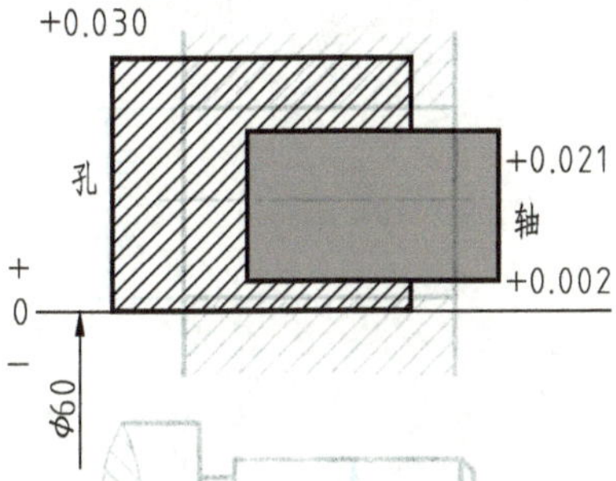

图 8-39　公差带示意图

在选择配合制度时，需要考虑以下几个原则：

1）一般情况下应优先选用基孔制，原因为加工相同公差等级的孔和轴时，孔的加工难度比轴的加工难度大。

2）与标准件配合时，配合制度应依据标准件而定。例如，滚动轴承的内圈与轴的配合应选用基孔制，而滚动轴承的外圈与轴承座孔的配合则应选用基轴制。

3）基轴制主要用于结构设计要求不适合采用基孔制的场合。例如，同一轴与几个具有不同公差带的孔配合时，应选择基轴制。

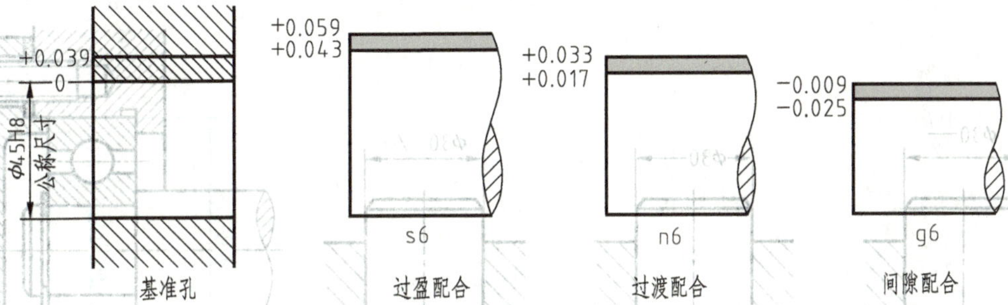

图 8-40　基孔制配合

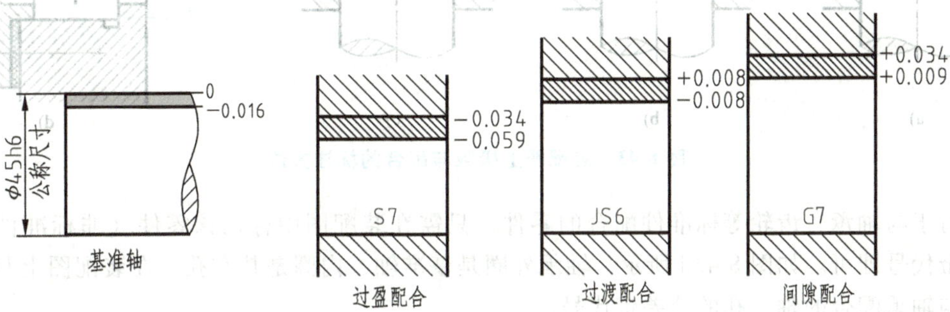

图 8-41　基轴制配合

5. 极限与配合的标注

（1）在零件图中的标注　在零件图中，尺寸公差有以下三种标注形式：

1）用于大批量生产的零件，可以只标注公差带代号，如图 8-42a 所示。

2）用于中小批量生产的零件，一般可标注出极限偏差，如图 8-42b 所示。标注极限偏差值时，极限偏差值的字号比公称尺寸的字号小一号。

3）需要同时标注出公差带代号和对应的极限偏差值时，应该在极限偏差值两端加上圆括号，如图 8-42c 所示。

（2）在装配图中的标注　如图 8-43a～c 所示，在装配图上标注配合代号时，采用组合式注法，在公称尺寸后面用分式表示，分子为孔的公差带代号，分母为轴的公差带代号。

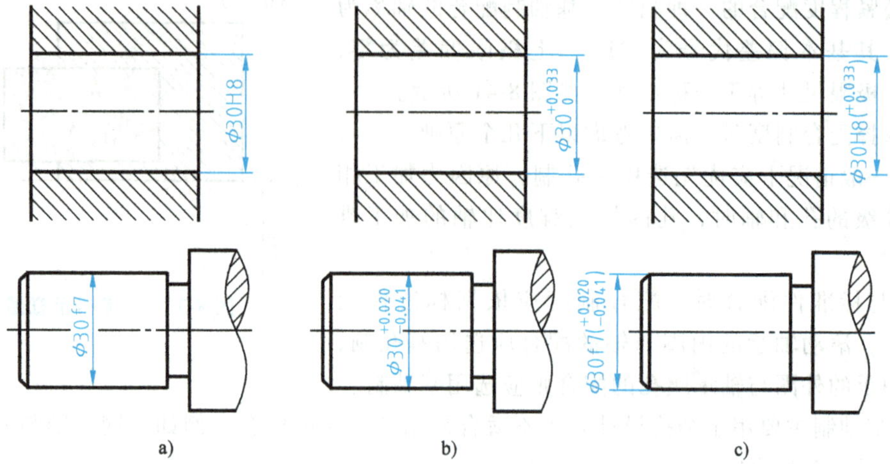

图 8-42 零件图中尺寸公差的三种标注形式

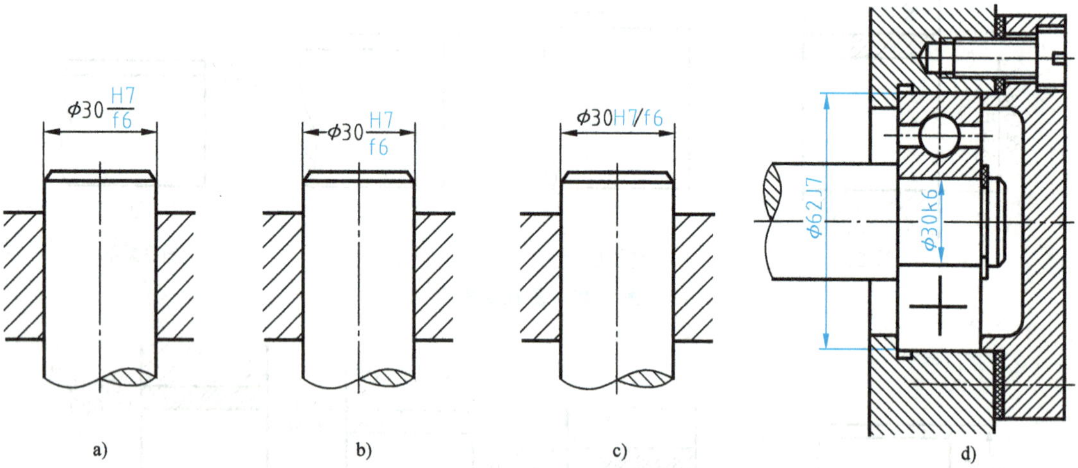

图 8-43 装配图上极限与配合的标注方法

对于与轴承、齿轮等标准件配合的零件，只需在装配图中标出该零件（非标准件）的公差带代号即可。如图 8-43d 所示，轴承外圈是基准轴，内圈是基准孔，在装配图上只需要标出与轴承配合的轴、孔的公差带代号。

6. 配合代号识读举例

配合代号的识读举例见表 8-7，其内容包括孔、轴极限偏差的查表，公差的计算，配合基准制的判别及其公差带图解的画法等。阅读时，要注意横向内容的分析和比较，并根据给出的配合代号查表，与表中的数值进行核对，再根据孔、轴的极限偏差，查出它们的公差带代号。

表 8-7 配合代号的识读举例

项目	孔的极限偏差	轴的极限偏差	公差	配合制度与类别	公差带图解
φ60$\frac{H7}{n6}$	+0.030 0		0.030	基孔制过渡配合	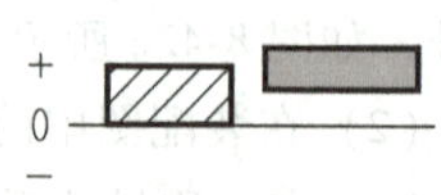
		+0.039 +0.020	0.019		

（续）

项目	孔的极限偏差	轴的极限偏差	公差	配合制度与类别	公差带图解
$\phi20\frac{H7}{s6}$	+0.021 0		0.021	基孔制过盈配合	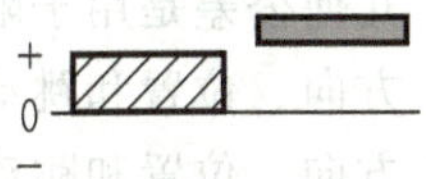
		+0.048 +0.035	0.013		
$\phi30\frac{H7}{f7}$	+0.021 0		0.021	基孔制间隙配合	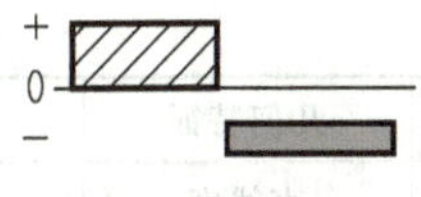
		-0.020 -0.041	0.021		
$\phi24\frac{G7}{h6}$	+0.028 +0.007		0.021	基轴制间隙配合	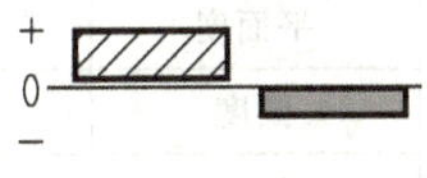
		0 -0.013	0.013		
$\phi100\frac{K7}{h6}$	+0.010 -0.025		0.035	基轴制过渡配合	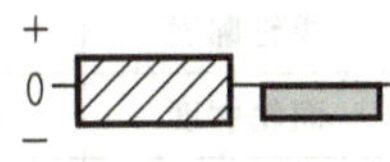
		0 -0.022	0.022		

三、几何公差

在实际生产中，经过加工的零件不仅会产生尺寸误差，还会出现形状和位置误差。例如在加工轴时，其直径大小符合尺寸要求，但轴线弯曲，这样的零件仍然不是合格产品。因此，要保证产品的质量不仅需要保证表面粗糙度、尺寸公差，还需要对零件宏观的几何形状和相对位置加以限制。

如图 8-44a 所示，为了防止轴线弯曲，可标出轴线的形状公差即直线度，它表示轴的实际轴线必须限定在直径为 0.06mm 的圆柱面内；如图 8-44b 所示，左端盖上两个安装齿轮轴的孔，如果两孔轴线倾斜太大，则会影响一对齿轮的啮合传动，为保证正常的啮合，必须标注方向公差即平行度。图中代号的含义为：左端盖上与从动齿轮轴配合的孔的回转轴线对与

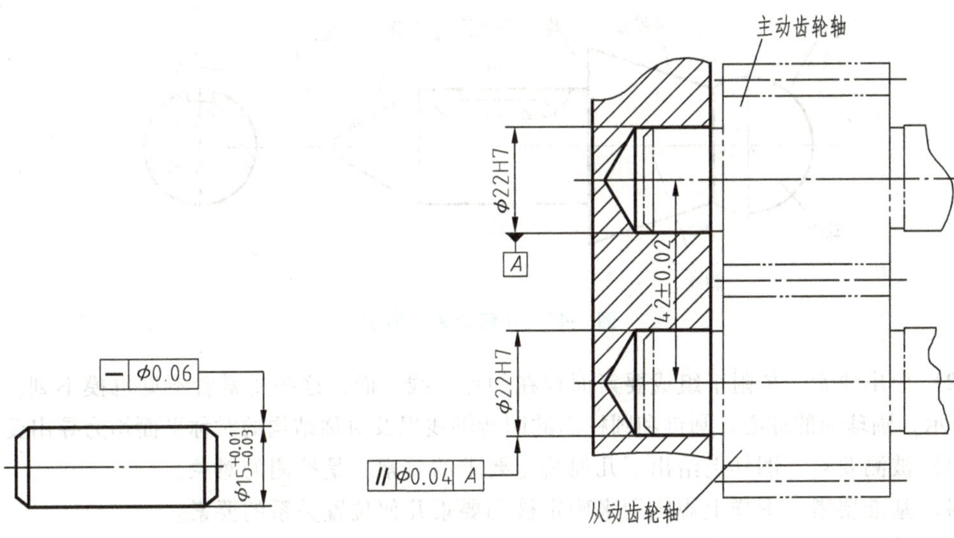

a) 形状公差示意图　　b) 位置公差示意图

图 8-44　形状公差和位置公差示意图

主动齿轮轴配合的孔的回转轴线的平行度公差值为 ϕ0.04mm。

1. 几何公差符号

几何公差是用于限制实际要素的形状或位置误差的，是实际要素的允许变动量，包括形状、方向、位置和跳动公差。GB/T 1182—2018《产品几何技术规范（GPS） 几何公差 形状、方向、位置和跳动公差标注》规定的几何公差特征符号有 14 种（表 8-8）。

表 8-8 几何公差的特征符号（摘自 GB/T 1182—2018）

类型	几何特征	符号	有无基准	类型	几何特征	符号	有无基准
形状公差	直线度	—	无	位置公差	位置度	⌖	有或无
	平面度	▱	无		同心度（用于中心点）	◎	有
	圆度	○	无		同轴度（用于轴线）	◎	有
	圆柱度	⌭	无		对称度	⌯	有
	线轮廓度	⌒	无		线轮廓度	⌒	有
	面轮廓度	⌓	无		面轮廓度	⌓	有
方向公差	平行度	//	有	跳动公差	圆跳动	↗	有
	垂直度	⊥	有		全跳动	⌰	有
	倾斜度	∠	有				
	线轮廓度	⌒	有				
	面轮廓度	⌓	有				

2. 几何要素的分类

几何要素（简称要素）是指构成零件几何特征的点、线和面，可以分为组成要素（轮廓要素）、导出要素（中心要素）、被测要素、基准要素、单一要素和关联要素。

（1）组成要素 构成零件外形，能被人们看见、触摸到的点、线、面。如图 8-45 所示，零件上的锥顶点、回转体的轮廓线，以及球面、圆锥面、端面、圆柱面均为组成要素。

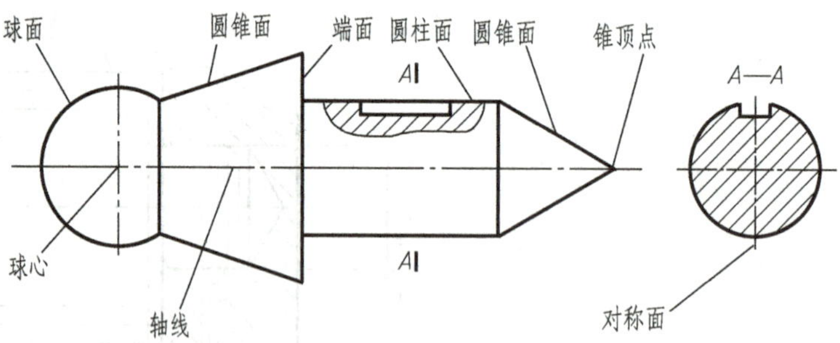

图 8-45 几何要素的概念

（2）导出要素 依附于组成要素而存在的点、线、面，这些要素看不见也摸不到。如图 8-45 所示，圆球面的球心、圆锥和圆柱面的回转轴线以及对称结构的对称平面均为导出要素。

（3）被测要素 图样上给出了几何公差要求的要素，是检测的对象。

（4）基准要素 图样上规定用来确定被测要素几何位置关系的要素。

（5）单一要素 按本身功能要求而给出形状公差的被测要素。

（6）关联要素 相对基准要素有功能关系而给出位置公差的被测要素。

3. 几何公差代号与基准代号

几何公差代号一般是由带箭头的指引线、公差框格、几何公差符号、公差值及基准代号字母（只有有基准的几何特征才有基准代号字母）组成的，如图 8-46a 所示；基准代号由正方形线框、字母和带黑三角（或白三角）的引线组成，如图 8-46b 所示，h 表示字体高度。

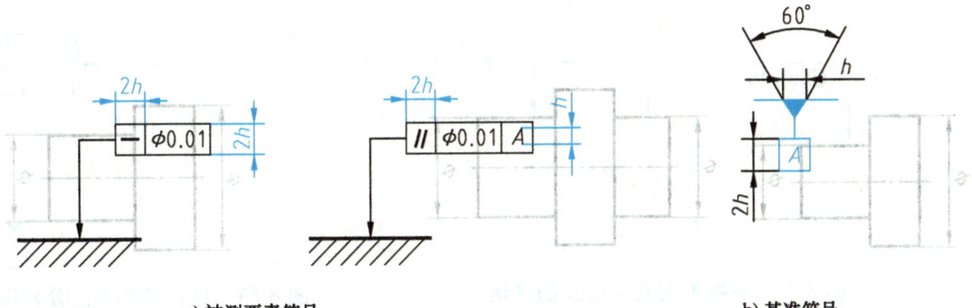

a) 被测要素符号　　b) 基准符号

图 8-46　几何公差代号与基准代号

被测要素符号和基准符号均可垂直或水平放置，水平放置时其内容由左向右填写，竖直放置时其内容由下向上填写。当公差带为圆形或圆柱形时，公差值前应加注符号“ϕ”，如图 8-47 所示；当公差带为球形时，公差值前应加注符号“$S\phi$”。

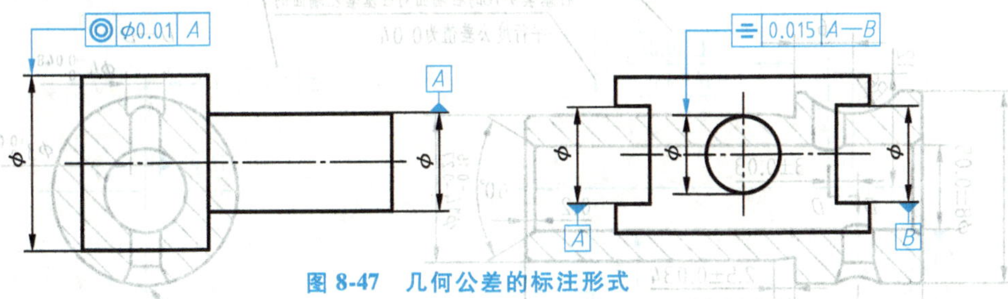

图 8-47　几何公差的标注形式

4. 几何公差的标注方法

1）当被测要素或基准要素为轮廓线或轮廓表面时，带指引线的箭头和基准符号应置于被测要素的轮廓线或其延长线上，且必须与尺寸线明显错开，如图 8-48a 所示。

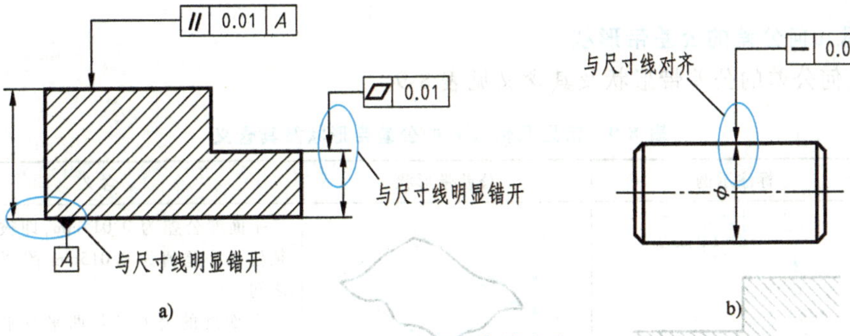

图 8-48　被测要素的注法

2）当被测要素和基准要素为轴线、中心平面或中心点时，带指引线的箭头和基准符号应与被测要素的尺寸线对齐，如图 8-48b 所示。

3）当几个不同被测要素具有相同公差项目和数值时，应从框格一端画出公共指引线，然后将带箭头的指引线分别指向被测要素，如图 8-49 所示。

4）当同一个被测要素具有不同的公差项目时，两个公差框格可以上下并列，并共用一条带箭头的指引线，如图 8-50 所示。

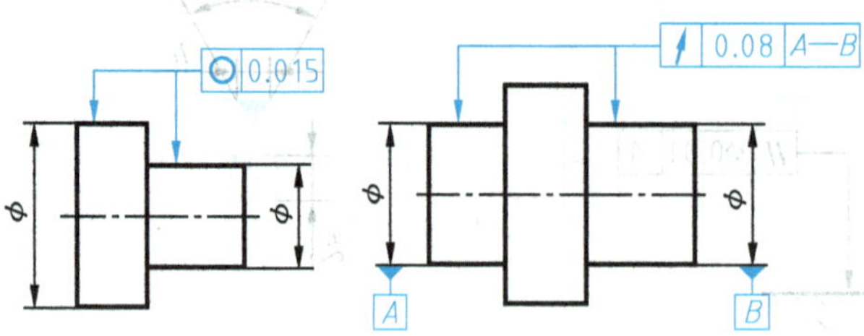

图 8-49　具有相同几何公差的注法

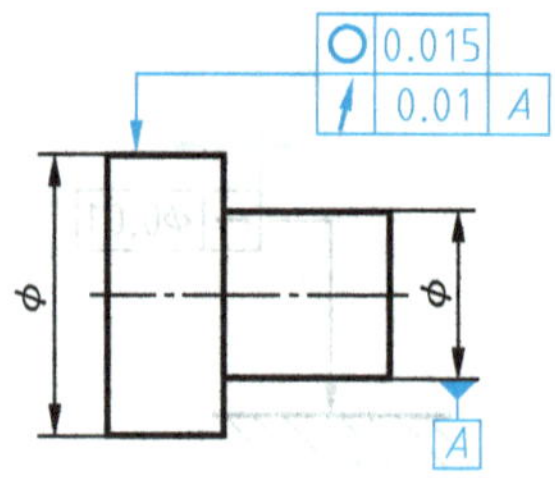

图 8-50　具有多个不同公差项目的注法

5. 几何公差识读示例

几何公差识读示例如图 8-51 所示。

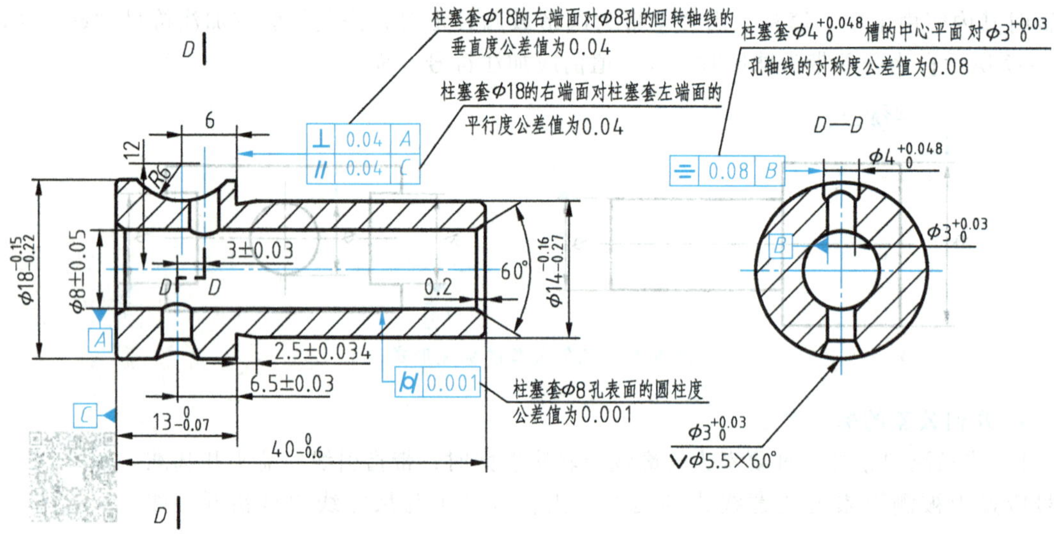

图 8-51　几何公差识读示例

6. 常见几何公差的公差带形状

常见几何公差的公差带形状及其含义见表 8-9。

表 8-9　常见几何公差的公差带形状及其含义

名称	标注示例	公差带形状	含义
平面度	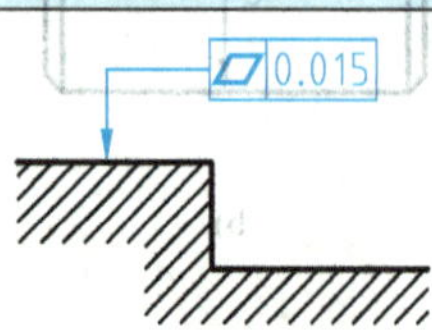		平面度公差为 0.015mm，即被测表面必须位于公差值为 0.015mm 的两平行平面之间 平面度的公差带是两平行平面之间的区域

（续）

名称	标注示例	公差带形状	含义
直线度	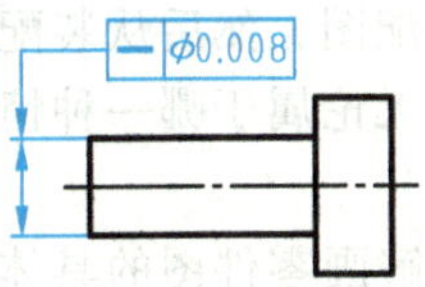	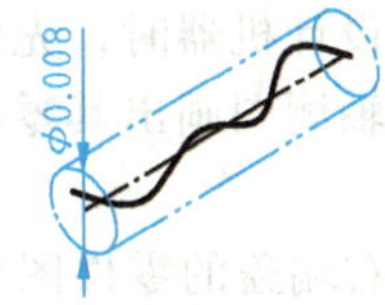	直线度公差为 φ0.008mm，即被测圆柱体的轴线必须位于直径为 0.008mm 的圆柱面内 如果公差值前不加注“φ”，表示公差带为距离等于给定公差值的两平行平面间的距离
圆柱度	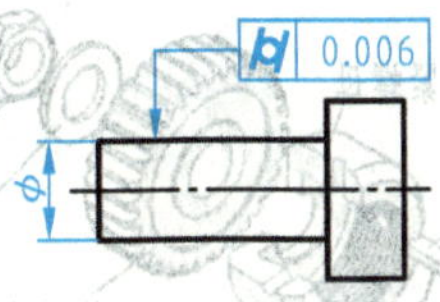	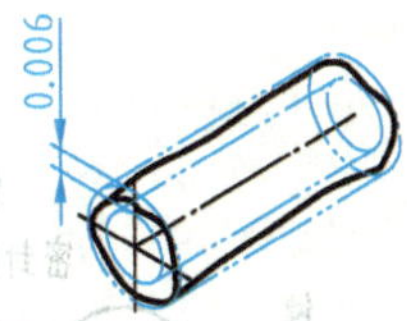	圆柱度公差为 0.006mm，即被测圆柱面必须位于半径公差值为 0.006mm 的两同轴圆柱面内 圆柱度的公差带为在同一正截面上，半径差等于公差值的两同轴圆柱面之间的区域
平行度	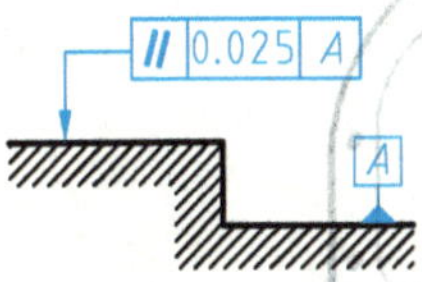	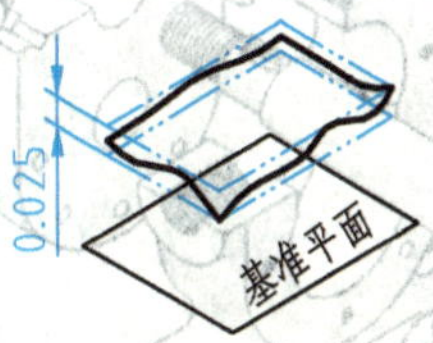	平行度公差为 0.025mm，即被测表面必须位于距离等于 0.025mm 的两平行平面之间，且平行于基准平面 A 平行度的公差带是两平行平面间的区域，且该表面与指定的基准平面平行
对称度	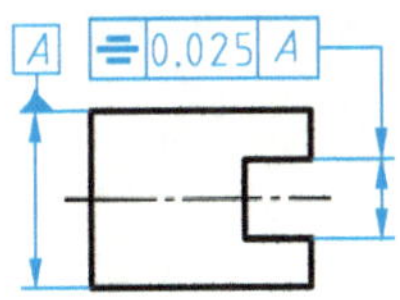	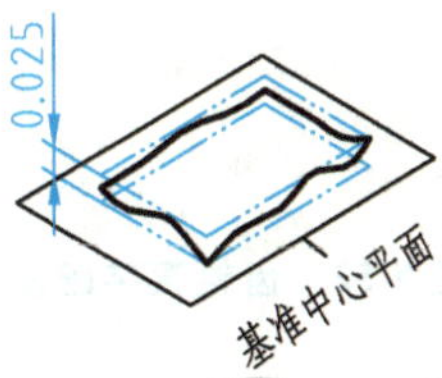	对称度公差为 0.025mm，即被测槽的中心平面必须位于距离为 0.025mm，且对称于基准平面 A 的两平行平面之间 对称度的公差带是对称配置的两平行平面之间的区域
同轴度	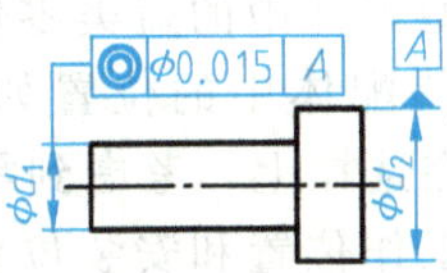	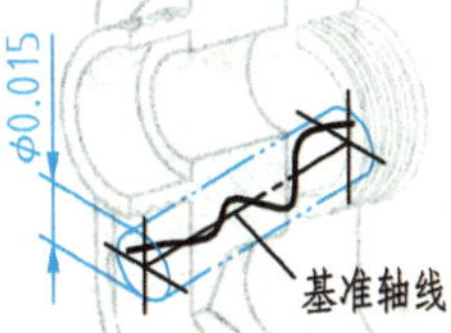	同轴度公差为 φ0.015mm，即小圆柱的轴线必须位于直径为 0.015mm 的圆柱面内，且该轴线与大圆柱的轴线同轴 同轴度的公差带是圆柱面内的区域，且该圆柱面的轴线必须与基准轴线同轴
圆跳动	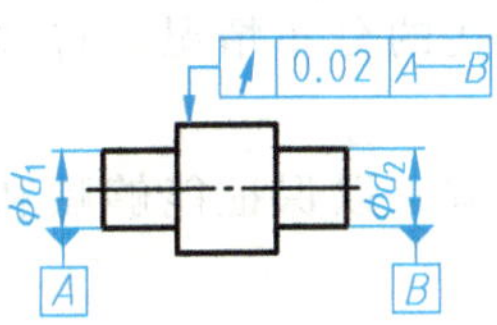	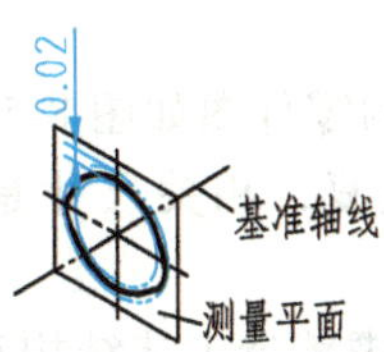	圆跳动公差为 0.02mm，即当被测圆柱面在绕基准轴旋转一周（无轴向移动）时，在任意一个测量平面内的径向圆跳动都不大于 0.02mm 圆跳动的公差带是在垂直于基准轴线的任意一个平面内，半径差等于公差值，圆心在基准轴线上的两同心圆所限定的区域

知识点 6　零件图的画法

零件图的画法大致有两种，一种是设计机器时，先画出装配图，然后从装配图上拆画零件图；另一种是按照现有零件或零件的轴测图画出其零件图。无论属于哪一种情况，其画法和步骤大致相似。

如图 8-52 所示，下面以绘制齿轮泵右端盖的零件图为例讲解画零件图的具体方法。齿轮泵是机器润滑、供油系统中的一个部件，它把机油输送到各运动零件之间，对运动零件进行润滑，以减少零件的磨损。齿轮泵的体积小，传动平稳，绘制其右端盖零件图的具体步骤如下：

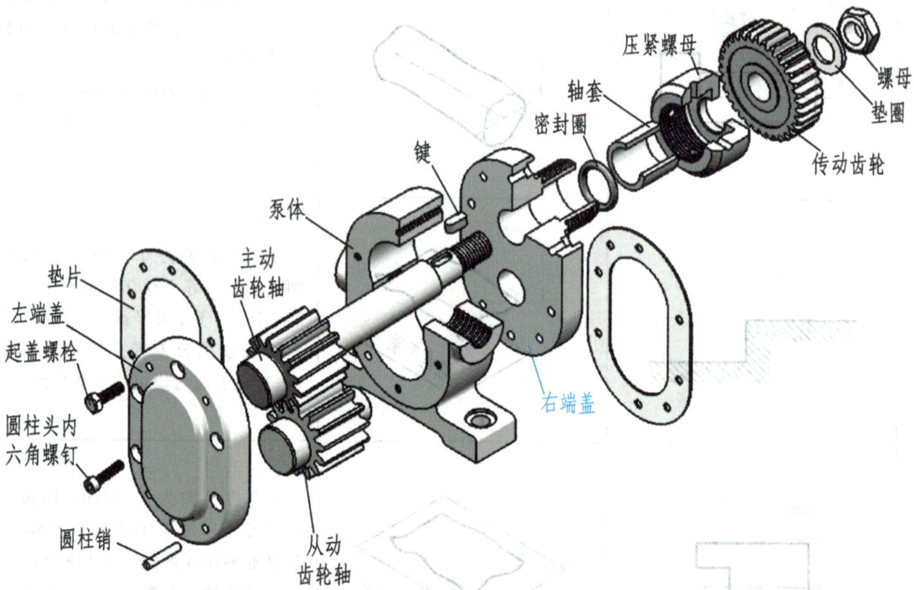

图 8-52　齿轮泵装配图

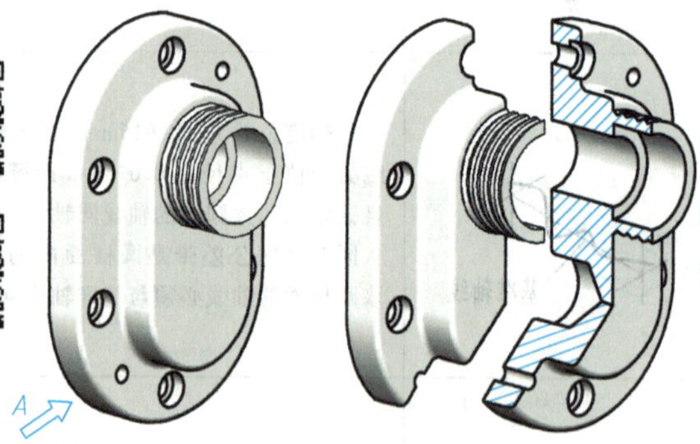

图 8-53　右端盖

1）零件结构形状分析及视图的选择如图 8-53 所示。右端盖是轮盘类典型零件中的盖类零件，它在齿轮泵装配体中的位置如图 8-52 所示，在选择上，考虑到零件在机器中的工作位置和安装位置，因此选择 *A* 向作为主视图的投射方向，主视图采用旋转剖以表达其内部结构，用左视图表达右端盖的外形轮廓及上面孔的分布情况。右端盖零件图的绘图步骤如图 8-54 所示，最后完整的零件图如图 8-55 所示。

2）严格检查尺寸是否有遗漏或重复，相关尺寸是否协调，以保证能够顺利绘制零件图、装配图。

3）在绘制零件工作图时，还应考虑铸造工艺结构和加工工艺结构。如图 8-55 所示的铸造圆角、孔口倒角、螺纹退刀槽等结构也应完整表达。

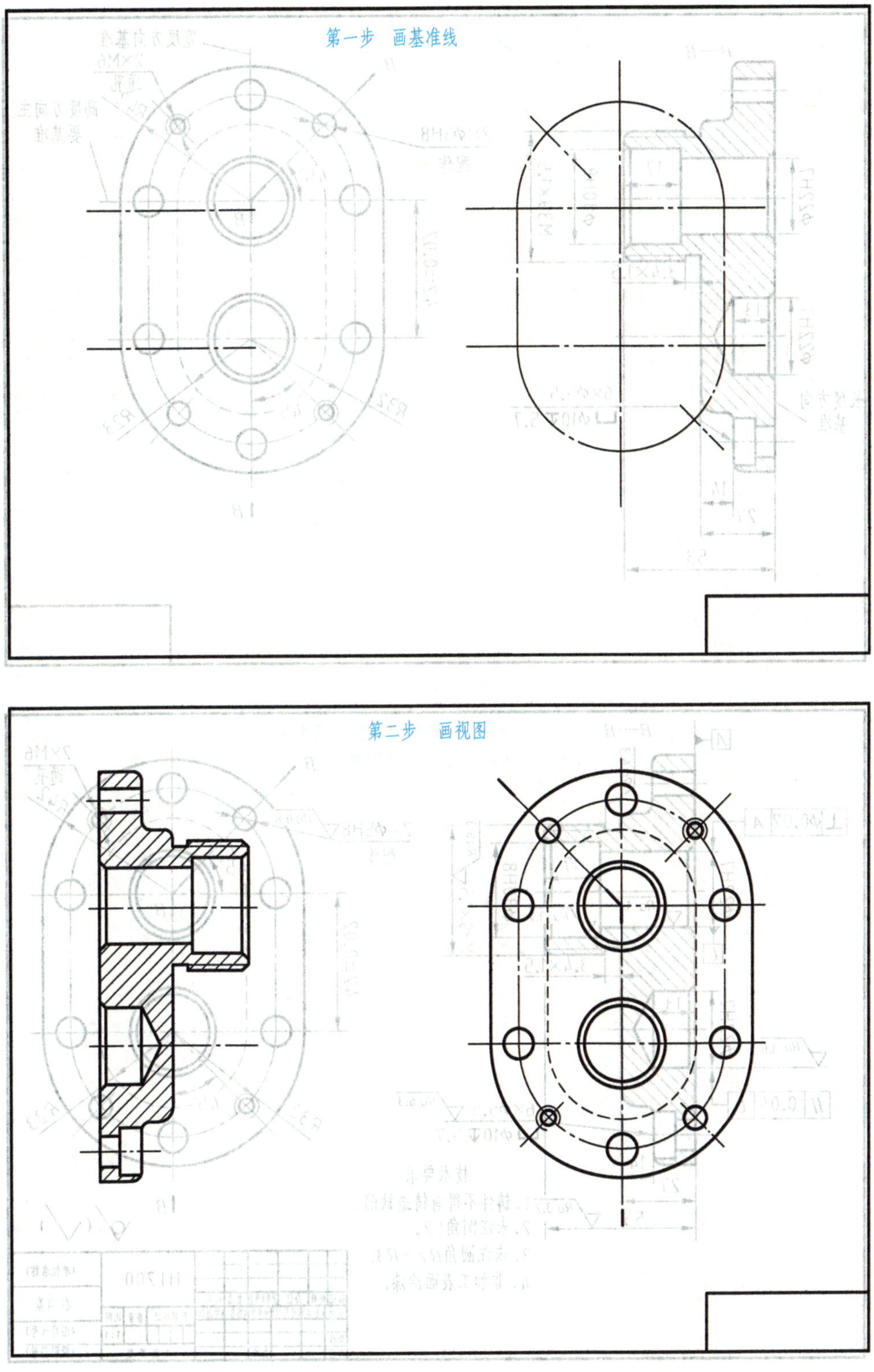

图 8-54　右端盖零件图绘制步骤

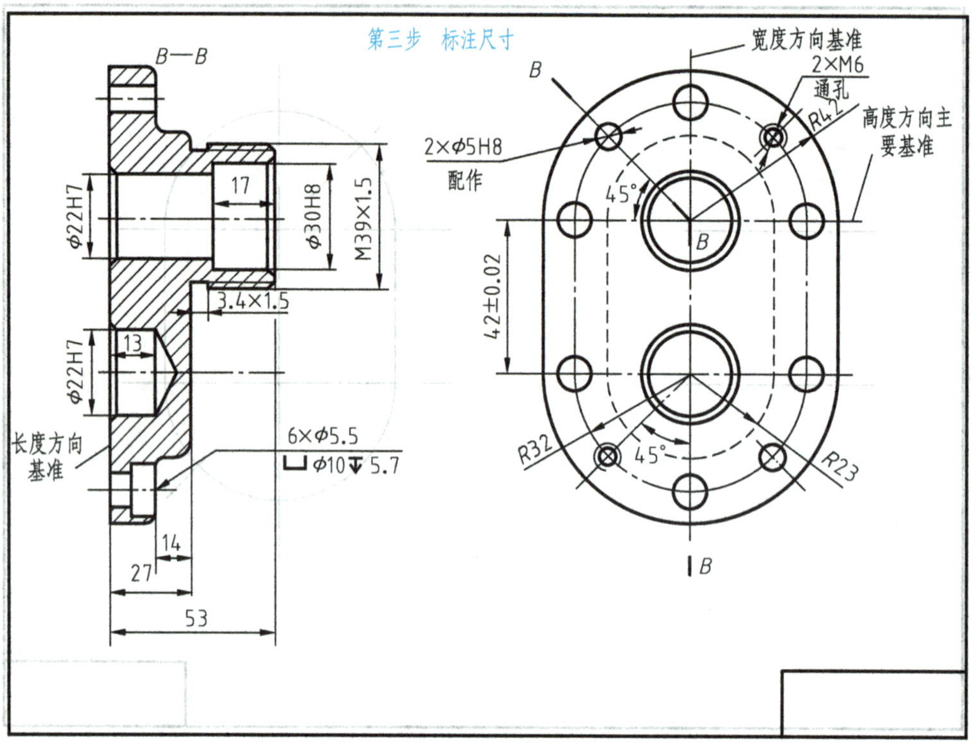

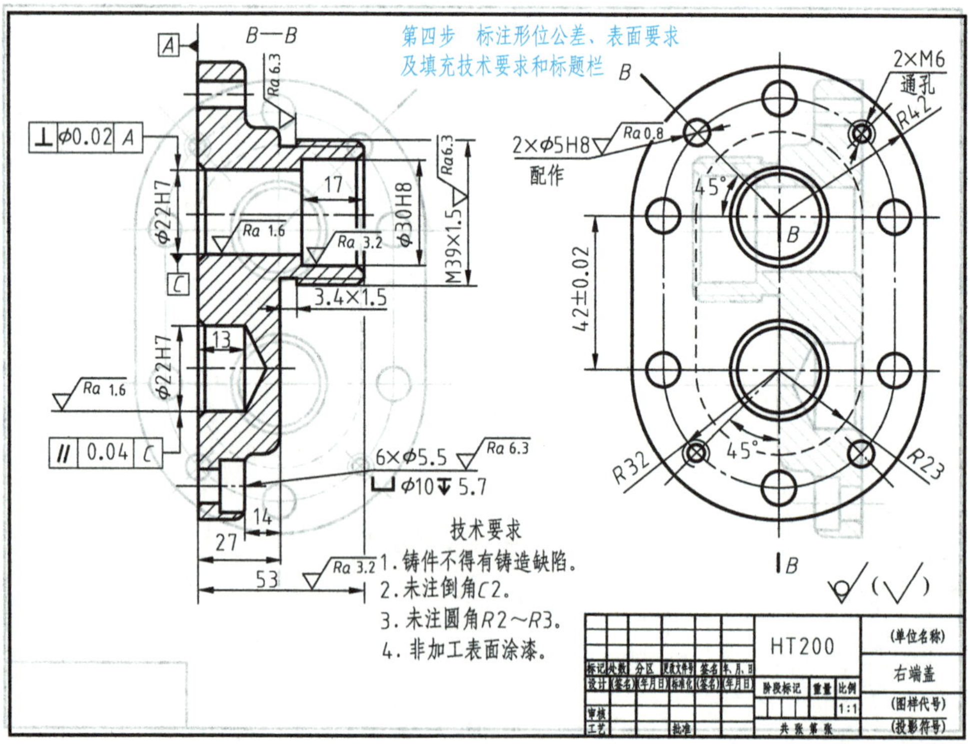

图 8-54 右端盖零件图绘制步骤（续）

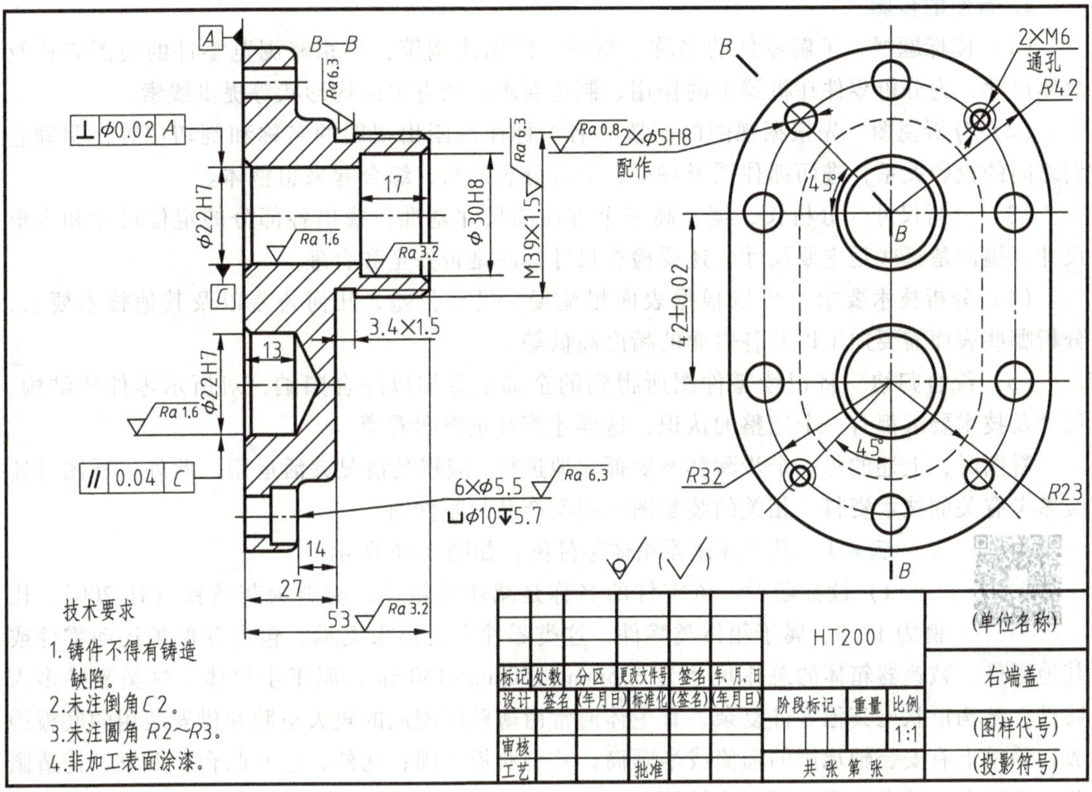

图 8-55 右端盖零件图

知识点 7 识读零件图

一、看图要求

看零件图的要求是：了解零件的名称、所用材料和它在机器或部件中的作用，通过分析视图、尺寸和技术要求，想象出零件各组成部分的结构形状和相对位置，从而在头脑中建立起一个完整的、具体的零件形象，并对其复杂程度、制造要求高低和制作方法做到心中有数，以便确定加工过程。

二、看图的方法和步骤

1. 看图的方法

看零件图的基本方法有形体分析法和线面分析法。

较复杂的零件图，由于其视图、尺寸数量及各种代号、符号较多，初学者看图时往往不知从哪里着手，甚至会产生畏惧心理。其实，就图形而言，看多个视图与看三视图的方法相同，只要先将每个基本形体的三视图想象出来，再将其组合成零件即可。因为对每一个基本形体而言，只需要 2 ~3 个视图就可以确定其形状，所以看图时，只要善于运用形体分析法，按组成部分“分块”看，就可以将复杂的问题分解成几个简单的问题处理了。

2. 看图的步骤

(1) 读标题栏　了解零件的名称、材料、绘图比例等，再粗略浏览零件的视图表达及总体尺寸，为分析零件在机器中的作用、制造要求以及有关结构形状等提供线索。

(2) 分析视图　先根据视图的配置和有关标注判断出视图的名称和剖切位置，明确它们之间的投影关系，进而抓住图形特征，分部分想形状，综合起来想整体。

(3) 分析尺寸　分析长、宽、高三个方向的尺寸基准，找出各部分的定位尺寸和定形尺寸，搞清楚哪些是主要尺寸，还要检查尺寸标注是否齐全和合理。

(4) 分析技术要求　可以根据表面粗糙度、尺寸公差、几何公差以及其他技术要求，分析哪些表面需要加工以及各表面的精度高低等。

(5) 综合归纳　将识读零件图所得到的全部信息加以综合归纳，对所示零件的结构、尺寸及技术要求都有一个完整的认识，这样才算真正将图看懂。

看图时，上述的每一个步骤都不要孤立地进行，应视其情况灵活运用。此外，看图时还应参考有关的技术资料、相关的装配图或同类产品的零件图。

例 8-1　识读减速器箱体零件图，如图 8-56 所示。

1）读标题栏。该零件的名称是减速器箱体，材料为灰铸铁（HT200），比例为 1∶2，属于箱体类零件，这类零件主要用来支承、包容并保护运动零件或其他零件。减速器箱体的总体尺寸为 335mm×150mm×130mm，属于小箱体。这类零件多为铸件，结构形状比其他零件复杂，其主体通常由薄壁所围成的较大空腔和供安装用的底板构成，箱壁上有安装轴承用的圆筒或半圆筒，并有肋板加固；此外，还有凸台、凹坑、铸造圆角、螺纹孔、销孔和倒角等细小结构。

2）分析视图。图中共有六个图形：三个基本视图、一个向视图、一个局部放大图和一个重合断面图。主视图采用局部剖，既表达了减速器箱体的外轮廓又表达了箱体壁厚、凸台沉孔深度和放油孔的结构；俯视图表达了箱体顶面上螺栓过孔、销孔、回油槽、八字形槽等的分布情况及底板形状；左视图采用半剖和局部剖，表达了减速器箱体左侧面的外形轮廓、箱体内腔方形结构形状以及安装沉孔的情况；重合断面图表达了肋板的断面形状；*B*—*B* 局部放大图表达八字形油槽内部结构形状；*C* 向视图表达了六个螺栓安装凸台及沉孔的外形轮廓。主视图中的 ϕ62H7、ϕ72H7 两个孔，分别用于安装主动齿轮轴和从动齿轮轴；8×M8 是端盖上的螺纹孔，6×ϕ11 和 2×ϕ11 的沉孔和俯视图上的八个圆孔一一对应，用于安装与箱盖连接的螺栓；主视图中的两个管螺纹放油孔（2×G1/2）采用了局部剖，表达了其内部结构；左视图的左半个视图中表达了两个管螺纹放油孔的凸台形状。综上所述，即可想象出减速器箱体的形状，如图 8-57 所示。

3）分析尺寸。通过分析可以看出，长度方向的主要尺寸基准是安装主动齿轮轴的 ϕ62H7 孔轴线，以此为基准标注了 95、57、100、80、48 和 75 等定位尺寸，长度方向的辅助基准是安装从动齿轮轴的 ϕ72H7 孔轴线，以此为基准标注了 120、55 和 125 等定位尺寸；宽度方向的主要尺寸基准为前后对称的中心平面，以此为基准标注了 136、45 和 100 等定位尺寸；高度方向的基准为减速器箱体的顶面，以此为基准标注了 35、12 等定位尺寸。从三个主要基准出发再进一步分析定形尺寸，就可以看懂减速器箱体的形状和大小。

4）分析技术要求。图中只有两处给出了公差带代号，即 ϕ62H7 和 ϕ72H7 两处安装主、从动齿轮轴的孔，其极限偏差值可由公差带代号 H7 查出，这两处孔表面的 *Ra* 值为 1.6μm。

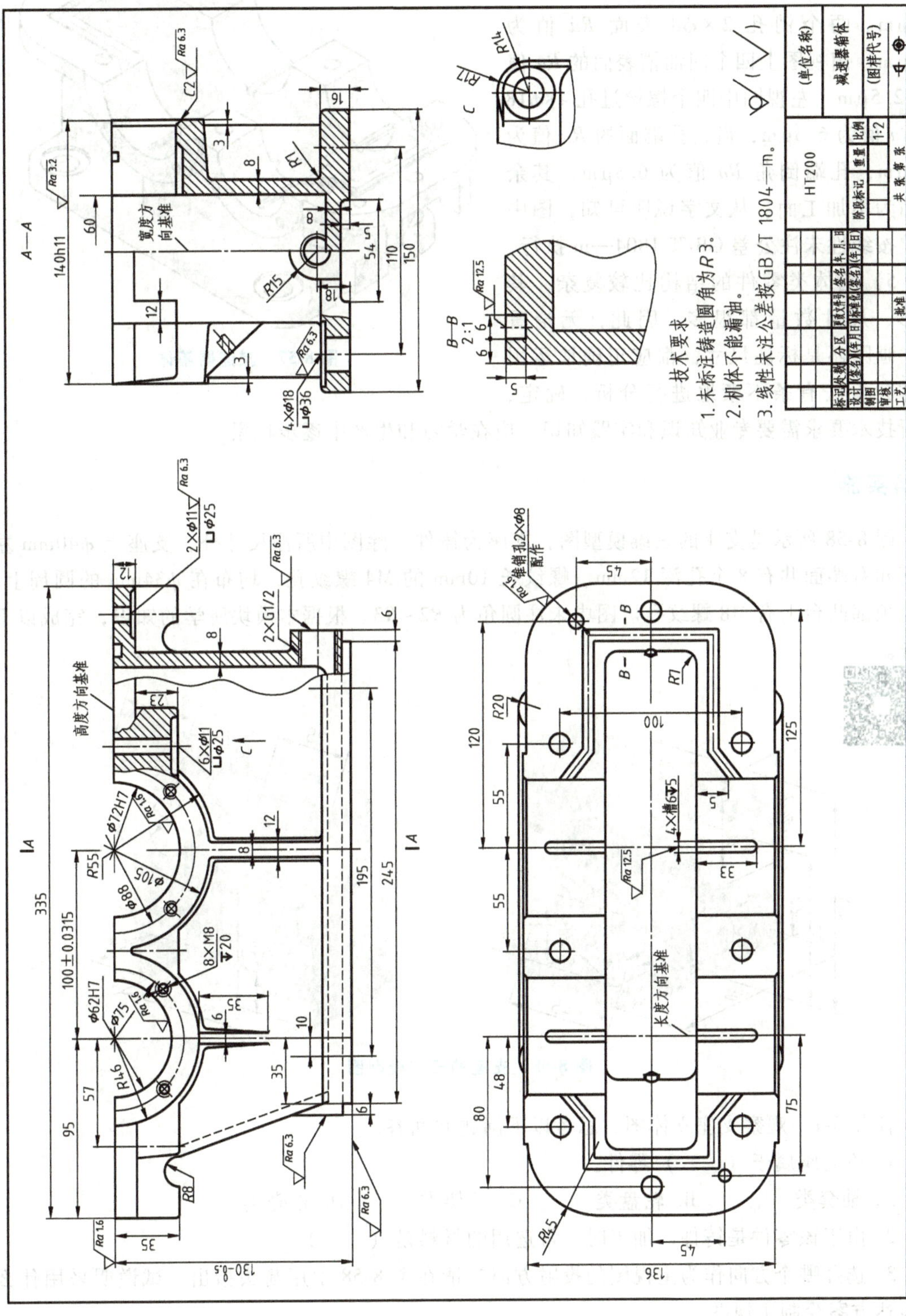

图 8-56 减速器箱体零件图

放油孔 G1/2 处的 *Ra* 值为 6.3μm，箱体顶面 *Ra* 值为 1.6μm，箱体底面 *Ra* 值为 6.3μm。两个销孔 2×ϕ8 表面 *Ra* 值为 1.6μm，俯视图上四个回油槽表面的 *Ra* 值为 12.5μm。左视图中四个螺栓过孔 4×ϕ18 的 *Ra* 值为 6.3μm，齿轮孔端面的 *Ra* 值为 3.2μm，孔端倒角 *Ra* 值为 6.3μm，其余表面为不加工面。从文字说明可知，图中公差按线性未注公差 GB/T 1804—m 执行。

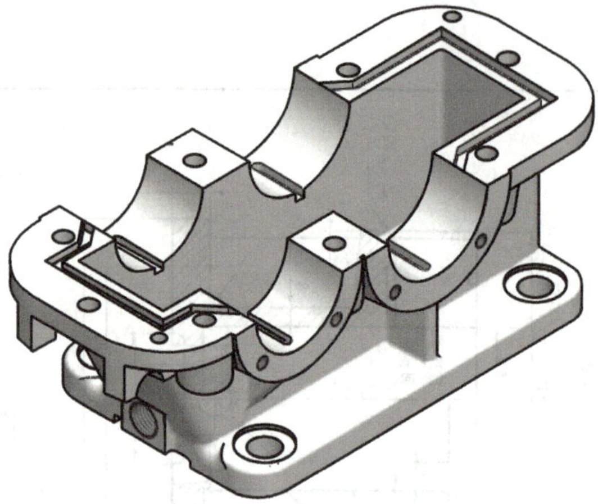

图 8-57 减速器箱体

5）箱体类零件的结构比较复杂，其图形、尺寸数量都很多，因此，无论看图、画图还是标注尺寸，都应正确地运用形体分析法有条不紊地进行分析，确定、分析技术要求需要专业知识和实践知识，应在学习和生产中逐步积累。

任务实施

图 8-58 所示是支座的三维模型图，支座为铸件。除图中所注尺寸外，支座上 ϕ40mm 左端面和右端面共有 8 个孔深 12mm、螺纹长 10mm 的 M4 螺纹孔，均布在 ϕ34mm 的圆周上。支座顶部凸台上有 M8 螺纹孔。图中未注圆角为 *R*2～*R*3。根据本模块所学的知识，完成以下任务。

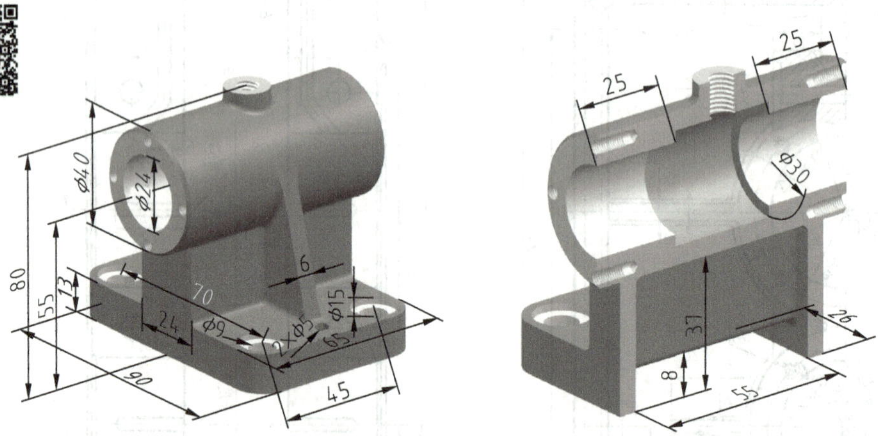

图 8-58 支座的三维模型图

任务 8-1 观察支座立体图，思考以下问题并回答。

1. 该支座属于（　　）零件。

A. 轴套类　　B. 轮盘类　　C. 叉架类　　D. 箱壳类

2. 由于该零件是铸件，加工时，常选用的材料是（　　）。

3. 选择哪个方向作为主视图的投射方向？请在图 8-58 中用箭头指出。试说明采用什么样表达方案绘制主视图。

4. 除主视图外，还应绘制哪些视图作为补充？该如何表达？

5. 根据以上思考和分析，按适当的比例在下面图框中绘制实体支架的视图，尺寸自定（徒手或尺规绘制）。

任务 8-2　尺寸标注，根据本模块知识点 4 所学内容，思考并回答问题。

1. 在视图指出出支座的长、宽、高三个方向的主要尺寸基准。

2. 在视图中标注出定位尺寸、定形尺寸、总体尺寸。

任务 8-3　技术要求标注，根据本模块知识点 5 所学内容，思考并回答以下问题。

1. 哪些尺寸是有配合？并标注公差带代号。

2. 弄清楚支座中哪些是配合面、加工面、非加工面，依次在视图中标注每个面的粗糙度。

3. 根据支座的在使用中的特点，思考哪些位置需要标注几何公差，并在视图中标注出来。

4. 除上述技术要求外，图中是否还需要标注其他技术要求？

任务 8-4　填写标题栏，检查并完善零件图。

			比例		
			数量		
设计			材料		共　张第　张
审核					
批准					

模块9

机械图样的绘制与识读　装配图

本模块知识点

1. 了解装配图的基本内容。
2. 了解装配图的规定画法、特殊画法。
3. 掌握识读装配图以及由装配图拆画零件图的步骤和方法。

素养提升

培养严谨细致、精益求精的工匠精神。

任务引入

图 9-1 所示钻孔机由箱体、输入轴、导轨轴、轴套、锥齿轮、导向螺钉、支架、安装板、飞轮、主动拨盘等 19 个非标准零件和 12 种标准件装配而成。怎样用视图将整个钻孔机的工作原理、装配关系等内容表达出来？这种图形上应有哪些内容？应该如何绘制？又如何从图形中拆出所需的零件呢？

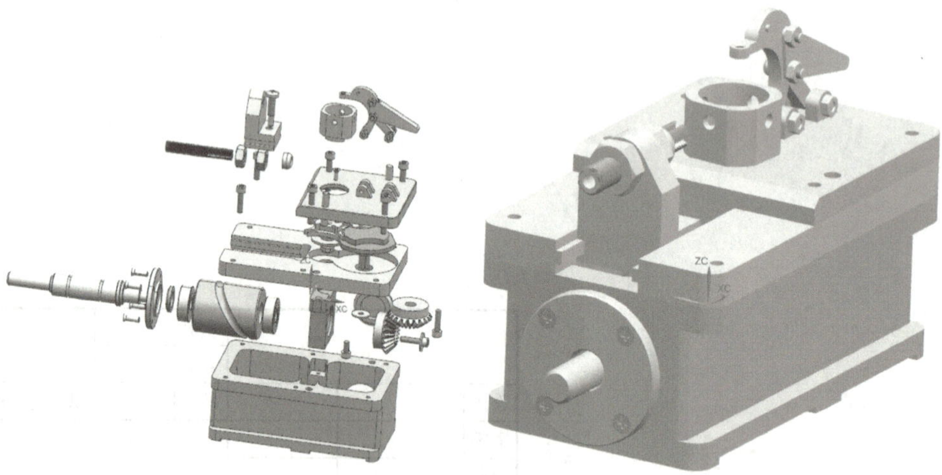

图 9-1　钻孔机立体图

知识点 1　装配图的作用和内容

一、装配图的作用

工业生产中，无论是开发新产品，还是对原产品进行仿造或改造，都要先画出装配图。

开发新产品时，设计部门应先画出整台机器的总装配图或机器各组成部分的部件装配图，然后再根据装配图画出其零件图；制造部门则需要先根据零件图制造零件，然后再根据装配图将零件装配成机器或部件。此外，装配图又是调试、维修和保养机器或部件时不可缺少的重要资料。

由此可见，装配图是表达设计思想、指导生产和技术交流的技术文件，也是制订装配工艺，进行装配、检验、安装及维修的重要文件。

二、装配图的内容

一张完整的装配图应该包括一组图形、必要的尺寸、技术要求、零部件序号、标题栏及明细栏等内容。

1. 一组图形

用适当的表达方法清楚地表达装配体的工作原理、零件之间的装配关系、连接方式、传动情况，以及主要零件的结构形状。如图 9-2 所示，该球阀的装配图中采用了全剖的主视图、半剖的左视图和局部剖的俯视图来表达装配体。

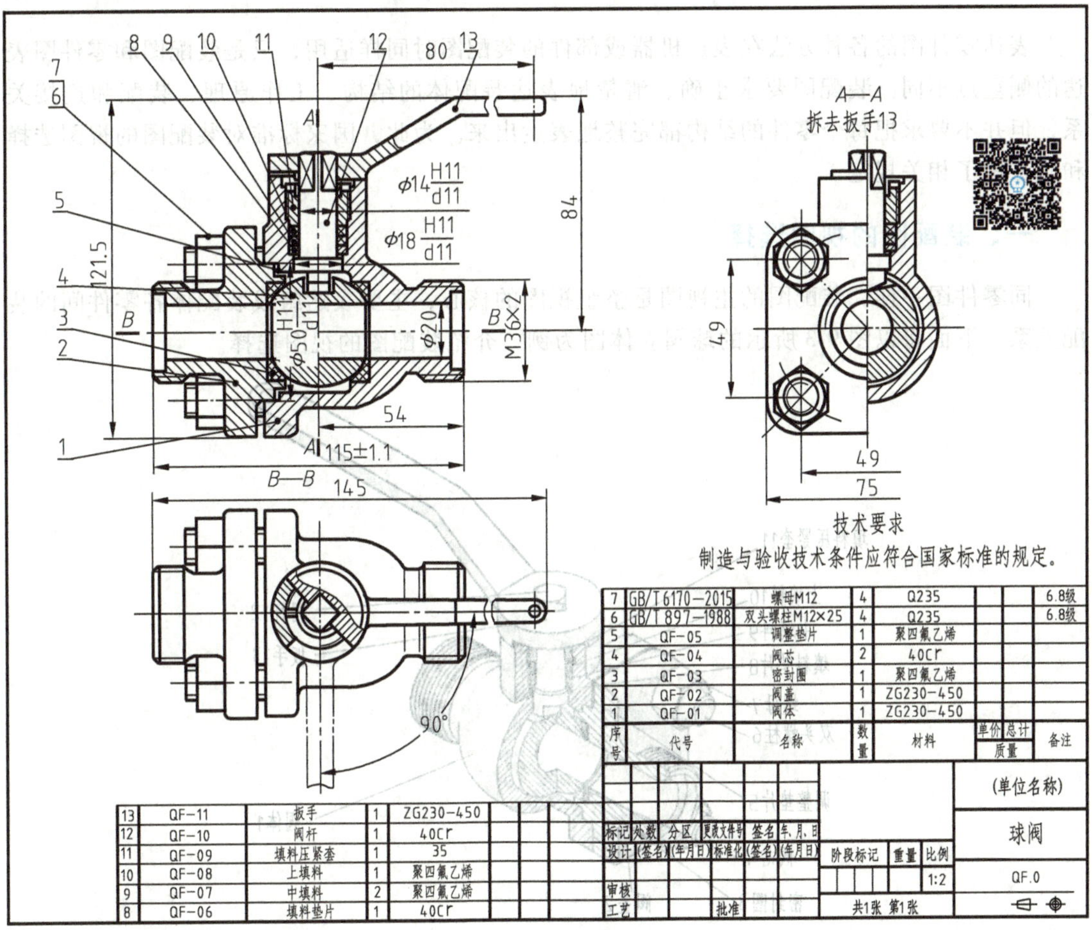

图 9-2　球阀装配图

2. 必要的尺寸

零件是根据零件图制造的，因此在装配图上不需要标出制造零件所需要的所有尺寸，一般只需标出装配体的规格（性能）尺寸、总体（外形）尺寸、各零件间的配合尺寸、安装尺寸以及其他重要尺寸，例如图 9-2 中的装配尺寸 ϕ14H11/d11、ϕ18H11/d11、ϕ50H11/d11 及 115±1.1 等。

3. 技术要求

在装配图中，技术要求用来表达机器或部件在装配、调整、测试和使用等方面必须满足的技术条件，一般标注在明细栏周围的空白处，或用规定的标记、代号在图中相应位置标出，如图 9-2 所示。

4. 零部件序号、标题栏和明细栏

装配图中所有的零部件都必须编号。装配图中的标题栏应表明装配体的名称、图号、比例和责任者等；明细栏中应填写组成装配体的所有零部件的序号、代号、名称、数量、材料、标准件的规格等要求。

知识点 2　装配图的表达方法

表达零件图的各种方法在表达机器或部件的装配图时同样适用，只是装配图和零件图表达的侧重点不同。装配图要求正确、清楚地表达装配体的结构、工作原理、装配和连接关系，但并不要求把每个零件的结构都完整地表达出来。为此，国家标准对装配图的视图选择和画法做了相关规定。

一、装配图的视图选择

同零件图一样，装配图的主视图是整组视图的核心，主要表达组成装配体各零件间的装配关系。下面将以图 9-3 所示的球阀立体图为例，介绍装配图的视图选择。

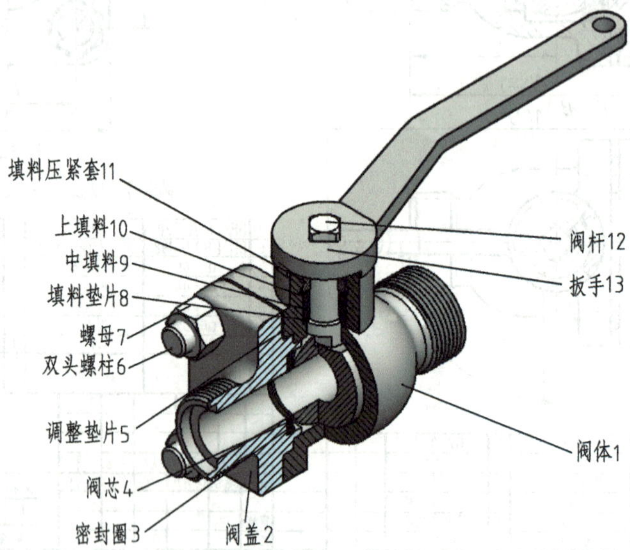

图 9-3　球阀立体图

1. 主视图的选择

如图 9-3 所示，要清楚地表达各零件之间的位置关系，则需要用通过阀盖 2 和阀体 1 的

轴线且与 V 面平行的平面将该立体图剖开，然后结合球阀在实际应用中的安放状态进行分析，很容易便能得出主视图的表达方案。

如图 9-2 所示，主视图采用全剖视图，清楚地表达了各主要零件之间的装配关系和工作原理，即阀体 1 与阀盖 2 用双头螺柱 6 和螺母 7 连接，并用调整垫片 5 调节阀芯 4 与密封圈 3 之间的松紧；阀杆 12 下端与阀芯 4 连接，上端与扳手 13 连接；阀体 1 与阀杆 12 之间依次安装有填料垫片 8、中填料 9、上填料 10 和填料压紧套 11。由此可知球阀的工作原理为通过转动扳手 13 控制阀芯 4 的转向，从而打开或关闭阀门。

由于组成装配体的零件往往都集中在一起，使用视图不可能将其内部结构及装配关系全部表达清楚。因此，装配图一般都采用剖视图作为主要表达方法。

2. 其他视图

其他视图是对主视图上没有表达清楚而又必须表达的零部件装配关系或结构形状进行的补充表达。如图 9-2 所示的左视图是为了进一步表达清楚阀盖 2 的形状以及阀杆 12、填料垫片 8、中填料 9、上填料 10 和填料压紧套 11 的安装情况，为了突出阀盖 2 的形状特征，左视图拆去了扳手 13。

俯视图主要表达除扳手 13 以外的其他主要零件的外形和安装位置，并采用了局部剖视图表示阀杆 12 的截面形状和方位。

二、装配图的规定画法

1. 零件间接触面、配合面的画法

凡是相接触、相配合的两表面，都必须画成一条线；凡非接触、非配合的两表面，无论其间隙多小，都必须画成两条线，如图 9-4 所示。

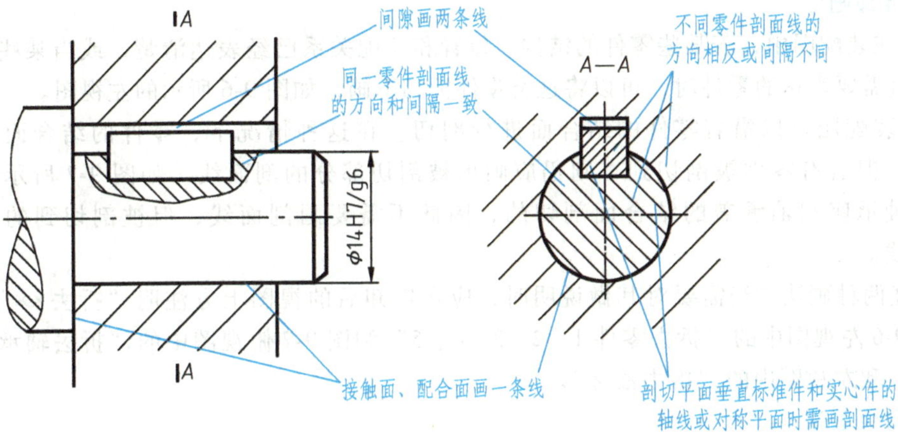

图 9-4　接触面和配合面的画法

2. 剖面线的画法

装配图中，相邻两零件剖面线的倾斜方向应相反，或方向一致而间隔不同；各视图中，同一零件的剖面线方向和间隔应一致，如图 9-4 所示。此外，宽度小于或等于 2mm 的狭小面积的剖面区域，可用涂黑代替剖面符号，如图 9-5 所示的垫片。

3. 标准件、实心件的画法

如图 9-5 所示，在装配图中，对于标准件、实心的球和轴等，若剖切平面通过其对称平

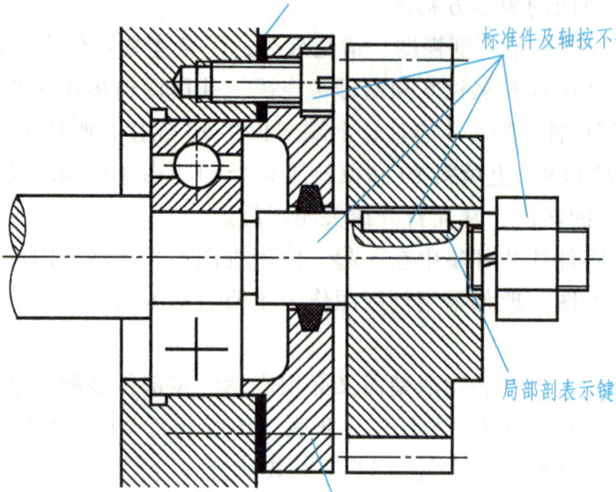

图 9-5 标准件、实心件的画法

面或轴线，则这些零件均按不剖绘制，例如螺钉、轴、螺母、键和垫片等；若需要表达这些零件上的孔、槽等细节结构时，则可以采用局部剖视图表示。

三、装配图的特殊画法

1. 拆卸画法

1）在装配图中，若某些零件的结构、位置和装配关系已经表达清楚，或当某些零件遮住了其后需要表达的零件时，可以将这类零件拆卸不画，如图 9-6 所示的左视图。

2）装配图可以沿着零件的结合面进行剖切。在这种情况下，零件的结合面上不画剖面线，但若有零件被剖切到，则仍应画出被剖切部分的剖面线。如图 9-7 所示，俯视图是沿轴承座和轴承盖的结合面剖切的，因此不需要画剖面线，但被剖切到的螺栓需画剖面线。

上述两种画法，当需要对其做说明时，应在拆卸后的视图上方注明“拆去××”字样，例如图 9-6 左视图中的“拆去零件 1、2、3、4、5”和图 9-7 俯视图中的“拆去轴承盖、上衬套等”和左视图中的“拆去油杯”。

2. 夸大画法

在装配图中，当绘制厚度较小的薄片零件、直径较小的细丝弹簧或间隙较小的结构时，由于按其实际尺寸将很难在图中画出或表达清楚，因此允许将它们不按比例且适当地采用夸大画法画出，如图 9-8 所示。

3. 展开画法

在传动机构中，为了表示传动关系及各轴的装配关系，可以假想用剖切平面按传动顺序沿各轴的轴线剖开，将其展开、摊平后画在同一个平面上（平行于某一投影面），如图 9-9 所示，此时应在剖视图名称后加“展开”二字。

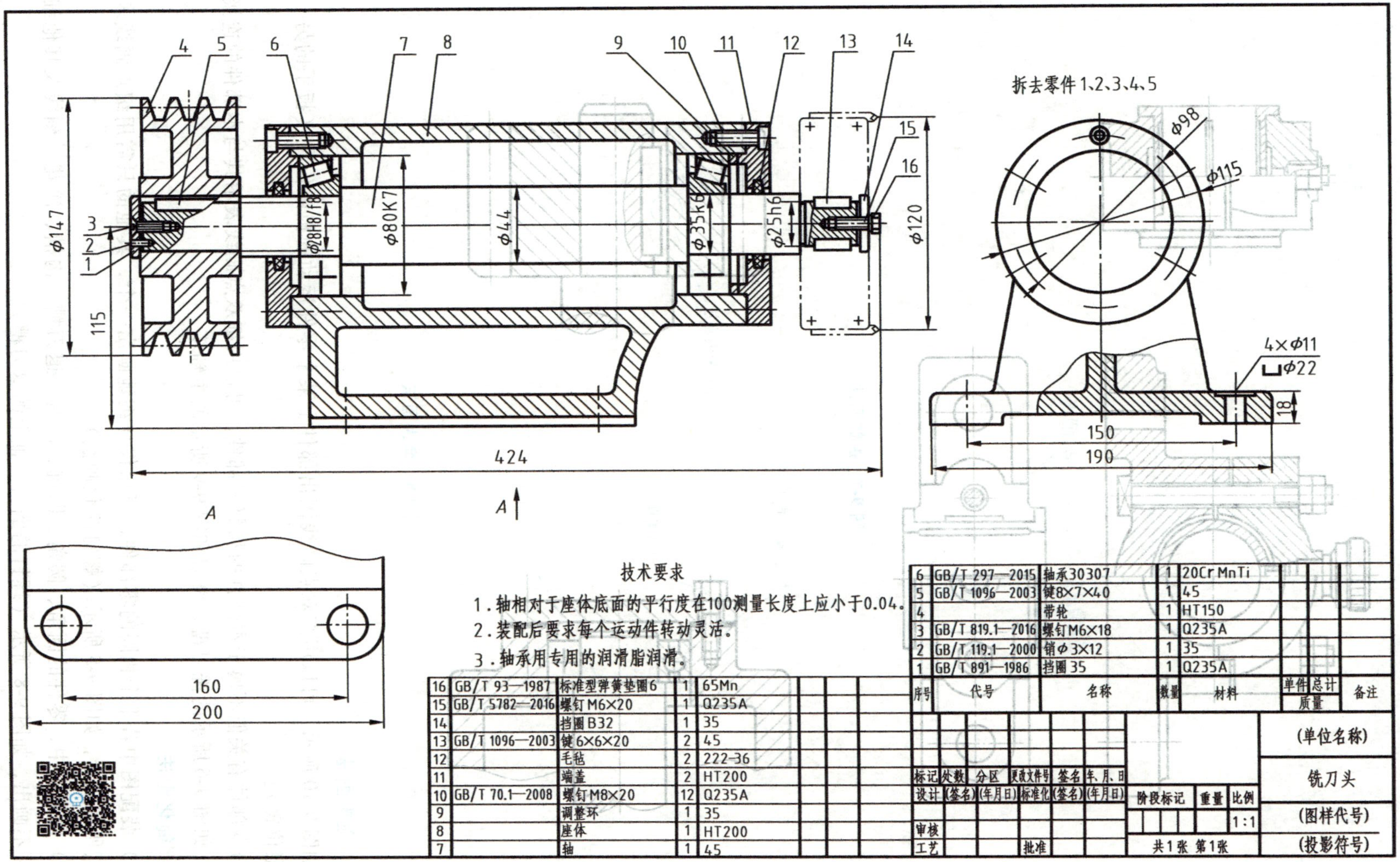
1 2 3 4 5 6 7 8 9 10 11 12 13 14 15 16
φ147
115
φ28H8/f8
φ80K7
φ44
φ35k6
φ25h6
φ120
424
A
拆去零件1、2、3、4、5
φ98
φ115
4×φ11
⌴φ22
18
150
190
160
200
技术要求
1．轴相对于座体底面的平行度在100测量长度上应小于0.04。
2．装配后要求每个运动件转动灵活。
3．轴承用专用的润滑脂润滑。
16 GB/T 93—1987 标准型弹簧垫圈6 1 65Mn
15 GB/T 5782—2016 螺钉M6×20 1 Q235A
14 挡圈B32 1 35
13 GB/T 1096—2003 键6×6×20 2 45
12 毛毡 2 222-36
11 端盖 2 HT200
10 GB/T 70.1—2008 螺钉M8×20 12 Q235A
9 调整环 1 35
8 座体 1 HT200
7 轴 1 45
6 GB/T 297—2015 轴承30307 1 20CrMnTi
5 GB/T 1096—2003 键8×7×40 1 45
4 带轮 1 HT150
3 GB/T 819.1—2016 螺钉M6×18 1 Q235A
2 GB/T 119.1—2000 销φ3×12 1 35
1 GB/T 891—1986 挡圈35 1 Q235A
序号 代号 名称 数量 材料 单件 总计 质量 备注
标记 处数 分区 更改文件号 签名 年、月、日
设计 (签名) (年月日) 标准化 (签名) (年月日)
审核
工艺 批准
阶段标记 重量 比例
1:1
共1张 第1张
(单位名称)
铣刀头
(图样代号)
(投影符号)

图 9-6 铣刀头装配图

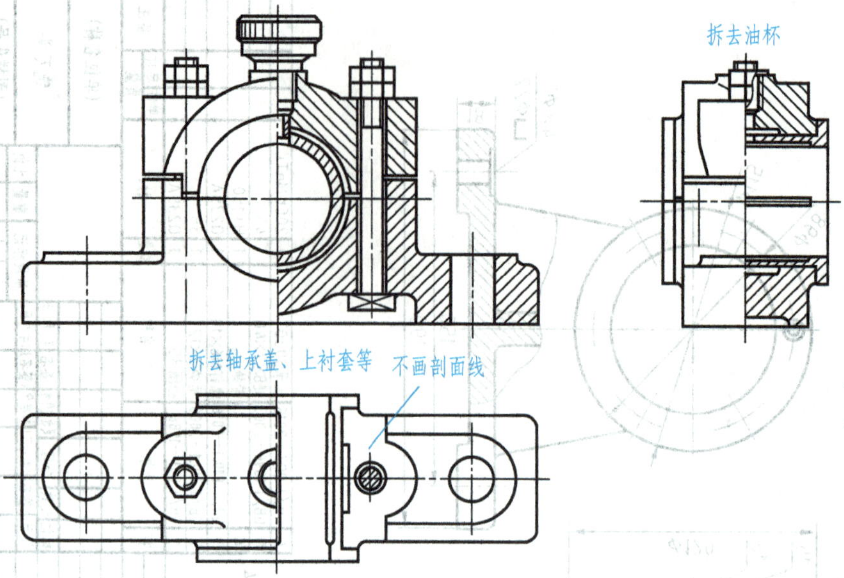

图 9-7 拆卸画法

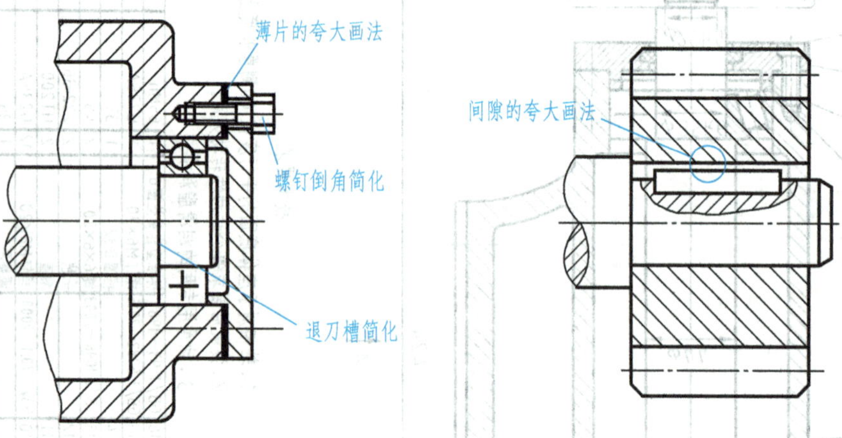

图 9-8 夸大画法

4. 假想画法

如图 9-10 所示，可以用细双点画线画出部件上某个零件运动的极限位置（扳手的另一个极限位置）。

与本部件有关但不属于本部件的相邻零部件，可以用细双点画线表示其与本部件的连接关系，如图 9-6 所示的铣刀盘、铣刀和图 9-9 所示的主轴箱。

5. 简化画法

1）装配图中若干个相同的零部件，可以仅详细地画出一个，其他的只需用细点画线表示出其所在位置，如图 9-5 所示（螺钉简化画法）。

2）装配图中，零件的倒角、圆角、凹坑、凸台、退刀槽、沟槽、滚花、刻线及其他细节等可不画出，如图 9-8 所示（螺钉的倒角、轴上的退刀槽）。

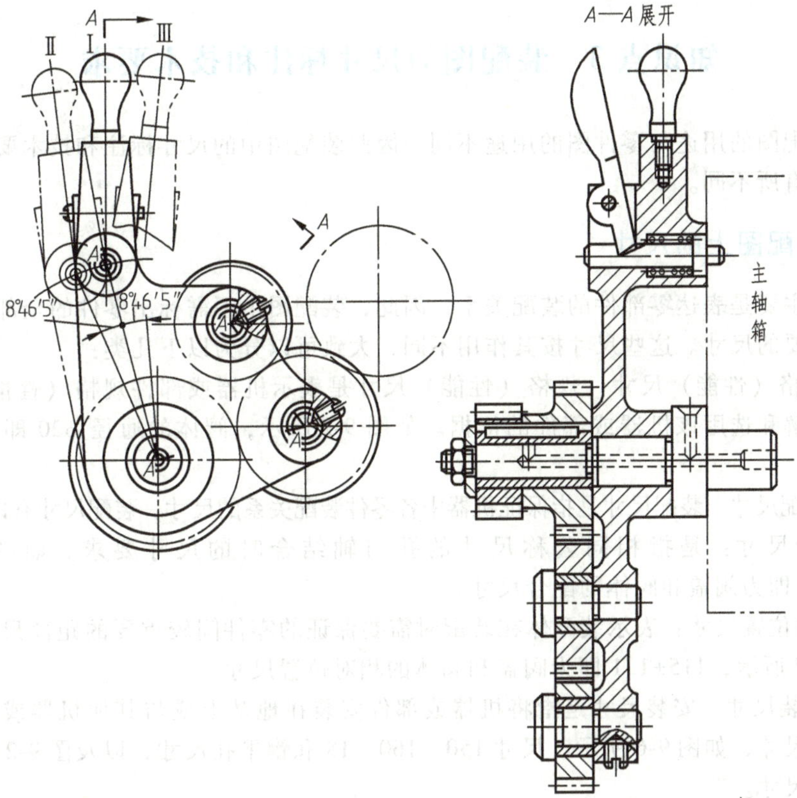

图 9-9　展开画法

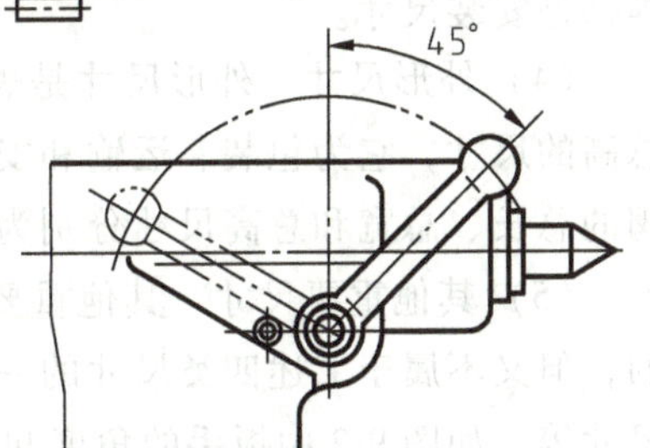

图 9-10　运动极限位置表示法

6. 单独表示某个零件的画法

在装配图中可以单独画出某一零件的视图，但必须在所画视图的上方注出该零件的名称，在相应视图附近用箭头指明投射方向，并注上同样的字母，如图 9-11 所示（泵盖 B）。

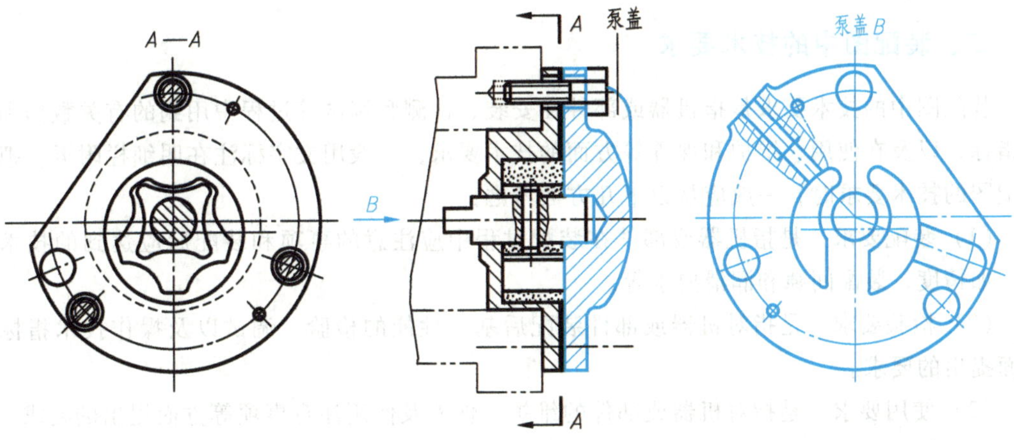

图 9-11　单独表示某个零件

知识点3 装配图的尺寸标注和技术要求

由于装配图的用途与零件图的用途不同，因此装配图中的尺寸标注和技术要求也与零件图中的标注有所不同。

一、装配图上的尺寸

装配图主要是表达零部件的装配关系，因此，装配图中不需标出零件的全部尺寸，只需标注一些必要的尺寸。这些尺寸按其作用不同，大致可以分为以下几类：

（1）规格（性能）尺寸　规格（性能）尺寸是表示机器或部件规格（性能）的尺寸，是设计、了解和选用该机器或部件的依据。如图9-2所示，阀体的通径ϕ20即为规格（性能）尺寸。

（2）装配尺寸　装配尺寸是指保证机器中各零件装配关系的尺寸，装配尺寸有以下两种：

1）配合尺寸：是指相同公称尺寸的孔与轴结合时的尺寸要求。如图9-2所示，ϕ50H11/d11即为阀盖和阀体的配合尺寸。

2）相对位置尺寸：表示装配体在装配时需要保证的零件间较重要的距离尺寸和间隙尺寸。如图9-2所示，115±1.1即为阀盖和阀体的相对位置尺寸。

（3）安装尺寸　安装尺寸是指将机器或部件安装在地基上或与其他机器或部件相连接时所需要的尺寸，如图9-6所示，尺寸150、160、18和锪平孔尺寸，以及图9-2中的M36×2等都是安装尺寸。

（4）外形尺寸　外形尺寸是表示机器或部件外形轮廓大小的尺寸，包括总长、总宽和总高的尺寸，它为包装、运输和安装过程中所占的空间大小提供了数据。如图9-2所示，球阀的总长、总宽和总高尺寸分别为145、75和121.5。

（5）其他重要尺寸　其他重要尺寸是指在设计部件时，经过计算或根据某种需要确定的，但又不属于上述四类尺寸的一些重要尺寸，例如，运动件的极限尺寸、主要零件的重要尺寸等，如图9-2中扳手的角度90°。

标注装配体的尺寸时，应考虑到装配体的构造情况，并不是所有装配体都必须具备上述五类尺寸。

二、装配图中的技术要求

装配图中的技术要求是指机器或部件在安装、检测和调试等过程中用到的有关数据和性能指标，以及在使用、维护和保养等方面的技术要求，一般用文字标注在明细栏附近。拟订装配图的技术要求时，一般应从以下几方面考虑：

（1）装配要求　是指机器或部件在装配过程中应注意的事项和装配后应达到的技术要求，如精度、装配间隙和润滑要求等。

（2）检验要求　是指对机器或部件装配后基本性能的检验、调试以及操作技术指标等方面提出的要求。

（3）使用要求　是指对机器或部件的维护、保养及使用注意事项等方面提出的要求。

不是每张装配图中都必须全部注写上述各项技术要求，应根据具体情况而定。

知识点 4 装配图的零、部件序号和明细栏

为了便于看图和管理图样，装配图中的所有零、部件均需编号，同时应在标题栏上方的明细栏中逐个列出图中所有零件的序号及其所对应的名称、材料和数量等。

一、零、部件序号的编排及标注

按 GB/T 4458.2—2003《机械制图 装配图中零、部件序号及其编排方法》的规定，对零、部件序号编排及标注的要求如下：

1. 序号编排的基本要求

装配图中所有的零部件均应编号，装配图中一个部件可以只编写一个序号，同一张装配图中相同的零部件应编写相同的序号，但一般只标注一次，必要时可以重复标注。如图 9-2 所示，螺母和双头螺柱就只标注了一次。

2. 序号的标注方法

装配图中零部件的序号由指引线、小圆点（或箭头）及序号数字组成，如图 9-12 所示。装配图中零、部件序号的标注方法如下：

1）一般在被编号零件的可见轮廓线内画一小圆点，用直线画出指引线，并在指引线的端部画一基准线或圆圈，在基准线上方或圆圈内注写零件序号，序号字号应比装配图中所注尺寸数字的字号大一号，指引线、水平线和圆圈均为细实线，如图 9-12 所示。同一张装配图中序号的标注形式应保持一致。

2）装配图中的零部件序号应与明细栏中的序号保持一致。

3）当不便在所指零件的轮廓内画圆点（例如，要标注的部分是很薄的零件或涂黑的剖面）时，可以用箭头代替小圆点指向该部分的轮廓，如图 9-13 所示的零件 4。

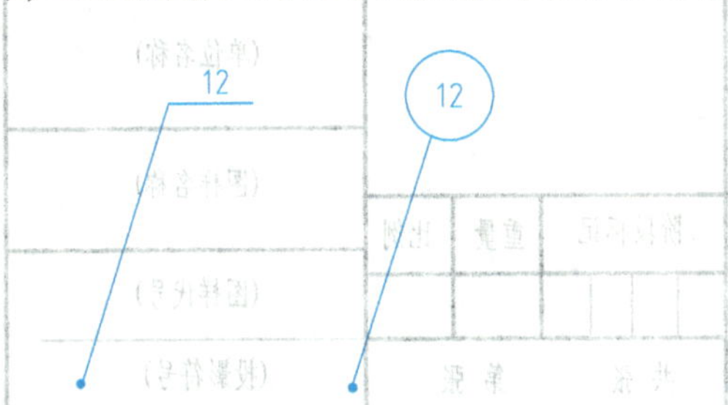

图 9-12 零、部件序号的标注形式

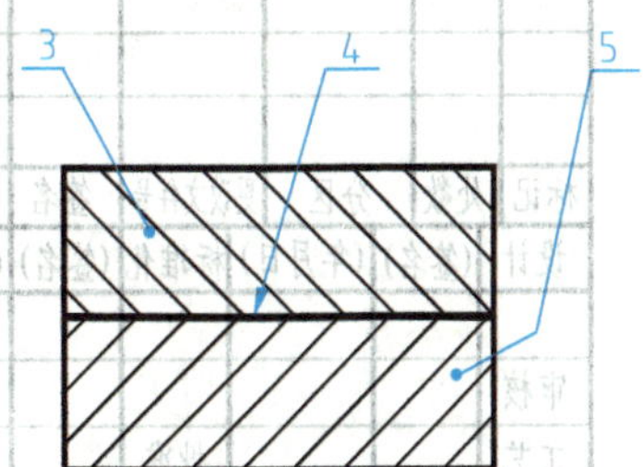

图 9-13 用箭头代替小圆点

4）装配图中的指引线不能相交。当通过有剖面线的区域时，指引线不应与剖面线平行。指引线可以画成折线，但只能折一次，如图 9-13 所示的零件 5。

5）对于一组紧固件或装配关系清楚的零件组，可以使用公共指引线标注，如图 9-14 所示。

6）装配图中的序号，应按顺时针或逆时针方向顺次排列整齐，如图 9-2 所示。若在整个装配图上无法连续排列时，可以只在每个水平或竖直方向上顺序排列。

二、明细栏

按 GB/T 10609.2—2009《技术制图 明细栏》的规定，明细栏是装配图中全部零件的

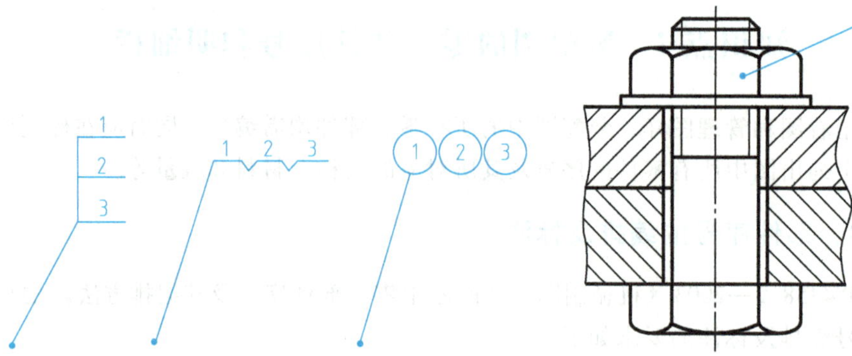

图 9-14　公共指引线的画法

详细目录，画在标题栏的上方，其基本信息、尺寸及线宽如图 9-15 所示。明细栏中序号的书写顺序为由下向上排列，这样便于补充编排序号时遗漏的零件。在绘制明细栏时，如果位置不够，可以将剩余的部分画在标题栏的左边。

当装配图中不能在标题栏的上方配置明细栏时，可以将其作为装配图的续页按 A4 幅面单独给出，其顺序应是由上而下延伸，还可连续加页，但应在明细栏的下方配置标题栏。

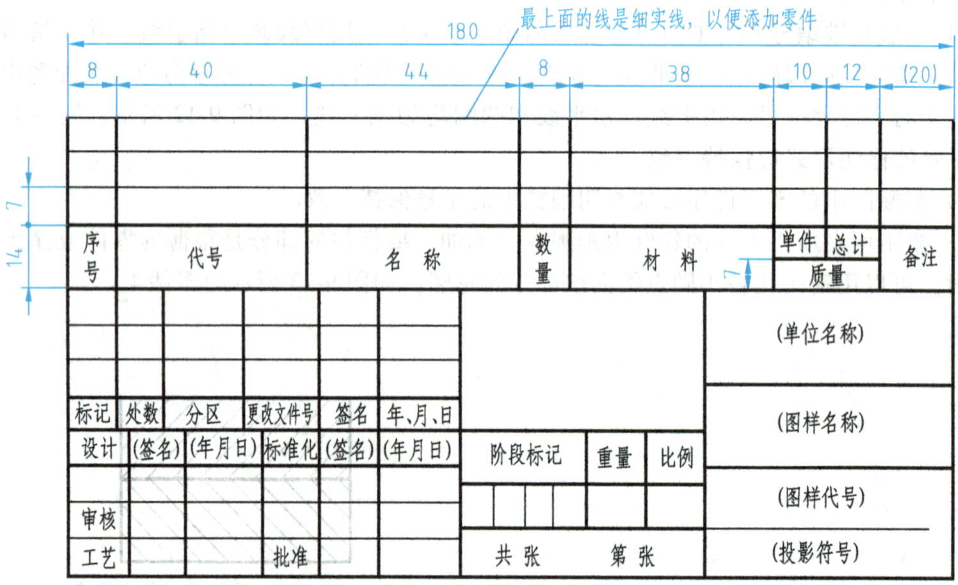

图 9-15　明细栏的基本信息、尺寸及线宽

知识点 5　常见的装配工艺结构

装配结构是否合理将直接影响部件（或机器）的工作性能及装配、检修时拆装是否方便等。下面将针对设计绘图时应考虑的几个装配结构进行举例说明，以供绘图时参考。

一、接触面与配合面

1）当两个零件接触时，同一方向上只能有一对接触面或配合面，这样既可以保证两个零件的配合性质和接触良好，又能降低加工要求，如图 9-16 所示。

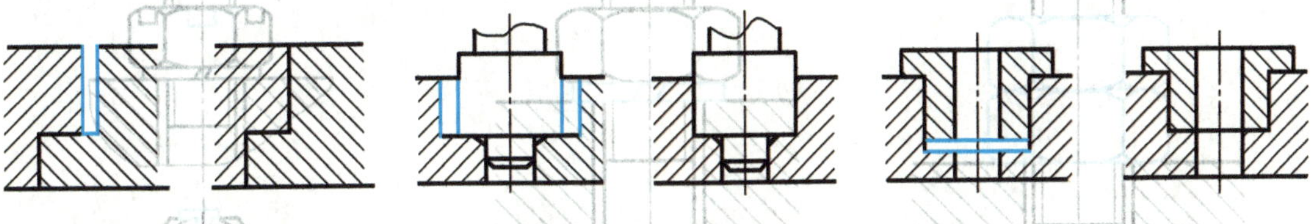

图 9-16　两零件接触面的画法

2）为了保证孔端面和轴肩端面接触良好，应在孔边处加工出倒角，或在轴肩处加工出退刀槽，如图 9-17 所示。

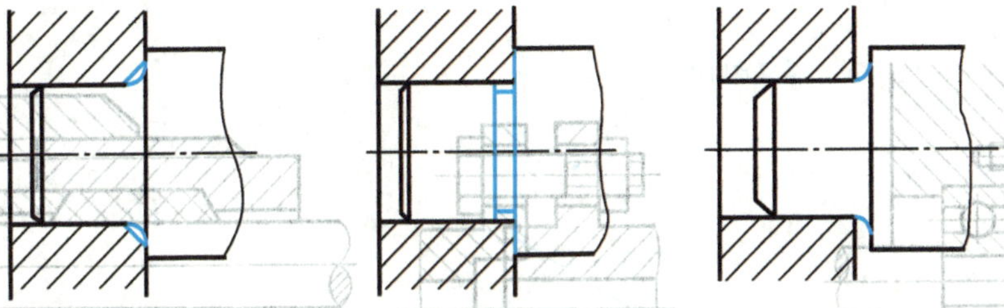

图 9-17　孔的端面和轴肩端面的画法

二、螺纹紧固件连接结构

1）在螺纹紧固件的连接中，与紧固件接触的平面应制成沉孔或凸台，这样既可以减少加工面积，又能够保证接触良好，如图 9-18 所示。

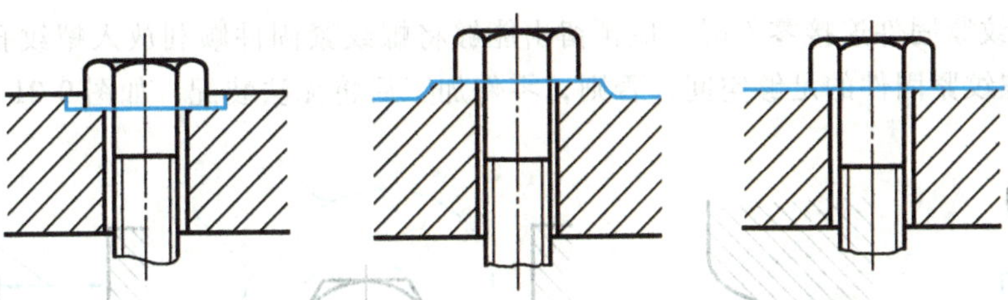

图 9-18　螺纹紧固件连接接触面的画法

2）为了防止机器工作时振动而使螺纹紧固件松脱，常在螺纹紧固件结构中采用双螺母、弹簧垫圈、开口销与六角螺母等防松装置，如图 9-19 所示。

三、密封结构

在机器或部件中，为了防止内部液体或气体外漏，同时防止外部灰尘和杂质侵入，常采用密封结构。常见的密封装置有毡圈密封、橡胶圈密封、填料密封、垫片密封、挡片密封和油沟密封等，如图 9-20 所示。

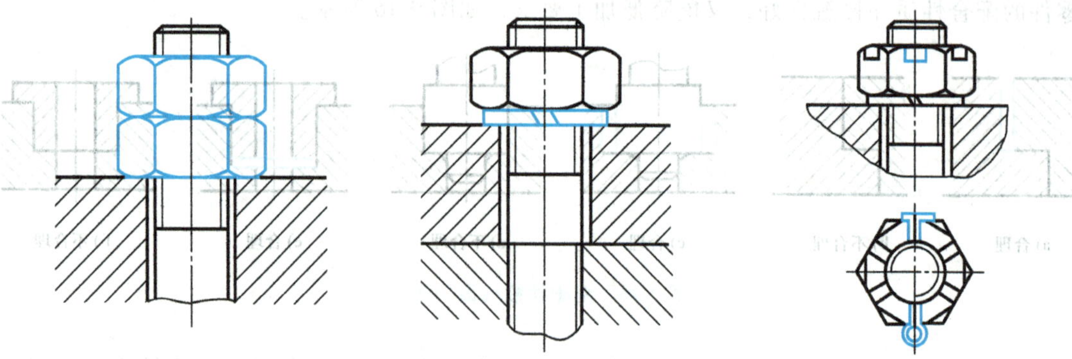

a) 双螺母锁紧　　b) 弹簧垫圈锁紧　　c) 开口销与六角螺母锁紧

图 9-19　螺纹紧固件的防松装置

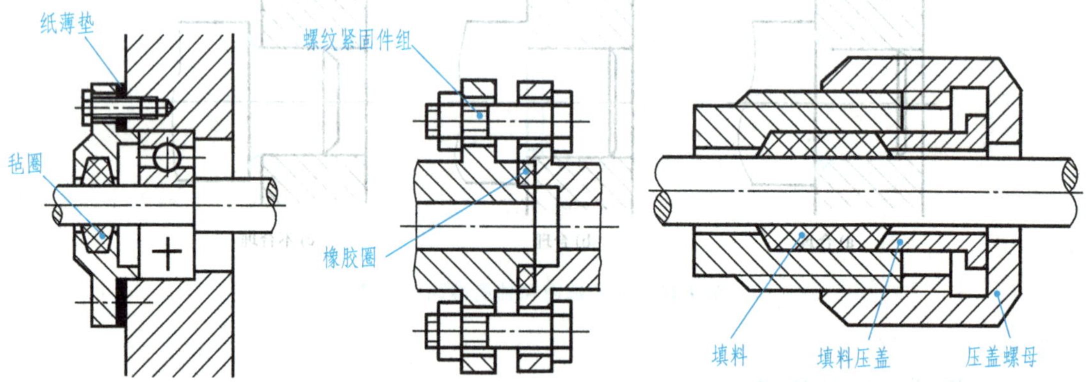

图 9-20　常见的密封装置

四、装拆方便与可能的结构

1）用螺纹紧固件连接零件时，应预留出能够将螺纹紧固件顺利放入螺纹孔中、并使用扳手拧紧该螺纹紧固件的足够空间，否则，零件加工后将无法装配，如图 9-21 所示。

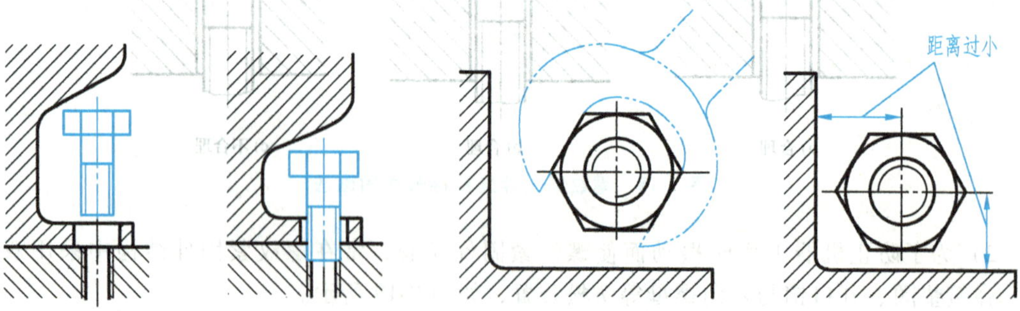

a) 合理　　b) 不合理　　c) 合理　　d) 不合理

图 9-21　螺纹紧固件的装拆结构

2）为了方便加工销孔和拆卸销，在可能的条件下，销孔应钻成通孔，尽可能不要做成盲孔，如图 9-22 所示。

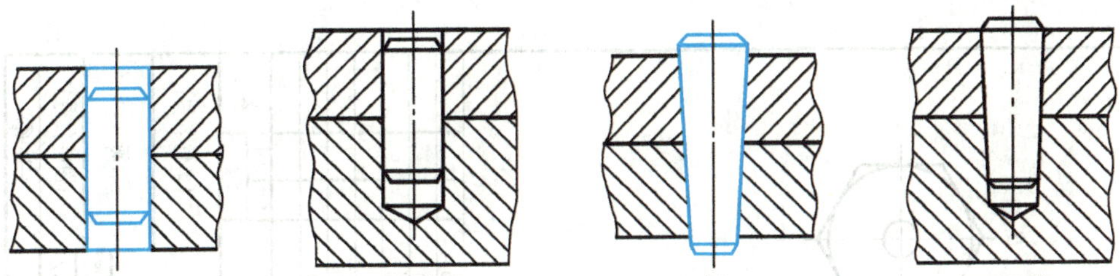

a) 合理　b) 不合理　c) 合理　d) 不合理

图 9-22　销及销孔结构

3）对于轴承等组件的装配，应考虑其定位以及损坏时的拆换空间，如图 9-23a、b 所示。

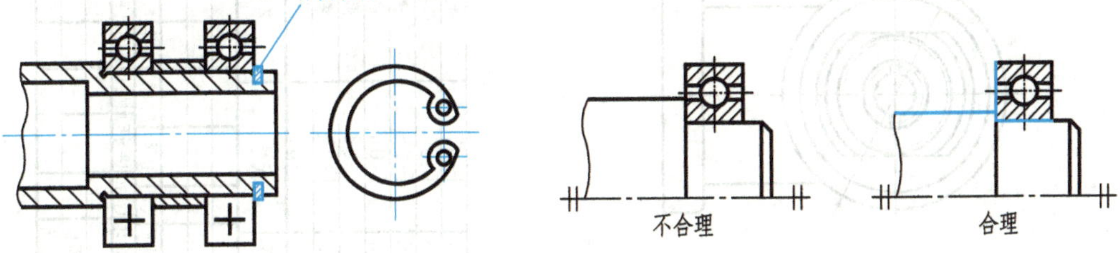

a) 定位　b) 拆换

图 9-23　滚动轴承的定位及拆换

知识点 6　读装配图和由装配图拆画零件图

在机器或部件的设计、装配、检验、使用、维修及技术交流中，都需要读装配图，有时还需要根据装配图拆画零件图。因此，工程技术人员应具备读装配图和根据装配图拆画零件图的能力。

一、读装配图的方法和步骤

读装配图时，一般可以按照“概括了解→分析视图→分析工作原理和装配顺序→分析零件的结构形状并综合想象装配体的形状→分析尺寸和技术要求”的步骤进行。通过读装配图，应达到以下三方面要求：

1）了解装配体的名称、用途、性能、结构及工作原理。

2）明确各零件之间的装配关系、连接方式、相互位置及装拆的先后顺序。

3）清楚各组成零件的主要结构形状及其在装配图中的作用。

下面以图 9-24 所示的阀装配图为例来讲解读装配图的方法和步骤：

1. 概括了解

如图 9-24 所示，首先看标题栏，由机器或部件的名称可以大致了解其用途，然后对照明细栏中零件的序号，在装配图上找到各零部件的大致位置，以了解机器或部件上零件的数量、名称、材料以及标准件的规格等，初步判断机器或部件的复杂程度。

从明细栏可知，该装配体为阀，由七种零件组成，结构比较简单。其中，除弹簧可以根据其参数直接购买外，其余零件均需绘制零件图。

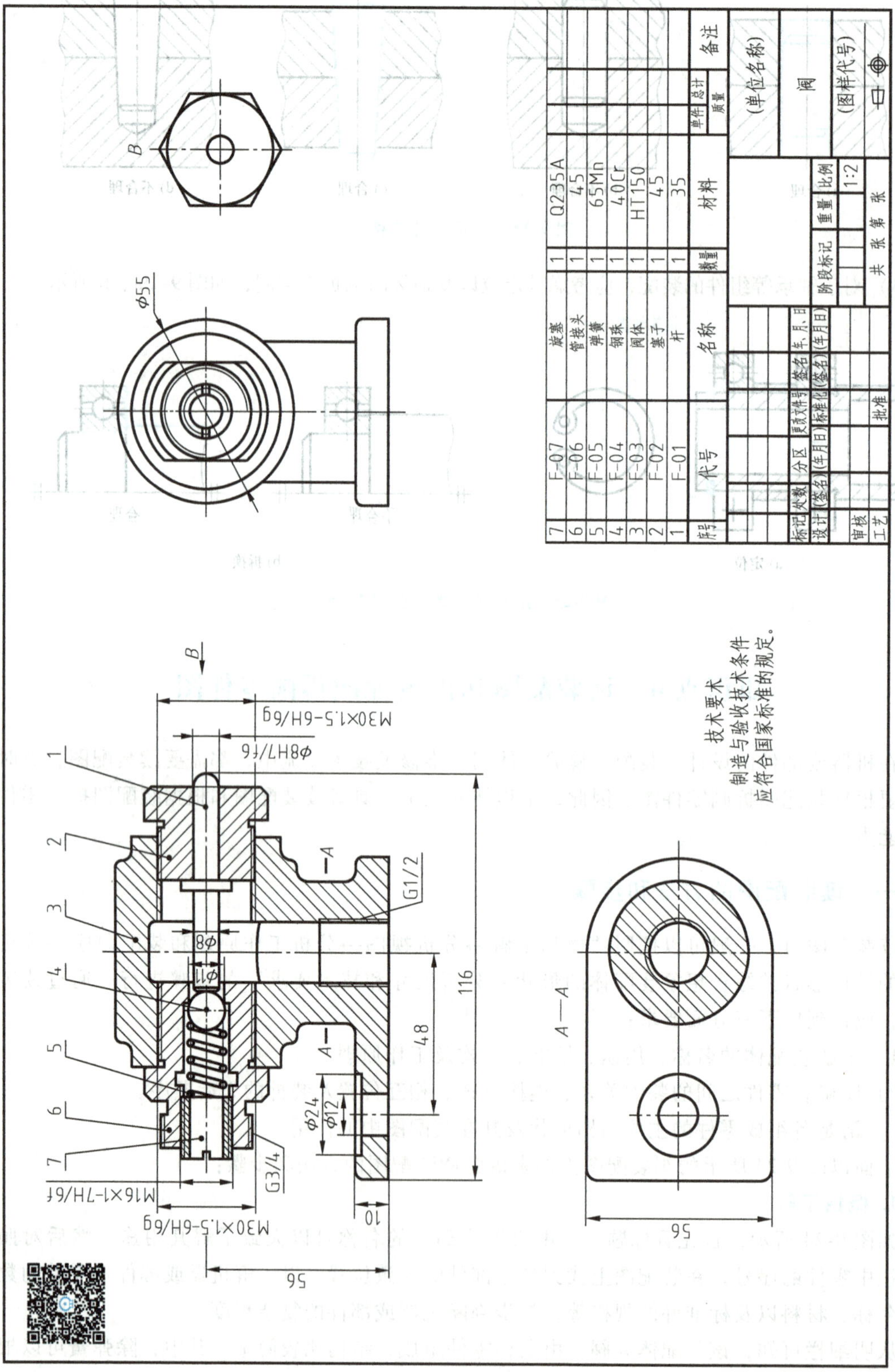
M30×1.5-6H/6g
φ8H7/f6
G1/2
φ8
φ11
116
48
φ24
φ12
G3/4
M16×1-7H/6f
10
56
A—A
φ55
B
技术要求
制造与验收技术条件
应符合国家标准的规定。
7 F-07 旋塞 1 Q235A
6 F-06 管接头 1 45
5 F-05 弹簧 1 65Mn
4 F-04 钢珠 1 40Cr
3 F-03 阀体 1 HT150
2 F-02 塞子 1 45
1 F-01 杆 1 35
序号 代号 名称 数量 材料 单件 总计 质量 备注
(单位名称)
阀
(图样代号)
比例 1:2
标记 处数 分区 更改文件号 签名 年、月、日
设计 (签名) (年月日) 标准化 (签名) (年月日) 阶段标记 重量 比例
审核
工艺 批准 共 张 第 张

图 9-24 阀装配图

2. 分析视图

了解各视图的类型，明确各视图之间的投影关系及其表达的主要内容。对于剖视图和断面图而言，则应找出剖切位置和投射方向，为进一步深入读图做准备。

如图 9-24 所示，该装配图的表达方式有主视图、俯视图、左视图和 B 向局部视图。其中，主视图和俯视图均采用全剖视图。由主视图可知，该装配体仅有一条水平装配干线，装配体通过阀体 3 上的 G1/2 螺纹孔、$\phi12$ 螺栓通孔和管接头 6 上的 G3/4 螺纹孔装入机器中。

3. 分析工作原理和装配顺序

在分析工作原理和装配顺序时，首先应通过零件编号、剖面线的方向和间隔以及装配图的规定画法和特殊画法等来区分装配图上的不同零件，然后从最能反映各零件连接方式和装配关系的视图入手，分析机器或部件的装配干线，零件间的配合要求以及各零件间的定位、连接方式等。经过这样的分析，可以对机器或部件的工作原理和装配关系有一定的了解。

如图 9-24 所示，各零件的装配关系在主视图上看得最清楚，其工作原理为：当弹簧处于自由状态时，管路能否接通是由从阀体 3 下端孔中流出液体的压力决定的，当作用在钢珠 4 右端的压力大于弹簧的压力时，弹簧被压缩，管路接通；当作用在钢珠右端的压力小于弹簧压力时，钢珠堵住管路，管路闭合。如果依靠管路右端液体的压力不能将管路接通时，需要手动来通断管路：顺时针方向旋转塞子 2，使其向左移动，并推动杆 1 和钢珠 4 向左移动，弹簧受压，此时管接头 6 右端的孔口露出，液体从杆 1 和管接头 6 间的间隙流出，管路接通；逆时针方向旋转塞子 2，使其向右移动，则弹簧复原，且推动钢珠 4 和杆 1 向右移动，钢珠堵住管接头 6 右端的孔口，管路闭合。

此外，从装配图还可以看出各零部件的装配过程。例如，装配阀时，应先将钢珠 4 和弹簧 5 装入管接头 6 中，然后旋入旋塞 7，通过旋塞调整弹簧的压力。调整好压力后，再将管接头旋入阀体左侧的 M30×1.5 螺纹孔中，在右侧将杆 1 装入塞子 2 中，再将塞子 2 旋入阀体 3 右侧的 M30×1.5 螺纹孔中。

4. 分析零件的结构形状并综合想象装配体的形状

分析零件的结构形状时，应先从主视图中的主要零件着手，然后是其他零件。当零件在装配图中表达不完整时，可以结合该零件的零件图来识读该装配图，从而确定该零件合理的结构形状。对于一般标准件，如螺栓、螺钉或滚动轴承等，可以通过查阅相关手册确定其结构形状。

想象出主要零件的结构形状后，应结合装配体的工作原理、结构特点、装配关系及连接关系等，综合想象出整个装配体的结构形状。

由于同一零件的剖面线在各视图上的方向一致、间距相等，因此，在分析零件的结构形状时，应依据剖面线的这一特点，依次找出同一零件的所有视图，综合想象其形状。

5. 分析尺寸和技术要求

装配图中通常注有规格（性能）尺寸、装配尺寸、安装尺寸、总体尺寸和其他重要尺寸以及对装配体的安装、检验和使用等方面提出的技术要求等，从而使读图人员能够全面、准确地了解并使用该装配体。

如图 9-24 所示，除俯视图中阀体的宽度尺寸 56 和外圆 $\phi55$ 外，其余各尺寸均分布在主视图中。为了保证阀的工作性能，杆 1 和塞子 2 之间注有装配尺寸 $\phi8H7/f6$；该装配体中各零件在横向上主要靠螺纹连接，因此图中注有螺纹尺寸 M30×1.5-6H/6g，M16×1-7H/6f 等。

例 9-1 识读图 9-25 所示齿轮泵装配图。

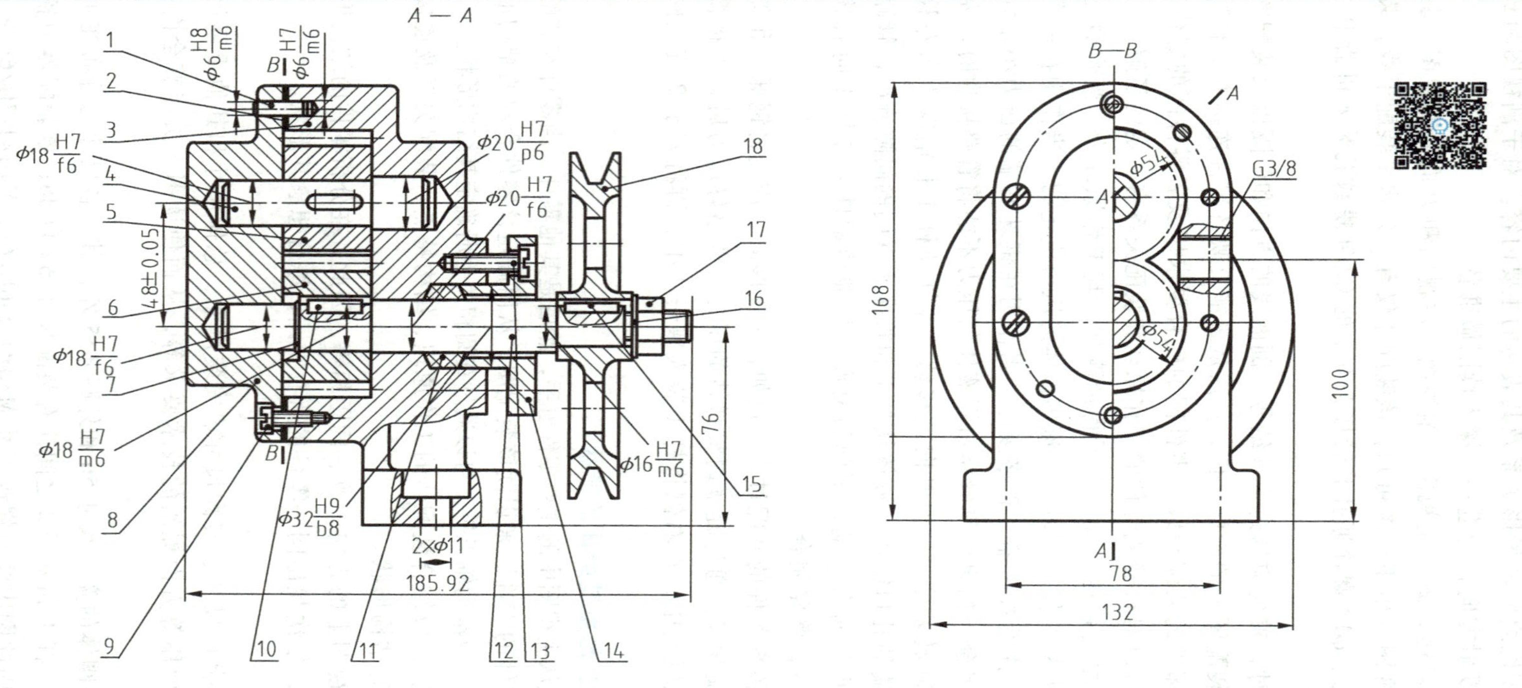

技术要求

1. 齿轮安装后，用手转动传动齿轮时应旋转灵活。
2. 两齿轮轮齿的啮合面应占齿长的3/4以上。

序号	代号	名称	数量	材料	单件质量	总计质量	备注
18		带轮	1	HT200			
17	GB/T 6170—2015	螺母M12	1	35			
16	GB/T 97.1—2002	垫圈12	1	65Mn			
15	GB/T 1096—2003	键5×5×20	2	45			
14		压盖	1	HT150			
13	GB/T 65—2016	螺钉M6×25	2	35			
12		主动轴	1	45			
11		填料	1	棉麻绳			
10	GB/T 1096—2003	键6×6×20	1	45			
9	GB/T 65—2016	螺钉M6×16	1	35			
8		泵盖	1	HT200			
7	GB/T 895.2—1986	挡圈18	6	弹簧钢丝			
6		主动齿轮	1	45			$m=3, z=16$
5		从动齿轮	1	45			$m=3, z=16$
4		从动轴	1	45			
3		泵体	1	HT200			
2		垫片	1	纸板			
1	GB/T 119.1—2000	销φ6×20	2	45			

标记	处数	分区	更改文件号	签名	年、月、日				(单位名称)
设计	(签名)	(年月日)	标准化	(签名)	(年月日)	阶段标记	重量	比例	齿轮泵
审核								1:2	(图样代号)
工艺			批准			共 张 第 张			

图 9-25 齿轮泵装配图

图形分析：

（1）概括了解　由标题栏和明细栏可知，该装配体为齿轮泵。齿轮泵是机床润滑系统的供油泵，该泵由装在泵体内的一对啮合齿轮、轴、密封装置、泵盖及带轮等共 18 种零件装配而成。

（2）视图分析　该齿轮泵装配图用两个视图表达。主视图采用全剖视图，表达了零件间的装配关系，左视图沿泵盖 8 和泵体 3 的结合面处剖开，用半剖视图表达，后半部分表达泵盖 8 的外形，前半部分表达泵体 3 的形状，并用局部剖视图表达油孔。

（3）分析装配顺序和工作原理　将一对齿轮分别安装在从动轴 4 和主动轴 12 上，并将挡圈 7 安装在主动轴 12 上，然后将其安装在泵体 3 上，接着安装泵盖 8、垫片 2，并使用销 1 和螺钉 9 将泵盖 8 和泵体 3 固定，最后在主动轴 12 的右端依次装入填料 11、压盖 14 并用螺钉 13 固定，再装入键 15 和带轮 18，并用垫圈 16 和螺母 17 固定。

齿轮泵的工作原理如图 9-26 所示。主动齿轮沿逆时针方向转动时，带动从动齿轮沿顺时针方向转动。两个齿轮啮合转动时，啮合区内的吸油腔由于压力下降而产生局部真空，油池内的油在大气压力作用下进入油泵低压区的进油口。随着齿轮的连续转动，齿槽中的油不断地沿箭头方向齿轮被带至左边的压油腔，从齿间被挤出，形成高压油，然后经出油口把油压出，送往各润滑管路中。

（4）分析零件的结构形状并综合想象装配体的形状　根据明细栏与零件序号，在装配图中逐一找出各零件的投影图，然后想象其立体形状。其中，垫片 2、挡圈 7、垫圈 16、螺母 17 和螺钉 13 等零件的形状都比较简单，不难看懂。

本例需要重点分析泵盖 8 和泵体 3 的结构，即分别将泵盖 8 和泵体 3 从装配图中分离出来，再通过投影想象形体，最后综合想象装配体的形状，结果如图 9-27 所示。

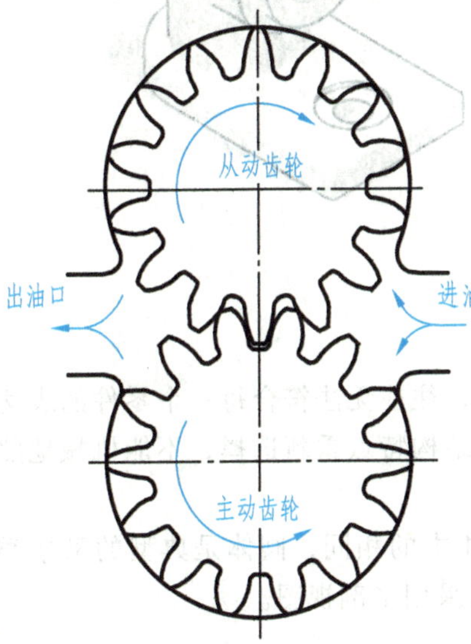

图 9-26　齿轮泵的工作原理

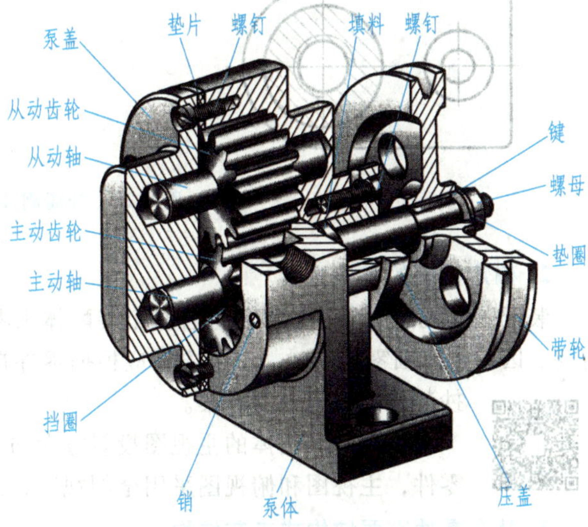

图 9-27　齿轮泵立体图

（5）分析尺寸和技术要求　在图 9-25 中，为保证两个齿轮能正确啮合，需注出安装尺寸 48±0.05；为了保证齿轮的啮合精度，对与主动轴和从动轴所配合的零件，均需注出配合尺寸，如 ϕ18H7/f6，ϕ20H7/p6 等。此外，技术要求中还给出了齿轮安装后应达到的技术要求。

二、由装配图拆画零件图

在设计新机器时，通常是根据使用要求先画出装配图，确定实现其工作性能的主要结构后，再根据装配图来拆画零件图，拆画零件图实际上是继续设计零件的过程。从装配图中拆画零件图的方法和步骤如下：

1. 分离零件并想象其形状

看懂装配图后就可以将要拆画的零件从装配图中分离出来了。例如，要拆画图 9-24 所示的阀体 3，应首先将阀体从装配图中分离出来，然后想象其形状。阀体由圆筒、底板和连接板三部分构成，底板是一个长方体，左端有一个锪平的阶梯孔，连接板是圆柱状，圆筒的外形和内部都是阶梯状的，对于阀体的内腔形状，虽然左视图和俯视图上没有表达，但可以通过主视图中 G1/2 螺纹孔上方的相贯线形状得知，阀体内腔在水平方向上是一个三段阶梯孔，竖直方向是一个圆柱孔，圆柱孔的直径等于 G1/2 螺纹孔的小径，如图 9-28 所示。

图 9-28　分离阀体零件

2. 确定视图的表达方案

装配图中视图的表达方案是综合整个装配体来考虑的，往往无法符合每一个零件的表达需要。因此在拆画零件图时，视图方案应根据零件自身的结构特点重新选择，不能机械地照抄装配图上的视图方案。

本例中，阀体的主视图投射方向与图 9-24 中的相同，阀体是典型的叉架类零件，主视图和俯视图采用全剖视图，左视图采用半剖视图。

3. 补全零件次要结构或工艺结构

装配图主要表达各零部件的装配关系，对零件的次要结构或工艺结构并不一定能表示完全，因此在拆画零件图时，应在零件图中补充画出装配图中省略的工艺结构，如倒角、退刀槽等。本例中，阀体上的圆角在装配图中已经详细地画出，因此无须补画，但水平阶梯孔两端螺纹孔的孔口倒角应在零件图上补画出来。

4. 标注尺寸

由于装配图中一般只标注性能（规格）尺寸、配合尺寸、安装尺寸、外形尺寸以及其他重要尺寸等，因此应在拆画的零件图上补全其他尺寸。标注拆画的零件图时，应注意以下几点：

1）凡是装配图上已经给出的尺寸，在零件图上可以直接注出。

2）某些设计时通过计算得到的尺寸（如齿轮啮合的中心距）或通过查阅标准手册而确定的尺寸（如键槽的尺寸），应按计算所得数据或查表得到的值标注，不得圆整。

3）零件上的一般结构尺寸可以按比例从装配图中量取，并做适当圆整。

5. 标注尺寸偏差、表面粗糙度、几何公差和技术要求等

根据零件表面的作用及其与其他零件的关系，应用类比法参考同类产品图样和相关资料来确定技术要求。阀体零件图如图 9-29 所示。

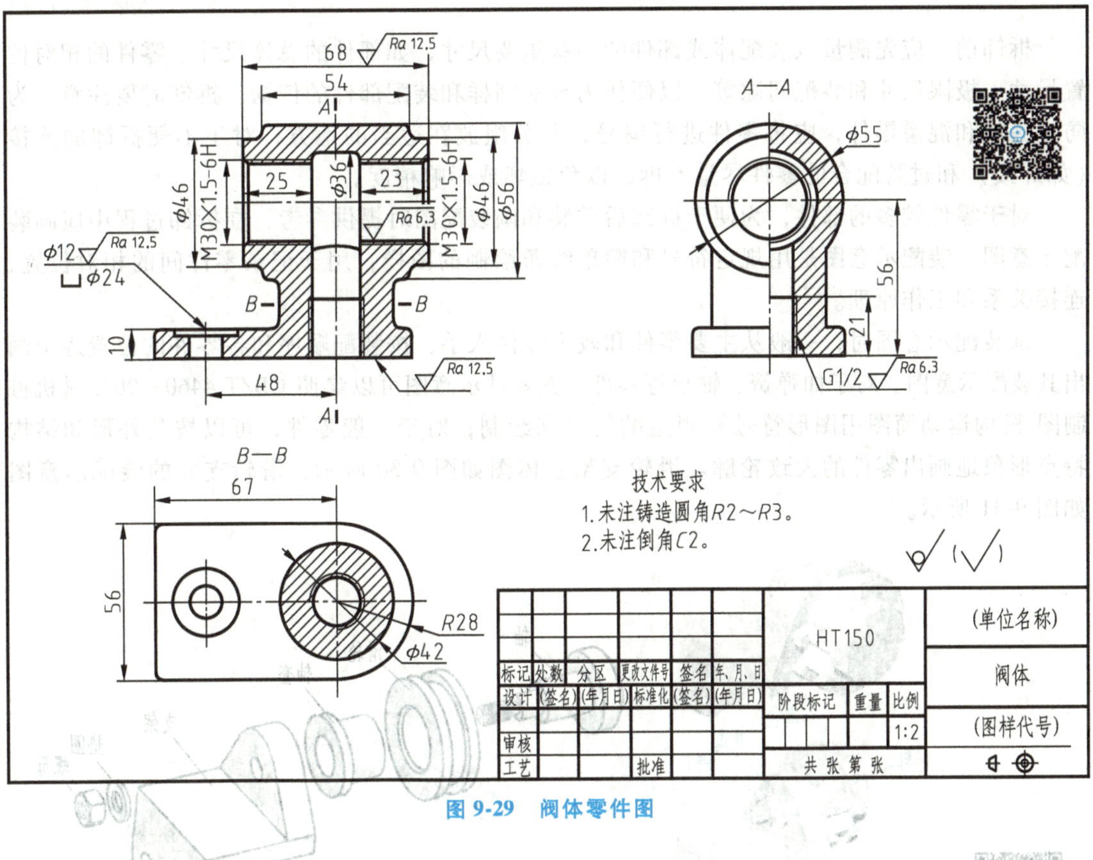

图 9-29　阀体零件图

知识点 7　部件测绘及绘制装配图

根据现有部件（或机器）画出其装配图和零件图的过程称为部件测绘。在设计新产品、引进先进设备以及对原有设备进行技术改造和维修时，有时需要对现有的机器或零部件进行测量，并画出其装配图和零件图。

一般来说，进行部件测绘时应先对测绘对象进行了解、分析，然后在拆卸零件之前和拆卸过程中绘制装配示意图和零件草图，最后根据装配示意图和零件草图绘制装配图。

下面将以图 9-30 所示的滑轮支架装配体为例讲解部件测绘及绘制装配图的方法和步骤。

一、了解和分析测绘对象

测绘部件前，应先对部件进行观察和分析，了解其用途、性能、工作原理、结构特点以及零件间的装配关系、相对位置和拆卸方法等。

滑轮支架是生产、生活中常用的简单机构，其基础零件是支架，滑轮由轴和轴套支承，并用垫圈和螺母紧固。安装顺序为：将轴套装入滑轮内孔，安装到位后，再将轴装进轴套的内孔，然后把它们一起安装到支架上，使轴穿过支架上的孔，最后用垫圈、螺母将它们固定在支架上。

二、拆卸零件及画装配示意图

拆卸前，应先测量该装配体或部件的一些重要尺寸，如部件的总体尺寸、零件的相对位置尺寸、极限尺寸和装配间隙等，以便作为校对图样和装配部件的依据。拆卸时要注意，为防止丢失和混淆零件，应将零件进行编号，并分组放在适当的地方；对于不便拆卸的连接（如焊接）和过盈配合的零件尽量不拆，以免损坏或影响精度。

对于零件较多的部件，为便于拆卸后重装和画装配图时提供参考，在拆卸过程中应画装配示意图。装配示意图是用规定符号和简单线条绘制的图样，用于记录零件间的相对位置、连接关系和工作原理。

画装配示意图时，一般从主要零件和较大零件入手，按装配顺序和各零件的位置逐个画出其装配示意图。对于如弹簧、轴承等零件，其零件示意图可以参照 GB/T 4460—2013《机械制图 机构运动简图用图形符号》规定的符号来绘制；对于一般零件，可以按其外形和结构特点形象地画出零件的大致轮廓。滑轮支架立体图如图 9-30 所示，滑轮支架的装配示意图如图 9-31 所示。

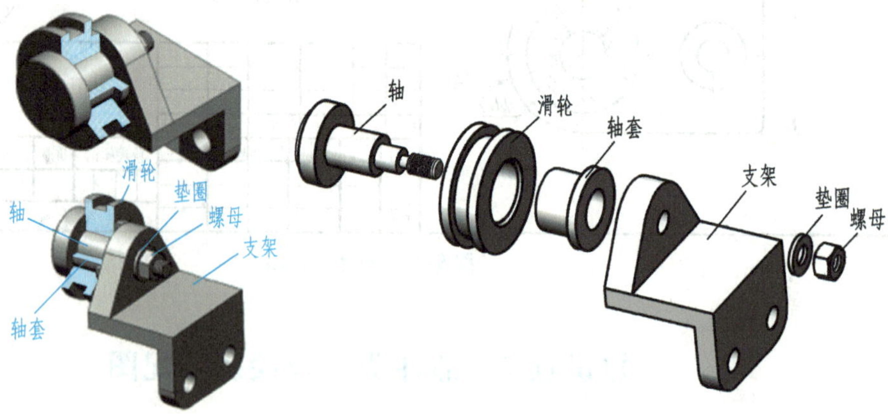

图 9-30　滑轮支架立体图

三、测绘零件，绘制零件草图

拆卸工作结束后，要对零件进行测绘并画出零件草图。画零件草图时，应注意以下两点：

1）标准件可以不画草图，但要测出其规格尺寸，然后查阅相关标准，按规定标记填写在明细栏内（如螺母 GB/T 41 M10）。

2）除标准件外，其余零件均需画出其零件草图。画零件草图的一般顺序为先绘制视图，然后测量尺寸，并把尺寸标注在草图上，接着确定零件的精度、材料和毛坯制造方法等，最后绘制并填写标题栏。此外，画零件草图时应注意，零件间有配合、连接关系的尺寸要协调一致。

本例中，螺母和垫圈是标准件，不需要绘制零件草图，其余零件如支架、滑轮、轴和轴套等需要绘制零件草图。测绘完成的零件草图如图 9-32 所示。

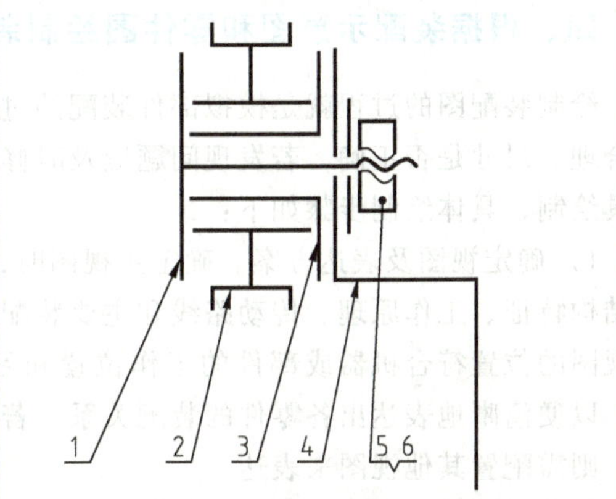

技术要求
1.装配时2、3号件间涂油脂。
2.装配后2号件可灵活转动。

6	垫圈GB/T 97.1 10	1
5	螺母GB/T 41 M10	1
4	支架	1
3	轴套	1
2	滑轮	1
1	轴	1
序号	名称	数量

图 9-31　滑轮支架的装配示意图

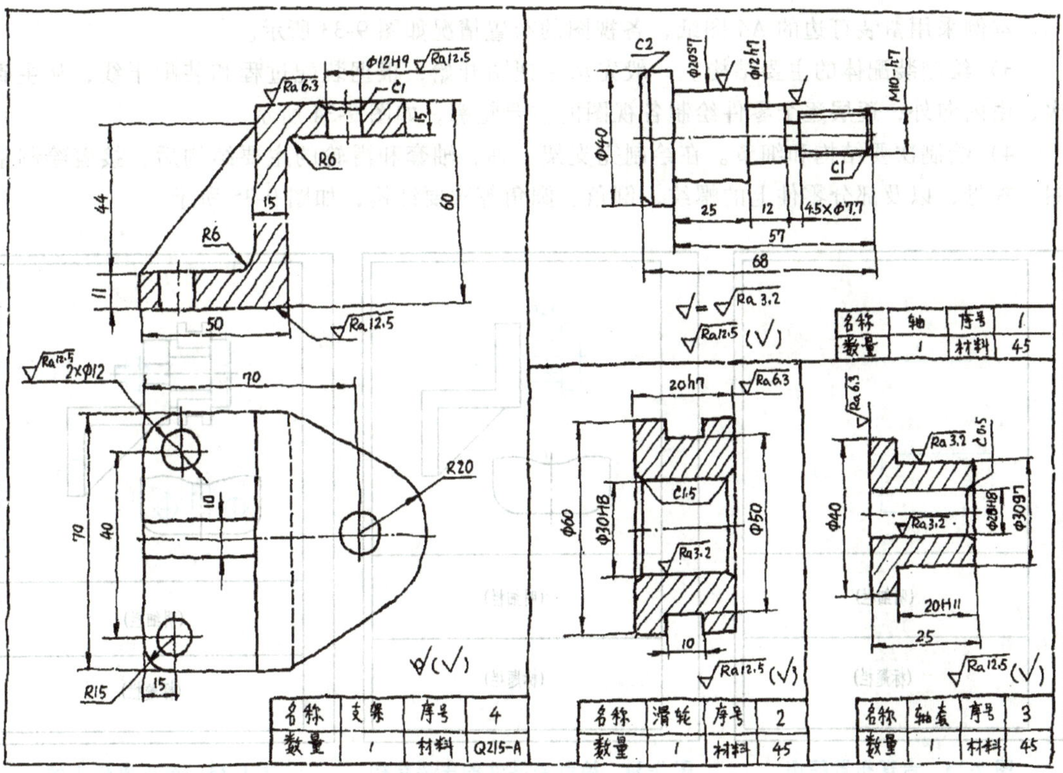

图 9-32　零件草图

四、根据装配示意图和零件图绘制装配图

绘制装配图的过程就是模拟部件装配的过程。通过绘制装配图，可以检验零件的结构是否合理、尺寸是否正确，若发现问题应及时修改。由于装配图比较复杂，一般需要借助绘图工具绘制，具体绘制步骤如下：

1）确定视图及表达方案。确定主视图时，应以主要装配干线为核心，将最能反映装配体结构特征、工作原理、传动路线和主要装配关系的方向作为主视图的投射方向，并尽量使主视图的位置符合机器或部件的工作位置和习惯放置位置。主视图一般应采用剖视图的画法，以便清晰地表达出各零件的装配关系。若装配图中还存在主视图中未表达清楚的装配干线，则需配置其他视图来表达。

其他视图的选择应能补充主视图尚未表达或表达得不够清楚的部分。一般情况下，部件中的每个零件在视图中应至少出现一次。

由图 9-30 所示的立体图可知，滑轮支架只有一条装配干线，可以按其工作位置摆放，且主视图是采用单一剖切平面的全剖视图。由于支架上有螺栓孔，且该孔对整个支架起着非常重要的支承作用，需要表达该螺栓孔的位置和大小，因此可以采用局部视图及局部剖视图来表达。

2）确定绘图比例，合理布置图幅。根据拟订的视图表达方案及装配体的复杂程度和大小，选择适合的绘图比例和图幅，并依次画出图幅边框线、图框线、标题栏和明细栏的位置，然后合理地布置各个视图，并画出各视图的主要基准线。与此同时，各视图间要预留出标注尺寸和零件序号的位置。

本例采用留装订边的 A4 图纸，各视图的布置情况如图 9-33 所示。

3）绘制装配体的主要结构。一般先从主视图开始，根据装配过程和装配干线，从主到次、由内向外，逐层逐个零件绘制各视图的主要轮廓，如图 9-34 所示。

4）绘制次要结构和细节。在绘制完支架、轴、轴套和滑轮的主要结构后，接着绘制垫圈、螺母，以及部分零件上的螺纹、倒角、圆角等次要结构，如图 9-35 所示。

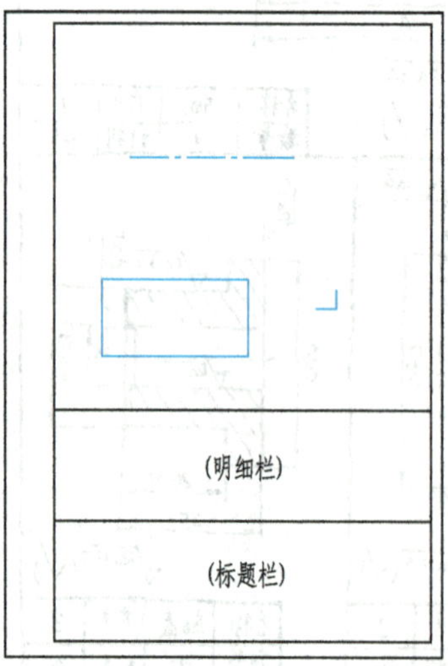

图 9-33 合理布置图幅

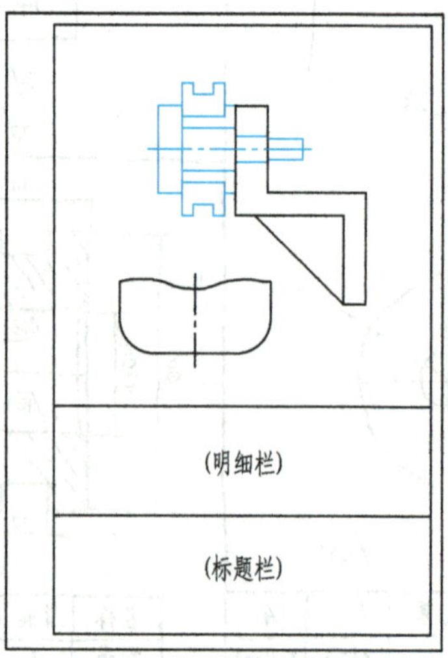

图 9-34 绘制各零件的主要结构

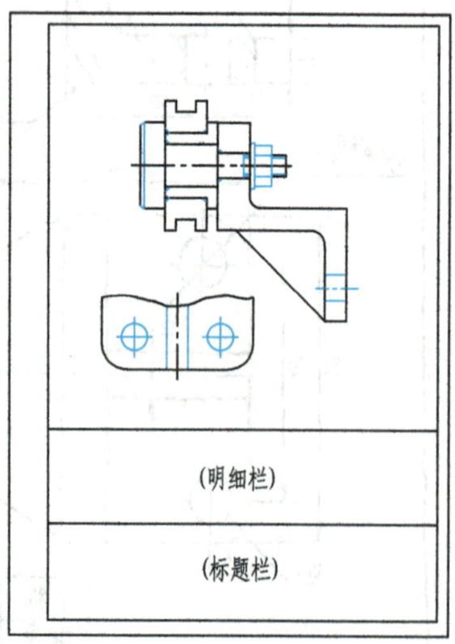

图 9-35 绘制零件上的次要结构和细节

5）检查底稿，加深图线并画剖面线。装配图底稿完成后要仔细检查，确认无误后加深图线，然后画出剖面线（注意：剖面线要一次性画好，无须打底稿）。

6）标注尺寸，编写零件序号，画标题栏和明细栏，注写技术要求。绘制完成的滑轮支架装配图如图 9-36 所示。

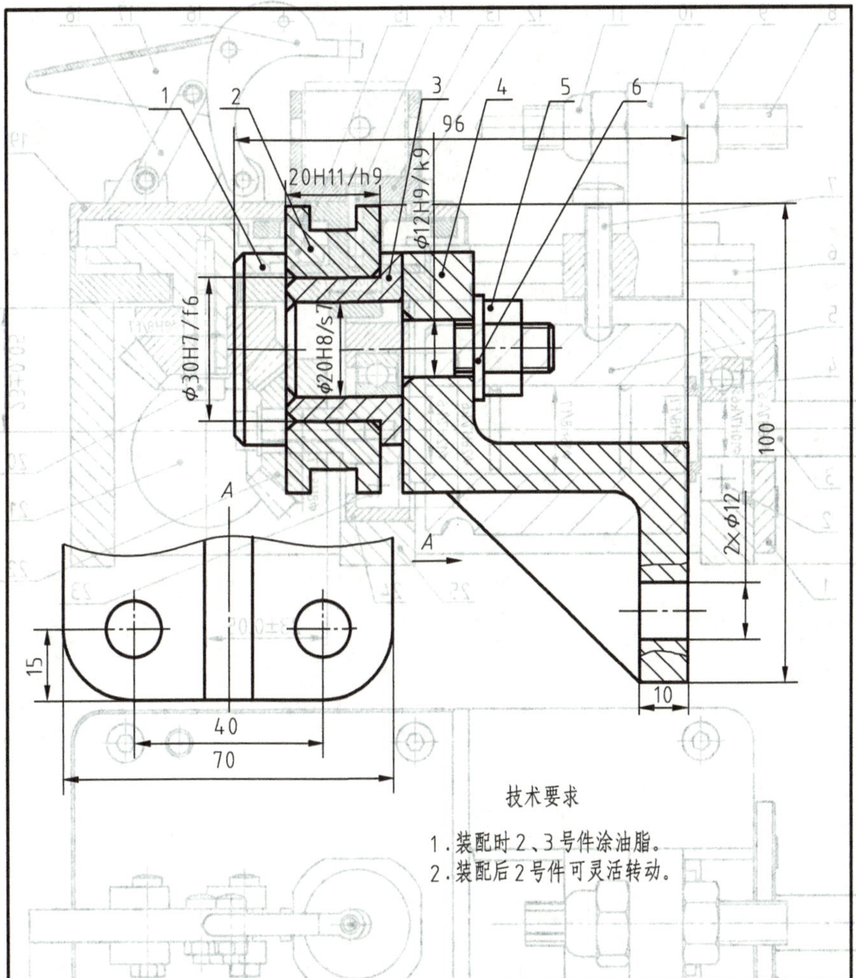

序号	代号	名称	数量	材料	单件质量	总计质量	备注
6	GB/T 93—1987	垫圈10	1	65Mn			
5	GB/T 41—2016	螺母M10	1	35			
4		支架	1	Q215-A			
3		轴套	1	45			
2		滑轮	1	45			
1		轴	1	45			

标记	处数	分区	更改文件号	签名	年、月、日				(单位名称)
设计	(签名)	(年月日)	标准化	(签名)	(年月日)	阶段标记	重量	比例	滑轮支架
审核									(图样代号)
工艺		批准				共 张 第 张			

图 9-36　滑轮支架装配图

任务实施

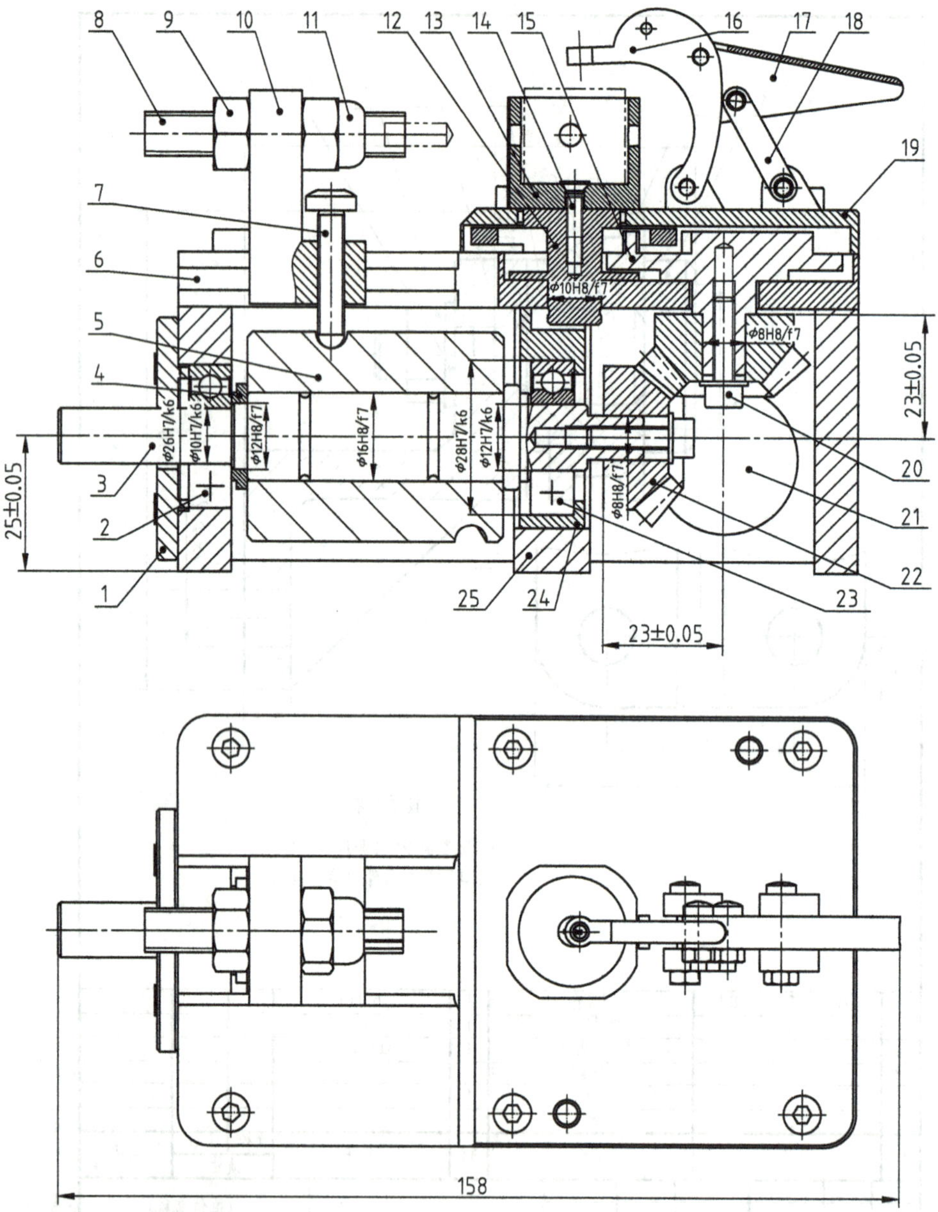
8
9
10
11
12
13
14
15
16
17
18
19
7
6
5
4
3
2
1
φ26H7/k6
φ10H7/k6
φ12H8/f7
φ16H8/f7
φ28H7/k6
φ12H7/k6
φ10H8/f7
φ8H8/f7
φ8H8/f7
23±0.05
25±0.05
23±0.05
20
21
22
23
24
25
158

图 9-37 钻孔

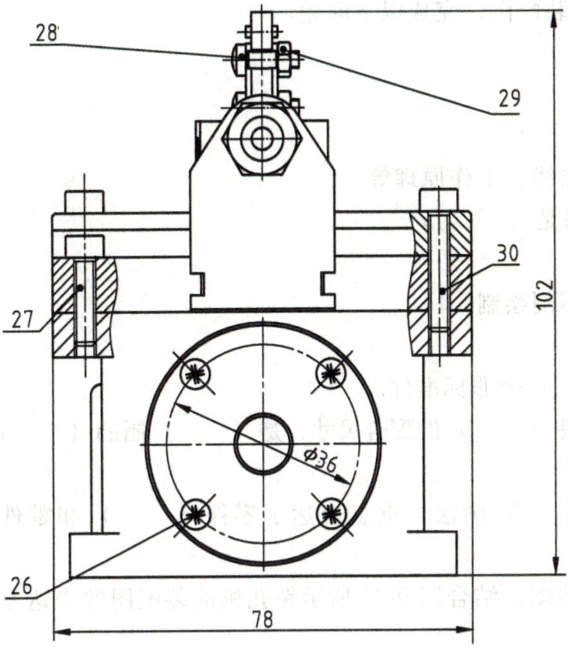

拆去件13、15、16、17、18、27、30

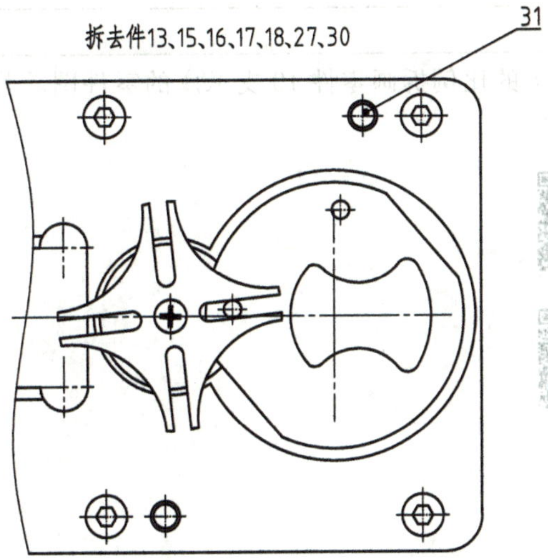

技术要求

1. 齿轮装配后，齿面的接触斑点和侧隙应符合GB 10095和GB 11365的规定。
2. 进入装配的零件及部件(包括外购件、外协件)，均必须具有检验部门的合格证方能进行装配。
3. 零件在装配前必须清理和清洗干净，不得有毛刺、飞边、氧化皮、锈蚀、切屑、油污、着色剂和灰尘等。
4. 装配前应对零、部件的主要配合尺寸，特别是过盈配合尺寸及相关精度进行复查。
5. 装配过程中零件不允许磕、碰、划伤和锈蚀。
6. 螺钉、螺栓和螺母紧固时，严禁打击或使用不合适的旋具和扳手。紧固后螺钉槽、螺母和螺钉、螺栓头部不得损坏。
7. 规定拧紧力矩要求的紧固件，必须采用力矩扳手，并按规定的拧紧力矩紧固。
8. 同一零件用多件螺钉(螺栓)紧固时，各螺钉(螺栓)需交叉、对称、逐步、均匀拧紧。
9. 轴承外圈与开式轴承座及轴承盖的半圆孔不准有卡住现象。
10. 轴承外圈与开式轴承座及轴承盖的半圆孔应接触良好，用涂色检查时，与轴承座在对称于中心线120°、与轴承盖在对称于中心线90°的范围内应均匀接触，在上述范围内用塞尺检查时，0.03mm的塞尺不得塞入外圆宽度的1/3。
11. 用定位销固定轴瓦时，应在保证瓦口面和端面与相关轴承孔的开合面和端面保持平齐状态下钻铰、配销，销打入后不得松动。
12. 球面轴承的轴承体与轴承座应均匀接触，用涂色法检查，其接触不应小于70%。
13. 合金轴承衬表面成黄色时不准使用，在规定的接触角内不准有离核现象，在接触角外的离核面积不得大于非接触区总面积的10%。

序号	代号	名称	数量	材料	单件质量	总计质量	备注
31	GB/T 119.1—2000	销ϕ5×26	2	Q235			
30	GB/T 70.1—2008	螺钉M4×22	4	Q235			
29	GB/T 6170—2015	螺母M3	4	Q235			
28	GB/T 819.1—2016	螺钉M3×12	4	Q235			
27	GB/T 70.1—2008	螺钉M4×16	2	Q235			
26	GB/T 819.1—2016	螺钉M4×10	4	Q235			
25	ZCLCDJG-01	箱体	1	6062AL			
24	ZCLCDJG-20	支架	1	6062AL			
23	GB/T 276—2013	滚动轴承6001-2RS	1	GCr15			
22	ZCLCDJG-04	锥齿轮	2	6062AL			z=20，m=1
21	ZCLCDJG-02	塑料挡圈	1	塑料			
20	GB/T 70.1—2008	螺钉M4×16	3	Q235			
19	ZCLCDJG-07	上盖	1	6062AL			
18	ZCLCDJG-08	连杆	1	6062AL			
17	ZCLCDJG-09	压紧手柄	1	6062AL			
16	ZCLCDJG-10	活动杆	1	6062AL			
15	ZCLCDJG-06	主动拨盘	1	6062AL			
14	GB/T 819.2—2016	螺钉M3×10	1	Q235			
13	ZCLCDJG-11	切槽盖	1	6062AL			
12	ZCLCDJG-12	飞轮	1	6062AL			
11	ZCLCDJG-14	螺帽	1	Q235			
10	ZCLCDJG-19	支承座	1	6062AL			
9	GB/T 6170—2015	螺母M8	2	Q235			
8	ZCLCDJG-13	螺钉	1	Q235			
7	GB/T 818—2016	导向螺钉M5×25	1	Q235			
6	ZCLCDJG-05	安装板	1	6062AL			
5	ZCLCDJG-16	导轨轴套	1	Q235			
4	ZCLCDJG-03	轴套	1	45			
3	ZCLCDJG-17	输入轴	1	45			
2	GB/T 276—2013	滚动轴承6000-2RS	1	GCr15			
1	ZCLCDJG-18	端盖	1	6062AL			

标记	处数	分区	更改文件号	签名	年月日		(单位名称)
设计	(签名)	(年月日)	标准化	(签名)	(年月日)	图样标记　重量　比例 2:1	钻孔机装配图
审核							
工艺			批准			共　页　第　页	

机装配图

扫码观看钻孔机工作原理动画演示视频和钻孔机装配图解读视频，读图 9-37 所示钻孔机装配图，并根据本模块所学知识，完成以下学习任务。

任务 9-1　根据图 9-1 所示钻孔机的立体图，结合图 9-37 所示钻孔机的装配图，思考图 9-37 中各视图采用了什么表达方案？各视图重点表达了什么？

任务 9-2　认真读图 9-37 所示钻孔机的装配图，完成以下问题。

1. 主视图重点表达（　　）。

A. 零件的装配结构

B. 零件的不同名称

C. 钻孔机零件之间的装配关系、传动路线、工作原理等

2. 图中零件 3 输入轴没有剖面线的原因是（　　）。

A. 输入轴没有剖切到

B. 剖切面通过输入轴的轴线剖切，按不剖绘制

C. 轴类零件横向剖切时，按不剖绘制

3. 图中共有（　　）个标准件和（　　）个非标准件。

4. 图中 ϕ10H8/f7 是零件（　　）和零件（　　）的配合尺寸，是（　　）制的（　　）配合。

5. 图中右下角的局部视图，采用了（　　）画法，重点表达了零件（　　）和零件（　　）的外形轮廓。

任务 9-3　根据图 9-1 所示钻孔机的立体图，结合图 9-37 所示钻孔机的装配图的表达方案，简述钻孔机的工作原理。

任务 9-4　根据图 9-37，在下面空白处按 2：1 的比例拆画零件 10 支承座的零件图。若空间不够，可附纸页。

模块10

展　开　图

本模块知识点

1. 了解展开图的概念与应用，掌握展开图中空间直线求实长的作图方法。
2. 掌握平面立体展开图的作图方法。
3. 掌握曲面立体展开图及常见变形接头展开图的作图方法。
4. 掌握不可展开立体展开图的作图方法。

素养提升

学会探寻本质、寻找事物的源头。

任务引入

在机械、化工、电力、冶金、造船等工业部门中，常常遇到各种各样的金属板制件，例如饲料粉碎机上的集粉筒，如图 10-1 所示。这类制件在制造过程中大都按以下步骤加工而成：

1）画出制件的视图（称为施工图）。
2）根据视图按 1∶1 比例画出立体的展开图（称为放样图）。
3）下料。
4）加工成形。
5）焊接、咬接或铆接而成。

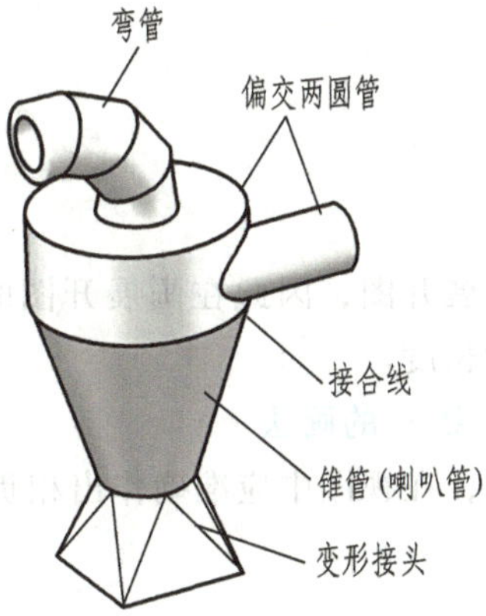

图 10-1　集粉筒

其中，展开放样是金属结构制造中放样工序的重要环节，其主要内容是完成各种不同类型的金属板壳构件的展开。

知识点 1 展开图的概述

一、概述

将制件表面的实际形状依次摊平在一个平面内的过程称为立体表面的展开，展开后画出的图形即是制件的表面展开图（如图 10-2 所示为集粉筒上喇叭管的展开示例）。

制件的视图（施工图）表达的是成品的形状，是画展开图的依据，而展开图反映的是制件各表面的真实形状，绘制精确的展开图是加工出高质量制件的基本保证。因此机械专业工程技术人员应具备绘制各种形体展开图及做出薄板制件的基本技能。

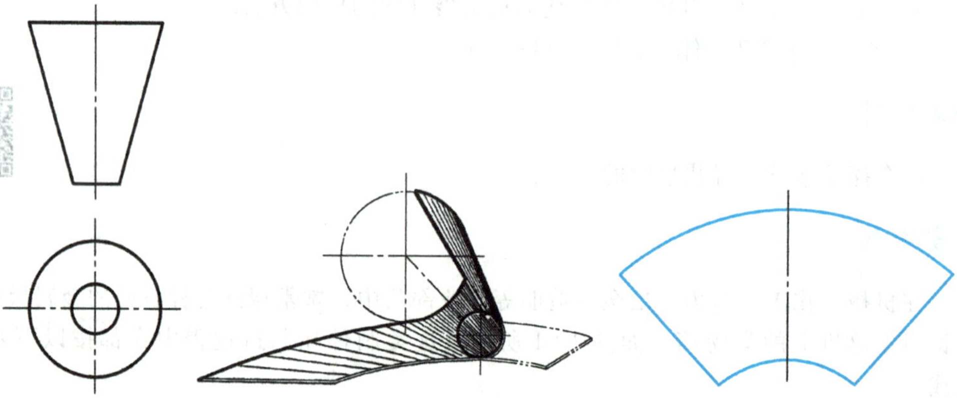

a) 投影图　　b) 展开示意图　　c) 展开图

图 10-2 集粉筒上喇叭管的展开示例

制件的表面分为可展开表面和不可展开表面。平面立体和母线为直线且相邻两素线平行或相交的曲面立体均为可展立体，如棱柱、棱锥、圆柱和圆锥等。相邻两素线是交叉的或母线为曲线的立体为不可展立体，例如圆球、环面以及螺旋面等。对于不可展立体，通常采用近似方法展开。

二、图解法绘制展开图

1. 求空间一般位置直线的实长

由于需要按制件的真实大小绘制展开图，因此在画展开图时首先应求出所需要用到的、在投影图中不能反映实长线段的实际长度。

2. 两相交立体的表面交线（相贯线）的画法

相贯线为相交立体表面的分界线，在视图中应准确作出相贯线的投影，为画制件的展开图做好准备。

3. 断面的实形的求法

在放样过程中，有些构件要制作空间角度的检验样板，而空间角度的实际大小需要通过求取构件的局部断面实形来获得；还有些构件往往要先求出其断面的实形才能确定展开长度。放样中求作构件断面的实形，主要是利用变换投影面法。

知识点 2　展开放样的基本方法

在金属结构制造中，各种板壳结构及弯形构件，都需要进行展开放样。

一、立体表面成形分析

研究构件的展开，先要熟悉立体表面的成形过程，分析立体表面的形状特征，从而确定立体表面能否展开以及采用什么方式展开。

任何立体表面都可以看成是由线（直线或曲线）按一定的要求运动而成的。这种运动着的线称为母线，母线在立体表面上的任意位置称为素线。可以说立体表面是由无数条素线构成的，从这个意义上讲，表面展开就是将立体表面的素线按一定规律铺展到平面上。因此，研究立体表面的展开，必须了解立体表面素线的分布规律。

1. 直纹表面

以直线为母线而形成的表面称为直纹表面，例如柱面和锥面。

（1）柱面　直母线 *AB* 沿导线 *BMN* 运动，且保持相互平行，这样形成的面称为柱面。当柱面的导线为折线时，称为棱柱面（图 10-3）。当柱面的导线为圆且与母线垂直时，称为正圆柱面。

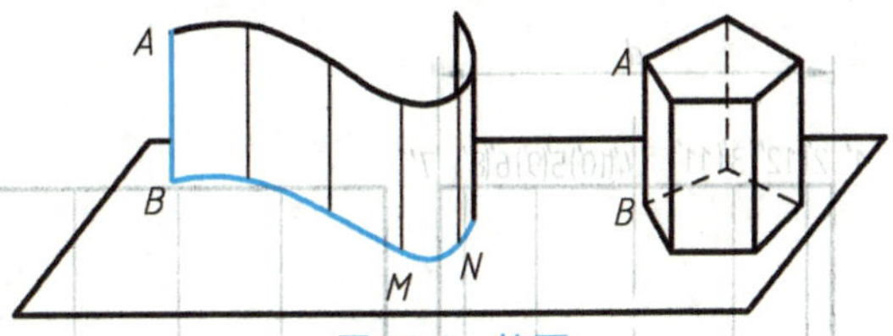

图 10-3　柱面

（2）锥面　直母线 *AS* 沿导线 *AMN* 运动，且母线始终通过定点 *S*，这样形成的面称为锥面，定点 *S* 称为锥顶，当锥面的导线为折线时，称为棱锥面。当锥面的导线为圆且垂直于中轴线时，称为正圆锥面（图 10-4）。

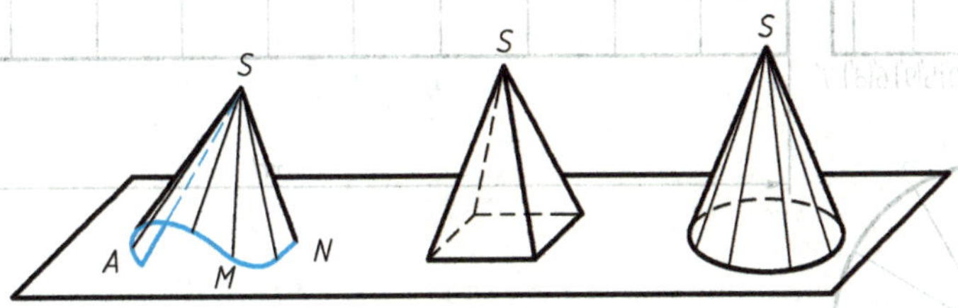

图 10-4　锥面

2. 曲纹面

以曲线为母线，并做曲线运动而形成的表面称为曲纹面，例如圆球面、椭球面和圆环面等。曲纹面通常具有双重曲度。

二、可展表面与不可展表面

就可展性而言，立体表面可以分为可展表面和不可展表面。立体表面的可展性分析是展开的一个重要问题。

1. 可展表面

如果立体表面能全部平整地摊平在一个平面上且不发生撕裂或褶折，则称其为可展表面。可展表面相邻两素线应能构成一个平面。柱面和锥面相邻两素线平行或相交，可构成平面，因此是可展表面。

2. 不可展表面

如果立体表面不能自然平整地摊平在一个平面上，则称其为不可展表面。如圆球曲纹面上不具有直素线，因此不可展。

三、展开的基本方法

展开方法的原理为：先根据立体表面的性质，将待展开表面划分成许多小平面，求出这些小平面的实形，并依次画在平面上，从而构成立体表面的展开图。展开的基本方法可以分为三种，即平行线法、放射线法和三角形展开法。

1. 平行线展开法

平行线展开法主要用于表面素线或棱线相互平行的立体（如柱面）。该展开法的具体步骤为按照棱线或素线将立体划分为若干个四边形或近似四边形，然后依次摊平，作出展开图。

例 10-1 作圆柱的展开图，如图 10-5 所示。

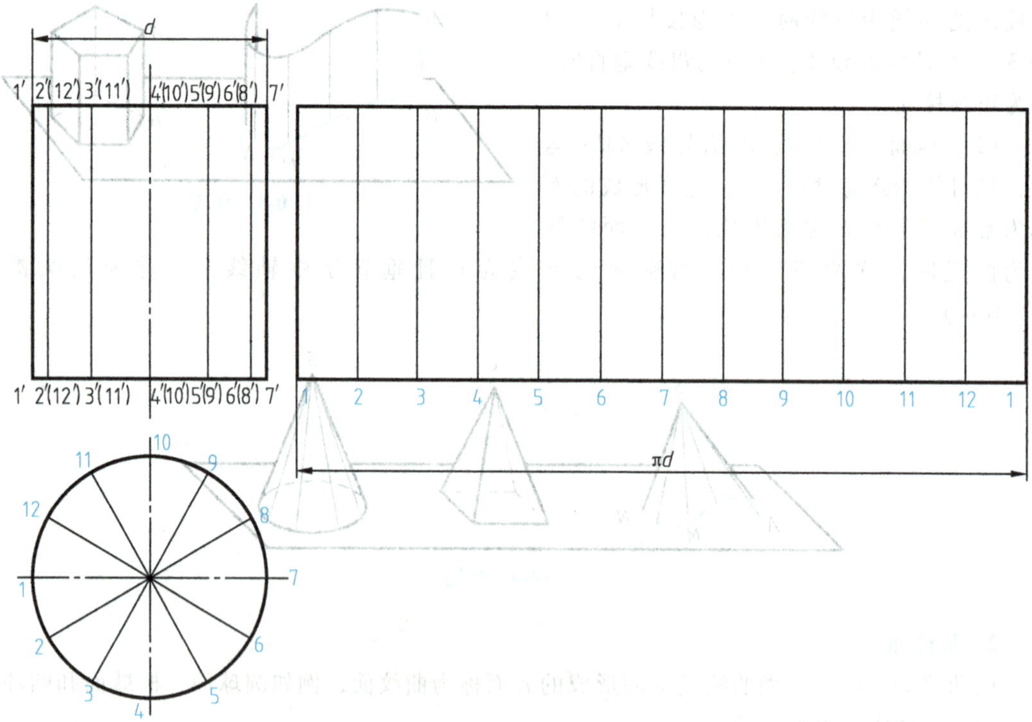

图 10-5 圆柱的表面展开图

分析：四条相互平行的棱线将立体表面划分为四个侧面，依次在平面上画出这四个侧面的实形即得展开图。

作图步骤：

1）作出圆柱的主视图和俯视图。

2）12 等分俯视图圆周，等分点依次为 1、2、3、…、12。由各等分点向主视图引素线，得交点 1′、2′、3′、…、12′。则相邻素线组成矩形，每个小矩形近似为一个小平面。

3）作基准线，并在基准线上作出俯视图圆周的周长，并得到 1、2、3、…、1 各点。

4）过基准线上各点作垂线（圆柱素线），并截取高度（圆柱的高）。

5）连接各点（完成矩形），即得展开图。

2. 放射线展开法

放射线展开法主要用于表面素线或棱线相交于一点的立体（如锥面）。该展开法的具体步骤为沿圆锥或棱锥素线方向作一组射线，将圆锥或棱锥划分为若干个三角形或带曲线的近似三角形，然后依次摊平，作出展开图。

例 10-2 作正圆锥的展开图，如图 10-6 所示。

分析：正圆锥表面上所有素线的长度都相等，圆锥母线的长度为它们的实长，其展开图为一个扇形。将锥底断面半圆周分为若干等份，由各等分点向上画垂线得到交点，由交点与锥顶连成素线，将圆锥面划分为若干个三角形小平面，依次在平面上作出三角形的实形即得展开图。

作图步骤：

1）画出圆锥的主视图和锥底的断面图。

2）将锥底断面半圆周分为六等份，由各等分点 1、2、3、4、5、6、7 向上画垂线得到交点。

3）以 *S* 为圆心，*S*1（*S*7）为半径画圆弧并使其等于底断面圆周长，连接圆弧两端的两个点 1 与 *S* 点，即得所求得展开图；若将等分点 1、2、3、…、1 与点 *S* 相连，则为圆锥表面素线在展开图上的位置。

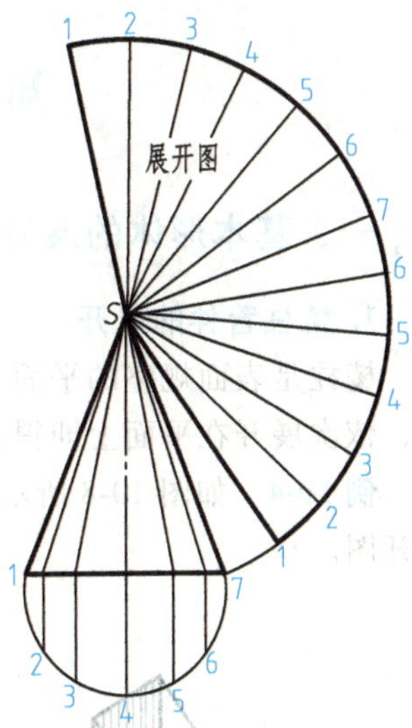

图 10-6 正圆锥的表面展开图

3. 三角形展开法

三角形展开法是将立体表面用素线（棱线）为主，并适当增加辅助线划分成一定数量的三角形平面，求出三角形平面的实形，并依次画在平面上，从而得到整个表面的展开图。

例 10-3 作正四棱锥筒的展开图，如图 10-7 所示。

分析：正四棱锥筒各侧面都不反映实形，若要求出四边形的实长，则需要将每个四边形划分成两个三角形，求出三角形每一边长的实长（即求出三角形的实形），依次展开在平面上从而得到整个立体表面的展开图。

作图步骤：

1）画出正四棱锥筒的主视图和俯视图。

2）在俯视图中依次连接各表面的对角线 1-6、2-7、3-8、4-5，则棱锥筒的侧面划分成八个三角形。

3）如图 10-7 所示，正四棱锥筒的上口、下口各线均反映实长，而棱线和对角线不反映实长，因此可以利用直角三角形法求出其实长（见实长图）。

4）利用实长和划定的排列顺序，依次作出各三角形实形，即为正四棱锥筒的展开图。

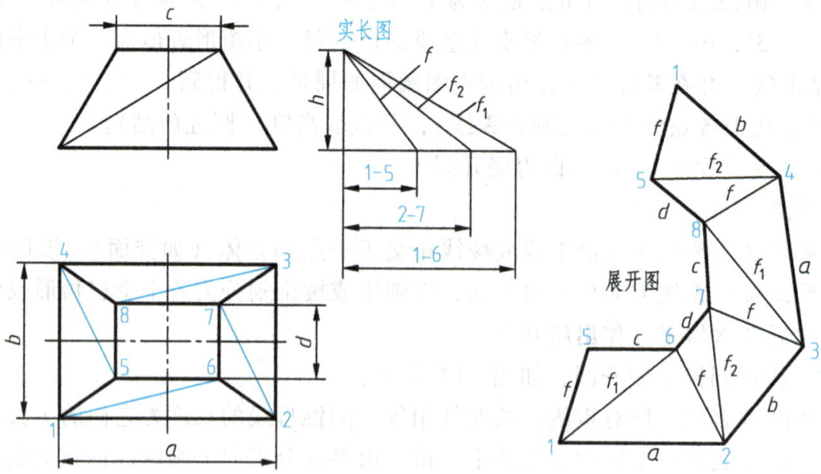

图 10-7　正四棱锥筒的表面展开图

知识点 3　常见立体构件的展开

一、基本形体的展开

1. 棱柱管件的展开

棱柱是表面规整的平面立体，展开较为简单。采用平行线展开法将棱柱各表面的实形求出，依次展开在平面上即得其展开图。

例 10-4　如图 10-8 所示，根据斜口四棱柱管的主视图、俯视图和轴测图，画出其表面展开图。

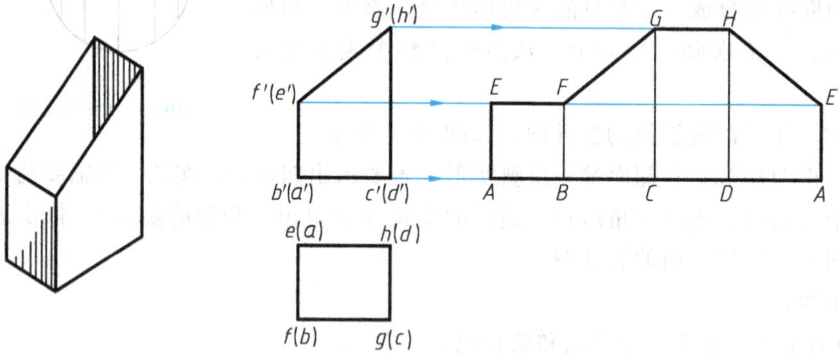

a) 轴测图　　b) 视图　　c) 展开图

图 10-8　斜口四棱柱管的表面展开图

分析：斜口四棱柱管的前后表面为梯形，左右表面为矩形；底面与水平面平行，水平投影反映各底边实长；棱线之间相互平行且垂直于底面，其正面投影反映各棱线实长。各侧面实形可根据投影直接画出，依次画出各侧面实形，即得表面展开图。

作图步骤：

1）斜口四棱柱管的底边展开为一条水平线，在该水平线上依次量取 $AB=ab$、$BC=bc$、$CD=cd$、$DA=da$。

2）由 A、B、C、D、A 各点分别向上作垂线，并在各垂线上依次量取 $AE=a'e'$、$BF=b'f'$、$CG=c'g'$、$DH=d'h'$、$AE=a'e'$。

3）用直线依次连接端点 E、F、G、H、E，即为斜口四棱柱管的展开图。

2. 棱锥管件的展开

棱锥也是表面规整的平面立体，展开时采用放射线展开法，需要将一般位置直线的线段实长求出，再将各表面的实形求出，依次展开在平面上即得展开图。

例 10-5 如图 10-9 所示，求作该漏斗中间部分空心四棱台的表面展开图。

分析：四棱台前后两侧面和左右两侧面分别为两对全等的等腰三角形。四棱台的底面棱边是水平线，水平投影反映实长。四条侧棱是一般位置直线，且长度相等，可以利用直角三角形法或旋转法求出其实长，然后根据等腰三角形的底边和腰的实长，依次画出四棱锥四个侧面（即四个等腰三角形）的实形，最后去掉被截部分即可。

作图步骤：

1）作 $SA=a'Ⅱ_0$，以 S 为圆心，SA 为半径作圆弧。

2）因矩形 $acde$ 反映实形，所以其各边反映实长。在圆弧上截取弦长 $CA=ca$、$AE=ae$、$DE=de$、$DC=dc$，得交点 C、A、E、D、C，再与 S 相连，即为完整的四棱锥展开图。

3）求四棱台一棱线 AB 的实长，可以由 b' 作水平线与 $a'Ⅱ_0$ 相交于 $Ⅰ_0$，$a'Ⅰ_0$ 便是 AB 的实长，在 SA 上取 $AB=a'Ⅰ_0$。过点 B 作与 CA、AE 底边平行的线段，其余两边作法类似，截出的部分即是漏斗四棱台部分的表面展开图，如图 10-9d 所示。

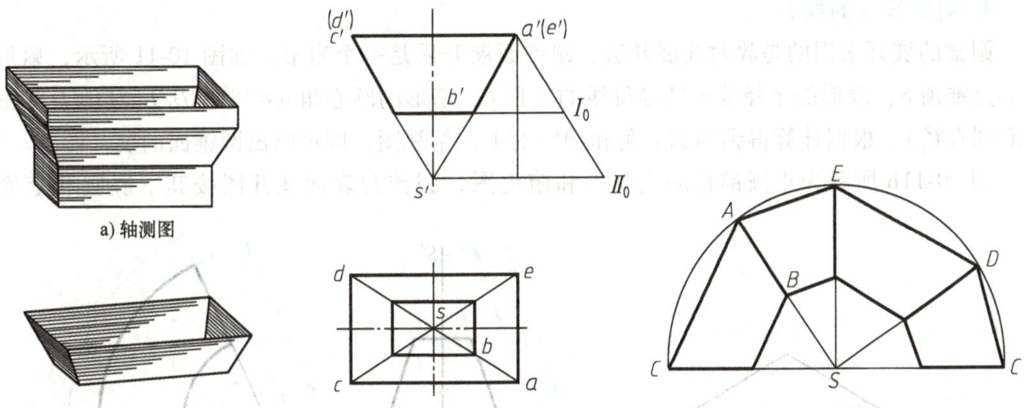

a) 轴测图　b) 漏斗中间部分的空心四棱台　c) 视图　d) 展开图

图 10-9 漏斗的表面展开图

3. 圆柱管件的展开

圆柱的展开采用的是平行线展开法，凡圆柱类制件均可按此方法绘制展开图。

例 10-6 如图 10-10 所示，求作圆柱表面的展开图。

分析：将圆柱面按底圆的周长 $L=\pi d$（d 为圆柱的直径）展开，底圆上任意点对应的素线长度均可从与圆柱轴线平行的视图中量取。

作图步骤：

1）在俯视图上将底圆分成 n 等份（如 12 等份）。

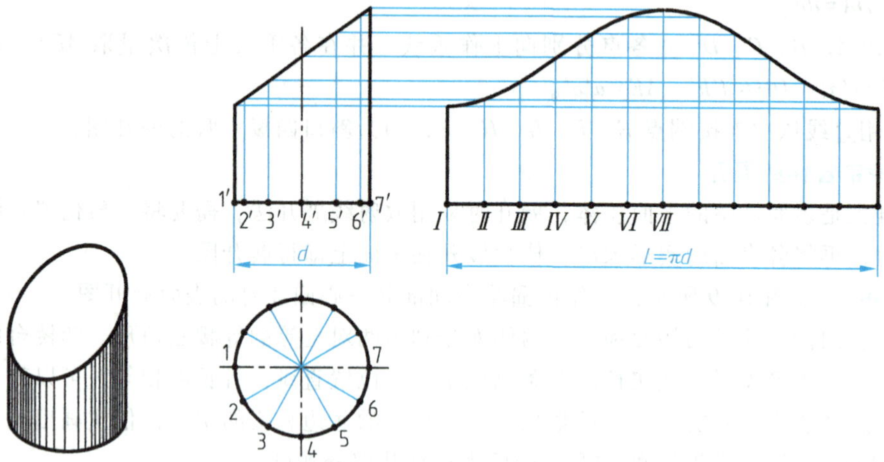

a) 轴测图　　b) 视图　　c) 展开图

图 10-10　斜口圆柱管的展开图

2）根据“长对正”的关系在主视图上求出各等分点对应的素线高。

3）在主视图右侧作一条水平线段，使该水平线段的长度等于底圆的周长 πd，然后将该线段 n 等分（如 12 等分），得到等分点 Ⅰ、Ⅱ、Ⅲ、…、Ⅶ、…。

4）依次过 Ⅰ、Ⅱ、Ⅲ、…各等分点作垂线，从主视图上量取对应素线的实长，将得到的这些交点用光滑曲线连接即可。

4. 圆锥管件的展开

圆锥的展开采用的是放射线展开法，圆锥面展开后是一个扇形，如图 10-11 所示，扇形的圆心是锥顶 S，扇形的半径等于圆锥母线的实长 L，扇形的圆心角 $\alpha=180°\times D/L$（其中 D 为圆锥的底圆直径）。根据计算得到的圆心角和圆锥的主、俯视图，即可画出圆锥面的展开图。

图 10-11b 所示为正圆锥台的主视图和俯视图，圆锥台表面展开图按其下底圆和上底圆

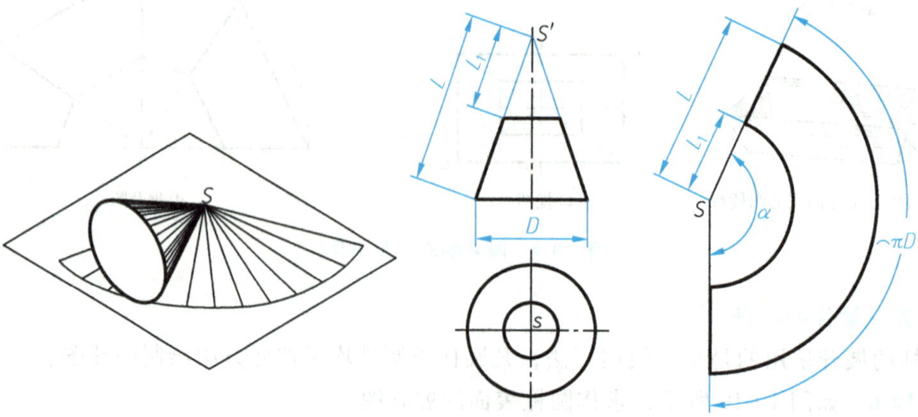

a) 轴测图　　b) 视图　　c) 展开图

图 10-11　正圆锥及圆锥台面的展开图（计算法）

对应的两个圆锥展开，下底圆锥面的扇形减去上底圆锥面的扇形即为正圆锥台表面的展开图，如图 10-11c 所示。

例 10-7 图 10-12a 所示为斜截口正圆锥管的立体图，根据图 10-12b 所示的主视图和俯视图，绘制该立体的展开图。

分析：斜截口正圆锥管的展开方法和正圆锥面的展开方法相同，只是斜截口正圆锥管表面上相邻等分点处两素线长度不再相等，而且除转向轮廓线上的素线外，其余素线在主视图上不再反映实长。

利用放射线展开法画出完整圆锥面的展开图后，再求出斜截口的展开曲线，二者之间的部分就是斜截口正圆锥管的展开图。求斜截口展开曲线上的等分点时，可以先采用旋转法求出一般位置素线的实长。

作图步骤：

1）用放射线展开法画出圆锥表面的展开图，然后等分俯视图中的圆周，并根据“长对正”的关系在主视图上作出各等分点处的素线，如图 10-12b 所示。

a) 轴测图

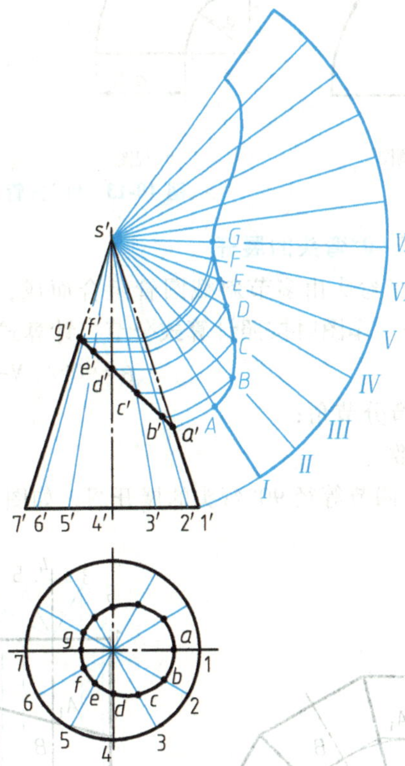

b) 视图和展开图

图 10-12 斜截口正圆锥管面的展开图

2）利用旋转法求出斜截口正圆锥管各等分点处素线的实长。如图 10-12b 所示，过主视图上各截点的 V 面投影 a'、b'、c'、…、g'、…作水平线，并使其与圆锥右侧的转向轮廓线相交，所得各交点到 $1'$ 点的距离就是斜截口正圆锥管各等分点处素线的实长。

3）将各素线实长用画圆弧的方法分别与圆锥展开图中相应素线 $s'\mathrm{I}$、$s'\mathrm{II}$、$s'\mathrm{III}$、…、$s'\mathrm{VII}$、…相交，得到的交点 A、B、C、…、G、…即为斜截口展开曲线上的点。利用对称性可以求出斜截口展开曲线上的其余点，最后用光滑曲线依次连接各点，即可得斜截口正圆锥管面的展开图，如图 10-12b 所示。

二、弯头的展开

1. 90°方弯头的展开

90°方弯头有两种不同的结构型式，一种是直角转向，另一种是圆角转向。前者由两节斜截四棱柱管组合而成，可以按图 10-8 所示展开。后者由两块平板和两块柱面弯板组成（图 10-13）。其中，前后两块平板为正平面，主视图反映实形；内外两弯板展开后为矩形，矩形的宽度就是弯头的口径 a，矩形长度为内外弯板的弧长。

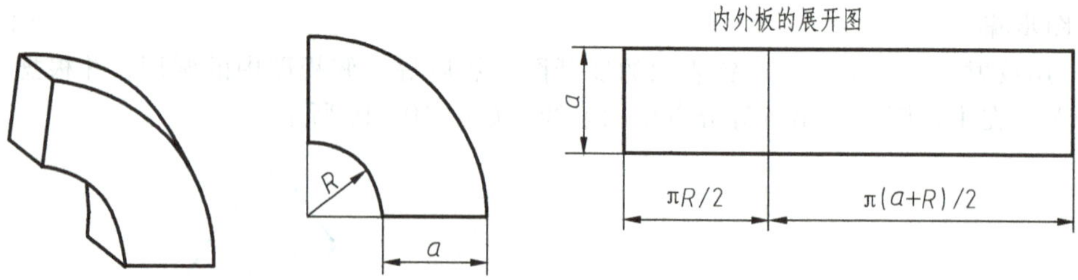

a) 轴测图　　b) 视图　　c) 展开图

图 10-13　90°方管弯头展开

2. 多节等径 90°弯头的展开

多节等径 90°弯头由多节斜截圆管组合而成，组合原则为：两个端节为中间节的 1/2，所有中间节相等。作图时按照计算式分节，计算式如下：

$$\beta=90°/(N-1)$$

式中　β——中节分节角；

N——节数。

例 10-8　作四节等径 90°弯头的展开图，如图 10-14 所示。

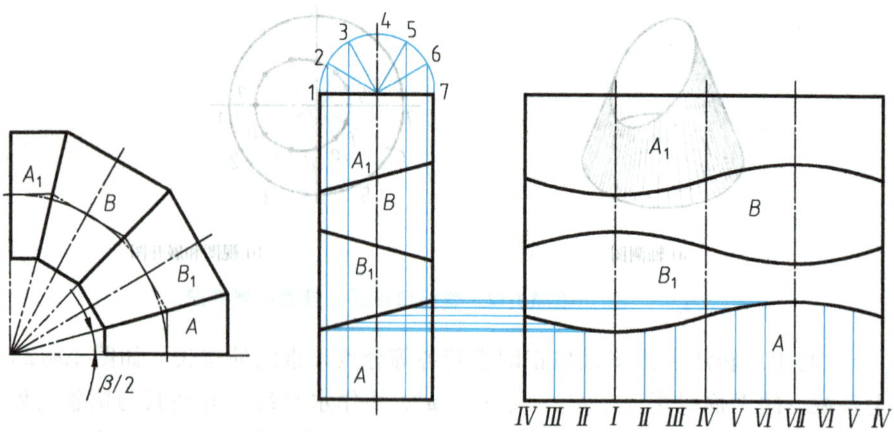

a) 投影图　　b) 展开图

图 10-14　四节等径 90°弯头展开

四节等径 90°弯头的中节分节角 $\beta=90°/(N-1)=30°$，端分节角 $\beta/2=15°$。可以将直角弯头的回转圆弧分为六等份，过等分点向回转中心 O 连接（端节各占一份，中间节各占两份），为各节的分节线。然后按圆管直径作出投影图，用平行线展开法作出各节的展开图。

三、过渡接头的展开

过渡接头也称过渡连接管，多用于管路变口或变径处的过渡连接。过渡接头表面多由不同的平面或曲面组合而成，作这类管件的展开图，要正确划分表面的不同部分，并判断曲面的类型，然后选择适当的展开方法。

例 10-9 图 10-15a 所示为变形接头的轴测图，图 10-15b 所示为其主视图和俯视图，绘制其展开图。

分析：变形接头的一端是圆口，用来连接圆管；另一端是方口，用来连接方管，俗称“天圆地方”变形接头。变形接头是由四个全等的等腰三角形（围成方口）和四个全等的椭圆锥面（围成圆口）组成的，如图 10-15a 所示。椭圆锥面可以等分为若干个三角形，用三角形代替椭圆锥面，即求出其中一个三角形的实形，然后依次将所有三角形的实形拼接起来，即为变形接头椭圆锥面的近似展开图。

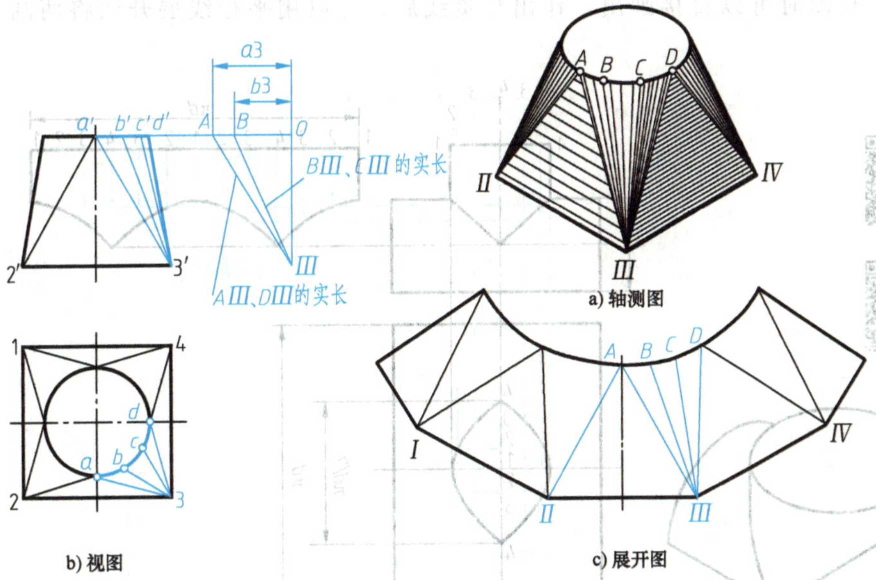

图 10-15 变形接头的展开图

作图步骤：

1）在俯视图上将 1/4 圆弧等分为三等份，即可得等分点 a、b、c、d，然后在主视图上求出各等分点的 V 面投影 a'、b'、c'、d'。

2）利用直角三角形法求出椭圆锥面上素线 AⅢ、BⅢ、CⅢ、DⅢ 的实长。作直角 ⅢOA，使 $OA=a3$（$a3$ 是素线 AⅢ 的水平投影），OⅢ 为 A 点与 3 点的 Z 坐标差，则直角三角形 AOⅢ 的斜边就是素线 AⅢ 的实长，如图 10-15b 所示。同理可以求出素线 BⅢ 的实长。根据对称性可知，素线 CⅢ 和 BⅢ 的实长相等，素线 DⅢ 和 AⅢ 的实长相等。

3）画出等腰三角形 AⅡⅢ，使等腰三角形的底边 ⅡⅢ 等于俯视图中的线段 23，等腰三

角形的腰等于素线 $A\mathrm{III}$ 的实长，如图 10-15c 所示。

4）作椭圆锥面的近似展开图。以 $\mathrm{III}D\mathrm{III}$ 点为圆心，素线 $B\mathrm{III}$ 的实长为半径画弧；以 A 点为圆心，俯视图中的弦 AB 为半径画弧，两弧的交点为 B 点。同理求出 C、D 点，如图 10-15c 所示。

5）根据对称性依次画出其余的等腰三角形和圆口展开曲线上的各点，然后用光滑曲线依次连接圆口展开曲线上的 A、B、C、D 等各点，即可得到变形接头的展开图，如图 10-15c 所示。

四、相贯构件的展开

作相贯构件的展开图，关键在于确定相贯线，一旦相贯线求出，相贯体便能以相贯线为界限，划分成若干个基本形体的截切体，并作出各自的展开图，下文将以等径相贯构件为例讲解展开方法。

例 10-10 作等径正交三通管的展开图，如图 10-16 所示。

分析：等径正交三通管是由轴线垂直相交且直径相等的两个圆柱管相贯而成的。其相贯线是两个相交的平面曲线（椭圆），但在两轴线平行的投影面上，相贯线的投影为两相交的直线，作图时可以直接画出。作出相贯线后，可以用平行线展开法将两圆管分别展开。

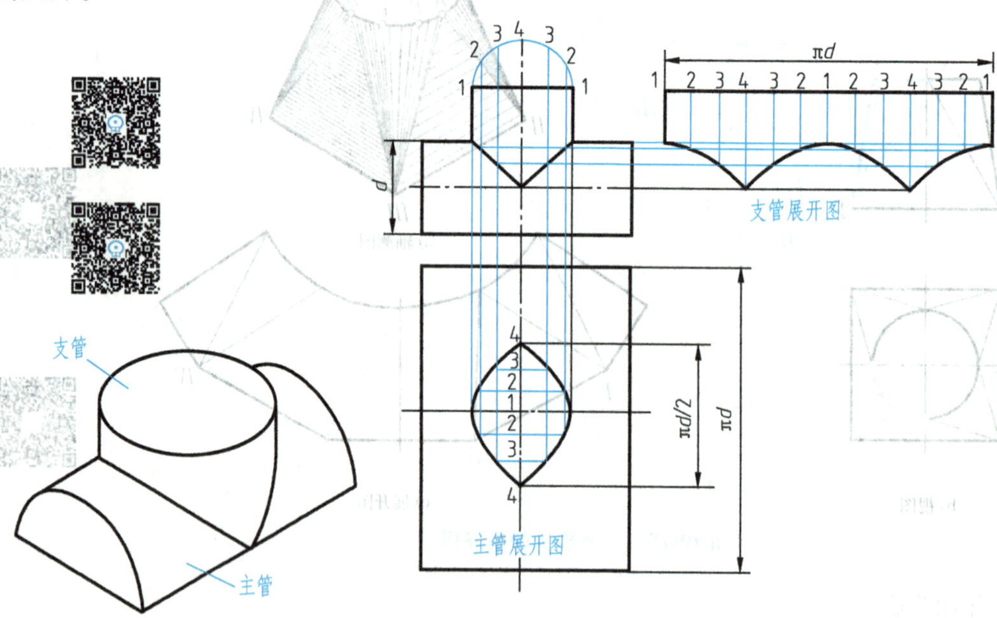

a) 轴测图　　b) 展开图

图 10-16 等径正交三通管展开

五、不可展开曲面的近似展开

下文以球面为例讲解不可展开曲面的近似展开法。球面为不可展曲面，因此工程上采用近似画法。常用的展开方法有近似柱面展开法和近似锥面展开法两种。

1. 近似柱面展开法

近似柱面展开法用过轴线的平面将圆球分为若干等份（图 10-17 所示为 12 等份），则可以将相邻两平面间所夹的柳叶状球面近似地看成柱面，然后用展开柱面的方法将这部分球面近似展开，具体方法为：

1）如图 10-17a 所示，将球面的水平投影通过轴线作铅垂面，将球分为 12 等份。

2）在球面的正面投影上将每部分半圆周也分为六等份，过各等分点作纬圆的水平投影并与铅垂线交于 ab、cd、ef。

3）如图 10-17b 所示，作对称中心线，在其上取点 3_0，由 3_0 向上取点 4_0、5_0、6_0，使 $3_04_0=3'4'$、$4_05_0=4'5'$、$5_06_0=5'6'$。

4）分别过点 3_0、4_0、5_0 作水平线，在这些水平线上分别量取 $a_0b_0=ab$、$c_0d_0=cd$、$e_0f_0=ef$，得 a_0、b_0、c_0、d_0、e_0、f_0 各点。

5）将 b_0、d_0、f_0、6_0、e_0、c_0、a_0 用光滑曲线连接起来，再对称地画出下半部分，即可得到 1/12 球面的近似展开图（柳叶状）。

6）用同样的方法画出 12 片柳叶形，即可得到整个球面的展开图。

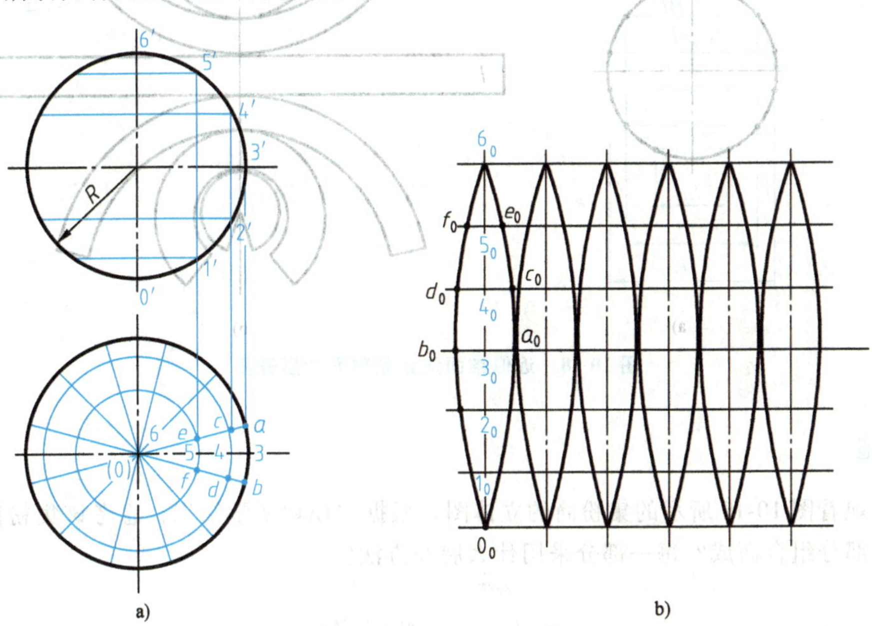

图 10-17　球面的近似展开

2. 近似锥面展开法

如图 10-18a 所示，用水平面将球面分为七个部分，中间部分 I 按柱面展开，顶端 IV 和对称的底端部分按锥面展开，其余部分按圆台面展开，具体作图步骤如下：

1）中间部分 I 按柱面展开后是一个矩形，矩形的高等于弦长 $1'2'$，矩形的长度等于 πD_2，如图 10-18b 所示。

2）第 II 部分按圆台面展开，圆台面所在圆锥面的锥顶是 $2'3'$ 的延长线与球的竖直轴线的交点 S_2，圆台面的底圆直径是 D_2，底圆圆锥母线长 R_2，圆台上顶圆圆锥母线长 r_2，如图 10-18a 所示。展开后的扇形圆心为 S_2，半径分别为 R_2 和 r_2，扇形的圆心角为 $180°\times D_2/$

R_2，如图 10-18b 所示。

3）第Ⅲ部分按圆台面展开，圆台面所在圆锥面的锥顶是 3′4′的延长线与球的竖直轴线的交点 S_3，圆台面的底圆直径是 D_3，底圆圆锥母线长 R_3，圆台面上顶圆圆锥母线长 r_3，如图 10-18a 所示。展开后的扇形圆心为 S_3，半径分别为 R_3 和 r_3，扇形的圆心角为 $180°\times D_3/R_3$，如图 10-18b 所示。

4）第Ⅳ部分按圆锥面展开，过 4′点作球的切线，切线与球的轴线的交点 S_4 就是圆锥面的锥顶，圆锥的底圆直径是 D_4，圆锥母线长 R_4，如图 10-18a 所示。展开后的扇形圆心为 S_4，半径为 R_4，扇形的圆心角为 $180°\times D_4/R_4$，如图 10-18b 所示。

5）利用对称性可以求出下半个球面的展开图，如图 10-18b 所示。

图 10-18 近似锥面法绘制球面的展开图

任务实施

扫码观看图 10-19 所示的集粉筒的立体图，根据本模块所学知识，思考该集粉筒金属构件由哪四部分组合而成？每一部分采用什么展开方法？

图 10-19 集粉筒展开分析

模块11

焊 接 图

本模块知识点

1. 了解焊接的应用范围，掌握焊接和焊接图的概念。
2. 掌握焊接的接头形式。
3. 掌握焊缝符号的表示方法。
4. 能识读中等复杂程度的焊接图。

素养提升

注重团结协作，培养严谨细致，精益求精的工匠精神。

任务引入

焊接图是指实际生产中的产品零部件或组件的工作图，是供焊接加工所用的图样。如图 11-1 所示，在弯头的焊接装配图中，表示焊接有关的内容有哪些？该部件采用的焊接方

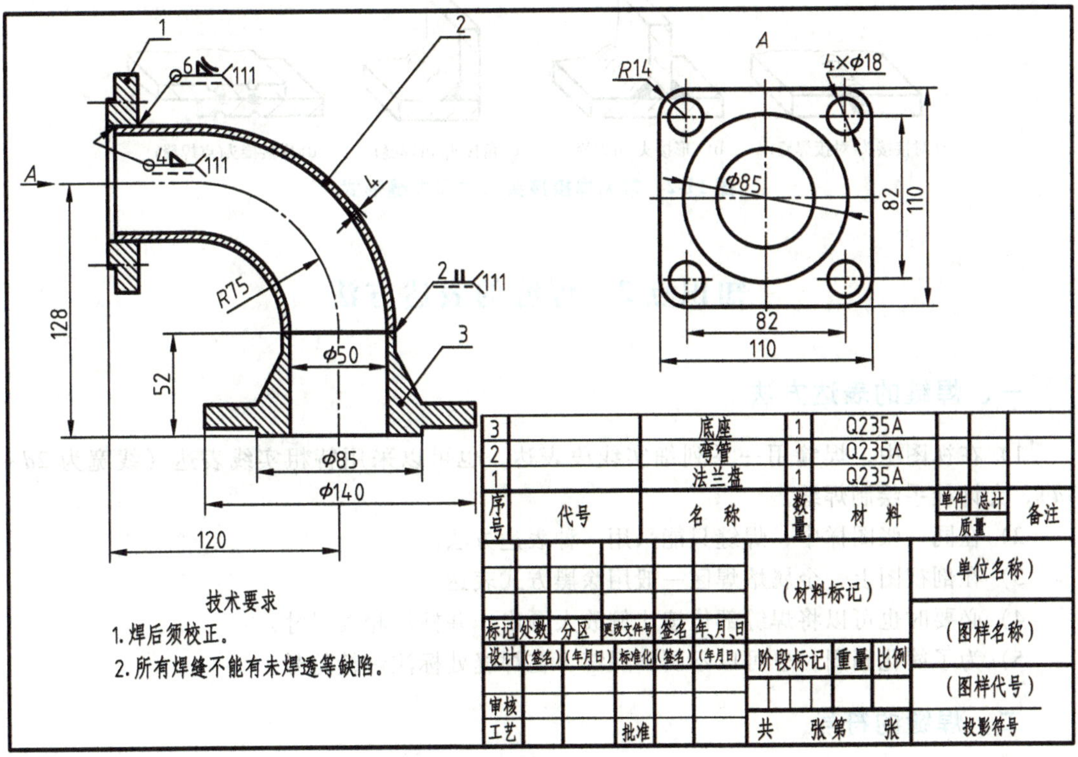

图 11-1 弯头焊接装配图

法是什么？法兰盘与弯管零件之间采用了什么焊缝？焊脚尺寸是多少？弯管与底座零件之间采用了什么焊缝？根部间隙是多少？

知识点1　焊接图的概述

一、概述

将两个被连接的金属件用电弧或火焰在连接处进行局部加热，并采用填充融化金属或加压等方法使其熔合在一起的过程称为焊接。焊接属于不可拆卸的连接方式，焊接工艺设备及加工过程都比较简单且具有结合牢固等优点，因而在工程中被广泛应用。

焊接图是供焊接加工所用的一种图样，除了要把焊接件的结构表达清楚以外，还必须把焊接的有关内容表示清楚。为此，国家标准 GB/T 324—2008《焊缝符号表示法》规定了焊缝画法、符号、尺寸标注方法和焊接方法的表示代号（本模块将介绍焊缝符号、标注方法）。

常见的焊接方法有电弧焊、电阻焊、气焊和钎焊等，电弧焊用得居多。

二、焊缝的基本知识

常见焊接接头形式有对接、T形接、角接、搭接，焊缝是焊接后形成的接缝。常见的焊缝形式有对接焊缝、角焊缝和点焊缝等，如图 11-2 所示。

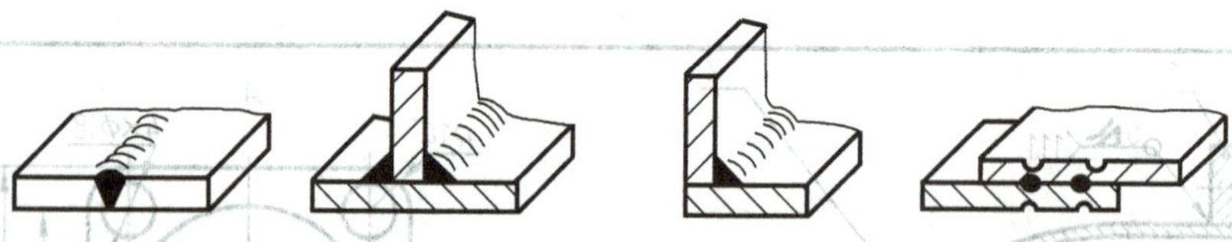

a) 对接接头(对接焊缝)　b) T形接头(角焊缝)　c) 角接头(角焊缝)　d) 搭接接头(点焊缝)

图 11-2　常见焊接接头形式和焊缝形式

知识点2　焊缝的表达方法

一、焊缝的表达方法

1）在视图中，焊缝用一系列细实线段表达，也可以采用特粗实线表达（线宽为 $2d$~$3d$），允许徒手绘制焊缝。

2）在同一张图样中，焊缝只能采用一种表达方法。

3）在剖视图上，金属熔焊区一般用涂黑方式表达。

4）必要时也可以将焊缝部位按比例放大画出，并标注相关尺寸。

5）为了简化画图，也可以不画出焊缝，在焊缝处标注焊缝符号。

二、焊缝的符号

在技术图样或文件中需要表示焊缝或接头时，推荐采用焊缝符号。完整的焊缝符号一般包括基本符号、指引线、补充符号、尺寸符号及数据。为了简化画图，在图样中表示焊缝时，通常只标注基本符号和指引线，其他内容一般在有关的文件（如焊接工艺规程）中明确。

1. 基本符号

（1）基本符号　基本符号表示焊缝截面形状和基本特征，基本符号（部分）见表 11-1。

表 11-1　基本符号（部分）

序号	名称	示意图	符号
1	卷边焊缝（卷边完全熔化）		
2	I 形焊缝		
3	V 形焊缝		
4	单边 V 形焊缝		
5	带钝边 V 形焊缝		
6	带钝边单边 V 形焊缝	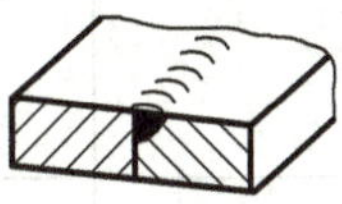	
7	带钝边 U 形焊缝		
8	带钝边 J 形焊缝	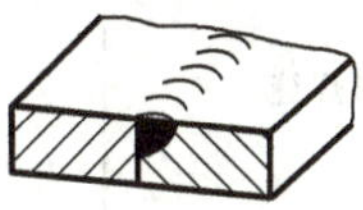	
9	封底焊缝		
10	角焊缝	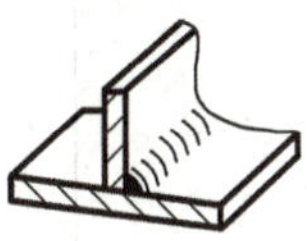	

（续）

序号	名称	示意图	符号
11	塞焊缝或槽焊缝		⊓
12	点焊缝	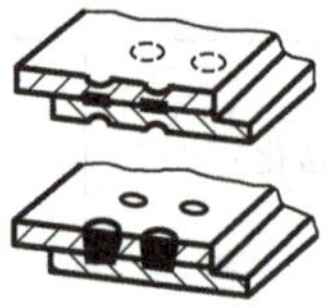	○
13	缝焊缝	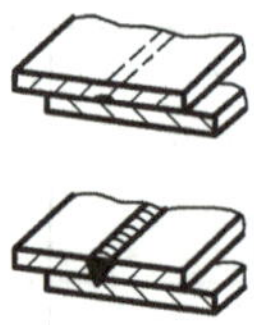	⊖

（2）基本符号的组合　标注双面焊焊缝或接头时，基本符号可以组合使用，见表 11-2。

表 11-2　基本符号的组合

序号	名称	示意图	符号
1	双面 V 形焊缝 （X 焊缝）	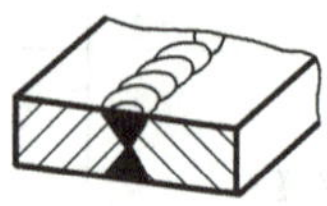	X
2	双面单 V 形焊缝 （K 焊缝）	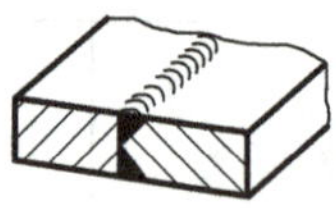	K
3	带钝边的双面 V 形焊缝		
4	带钝边的单面 V 形焊缝		
5	双面 U 形焊缝		

2. 补充符号

补充符号用来补充说明有关焊缝或接头的某些特征（比如表面形状、衬垫、焊缝分布、施焊地点等）。补充符号见表 11-3。

表 11-3　补充符号

序号	名称	符号	说　明
1	平面		焊缝表面通常经过加工后平整
2	凹面		焊缝表面凹陷
3	凸面		焊缝表面凸起
4	圆滑过渡		焊趾处过渡圆滑
5	永久衬垫		衬垫永久保留
6	临时衬垫		衬垫在焊接完成后拆除
7	三面焊缝		三面带有焊缝
8	周围焊缝		沿着工件周边施焊的焊缝，标注位置为基准线与箭头的交点处
9	现场焊缝		在现场焊接的焊缝
10	尾部		表示所需要的信息，比如焊缝条数、焊接方法等，本符号中两条线段的夹角度为90°

3. 指引线

指引线一般由箭头线和两条相互平行的基准线组成，如图 11-3 所示。

（1）箭头线　箭头直接指向的接头侧为“接头的箭头侧”，与之相对的则为“接头的非箭头侧”，如图 11-4 所示。

（2）基准线　基准线中一条为细实线，另一条为细虚线，细虚线可以画在细实线上侧或下侧。基准线一般应与图样底边平行，必要时也可以与底边垂直。

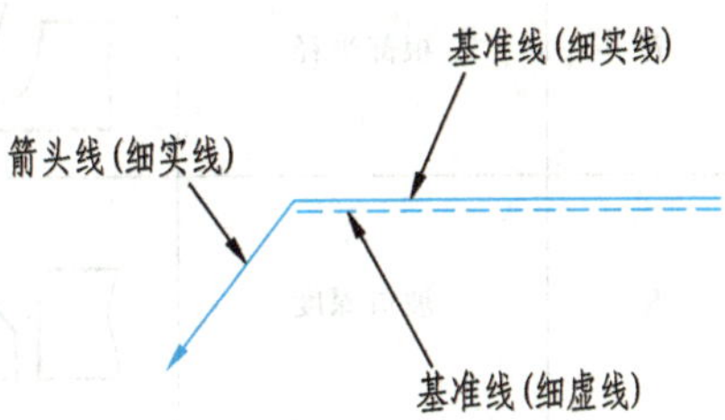

图 11-3　指引线

4. 焊缝尺寸

必要时可以在焊缝符号中标注尺寸，尺寸符号见表 11-4。

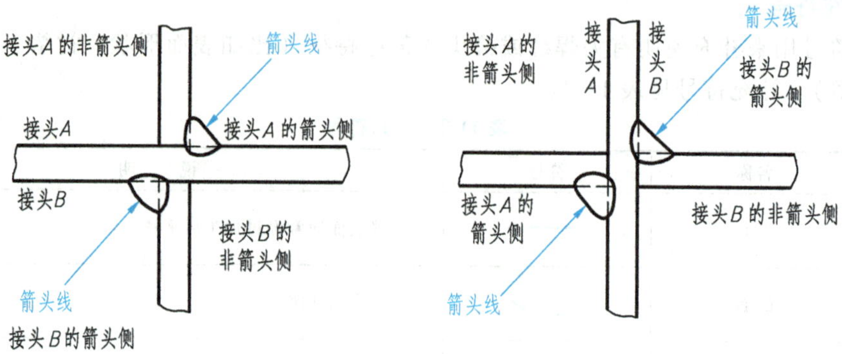

图 11-4 “接头的箭头侧”及“接头的非箭头侧”示例

表 11-4 尺寸符号

符号	名称	示意图	符号	名称	示意图
δ	工件厚度	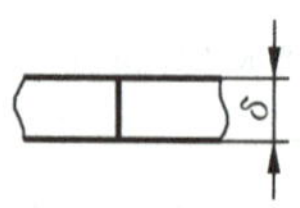	c	焊缝宽度	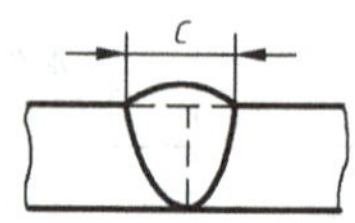
α	坡口角度	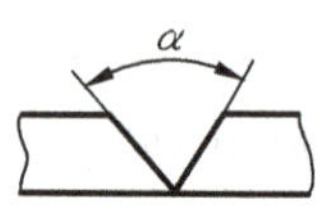	K	焊脚尺寸	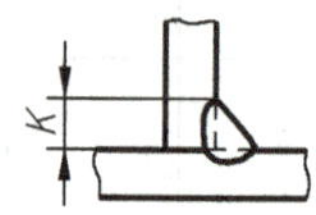
β	坡口面角度	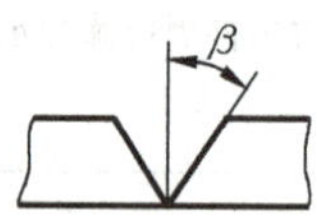	d	点焊：熔核直径 塞焊：孔径	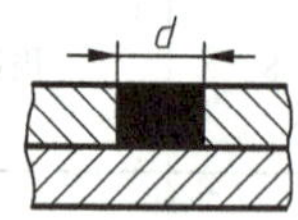
b	根部间隙	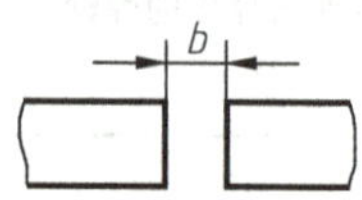	n	焊缝段数	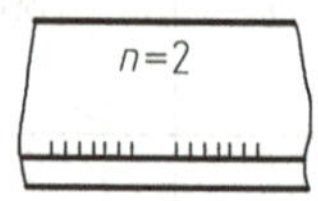
p	钝边	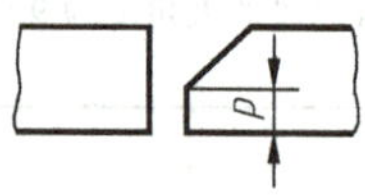	l	焊缝长度	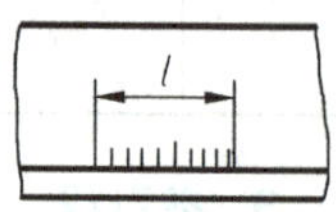
R	根部半径	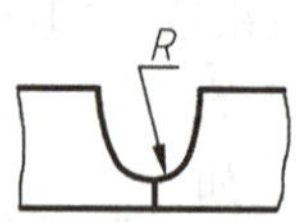	e	焊缝间距	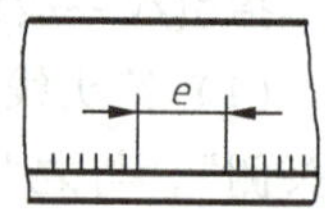
H	坡口深度	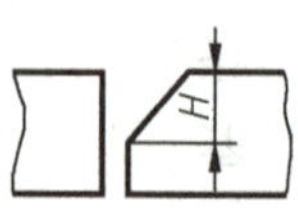	N	相同焊缝数量	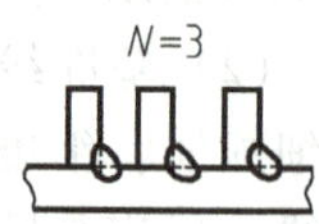
S	焊缝有效厚度	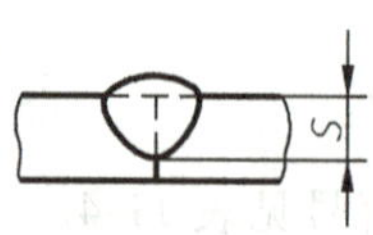	h	余高	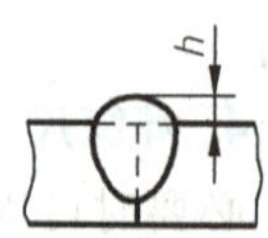

知识点 3　焊缝的标注

一、基本符号指引线位置的规定

1. 基本要求

在焊缝的标注中，基本符号和指引线是基本要素。焊缝的准确位置通常是由基本符号和指引线的相对位置决定的，具体位置包括：

1）箭头线的位置。

2）基准线的位置。

3）基本符号的位置。

2. 基本符号和基准线的位置

标注时注意焊缝基本符号与基准线的相对位置。

1）基本符号在细实线一侧时，表示焊缝在箭头侧（即箭头指向施焊面），如图 11-5a 所示。

2）基本符号在细虚线一侧时，表示焊缝在非箭头侧，如图 11-5b 所示。

3）在标注对称焊缝或明确焊缝分布位置的双面焊缝时，基准线上的基本符号可以组合使用，还可以省去基准线虚线，如图 11-5c、d 所示。

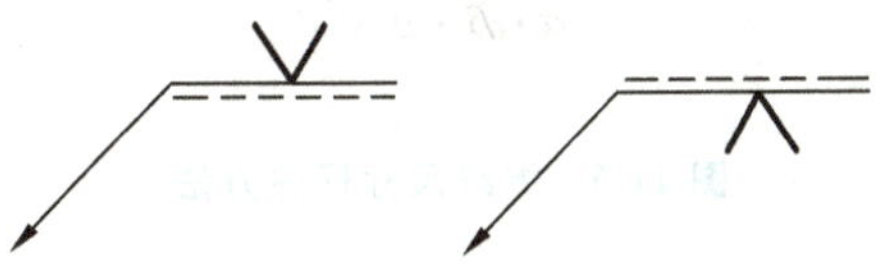

a) 焊缝在接头的箭头侧

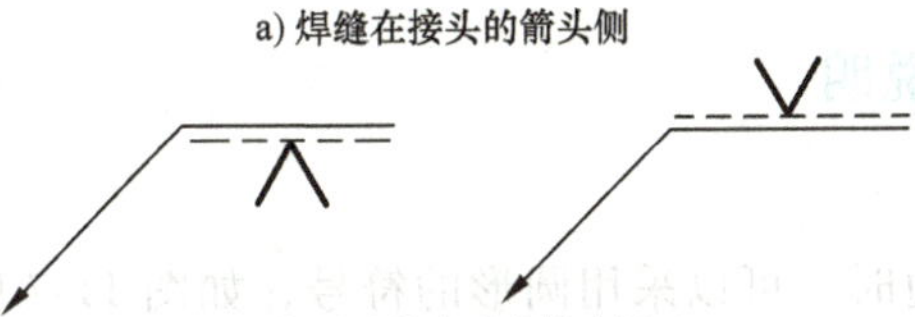

b) 焊缝在接头的非箭头侧

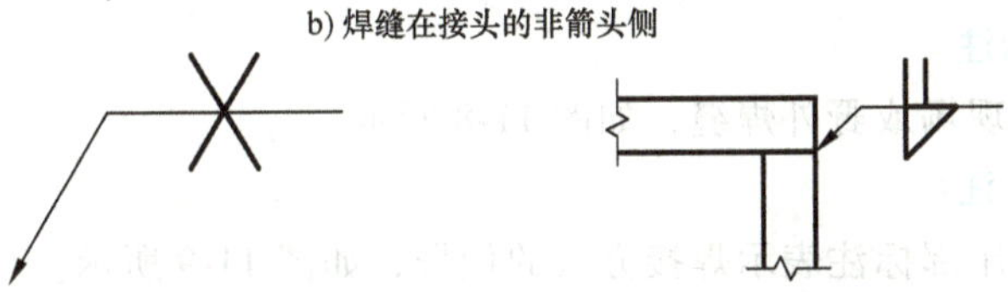

c) 对称焊缝　　d) 双面焊缝

图 11-5　基本符号与基准线的相对位置

二、焊缝尺寸符号及数据的标注要求

焊缝尺寸标注方法如图 11-6 所示。

1）焊缝横截面上的尺寸标注在基本符号的左侧，如钝边（p）、坡口深度（H）、焊脚尺寸（K）、余高（h）、焊缝有效厚度（S）、根部半径（R）、焊缝宽度（c）和熔核直径/孔径（d）等。

2）焊缝长度方向尺寸标注在基本符号的右侧，如焊缝段数（n）、焊缝长度（l）和焊缝间距（e）等。

3）坡口角度、坡口面角度和根部间隙等尺寸标注在基本符号的上侧或下侧。

4）相同焊缝数量符号标注在尾部，并用字母 N 表示。

5）当需要标注的尺寸数据较多又不易分辨时，可以在数据前面增加相应的尺寸符号。当箭头方向变化时，上述原则不变。

6）确定焊缝位置的尺寸不在焊缝符号中给出，而是将其标注在图样上。

7）在基本符号的右侧无任何标注且无其他说明时，则表示焊缝在工件的整个长度上是连续的。

8）在基本符号的左侧无任何标注且无其他说明时，则表示对接焊缝要完全焊透。

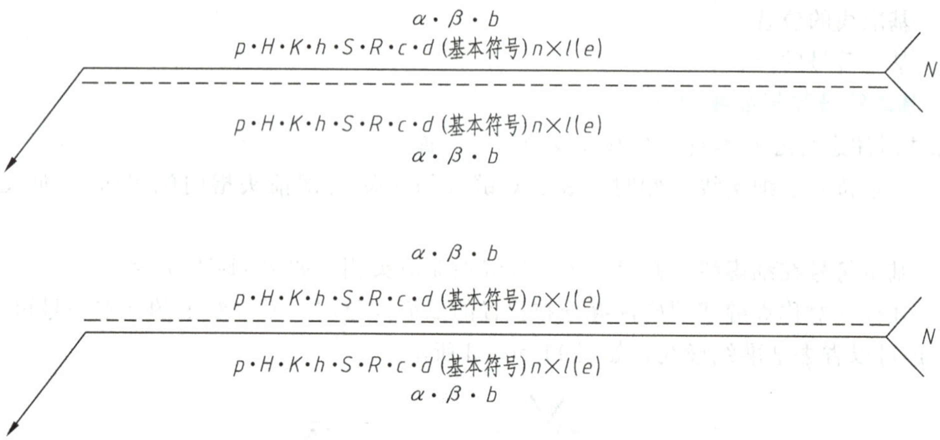

图 11-6　焊缝尺寸标注方法

三、其他标注补充说明

1. 周围焊缝的标注

当焊缝围绕在工件周边时，可以采用圆形的符号，如图 11-7 所示。

2. 现场焊缝的标注

用一个小旗表示现场或野外焊缝，如图 11-8 所示。

3. 焊接方法的标注

必要时，可以在尾部标注表示焊接方法的代号，如图 11-9 所示。

焊接方法可以用文字在技术要求中注明，也可以用数字代号直接注写在指引线的尾部。常见焊接方法代号见表 11-5。

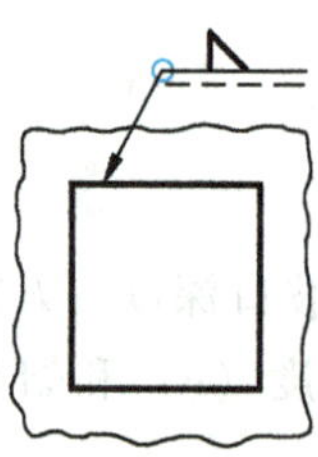

图 11-7　周围焊缝的标注

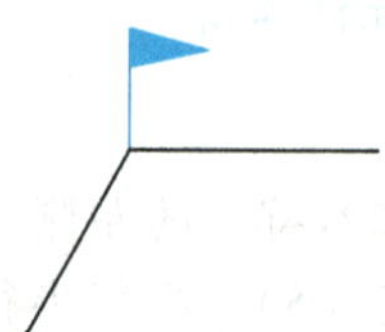

图 11-8　现场焊缝的标注

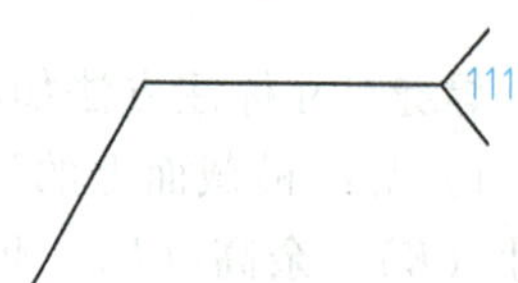

图 11-9　焊接方法的尾部标注

表 11-5 常见焊接方法代号

焊接方法	代号	焊接方法	代号
焊条电弧焊	111	电渣焊	72
埋弧焊	12	熔化极惰性气体保护电弧焊(MIG)	131
气焊	3	冷压焊	48
硬钎焊	91	电阻对焊	25
摩擦焊	42	钨极惰性气体保护电弧焊(TIG)	141
点焊	21	熔化极非惰性气体保护电弧焊(MAG)	135

4. 尾部标注内容的次序

尾部需要标注的内容较多时，可以参照以下次序进行排列：

1）相同焊缝数量。

2）焊接方法代号（按照 GB/T 5185—2005 规定）。

3）缺陷质量等级（按照 GB/T 19418—2003 规定）。

4）焊接位置（按照 GB/T 16672—1996 规定）。

5）焊接材料。

6）其他。

四、常见焊缝的标注方法示例

常见焊缝的标注方法示例见表 11-6。

表 11-6 常见焊缝标注方法示例

焊缝画法及焊缝结构	标注格式	标注示例	说明
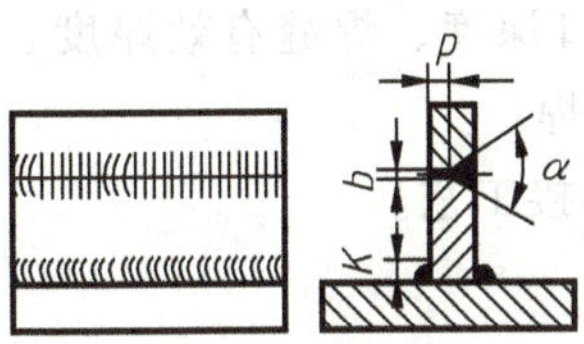	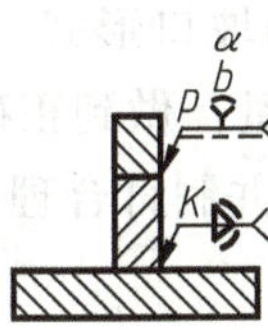	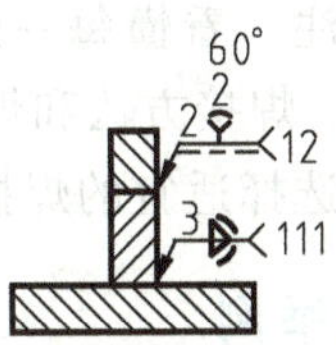	用埋弧焊形成的带钝边 V 形连续焊缝（表面凸起）在箭头一侧，钝边 $p=2$mm，根部间隙 $b=2$mm，坡口角度 $\alpha=60°$ 用焊条电弧焊形成的连续、对称角焊缝（表面凸起），焊脚尺寸 $K=3$mm
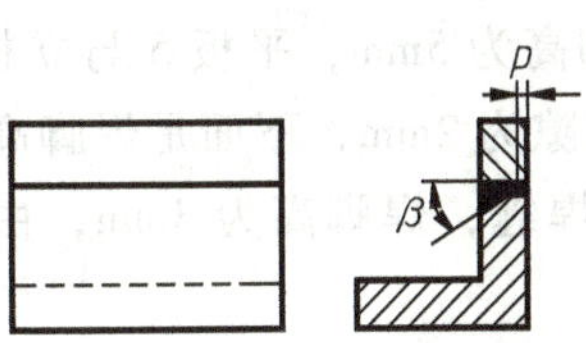	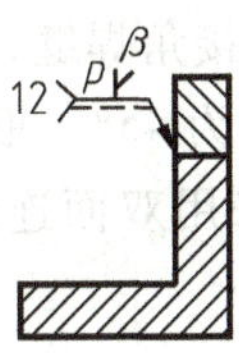	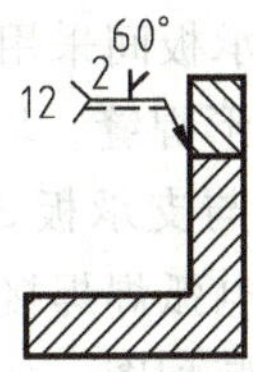	表面用埋弧焊形成的带钝边的单边 V 形连续焊缝在箭头一侧，钝边 $p=2$mm，坡口面角度 $\beta=60°$
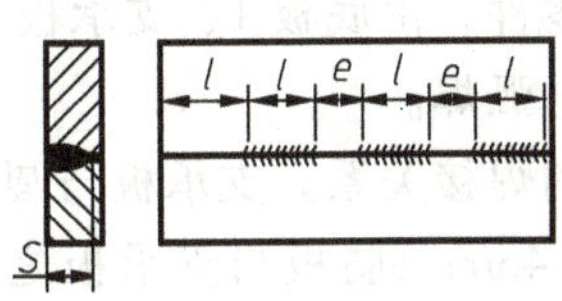	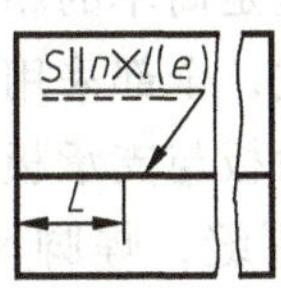	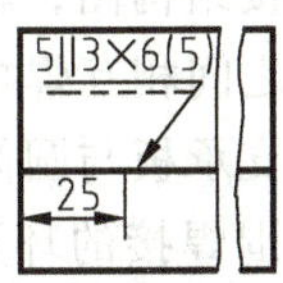	表示可见断续 I 形焊缝。焊缝有效厚度 $S=5$mm，焊缝段数 $n=3$，每段焊缝长度 $l=6$mm，焊缝间距 $e=5$mm

（续）

焊缝画法及焊缝结构	标注格式	标注示例	说明
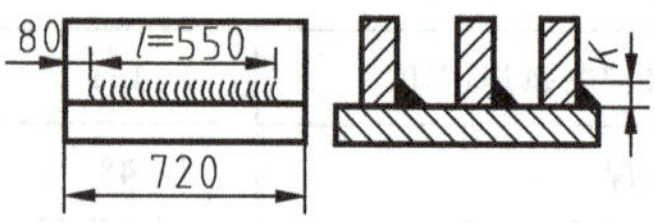		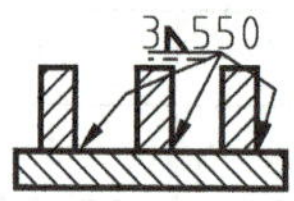	表示三条相同的角焊缝在箭头一侧，焊缝长度小于整个工件长度。焊脚尺寸 $K=3\text{mm}$，焊缝长度 $l=550\text{mm}$，箭头线允许弯折一次

知识点 4　识读焊接装配图

焊接装配图与一般装配图在零件编号、明细栏和视图表达等方面相同。不同的是，有些简单的焊接装配图直接标注所有装配件的尺寸，充当零件图的作用。如果焊接件较复杂，则焊接图按装配图的画法表达，并标注焊缝，此外还必须具备各组成构件的零件图。

一、识读焊接装配图的方法和步骤

焊接装配图与一般装配图的内容基本一致，因此可以按照一般装配图的读图方法和步骤识读焊接装配图，此外还必须重点了解与焊接有关的内容。

（1）看标题栏和明细栏　了解焊接结构件的名称、材质，焊接件厚度、焊缝长度以及结构件的数量。

（2）看焊接装配图的技术要求　了解焊缝有无其他特殊要求，比如焊缝打磨、焊后热处理和锤击要求等，并且要看是否有焊接方法的规定。

（3）看焊缝结构图　了解焊缝结构零件的形状以及焊缝相互之间存在的位置，初步考虑焊缝的施焊位置和方法。综合考虑焊接变形的影响，从而确定焊接件合理的组装以及焊接顺序。

（4）详细看懂焊缝的标注　看懂每一焊缝的坡口形式、坡口深度、焊缝有效厚度、焊脚尺寸、焊接表面质量要求、焊接方法和焊缝数量，做到正确施焊。

（5）其他专业知识　能选择适宜的焊接材料并制订合理的焊接工艺。

二、识读焊接装配图举例

例 11-1　读支臂的焊接图，如图 11-10 所示。

分析：左视图上立板与支承板间采用双面连接角焊缝，焊脚高为 5mm，平板 5 与立板 1 之间焊缝上面是带钝边单边 V 形焊缝，坡口角度为 45°，根部间隙为 2mm，下面是焊脚高为 5mm 的角焊缝。俯视图凸台 4 与支承板 3 间，采用双面连续角焊缝，焊脚高为 3mm，由技术要求可知各焊缝均采用焊条电弧焊焊接。

例 11-2　读轴承座的焊接装配图，如图 11-11 所示。

分析：该图是轴承座的焊接结构图，轴承座是简单的箱体类零件，由底板 1、支承板 2、肋板 3 和圆筒 4 组成，各零件之间相互焊接而成，全部采用焊条电弧焊。

主视图上用焊缝符号表示支承板与圆筒、肋板与支承板之间的焊接关系。支承板与圆筒之间的焊缝是一条围绕圆筒周围焊接的环形角焊缝，焊脚尺寸为 4mm。肋板与支承板之间的焊缝是两条相同的角焊缝，焊脚尺寸为 4mm。

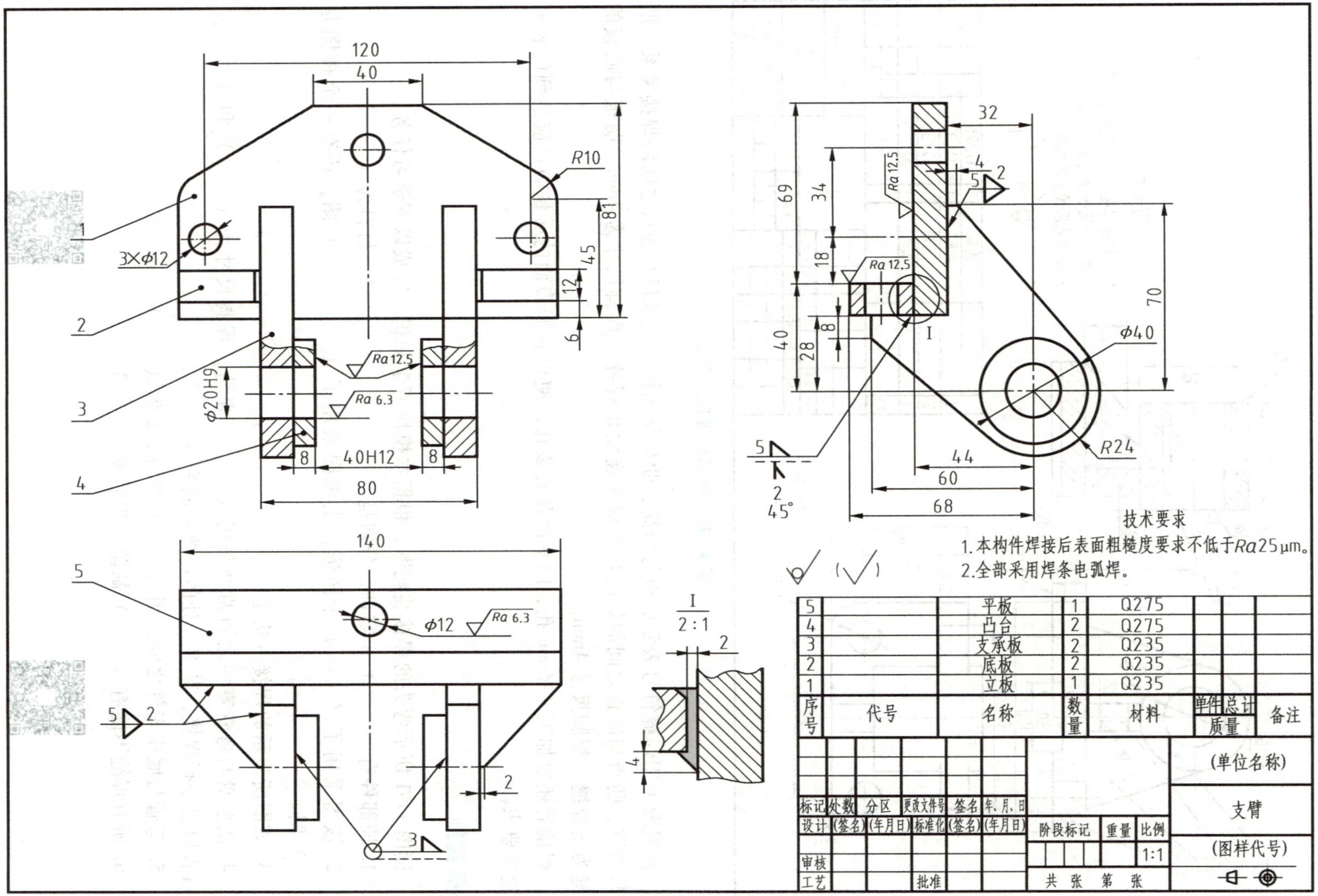

技术要求

1. 本构件焊接后表面粗糙度要求不低于$Ra25\mu m$。
2. 全部采用焊条电弧焊。

序号	代号	名称	数量	材料	单件质量	总计质量	备注
5		平板	1	Q275			
4		凸台	2	Q275			
3		支承板	2	Q235			
2		底板	2	Q235			
1		立板	1	Q235			

标记 处数 分区 更改文件号 签名 年、月、日
设计 (签名) (年月日) 标准化 (签名) (年月日)
阶段标记 重量 比例 1:1
审核
工艺 批准
共 张 第 张
(单位名称)
支臂
(图样代号)

图 11-10 支臂焊接图

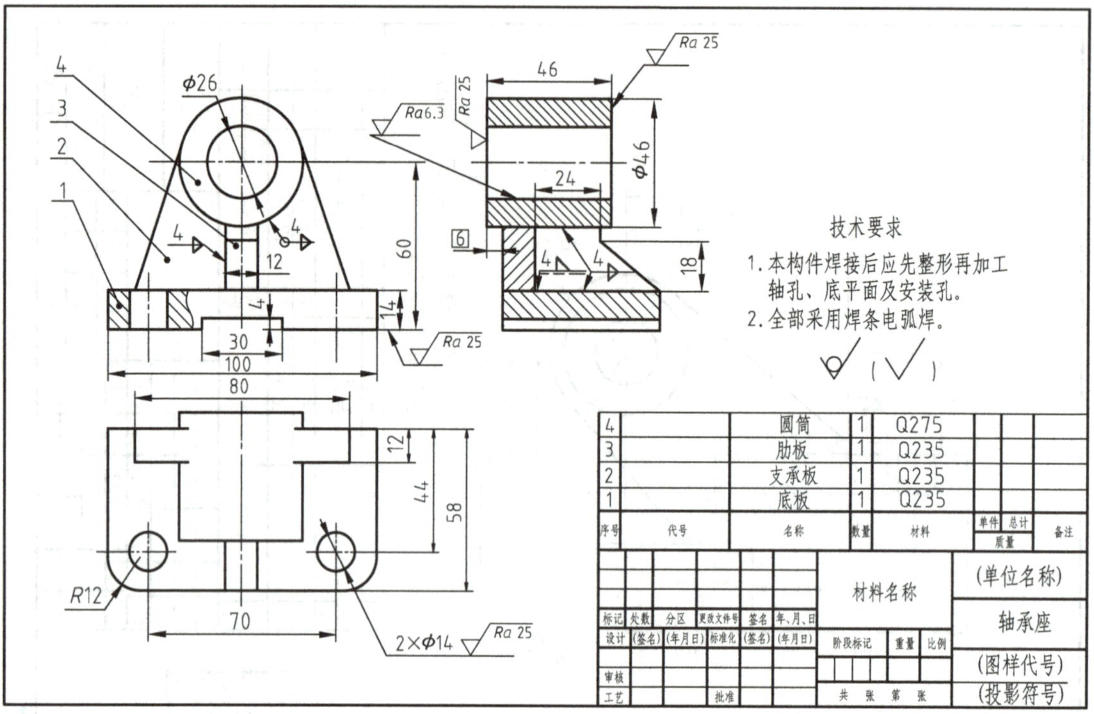

图 11-11 轴承座焊接装配图

左视图上用焊缝符号表示肋板与圆筒、肋板与底板、支承板与底板之间的焊接关系。肋板与圆筒、肋板与底板之间的焊缝均为双面连续角焊缝。焊脚尺寸为 4mm。肋板与底板的焊缝为角焊缝，焊脚尺寸 4mm。

焊接后还要加工 ϕ26mm 孔、底平面及安装孔，使得它们表面的质量满足应达到的表面粗糙度要求。

任务实施

读图 11-1 所示弯头的焊接装配图，根据本模块所学知识，完成以下学习任务。

1. 该部件有（　　）个零件，分别是（　　　　　　　　），材料为（　　）。
2. 该图采用了（　　）个图形，主视图采用了（　　　　）图，还有一个视图是（　　）图。
3. 该图所表示的焊接方法是（　　　　　　）。
4. 法兰盘与弯管零件之间两处采用（　　）焊缝，焊脚尺寸为（　　）和（　　），沿弯管周边进行焊接，其中一处的焊缝表面为（　　）。
5. 弯管与底座零件之间采用（　　）焊缝，2 为（　　）。
6. 所有焊缝不能有（　　）缺陷，焊后须（　　）。

附录

附录 A 螺纹

表 A-1 普通螺纹直径、螺距与公差带（摘自 GB/T 193—2003、GB/T 197—2018）（单位：mm）

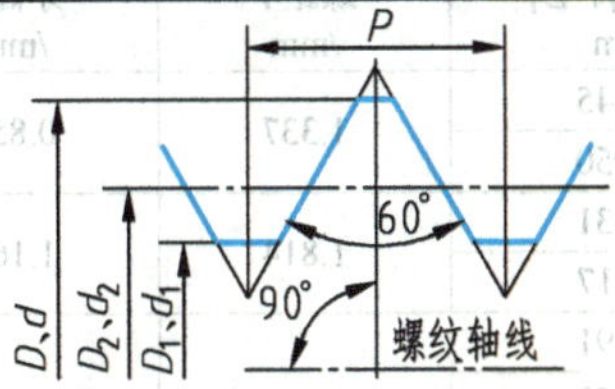

D——内螺纹大径（公称直径） D_1——内螺纹小径
d——外螺纹大径（公称直径） d_1——外螺纹小径
D_2——内螺纹中径 P——螺距
d_2——外螺纹中径

标记示例：

M16-6e（粗牙普通外螺纹、公称直径为 16mm、螺距为 2mm、中径及大径公差带均为 6e、中等旋合长度、右旋）

M20×2-6G-LH（细牙普通内螺纹、公称直径为 20mm、螺距为2mm、中径及小径公差带均为 6G、中等旋合长度、左旋）

公称直径（D、d）			螺距（P）	
第一系列	第二系列	第三系列	粗牙	细牙
4	—	—	0.7	0.5
5	—	—	0.8	
6	—	—	1	
—	7	—		
8	—	—	1.25	1、0.75
10	—	—	1.5	1.25、1、0.75
12	—	—	1.75	1.25、1
—	14	—	2	1.5、1.25、1
—	—	15	—	1.5、1
16	—	—	2	
—	18	—	2.5	2、1.5、1
20	—	—		
—	22	—		
24	—	—	3	
—	—	25	—	
—	27	—	3	
30	—	—	3.5	(3)、2、1.5、1
—	33	—		(3)、2、1.5
—	—	35	—	1.5
36	—	—	4	3、2、1.5
—	39	—		

螺纹种类	精度	外螺纹的推荐公差带			内螺纹的推荐公差带		
		S	N	L	S	N	L
普通螺纹	精密	(3h4h)	(4g) *4h	(5g4g) (5h4h)	4H	5H	6H
	中等	(5g6g) (5h6h)	*6e *6f *6g（方框） 6h	(7e6e) (7g6g) (7h6h)	(5G) *5H	*6G *6H（方框）	(7G) *7H

注：1. 优先选用第一系列直径，其次选择第二系列直径，最后选择第三系列直径。尽可能地避免选用括号内的螺距。

2. 公差带优先选用顺序为：带*的公差带、一般字体公差带、括号内公差带。紧固件螺纹采用方框内的公差带。

3. 精度选用原则：精密——用于精密螺纹，中等——用于一般用途螺纹。

表 A-2 管螺纹

55° 密封管螺纹（摘自 GB/T 7306.1、7306.2—2000）

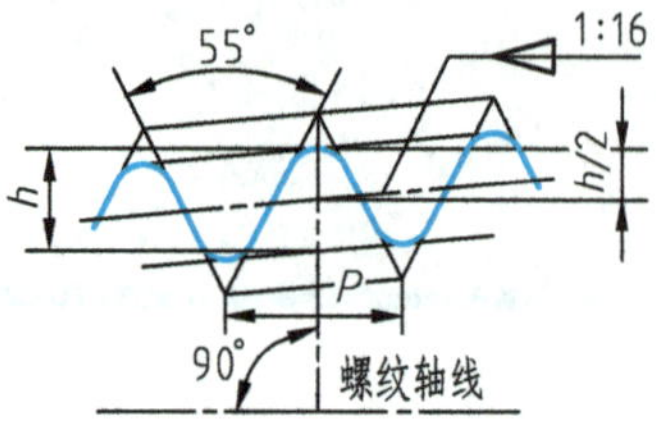

标记示例：

R₁1/2（尺寸代号为 1/2，与圆柱内螺纹相配合的右旋圆锥外螺纹）

Rc1/2LH（尺寸代号为 1/2，左旋圆锥内螺纹）

55° 非密封管螺纹（摘自 GB/T 7307—2001）

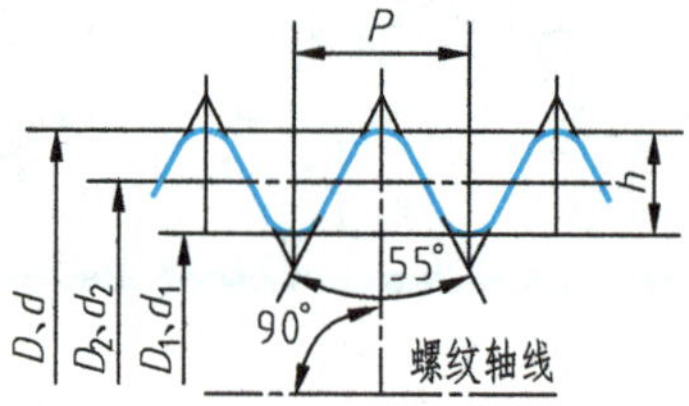

标记示例：

G1/2LH（尺寸代号为 1/2，左旋内螺纹）

G1/2A（尺寸代号为 1/2，A 级右旋外螺纹）

尺寸代号	大径 d、D /mm	中径 d_2、D_2 /mm	小径 d_1、D_1 /mm	螺距 P /mm	牙高 h /mm	每 25.4 mm 内的牙数 n
1/4	13.157	12.301	11.445	1.337	0.856	19
3/8	16.662	15.806	14.950			
1/2	20.955	19.793	18.631	1.814	1.162	14
3/4	26.441	25.279	24.117			
1	33.249	31.770	30.291	2.309	1.479	11
1¼	41.910	40.431	38.952			
1½	47.803	46.324	44.845			
2	59.614	58.135	56.656			
2½	75.184	73.705	72.226			
3	87.884	86.405	84.926			

附录 B 常用的标准件

表 B-1 六角头螺栓

（单位：mm）

六角头螺栓 C 级（摘自 GB/T 5780—2016）

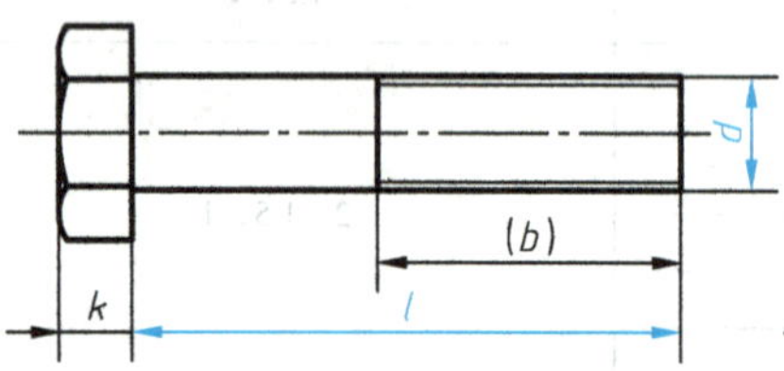

六角头螺栓 全螺纹 C 级（摘自 GB/T 5781—2016）

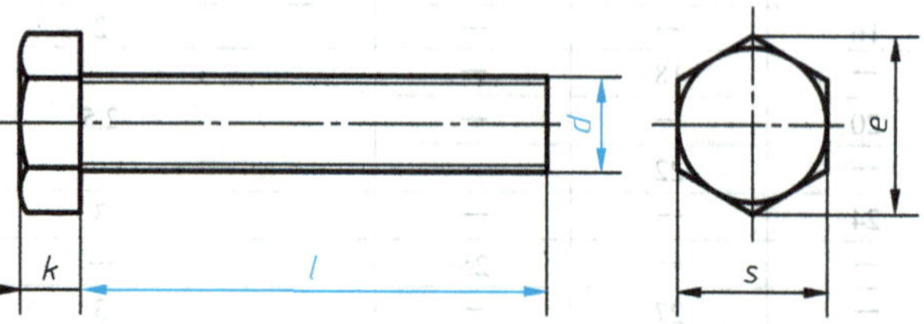

标记示例：

螺栓 GB/T 5780 M20×100（螺纹规格为 M20、公称长度 l=100mm、性能等级为 4.8 级、表面不经处理、产品等级为 C 级的六角头螺栓）

螺纹规格 d		M5	M6	M8	M10	M12	M16	M20	M24	M30	M36	M42
$b_{参考}$	$l_{公称}\leqslant 125$	16	18	22	26	30	38	46	54	66	—	—
	$125<l_{公称}\leqslant 200$	22	24	28	32	36	44	52	60	72	84	96
	$l_{公称}>200$	35	37	41	45	49	57	65	73	85	97	109
$k_{公称}$		3.5	4.0	5.3	6.4	7.5	10	12.5	15	18.7	22.5	26
s_{max}		8	10	13	16	18	24	30	36	46	55	65
e_{min}		8.63	10.89	14.2	17.59	19.85	26.17	32.95	39.55	50.85	60.79	71.3
$l_{范围}$	GB/T 5780	25～50	30～60	40～80	45～100	55～120	65～160	80～200	100～240	120～300	140～360	180～420
	GB/T 5781	10～50	12～60	16～80	20～100	25～120	30～160	40～200	50～240	60～300	70～360	80～420
$l_{公称}$		10、12、16、20～65（5 进位）、70～160（10 进位）180、200、220～420（20 进位）										

表 B-2　1 型六角螺母　C 级（摘自 GB/T 41—2016）　（单位：mm）

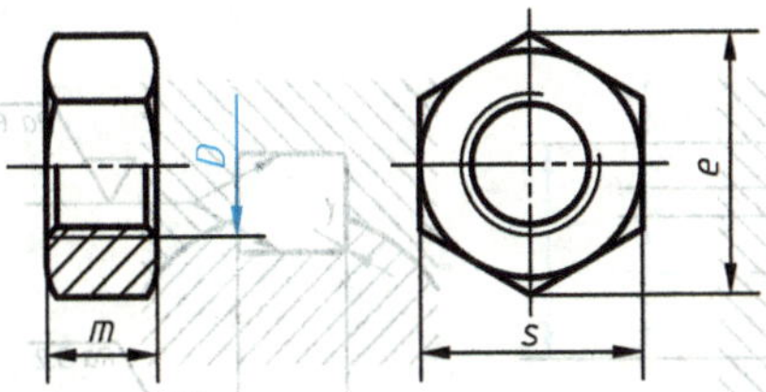

标记示例：

螺母　GB/T 41　M10

（螺纹规格为 M10、性能等级为 5 级、表面不经处理、产品等级为 C 级的 1 型六角螺母）

螺纹规格 D	M5	M6	M8	M10	M12	M16	M20	M24	M30	M36	M42	M48	M56
s_{max}	8	10	13	16	18	24	30	36	46	55	65	75	85
e_{min}	8.63	10.89	14.20	17.59	19.85	26.17	32.95	39.55	50.85	60.79	71.3	82.6	93.56
m_{max}	5.6	6.4	7.9	9.5	12.2	15.9	19	22.3	26.4	31.9	34.9	38.9	45.9

表 B-3　垫圈　（单位：mm）

平垫圈　A 级（摘自 GB/T 97.1—2002）

平垫圈　倒角型　A 级（摘自 GB/T 97.2—2002）

平垫圈　C 级（摘自 GB/T 95—2002）

标准型弹簧垫圈（摘自 GB/T 93—1987）

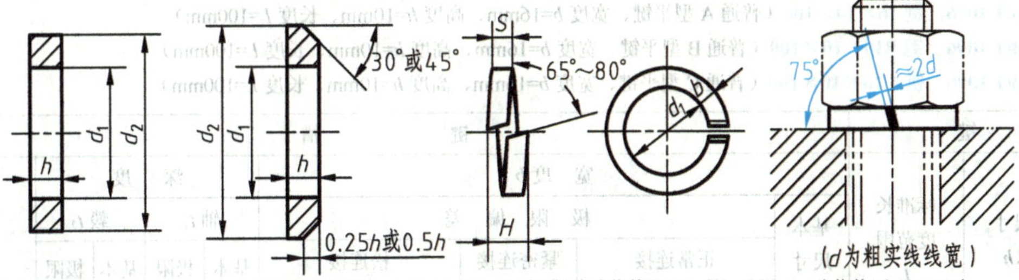

平垫圈　倒角型平垫圈　标准型弹簧垫圈　弹簧垫圈开口画法

标记示例：

垫圈　GB/T 95　8（标准系列、公称规格 8mm、硬度等级为 100HV 级、不经表面处理、产品等级为 C 级的平垫圈）

垫圈　GB/T 93　10（规格 10mm、材料为 65Mn、表面氧化的标准型弹簧垫圈）

公称尺寸 d(螺纹规格)		4	5	6	8	10	12	16	20	24	30	36	42	48
GB/T 97.1—2002 (A 级)	d_1	4.3	5.3	6.4	8.4	10.5	13	17	21	25	31	37	45	52
	d_2	9	10	12	16	20	24	30	37	44	56	66	78	92
	h	0.8	1	1.6	1.6	2	2.5	3	3	4	4	5	8	8
GB/T 97.2—2002 (A 级)	d_1	—	5.3	6.4	8.4	10.5	13	17	21	25	31	37	45	52
	d_2	—	10	12	16	20	24	30	37	44	56	66	78	92
	h	—	1	1.6	1.6	2	2.5	3	3	4	4	5	8	8
GB/T 95—2002 (C 级)	d_1	4.5	5.5	6.6	9	11	13.5	17.5	22	26	33	39	45	52
	d_2	9	10	12	16	20	24	30	37	44	56	66	78	92
	h	0.8	1	1.6	1.6	2	2.5	3	3	4	4	5	8	8
GB/T 93—1987	d_{1min}	4.1	5.1	6.1	8.1	10.2	12.2	16.2	20.2	24.5	30.5	36.5	42.5	48.5
	$S=b$	1.1	1.3	1.6	2.1	2.6	3.1	4.1	5	6	7.5	9	10.5	12
	H_{max}	2.75	3.25	4	5.25	6.5	7.75	10.25	12.5	15	18.75	22.5	26.25	30

注：1. A 级适用于精装配系列，C 级适用于中等精度装配系列。

2. C 级垫圈没有 $Ra3.2\mu m$ 和去毛刺的要求。

表 B-4 平键及键槽各部分尺寸（摘自 GB/T 1095—2003、GB/T 1096—2003） （单位：mm）

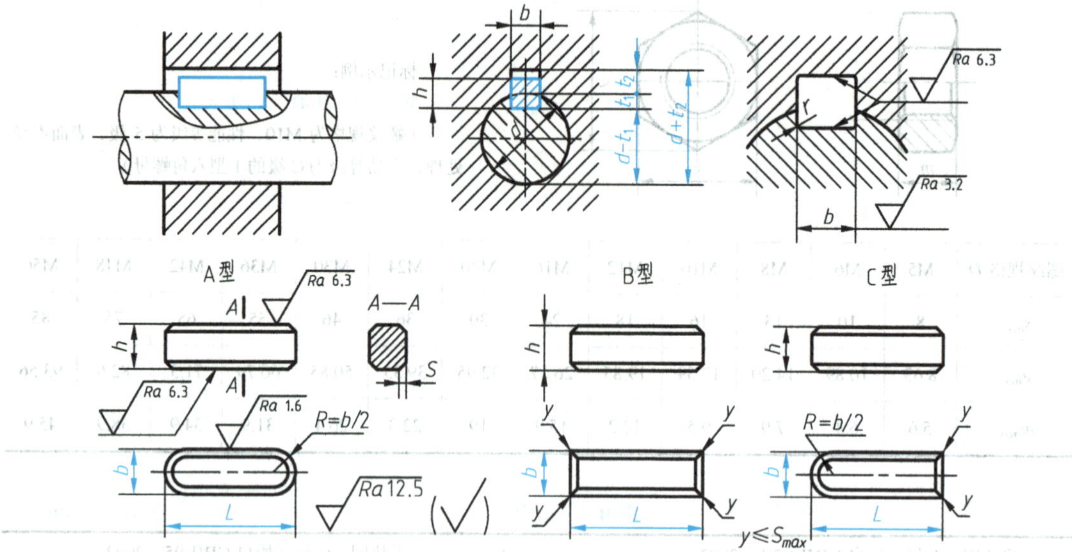

标记示例：

GB/T 1096 键 16×10×100（普通 A 型平键、宽度 b=16mm、高度 h=10mm、长度 L=100mm）

GB/T 1096 键 B16×10×100（普通 B 型平键、宽度 b=16mm、高度 h=10mm、长度 L=100mm）

GB/T 1096 键 C16×10×100（普通 C 型平键、宽度 b=16mm、高度 h=10mm、长度 L=100mm）

键		键槽											
键尺寸 $b×h$	标准长度范围 L	宽度 b						深度				半径 r	
		基本尺寸 b	极限偏差					轴 t_1		毂 t_2			
			正常连接		紧密连接	松连接		基本尺寸	极限偏差	基本尺寸	极限偏差		
			轴 N9	毂 JS9	轴和毂 P9	轴 H9	毂 D10					最小	最大
4×4	8～45	4	0 −0.030	±0.015	−0.012 −0.042	+0.030 0	+0.078 +0.030	2.5	+0.1 0	1.8	+0.1 0	0.08	0.16
5×5	10～56	5						3.0		2.3		0.16	0.25
6×6	14～70	6						3.5		2.8			
8×7	18～90	8	0 −0.036	±0.018	−0.015 −0.051	+0.036 0	+0.098 +0.040	4.0	+0.2 0	3.3	+0.2 0		
10×8	22～110	10						5.0		3.3		0.25	0.40
12×8	28～140	12	0 −0.043	±0.0215	−0.018 −0.061	+0.043 0	+0.120 +0.050	5.0		3.3			
14×9	36～160	14						5.5		3.8			
16×10	45～180	16						6.0		4.3			
18×11	50～200	18						7.0		4.4			
20×12	56～220	20	0 −0.052	±0.026	−0.022 −0.074	+0.052 0	+0.149 +0.065	7.5		4.9		0.40	0.60
22×14	63～250	22						9.0		5.4			
25×14	70～280	25						9.0		5.4			
28×16	80～320	28						10		6.4			
$L_{系列}$	8～22（2 进位）、25、28、32、36、40、45、50、56、63、70～110（10 进位）、125、140～220（20 进位）、250、280、320												

表 B-5 圆柱销 不淬硬钢和奥氏体不锈钢（摘自 GB/T 119.1—2000） （单位：mm）

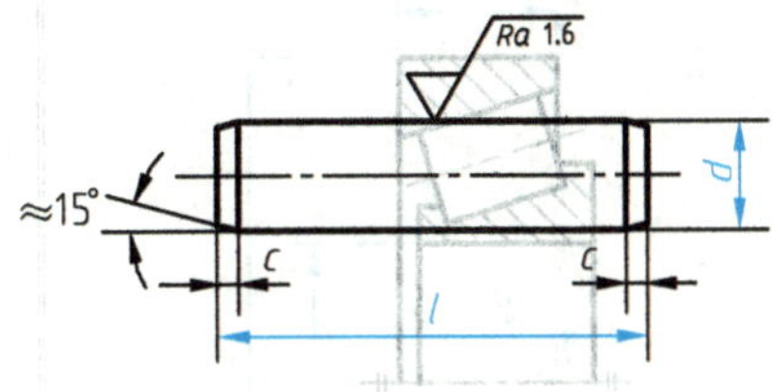

标记示例：

销 GB/T 119.1 10m6×50（公称直径 d=10mm、公差为 m6、公称长度 l=50mm、材料为钢、不经淬火、不经表面处理的圆柱销）

销 GB/T 119.1 6m6×30-A1（公称直径 d=6mm、公差为 m6、公称长度 l=30mm、材料为 A1 组奥氏体不锈钢、表面简单处理的圆柱销）

$d_{公称}$	2	2.5	3	4	5	6	8	10	12	16	20	25
$c\approx$	0.35	0.4	0.5	0.63	0.8	1.2	1.6	2.0	2.5	3.0	3.5	4.0
$l_{范围}$	6～20	6～24	8～30	8～40	10～50	12～60	14～80	18～95	22～140	26～180	35～200	50～200
$l_{公称}$	6～32（2 进位）、35～100（5 进位）、120～200（20 进位）（公称长度大于 200，按 20 递增）											

表 B-6 圆锥销（摘自 GB/T 117—2000） （单位：mm）

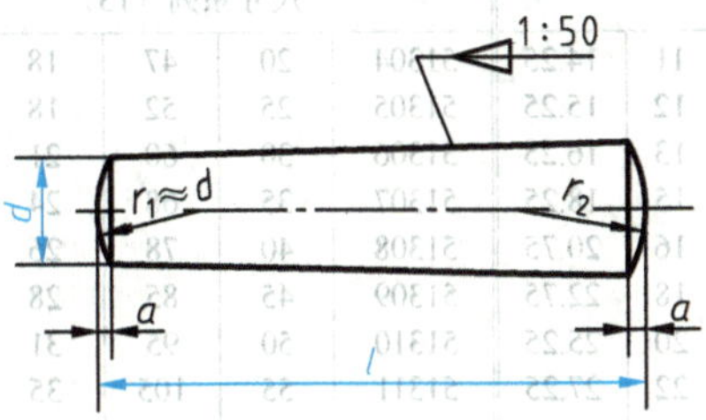

A 型（磨削）：锥面表面粗糙度 Ra=0.8μm

B 型（切削或冷镦）：锥面表面粗糙度 Ra=3.2μm

$$r_2\approx \frac{a}{2}+d+\frac{(0.021)^2}{8a}$$

标记示例：

销 GB/T 117 6×30（公称直径 d=6mm、公称长度 l=30mm、材料为 35 钢、热处理硬度 28～38HRC、表面氧化处理的 A 型圆锥销）

$d_{公称}$	2	2.5	3	4	5	6	8	10	12	16	20	25
$a\approx$	0.25	0.3	0.4	0.5	0.63	0.8	1.0	1.2	1.6	2.0	2.5	3.0
$l_{范围}$	10～35	10～35	12～45	14～55	18～60	22～90	22～120	26～160	32～180	40～200	45～200	50～200
$l_{公称}$	10～32（2 进位）、35～100（5 进位）、120～200（20 进位）（公称长度大于 200，按 20 递增）											

表 B-7 滚动轴承

深沟球轴承（摘自 GB/T 276—2013）

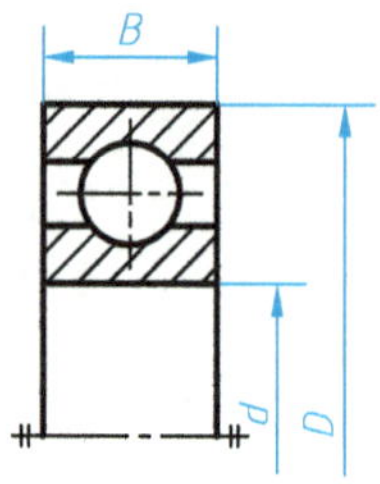

标记示例：

滚动轴承 6310 GB/T 276—2013

（深沟球轴承、内径 d=50mm、直径系列代号为3）

圆锥滚子轴承（摘自 GB/T 297—2015）

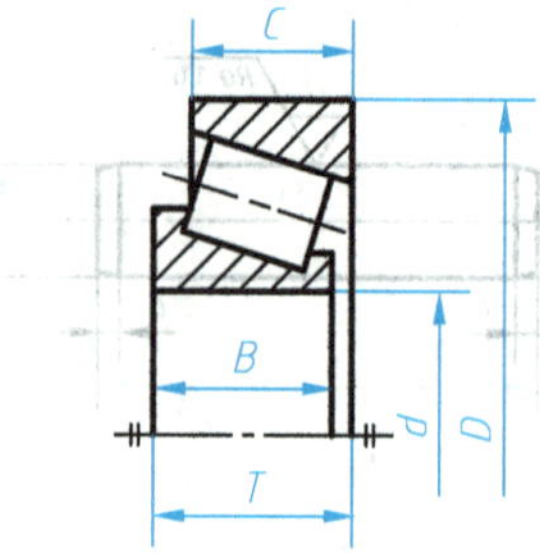

标记示例：

滚动轴承 30212 GB/T 297—2015

（圆锥滚子轴承、内径 d=60mm、宽度系列代号为0，直径系列代号为2）

推力球轴承（摘自 GB/T 301—2015）

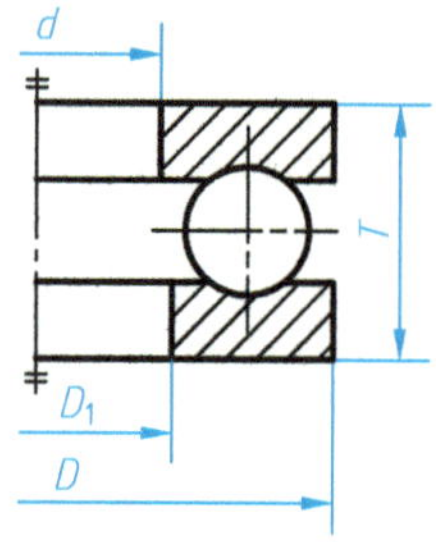

标记示例：

滚动轴承 51305 GB/T 301—2015

（推力球轴承、内径 d=25mm、高度系列代号为1，直径系列代号为3）

轴承型号	尺寸/mm		
	d	D	B
尺寸系列〔（0）2〕			
6202	15	35	11
6203	17	40	12
6204	20	47	14
6205	25	52	15
6206	30	62	16
6207	35	72	17
6208	40	80	18
6209	45	85	19
6210	50	90	20
6211	55	100	21
6212	60	110	22
尺寸系列〔（0）3〕			
6302	15	42	13
6303	17	47	14
6304	20	52	15
6305	25	62	17
6306	30	72	19
6307	35	80	21
6308	40	90	23
6309	45	100	25
6310	50	110	27
6311	55	120	29
6312	60	130	31
尺寸系列〔（0）4〕			
6403	17	62	17
6404	20	72	19
6405	25	80	21
6406	30	90	23
6407	35	100	25
6408	40	110	27
6409	45	120	29
6410	50	130	31
6411	55	140	33
6412	60	150	35
6413	65	160	37

轴承型号	尺寸/mm				
	d	D	B	C	T
尺寸系列〔02〕					
30203	17	40	12	11	13.25
30204	20	47	14	12	15.25
30205	25	52	15	13	16.25
30206	30	62	16	14	17.25
30207	35	72	17	15	18.25
30208	40	80	18	16	19.75
30209	45	85	19	16	20.75
30210	50	90	20	17	21.75
30211	55	100	21	18	22.75
30212	60	110	22	19	23.75
30213	65	120	23	20	24.75
尺寸系列〔03〕					
30302	15	42	13	11	14.25
30303	17	47	14	12	15.25
30304	20	52	15	13	16.25
30305	25	62	17	15	18.25
30306	30	72	19	16	20.75
30307	35	80	21	18	22.75
30308	40	90	23	20	25.25
30309	45	100	25	22	27.25
30310	50	110	27	23	29.25
30311	55	120	29	25	31.50
30312	60	130	31	26	33.50
尺寸系列〔13〕					
31305	25	62	17	13	18.25
31306	30	72	19	14	20.75
31307	35	80	21	15	22.75
31308	40	90	23	17	25.25
31309	45	100	25	18	27.25
31310	50	110	27	19	29.25
31311	55	120	29	21	31.50
31312	60	130	31	22	33.50
31313	65	140	33	23	36.00
31314	70	150	35	25	38.00
31315	75	160	37	26	40.00

轴承型号	尺寸/mm			
	d	D	T	D_1
尺寸系列〔12〕				
51202	15	32	12	17
51203	17	35	12	19
51204	20	40	14	22
51205	25	47	15	27
51206	30	52	16	32
51207	35	62	18	37
51208	40	68	19	42
51209	45	73	20	47
51210	50	78	22	52
51211	55	90	25	57
51212	60	95	26	62
尺寸系列〔13〕				
51304	20	47	18	22
51305	25	52	18	27
51306	30	60	21	32
51307	35	68	24	37
51308	40	78	26	42
51309	45	85	28	47
51310	50	95	31	52
51311	55	105	35	57
51312	60	110	35	62
51313	65	115	36	67
51314	70	125	40	72
尺寸系列〔14〕				
51405	25	60	24	27
51406	30	70	28	32
51407	35	80	32	37
51408	40	90	36	42
51409	45	100	39	47
51410	50	110	43	52
51411	55	120	48	57
51412	60	130	51	62
51413	65	140	56	68
51414	70	150	60	73
51415	75	160	65	78

注：圆括号中的尺寸系列代号在轴承型号中省略。

附录 C 极限与配合

表 C-1 标准公差数值（摘自 GB/T 1800.1—2020）

公称尺寸/mm		标准公差等级																	
		IT1	IT2	IT3	IT4	IT5	IT6	IT7	IT8	IT9	IT10	IT11	IT12	IT13	IT14	IT15	IT16	IT17	IT18
大于	至	μm											mm						
—	3	0.8	1.2	2	3	4	6	10	14	25	40	60	0.1	0.14	0.25	0.4	0.6	1	1.4
3	6	1	1.5	2.5	4	5	8	12	18	30	48	75	0.12	0.18	0.3	0.48	0.75	1.2	1.8
6	10	1	1.5	2.5	4	6	9	15	22	36	58	90	0.15	0.22	0.36	0.58	0.9	1.5	2.2
10	18	1.2	2	3	5	8	11	18	27	43	70	110	0.18	0.27	0.43	0.7	1.1	1.8	2.7
18	30	1.5	2.5	4	6	9	13	21	33	52	84	130	0.21	0.33	0.52	0.84	1.3	2.1	3.3
30	50	1.5	2.5	4	7	11	16	25	39	62	100	160	0.25	0.39	0.62	1	1.6	2.5	3.9
50	80	2	3	5	8	13	19	30	46	74	120	190	0.3	0.46	0.74	1.2	1.9	3	4.6
80	120	2.5	4	6	10	15	22	35	54	87	140	220	0.35	0.54	0.87	1.4	2.2	3.5	5.4
120	180	3.5	5	8	12	18	25	40	63	100	160	250	0.4	0.63	1	1.6	2.5	4	6.3
180	250	4.5	7	10	14	20	29	46	72	115	185	290	0.46	0.72	1.15	1.85	2.9	4.6	7.2
250	315	6	8	12	16	23	32	52	81	130	210	320	0.52	0.81	1.3	2.1	3.2	5.2	8.1
315	400	7	9	13	18	25	36	57	89	140	230	360	0.57	0.89	1.4	2.3	3.6	5.7	8.9
400	500	8	10	15	20	27	40	63	97	155	250	400	0.63	0.97	1.55	2.5	4	6.3	9.7
500	630	9	11	16	22	32	44	70	110	175	280	440	0.7	1.1	1.75	2.8	4.4	7	11
630	800	10	13	18	25	36	50	80	125	200	320	500	0.8	1.25	2	3.2	5	8	12.5
800	1000	11	15	21	28	40	56	90	140	230	360	560	0.9	1.4	2.3	3.6	5.6	9	14
1000	1250	13	18	24	33	47	66	105	165	260	420	660	1.05	1.65	2.6	4.2	6.6	10.5	16.5
1250	1600	15	21	29	39	55	78	125	195	310	500	780	1.25	1.95	3.1	5	7.8	12.5	19.5
1600	2000	18	25	35	46	65	92	150	230	370	600	920	1.5	2.3	3.7	6	9.2	15	23
2000	2500	22	30	41	55	78	110	175	280	440	700	1100	1.75	2.8	4.4	7	11	17.5	28
2500	3150	26	36	50	68	96	135	210	330	540	860	1350	2.1	3.3	5.4	8.6	13.5	21	33

表 C-2 轴的基本偏差

公称尺寸/mm		基本偏														
		上极限偏差，*es*														
		所有标准公差等级												IT5 和 IT6	IT7	IT8
大于	至	a[①]	b[①]	c	cd	d	e	ef	f	fg	g	h	js	j		
—	3	-270	-140	-60	-34	-20	-14	-10	-6	-4	-2	0	偏差=±ITn/2，式中 n 是标准公差等级数	-2	-4	-6
3	6	-270	-140	-70	-46	-30	-20	-14	-10	-6	-4	0		-2	-4	
6	10	-280	-150	-80	-56	-40	-25	-18	-13	-8	-5	0		-2	-5	
10	14	-290	-150	-95	-70	-50	-32	-23	-16	-10	-6	0		-3	-6	
14	18															
18	24	-300	-160	-110	-85	-65	-40	-25	-20	-12	-7	0		-4	-8	
24	30															
30	40	-310	-170	-120	-100	-80	-50	-35	-25	-15	-9	0		-5	-10	
40	50	-320	-180	-130												
50	65	-340	-190	-140		-100	-60		-30		-10	0		-7	-12	
65	80	-360	-200	-150												
80	100	-380	-220	-170		-120	-72		-36		-12	0		-9	-15	
100	120	-410	-240	-180												
120	140	-460	-260	-200		-145	-85		-43		-14	0		-11	-18	
140	160	-520	-280	-210												
160	180	-580	-310	-230												
180	200	-660	-340	-240		-170	-100		-50		-15	0		-13	-21	
200	225	-740	-380	-260												
225	250	-820	-420	-280												
250	280	-920	-480	-300		-190	-110		-56		-17	0		-16	-26	
280	315	-1050	-540	-330												
315	355	-1200	-600	-360		-210	-125		-62		-18	0		-18	-28	
355	400	-1350	-680	-400												
400	450	-1500	-760	-440		-230	-135		-68		-20	0		-20	-32	
450	500	-1650	-840	-480												

① 公称尺寸≤1mm 时，不使用基本偏差 a 和 b。

数值（摘自 GB/T 1800.1—2020）

差数值 / μm															
下极限偏差，*ei*															
IT4 至 IT7	≤IT3 >IT7	所有标准公差等级													
k		m	n	p	r	s	t	u	v	x	y	z	za	zb	zc
0	0	+2	+4	+6	+10	+14		+18		+20		+26	+32	+40	+60
+1	0	+4	+8	+12	+15	+19		+23		+28		+35	+42	+50	+80
+1	0	+6	+10	+15	+19	+23		+28		+34		+42	+52	+67	+97
+1	0	+7	+12	+18	+23	+28		+33		+40		+50	+64	+90	+130
									+39	+45		+60	+77	+108	+150
+2	0	+8	+15	+22	+28	+35		+41	+47	+54	+63	+73	+98	+136	+188
							+41	+48	+55	+64	+75	+88	+118	+160	+218
+2	0	+9	+17	+26	+34	+43	+48	+60	+68	+80	+94	+112	+148	+200	+274
							+54	+70	+81	+97	+114	+136	+180	+242	+325
+2	0	+11	+20	+32	+41	+53	+66	+87	+102	+122	+144	+172	+226	+300	+405
					+43	+59	+75	+102	+120	+146	+174	+210	+274	+360	+480
+3	0	+13	+23	+37	+51	+71	+91	+124	+146	+178	+214	+258	+335	+445	+585
					+54	+79	+104	+144	+172	+210	+254	+310	+400	+525	+690
+3	0	+15	+27	+43	+63	+92	+122	+170	+202	+248	+300	+365	+470	+620	+800
					+65	+100	+134	+190	+228	+280	+340	+415	+535	+700	+900
					+68	+108	+146	+210	+252	+310	+380	+465	+600	+780	+1000
+4	0	+17	+31	+50	+77	+122	+166	+236	+284	+350	+425	+520	+670	+880	+1150
					+80	+130	+180	+258	+310	+385	+470	+575	+740	+960	+1250
					+84	+140	+196	+284	+340	+425	+520	+640	+820	+1050	+1350
+4	0	+20	+34	+56	+94	+158	+218	+315	+385	+475	+580	+710	+920	+1200	+1550
					+98	+170	+240	+350	+425	+525	+650	+790	+1000	+1300	+1700
+4	0	+21	+37	+62	+108	+190	+268	+390	+475	+590	+730	+900	+1150	+1500	+1900
					+114	+208	+294	+435	+530	+660	+820	+1000	+1300	+1650	+2100
+5	0	+23	+40	+68	+126	+232	+330	+490	+595	+740	+920	+1100	+1450	+1850	+2400
					+132	+252	+360	+540	+660	+820	+1000	+1250	+1600	+2100	+2600

表 C-3 孔的基本偏差

公称尺寸/mm		基本偏																		
		下极限偏差，*EI*																		
		所有标准公差等级												IT6	IT7	IT8	≤IT8	>IT8	≤IT8	>IT8
大于	至	A[1]	B[1]	C	CD	D	E	EF	F	FG	G	H	JS	J			K[3],[4]		M[2],[3],[4]	
—	3	+270	+140	+60	+34	+20	+14	+10	+6	+4	+2	0	偏差=±IT*n*/2，式中*n*为标准公差等级数	+2	+4	+6	0	0	−2	−2
3	6	+270	+140	+70	+46	+30	+20	+14	+10	+6	+4	0		+5	+6	+10	−1+Δ		−4+Δ	−4
6	10	+280	+150	+80	+56	+40	+25	+18	+13	+8	+5	0		+5	+8	+12	−1+Δ		−6+Δ	−6
10	14	+290	+150	+95	+70	+50	+32	+23	+16	+10	+6	0		+6	+10	+15	−1+Δ		−7+Δ	−7
14	18																			
18	24	+300	+160	+110	+85	+65	+40	+28	+20	+12	+7	0		+8	+12	+20	−2+Δ		−8+Δ	−8
24	30																			
30	40	+310	+170	+120	+100	+80	+50	+35	+25	+15	+9	0		+10	+14	+24	−2+Δ		−9+Δ	−9
40	50	+320	+180	+130																
50	65	+340	+190	+140		+100	+60		+30		+10	0		+13	+18	+28	−2+Δ		−11+Δ	−11
65	80	+360	+200	+150																
80	100	+380	+220	+170		+120	+72		+36		+12	0		+16	+22	+34	−3+Δ		−13+Δ	−13
100	120	+410	+240	+180																
120	140	+460	+260	+200		+145	+85		+43		+14	0		+18	+26	+41	−3+Δ		−15+Δ	−15
140	160	+520	+280	+210																
160	180	+580	+310	+230																
180	200	+660	+340	+240		+170	+100		+50		+15	0		+22	+30	+47	−4+Δ		−17+Δ	−17
200	225	+740	+380	+260																
225	250	+820	+420	+280																
250	280	+920	+480	+300		+190	+110		+56		+17	0		+25	+36	+55	−4+Δ		−20+Δ	−20
280	315	+1050	+540	+330																
315	355	+1200	+600	+360		+210	+125		+62		+18	0		+29	+39	+60	−4+Δ		−21+Δ	−21
355	400	+1350	+680	+400																
400	450	+1500	+760	+440		+230	+135		+68		+20	0		+33	+43	+66	−5+Δ		−23+Δ	−23
450	500	+1650	+840	+480																

① 公称尺寸≤1mm时，不适用基本偏差A和B，不使用标准公差等级大于IT8的基本偏差N。

② 特例：对于公称尺寸大于250～315mm的公差带代号M6，*ES*=−9μm（计算结果不是−11μm）。

③ 为确定K、M、N和P～ZC的值，见GB/T 1800.1—2020中的4.3.2.5。

④ 对于Δ值，见本表右边的最后六列。

数值（摘自 GB/T 1800.1—2020）

基本偏差数值 / μm 上极限偏差，*ES*															Δ值 / μm					
≤IT8	>IT8	≤IT7	>IT7 的标准公差等级												标准公差等级					
N①,③		P至ZC③	P	R	S	T	U	V	X	Y	Z	ZA	ZB	ZC	IT3	IT4	IT5	IT6	IT7	IT8
-4	-4	在>IT7的标准公差等级的基本偏差数值上增加一个Δ值	-6	-10	-14		-18		-20		-26	-32	-40	-60	0	0	0	0	0	0
-8+Δ	0		-12	-15	-19		-23		-28		-35	-42	-50	-80	1	1.5	1	3	4	6
-10+Δ	0		-15	-19	-23		-28		-34		-42	-52	-67	-97	1	1.5	2	3	6	7
-12+Δ	0		-18	-23	-28		-33		-40		-50	-64	-90	-130	1	2	3	3	7	9
								-39	-45		-60	-77	-108	-150						
-15+Δ	0		-22	-28	-35		-41	-47	-54	-63	-73	-98	-136	-188	1.5	2	3	4	8	12
						-41	-48	-55	-64	-75	-88	-118	-160	-218						
-17+Δ	0		-26	-34	-43	-48	-60	-68	-80	-94	-112	-148	-200	-274	1.5	3	4	5	9	14
						-54	-70	-81	-97	-114	-136	-180	-242	-325						
-20+Δ	0		-32	-41	-53	-66	-87	-102	-122	-144	-172	-226	-300	-405	2	3	5	6	11	16
				-43	-59	-75	-102	-120	-146	-174	-210	-274	-360	-480						
-23+Δ	0		-37	-51	-71	-91	-124	-146	-178	-214	-258	-335	-445	-585	2	4	5	7	13	19
				-54	-79	-104	-144	-172	-210	-254	-310	-400	-525	-690						
-27+Δ	0		-43	-63	-92	-122	-170	-202	-248	-300	-365	-470	-620	-800	3	4	6	7	15	23
				-65	-100	-134	-190	-228	-280	-340	-415	-535	-700	-900						
				-68	-108	-146	-210	-252	-310	-380	-465	-600	-780	-1000						
-31+Δ	0		-50	-77	-122	-166	-236	-284	-350	-425	-520	-670	-880	-1150	3	4	6	9	17	26
				-80	-130	-180	-258	-310	-385	-470	-575	-740	-960	-1250						
				-84	-140	-196	-284	-340	-425	-520	-640	-820	-1050	-1350						
-34+Δ	0		-56	-94	-158	-218	-315	-385	-475	-580	-710	-920	-1200	-1550	4	4	7	9	20	29
				-98	-170	-240	-350	-425	-525	-650	-790	-1000	-1300	-1700						
-37+Δ	0		-62	-108	-190	-268	-390	-475	-590	-730	-900	-1150	-1500	-1900	4	5	7	11	21	32
				-114	-208	-294	-435	-530	-660	-820	-1000	-1300	-1650	-2100						
-40+Δ	0		-68	-126	-232	-330	-490	-595	-740	-920	-1100	-1450	-1850	-2400	5	5	7	13	23	34
				-132	-252	-360	-540	-660	-820	-1000	-1250	-1600	-2100	-2600						

表 C-4 优先选用的轴的公差带（摘自 GB/T 1800.2—2020） （偏差单位：μm）

代号		a	b	c	d	e	f	g	h				js	k	n	p	r	s
公称尺寸 mm		公差等级																
大于	至	11	11	11	9	8	7	6	6	7	9	11	6	6	6	6	6	6
—	3	-270 -330	-140 -200	-60 -120	-20 -45	-14 -28	-6 -16	-2 -8	0 -6	0 -10	0 -25	0 -60	±3	+6 0	+10 +4	+12 +6	+16 +10	+20 +14
3	6	-270 -345	-140 -215	-70 -145	-30 -60	-20 -38	-10 -22	-4 -12	0 -8	0 -12	0 -30	0 -75	±4	+9 +1	+16 +8	+20 +12	+23 +15	+27 +19
6	10	-280 -370	-150 -240	-80 -170	-40 -76	-25 -47	-13 -28	-5 -14	0 -9	0 -15	0 -36	0 -90	±4.5	+10 +1	+19 +10	+24 +15	+28 +19	+32 +23
10	18	-290 -400	-150 -260	-95 -205	-50 -93	-32 -59	-16 -34	-6 -17	0 -11	0 -18	0 -43	0 -110	±5.5	+12 +1	+23 +12	+29 +18	+34 +23	+39 +28
18	30	-300 -430	-160 -290	-110 -240	-65 -117	-40 -73	-20 -41	-7 -20	0 -13	0 -21	0 -52	0 -130	±6.5	+15 +2	+28 +15	+35 +22	+41 +28	+48 +35
30	40	-310 -470	-170 -330	-120 -280	-80 -142	-50 -89	-25 -50	-9 -25	0 -16	0 -25	0 -62	0 -160	±8	+18 +2	+33 +17	+42 +26	+50 +34	+59 +43
40	50	-320 -480	-180 -340	-130 -290														
50	65	-340 -530	-190 -380	-140 -330	-100 -174	-60 -106	-30 -60	-10 -29	0 -19	0 -30	0 -74	0 -190	±9.5	+21 +2	+39 +20	+51 +32	+60 +41	+72 +53
65	80	-360 -550	-200 -390	-150 -340													+62 +43	+78 +59
80	100	-380 -600	-220 -440	-170 -390	-120 -207	-72 -126	-36 -71	-12 -34	0 -22	0 -35	0 -87	0 -220	±11	+25 +3	+45 +23	+59 +37	+73 +51	+93 +71
100	120	-410 -630	-240 -460	-180 -400													+76 +54	+101 +79
120	140	-460 -710	-260 -510	-200 -450	-145 -245	-85 -148	-43 -83	-14 -39	0 -25	0 -40	0 -100	0 -250	±12.5	+28 +3	+52 +27	+68 +43	+88 +63	+117 +92
140	160	-520 -770	-280 -530	-210 -460													+90 +65	+125 +100
160	180	-580 -830	-310 -560	-230 -480													+93 +68	+133 +108
180	200	-660 -950	-340 -630	-240 -530	-170 -285	-100 -172	-50 -96	-15 -44	0 -29	0 -46	0 -115	0 -290	±14.5	+33 +4	+60 +31	+79 +50	+106 +77	+151 +122
200	225	-740 -1030	-380 -670	-260 -550													+109 +80	+159 +130
225	250	-820 -1110	-420 -710	-280 -570													+113 +84	+169 +140
250	280	-920 -1240	-480 -800	-300 -620	-190 -320	-110 -191	-56 -108	-17 -49	0 -32	0 -52	0 -130	0 -320	±16	+36 +4	+66 +34	+88 +56	+126 +94	+190 +158
280	315	-1050 -1370	-540 -860	-330 -650													+130 +98	+202 +170
315	355	-1200 -1560	-600 -960	-360 -720	-210 -350	-125 -214	-62 -119	-18 -54	0 -36	0 -57	0 -140	0 -360	±18	+40 +4	+73 +37	+98 +62	+144 +108	+226 +190
355	400	-1350 -1710	-680 -1040	-400 -760													+150 +114	+244 +208
400	450	-1500 -1900	-760 -1160	-440 -840	-230 -385	-135 -232	-68 -131	-20 -60	0 -40	0 -63	0 -155	0 -400	±20	+45 +5	+80 +40	+108 +68	+166 +126	+272 +232
450	500	-1650 -2050	-840 -1240	-480 -880													+172 +132	+292 +252

表 C-5　优先选用的孔的公差带（摘自 GB/T 1800.2—2020）　（偏差单位：μm）

代号		A	B	C	D	E	F	G	H				JS	K	N	P	R	S
公称尺寸 mm		公差等级																
大于	至	11	11	11	10	9	8	7	7	8	9	11	7	7	7	7	7	7
—	3	+330 +270	+200 +140	+120 +60	+60 +20	+39 +14	+20 +6	+12 +2	+10 0	+14 0	+25 0	+60 0	±5	0 -10	-4 -14	-6 -16	-10 -20	-14 -24
3	6	+345 +270	+215 +140	+145 +70	+78 +30	+50 +20	+28 +10	+16 +4	+12 0	+18 0	+30 0	+75 0	±6	+3 -9	-4 -16	-8 -20	-11 -23	-15 -27
6	10	+370 +280	+240 +150	+170 +80	+98 +40	+61 +25	+35 +13	+20 +5	+15 0	+22 0	+36 0	+90 0	±7.5	+5 -10	-4 -19	-9 -24	-13 -28	-17 -32
10	18	+400 +290	+260 +150	+205 +95	+120 +50	+75 +32	+43 +16	+24 +6	+18 0	+27 0	+43 0	+110 0	±9	+6 -12	-5 -23	-11 -29	-16 -34	-21 -39
18	30	+430 +300	+290 +160	+240 +110	+149 +65	+92 +40	+53 +20	+28 +7	+21 0	+33 0	+52 0	+130 0	±10.5	+6 -15	-7 -28	-14 -35	-20 -41	-27 -48
30	40	+470 +310	+330 +170	+280 +120	+180 +80	+112 +50	+64 +25	+34 +9	+25 0	+39 0	+62 0	+160 0	±12.5	+7 -18	-8 -33	-17 -42	-25 -50	-34 -59
40	50	+480 +320	+340 +180	+290 +130														
50	65	+530 +340	+380 +190	+330 +140	+220 +100	+134 +60	+76 +30	+40 +10	+30 0	+46 0	+74 0	+190 0	±15	+9 -21	-9 -39	-21 -51	-30 -60	-42 -72
65	80	+550 +360	+390 +200	+340 +150													-32 -62	-48 -78
80	100	+600 +380	+440 +220	+390 +170	+260 +120	+159 +72	+90 +36	+47 +12	+35 0	+54 0	+87 0	+220 0	±17.5	+10 -25	-10 -45	-24 -59	-38 -73	-58 -93
100	120	+630 +410	+460 +240	+400 +180													-41 -76	-66 -101
120	140	+710 +460	+510 +260	+450 +200	+305 +145	+185 +85	+106 +43	+54 +14	+40 0	+63 0	+100 0	+250 0	±20	+12 -28	-12 -52	-28 -68	-48 -88	-77 -117
140	160	+770 +520	+530 +280	+460 +210													-50 -90	-85 -125
160	180	+830 +580	+560 +310	+480 +230													-53 -93	-93 -133
180	200	+950 +660	+630 +340	+530 +240	+355 +170	+215 +100	+122 +50	+61 +15	+46 0	+72 0	+115 0	+290 0	±23	+13 -33	-14 -60	-33 -79	-60 -106	-105 -151
200	225	+1030 +740	+670 +380	+550 +260													-63 -109	-113 -159
225	250	+1110 +820	+710 +420	+570 +280													-67 -113	-123 -169
250	280	+1240 +920	+800 +480	+620 +300	+400 +190	+240 +110	+137 +56	+69 +17	+52 0	+81 0	+130 0	+320 0	±26	+16 -36	-14 -66	-36 -88	-74 -126	-138 -190
280	315	+1370 +1050	+860 +540	+650 +330													-78 -130	-150 -202
315	355	+1560 +1200	+960 +600	+720 +360	+440 +210	+265 +125	+151 +62	+75 +18	+57 0	+89 0	+140 0	+360 0	±28.5	+17 -40	-16 -73	-41 -98	-87 -144	-169 -226
355	400	+1710 +1350	+1040 +680	+760 +400													-93 -150	-187 -244
400	450	+1900 +1500	+1160 +760	+840 +440	+480 +230	+290 +135	+165 +68	+83 +20	+63 0	+97 0	+155 0	+400 0	±31.5	+18 -45	-17 -80	-45 -108	-103 -166	-209 -272
450	500	+2050 +1650	+1240 +840	+880 +480													-109 -172	-229 -292

参考文献

[1] 全国技术产品文件标准化技术委员会．技术产品文件标准汇编：技术制图卷［M］．3版．北京：中国标准出版社，2012.
[2] 全国技术产品文件标准化技术委员会．技术产品文件标准汇编：机械制图卷［M］．2版．北京：中国标准出版社，2009.
[3] 王槐德．机械制图新旧标准代换教程［M］．3版．北京：中国标准出版社，2017.
[4] 胡建生．机械制图（多学时）［M］．5版．北京：机械工业出版社，2023.
[5] 杨辉，李小汝．画法几何［M］．上海：上海交通大学出版社，2015.
[6] 杨辉．机械制图［M］．上海：上海交通大学出版社，2014.
[7] 吕思科，周宪珠．机械制图（机械类）［M］．3版．北京：北京理工大学出版社，2013.
[8] 钱可强．机械制图［M］．6版．北京：高等教育出版社，2022.
[9] 金大鹰．机械制图（机械类专业）［M］．5版．北京：机械工业出版社，2020.
[10] 严辉容，胡小青．机械制图（非机械类）［M］．3版．北京：北京理工大学出版社，2019.